现代生物催化
——高立体选择及环境友好的反应

Modern Biocatalysis
Stereoselective and Environmentally Friendly Reactions

[美] Wolf – Dieter Fessner　主编
Thorleif Anthonsen

徐　岩　主译

中国轻工业出版社

图书在版编目（CIP）数据

现代生物催化：高立体选择及环境友好的反应/（美）梅斯纳，安东森主编；徐岩主译．—北京：中国轻工业出版社，2016.6
ISBN 978-7-5184-0249-6

Ⅰ.①现… Ⅱ.①梅… ②安… ③徐… Ⅲ.①生物—催化—研究 Ⅳ.①Q814

中国版本图书馆 CIP 数据核字（2015）第 254319 号

Modern Biocatalysis——Stereoselective and Environmentally Friendly Reactions by Wolf-Dieter Fessner and Thorleif Anthonsen, ISBN978-3-527-32071-4

© 2009 WILEY-VCH Verlag GmbH & Co. KGaA, Weinheim

All rights reserved (including those of translation into other languages). No part of this book may be reproduced in any form-by photoprinting, microfilm, or any other means-nor transmitted or translated into a machine language without written permission from the publishers.
Registered names, trademarks, etc. used in this book, even when not specifically marked as such, are not to be considered unprotected by law.

责任编辑：江　娟　　策划编辑：江　娟　　封面设计：锋尚设计
文字编辑：方朋飞　　责任终审：唐是雯　　责任监印：张　可
版式设计：锋尚设计　　责任校对：吴大鹏

出版发行：中国轻工业出版社（北京东长安街6号，邮编：100740）
印　　刷：三河市万龙印装有限公司
经　　销：各地新华书店
版　　次：2016年6月第1版第1次印刷
开　　本：720×1000　1/16　印张：22.25
字　　数：440千字
书　　号：ISBN 978-7-5184-0249-6　定价：80.00元
著作权合同登记　图字：01-2010-0754
邮购电话：010-65241695　传真：65128352
发行电话：010-85119835　85119793　传真：85113293
网　　址：http://www.chlip.com.cn
Email：club@chlip.com.cn
如发现图书残缺请直接与我社邮购联系调换
091049K1X101ZBW

前　言

　　近年来，不对称化合物在精细化学品、手性中间体、原料药等市场份额不断增加，全球手性药物中的单一对映异构体商业销售额已经达到 2000 亿美元。利用生物催化技术进行手性化合物的合成以及药物生产已经有很长的历史。相对于混旋化合物而言，单一对映体能够更加有效地提高很多生理特性，因此制备单一对映体的拆分方法具有很好的市场需求和应用前景。

　　面对不对称合成高光学纯度和产率以及复杂手性化合物的挑战，蛋白质催化剂所具有的无可比拟的立体选择性和反应活性、自然条件下高效催化特性以及可再生性生物质原料，使生物催化法与化学法相比具有天生的巨大优势。现代分子生物技术等研究的突破性成果和技术发展，不仅为新酶的快速筛选和工程化应用奠定了基础，同时为改造生物催化剂，使其适应生产过程最优化的需求提供了保障。

　　我们把利用微生物和酶实现工业化工产品的生产称为白色生物技术，由于其所具备的低能耗、可持续性发展以及减少化石原料依赖性等特点，受到世界各个国家政府政策上的大力支持。石油价格的持续飙升以及产油国家政策上的不稳定性、温室效应引起的全球变暖、人口增长、环境污染等也大大促进了白色生物技术的发展。

　　生物催化在手性合成和医药工业的应用上经历了漫长的发展过程，在一个世纪前已经开始了小规模的应用，经历了抗生素、丙烯酰胺等数百个中小型精细化工企业中工业化生产工艺的发展。目前，利用生物催化新工艺替代传统化工工艺不仅成本较高，而且其发展周期较长，因此这种向生物技术的转化依然处于发展的初期。但经过漫长的发展周期，生物催化剂所具有的更高的反应选择性、温和的反应条件以及经济的可再生性原料等优势已经证明生物催化工艺比现代化学工艺更具有经济性、生态优势以及可持续性等优势。在过去的十年里，蛋白质设计工程等现代先进技术为促进生物催化的直接和有效应用提供了动力。

　　BASF 公司最新建立的一步发酵法制备维生素 B_2 的工艺令人印象深刻，与传统的八步化学工艺相比，能够有效降低 30% 的 CO_2 排量，同时产品生产成本降低 40%，原料的消耗减少 60%，减少 95% 以上的废弃物的排放。

　　即使是进行合成制备的生物催化领域依然需要很多前沿研究来拓展可以应用的反应类型、目标底物结构和方法集成技术等。无论是普通科研工作者还是工业界研究人员，有机化学家、生物化学家以及分子生物学家和生化工程专家的合作对于拓展生物催化剂在不对称合成中的应用至关重要。

生物催化方法学的研究表明其发展毫无疑问地需要跨学科以及交叉学科之间的合作，为了满足环境友好，过程设计需要考虑工业规模经济下的原料供应和高效利用、最小化利用酶及其回收利用，以及副产物和废物等参考标尺。

本书总结了过去 5 年中，欧盟研究者在重要的生物催化剂研究领域中，承担"应用生物催化：酶促催化高立体选择与环境友好的反应"研究时取得的最新成果和进展。其主题是酶筛选即现在检测技术中研究影响酶选择性的不同因子，包括从酶构型和不同溶剂的影响到多种制备上的应用等结论。本书一半以上的章节阐述一些概念性的策略以及适宜的人工理性合成或目的性地修饰不同类化合物的方法，包括酚类化合物、核酸类似物、单糖与低聚糖、亚胺糖、非蛋白氨基酸、蛋白氨基酸、腈类化合物、羟基酸以及利用拜耳－维立格（Baeyer-Villiger）反应氧化获得的内酯。

最后，我们衷心地感谢那些帮助我们和参与 D25 计划的合作者以及包括本书作者在内的对 D25 计划做出贡献的人，感谢大家分享研究经历和成果。衷心希望本书能够鼓励应用生物催化的科学探讨并激励其在未来新的应用中取得进展。

沃尔夫－迪特尔·梅斯纳
托雷福·安东森
于达姆施塔特和特隆赫姆

译　序

步入 21 世纪，由于日益严重的资源、能源和环境压力，人类社会的可持续发展面临前所未有的挑战，促使传统的化工、制药、食品、材料等工业制造领域的生产技术必须发生根本性变革。生物制造提供了更好的技术选择和解决方案，并已逐渐渗透到传统制造业中，能够减少能耗、物耗和污染物排放，大幅度降低生产成本，加速传统产业升级，推进绿色制造。

手性化学品广泛应用于医药、农业、食品、材料等领域，在国计民生中占据极其重要的地位，但制造过程存在资源消耗大、能耗高、污染重等问题，其生产水平已成为衡量一个国家或地区化工发展水平的重要标志，研究、制造和使用光学纯化学品，对于保障我国国民健康，保护生态环境具有重要意义。生物催化技术因其高度的选择性和独特的环境优势能够为手性化学品生产提供更好的技术选择和解决方案，在工业可持续发展中显示巨大的潜力。蛋白结构分析、生物信息学和分子模拟等现代分子生物技术等研究的突破性成果和技术发展，不仅为新酶的快速筛选和工程化应用奠定了基础，同时为改造生物催化剂使其适应生产过程最优化的需求提供了保障。

欧盟在工业生物技术领域中重点支持发展生物催化手性化学品的基础和应用研究，生物催化技术已逐渐进入包括手性药物、手性精细化学品、手性材料在内的很多领域，并应用于手性化学品的规模化生产。由德国达姆施塔特工业大学 Wolf–Dieter Fessner 教授和挪威科技大学 Thorleif Anthonsen 教授联合编著的《现代生物催化：高立体选择及环境友好的反应》总结了近几年欧盟研究者在以酶促催化高立体选择性反应为主题的应用生物催化研究领域中取得的最新成果和进展。内容涵盖新酶筛选、酶选择性构型调控、酶的蛋白质工程设计、反应方式与途径设计、溶剂工程及反应器等从生物催化剂到反应过程调控的一系列主题。本书由江南大学徐岩、穆晓清、范文来、聂尧、喻晓蔚、张荣珍、王栋、王海燕等翻译。在此，向各位译者的辛苦付出，表示衷心的感谢。

本书还获得国家自然科学基金重点项目（21336009）和国家高技术研究发展计划（2015AA021004）的支持，在此一并表示感谢！

当前，我国制造业正面临许多重大挑战及关键发展机遇。在发展生物催化不对称合成手性化学品方面，具有多学科交叉的研究积累和实现创新跨越的潜力。本译著的出版将有利于现代生物催化的先进思路和技术在国内的推广，对于我国现代生物催化技术及其在手性化学品合成应用中的发展，加快我国传统化工行业产业升级和可持续发展，具有积极的促进作用。

徐　岩
于江南大学

对本书做出贡献的人的名录

Miguel Alcalde
Departamento de Biocatálisis
Instituto de Catálisis y
Petroleoquímica
CSIC
Cantoblanco
28049 Madrid
Spain

Veronique Alphand
Université Paul Cézanne
Biosciences-FRE CNRS 3005
Case 432
Av. Escadrille Normandie-Niemen
13397 Marseille cedex 20
France

Thorleif Anthonsen
Norwegian University of Science
and Technology
Department of Chemistry
7491 Trondheim
Norway

Antonio Ballesteros
Departamento de Biocatálisis
Instituto de Catálisis y
Petroleoquímica
CSIC
Cantoblanco
28049 Madrid
Spain

Karel Bezouška
Charles University Prague
Faculty of Science
Department of Biochemistry
128 40 Prague
Czech Republic

Laura Cantarella
Department of Industrial Engineering
University of Cassino
Via di Biasio 43
03043 Cassino (FR)
Italy

Maria Cantarella
University of L' Aquila
Department of Chemistry
Chemical Engineering and Materials
67040 Monteluco di Roio-L' Aquila
Italy

Franck Charmantray
Université Blaise Pascal
CNRS
UMR 6504-SEESIB
63177 Aubière Cedex
France

Andrzej Chmura
Delft University of Technology
Department of Biotechnology
Laboratory of Biocatalysis and
Organic Chemistry
Julianalaan 136
2628 BL Delft
The Netherlands

Pere Clapés
Catalonia Institute for Advanced
Chemistry (IQAC) -CSIC. Group
of Biotransformation and
Bioactive Molecules
Jordi Girona 18 – 26
08034 Barcelona
Spain

Josefa María Clemente-Jiménez
Departamento de Química-Física
Bioquímicay Química Inorgánica
Edificio CITE I
Carretera de Sacramento S/N
La Cañada de San Urbano
04120 Almería
Spain

Attilio Converti
University of Genoa
Department of Chemical and
Process Engineering 'G. B.
Bonino'
Via Opera Pia 15
16145 Genoa
Italy

Bruno C. M. Fernandes
Delft University of Technology
Department of Biotechnology
Laboratory of Biocatalysis and
Organic Chemistry
Julianalaan 136
2628 BL Delft
The Netherlands

Lucía Fernández-Arrojo
Departamento de Biocatálisis
Instituto de Catálisis y Petroleoquímica
CSIC
Cantoblanco
28049 Madrid
Spain

Marco W. Fraaije
University of Groningen
Groningen Biomolecular Sciences and
Biotechnology Institute
Biochemical Laboratory
Nijenborgh 4
9747 AG Groningen
The Netherlands

Alberto Gallifuoco
University of L' Aquila
Department of Chemistry
Chemical Engineering and Materials
67040 L' Aquila
Italy

Raffaella Gandolfi
University of Milan
Institute of Organic Chemistry
'Alessandro Marchesini'
Via Venezian 21
20133 Milan
Italy

Lucia Gardossi
Università degli Studi di Trieste
Dipartimento di Scienze Farmaceutiche
Laboratory of Applied and
Computational Biocatalysis
Piazzale Europa 1
34127 Trieste
Italia

Iraj Ghazi
Departamento de Biocatálisis
Instituto de Catálisis y
Petroleoquímica
CSIC
Cantoblanco
28049 Madrid
Spain

Vicente Gotor
Universidad de Oviedo
Departamento de Química
Orgánica e Inorgánica
Instituto de Biotecnología de
Asturias
33006 Oviedo
Spain

Maja Habulin
University of Maribor
Faculty of Chemistry and
Chemical Engineering
Laboratory for Separation
Processes and Product Design
Smetanova 17
2000 Maribor
Slovenia

Ulf Hanefeld
Delft University of Technology
Department of Biotechnology
Biocatalysis and Organic
Chemistry
Julianalaan 136
2628 BL Delft
The Netherlands

Laurence Hecquet
Université Blaise Pascal
Synthèse et Etudes de Systèmes à
Intérêt Biologique
UMR 6504
24 avenue des Landais
63177 Aubiere Cedex
France

Virgil Hélaine
Université Blaise Pascal
CNRS
UMR 6504-SEESIB
63177 Aubière Cedex
France

Francisco Javier Las Heras-Vázquez
Departamento de Química-Física
Bioquímica y Química Inorgánica
Edificio CITE I
Carretera de Sacramento S/N
La Cañada de San Urbano
04120 Almería
Spain

Elisabeth Egholm Jacobsen
Norwegian University of Science and
Technology
Department of Chemistry
7491 Trondheim
Norway

Jesús Joglar
Catalonia Institute for Advanced
Chemistry (IQAC) -CSIC.
Group of Biotransformation
and Bioactive Molecules
Jordi Girona 18 – 26
08034 Barcelona
Spain

Ondrej Kaplan
Academy of Sciences of the Czech
Republic
Institute of Microbiology
Center of Biocatalysis and
Biotransformation
142 20 Prague
Czech Republic

Maria H. Katsoura
University of Ioannina
Department of Biological
Applications and Technologies
Laboratory of Biotechnology
45110 Ioannina
Greece

Norbert Klempier
Technische Universität Graz
Institut für Organische Chemie
Stremayrgasse 16
8010 Graz
Austria

Željko Knez
University of Maribor
Faculty of Chemistry and
Chemical Engineering
Laboratory for Separation
Processes and Product Design
Smetanova 17
2000 Maribor
Slovenia

Fragiskos N. Kolisis
National Technical University
of Athens
Chemical Engineering
Department
Biotechnology Laboratory
5 Iroon Polytechniou Str.
Zografou Campus
15700 Athens
Greece

Vladimír Kren
Academy of Sciences of the Czech
Republic
Institute of Microbiology
Center of Biocatalysis and
Biotransformation
142 20 Prague
Czech Republic

Morten Kristensen
Arinco Arla Foods Amba
Mælkevejen 4
6920 Videbæk
Denmark

Marielle Lemaire
Université Blaise Pascal
CNRS
UMR 6504-SEESIB
63177 Aubière Cedex
France

Sergio Martínez-Rodríguez
Departamento de Química-Física
Bioquímica y Química Inorgánica
Edificio CITE I
Carretera de Sacramento S/N
La Cañada de San Urbano
04120 Almería
Spain

Ludmila Martínková
Academy of Sciences of the Czech Republic
Institute of Microbiology
Center of Biocatalysis and Biotransformation
142 20 Prague
Czech Republic

Cesar Mateo
Delft University of Technology
Department of Biotechnology
Laboratory of Biocatalysis and Organic Chemistry
Julianalaan 136
2628 BL Delft
The Netherlands

Marko D. Mihovilovic
Vienna University of Technology
Institute for Applied Synthetic Chemistry
Getreidemarkt 9
1060 Vienna
Austria

Francesco Molinari
University of Milan
Department of Food Science and Microbiology
Via Celoria 2
20133 Milan
Italy

Gianluca Molla
Università degli Studi dell' Insubria
Dipartimento di Biotecnologie e Scienze Molecolari
Via J. H. Dunant 3
21100 Varese
Italy

Bernd Nidetzky
Graz University of Technology
Institute of Biotechnology and Biochemical Engineering
Petersgasse 12
8010 Graz
Austria

Gianluca Ottolina
Istituto di Chimica del Riconoscimento Molecolare CNR
Via Mario Bianco 9
20131 Milano
Italy

Lars Haastrup Pedersen
Aalborg University
Department of Biotechnology
Chemistry and Environmental
Engineering
Sohngårdsholmvej 49
9000 Aalborg
Denmark

Francisco J. Plou
Departamento de Biocatálisis
Instituto de Catálisis y Petroleoquímica
CSIC
Cantoblanco
28049 Madrid
Spain

Loredano Pollegioni
Università degli Studi dell' Insubria
Dipartimento di Biotecnologie e
Scienze Molecolari
Via J. H. Dunant 3
21100 Varese
Italy

Mateja Primožič
University of Maribor
Faculty of Chemistry and Chemical
Engineering
Laboratory for Separation Processes
and Product Design
Smetanova 17
2000 Maribor
Slovenia

Fred van Rantwijk
Delft University of Technology
Department of Biotechnology
Laboratory of Biocatalysis and
Organic Chemistry
Julianalaan 136
2628 BL Delft
The Netherlands

Jean-Louis Reymond
University of Berne
Department of Chemistry and
Biochemistry
Freiestraße 3
3012 Berne
Switzerland

Sinthuwat Ritthitham
Aalborg University
Department of Biotechnology
Chemistry and Environmental
Engineering
Sohngårdsholmvej 49
9000 Aalborg
Denmark

Felipe Rodríguez-Vico
Departamento de Química-Física
Bioquímica y Química Inorgánica
Edificio CITE I
Carretera de Sacramento S/N
La Cañada de San Urbano
04120 Almería
Spain

Diego Romano
University of Milan
Department of Food Science and
Microbiology
Via Celoria 2
20133 Milan
Italy

Francesco Secundo
Istituto di Chimica del
Riconoscimento Molecolare
CNR
Via Mario Bianco 9
20131 Milano
Italy

Stefano Servi
Politecnico di Milano
Dipartimento CMIC 'G. Natta'
Via Mancinelli 7
20131 Milano
Italy

Roger A. Sheldon
Delft University of Technology
Department of Biotechnology
Laboratory of Biocatalysis and Organic
Chemistry
Julianalaan 136
2628 BL Delft
The Netherlands

Agata Spera
Department of Chemistry
Chemical Engineering and Materials
University of L' Aquila
67040 L' Aquila
Italy

Patrizia Spizzo
Università degli Studi di Trieste
Dipartimento di Scienze Farmaceutiche
Laboratory of Applied and
Computational Biocatalysis
Piazzale Europa 1
34127 Trieste
Italia

Georg A. Sprenger
Universität Stuttgart
Institute of Microbiology
Allmandring 31
70569 Stuttgart
Germany

Haralambos Stamatis
University of Ioannina
Department of Biological Applications
and Technologies
Laboratory of Biotechnology
45110 Ioannina
Greece

Davide Tessaro
Politecnico di Milano
Dipartimento CMIC 'G. Natta'
Via Mancinelli 7
20131 Milano
Italy

Eleni Theodosiou
National Technical University of Athens
Chemical Engineering Department
Biotechnology Laboratory
5 Iroon Polytechniou Str.
Zografou Campus
15700 Athens
Greece

Malene S. Thomsen
Research Centre Applied Biocatalysis
Petersgasse 14
8010 Graz
Austria.

Vojtech Vejvoda
Academy of Sciences of the Czech Republic
Institute of Microbiology
Center of Biocatalysis and Biotransformation
142 20 Prague
Czech Republic

Margit Winkler
Technische Universität Graz
Institut für Organische Chemie
Stremayrgasse 16
8010 Graz
Austria

Roland Wohlgemuth
Sigma-Aldrich
Research Specialities
Industriestrasse 25
9470 Buchs
Switzerland

目 录

1 生物转化中的荧光检测技术 … 1
1.1 引言 … 1
1.2 乙醇脱氢酶（ADHs）和醛缩酶 … 1
1.2.1 手性荧光醇脱氢酶（ADH）底物 … 1
1.2.2 荧光醛缩酶探针 … 2
1.2.3 转醛醇酶和转酮醇酶 … 3
1.2.4 烯醇化酶探针 … 4
1.3 脂肪酶和酯酶 … 4
1.3.1 固体支持物的检测 … 5
1.3.2 高碘酸盐的夹子－O底物 … 6
1.3.3 荧光氰醇酯和羟基酮酯 … 7
1.3.4 荧光乙酰氧基甲基醚类 … 8
1.3.5 FRET－脂肪酶探针 … 9
1.4 其他水解酶类 … 9
1.4.1 环氧化物水解酶 … 10
1.4.2 酰胺酶和蛋白酶 … 11
1.4.3 磷酸酶 … 12
1.5 拜耳－维立格酶（Baeyer－Villiger 酶） … 13
1.6 结论 … 13
参考文献 … 14

2 利用固定化技术提高酶的应用 … 19
2.1 引言 … 19
2.2 吸附和静电相互作用力 … 20
2.2.1 范德华相互作用力 … 20
2.2.2 氢键 … 23
2.2.3 离子相互作用力 … 25
2.3 包埋 … 27
2.4 共价结合/交联 … 30
2.5 结论 … 33
参考文献 … 34

3 表面固定化生物催化剂与连续流微通道反应器 ······ 38
- 3.1 引言 ······ 38
- 3.2 微反应技术中利用游离酶和固定化酶进行生物催化合成反应 ······ 39
- 3.3 新的微流体固定化酶反应器 ······ 40
  - 3.3.1 微反应器设计 ······ 40
  - 3.3.2 酶的固定化 ······ 41
- 3.4 乳糖的酶法水解 ······ 42
  - 3.4.1 固定化细胞的催化效率 ······ 42
  - 3.4.2 乳糖的连续转化 ······ 43
- 3.5 利用微反应技术强化生物催化过程 ······ 44
- 3.6 结论和展望 ······ 45
- 参考文献 ······ 46

4 非水相溶剂中的蛋白酶活性与稳定性 ······ 49
- 4.1 引言 ······ 49
- 4.2 蛋白酶催化碳水化合物脂肪酸酯合成反应的活性和选择性 ······ 50
- 4.3 酶的稳定性和构象 ······ 53
- 4.4 溶剂工程 ······ 57
- 4.5 结论 ······ 57
- 参考文献 ······ 58

5 有机溶剂中酶构型对脂肪酶立体选择性和活性的重要性 ······ 61
- 5.1 引言 ······ 61
- 5.2 纯有机溶剂中脂肪酶形式及其活性和对映选择性 ······ 61
- 5.3 为何在有机溶剂中加入添加剂会影响脂肪酶的活性和对映选择性 ······ 66
- 5.4 结论 ······ 69
- 参考文献 ······ 69

6 利用霉菌干菌丝体直接催化酯化反应：一种具有（位置）选择性、条件温和且高效制备结构多样酯的方法 ······ 71
- 6.1 菌丝体及有机介质中的生物转化 ······ 71
- 6.2 微生物及其筛选 ······ 71
- 6.3 醋酸酯的生产 ······ 73
- 6.4 外消旋醇的立体选择性酯化 ······ 75
- 6.5 外消旋羧酸的立体选择性酯化反应 ······ 77
- 6.6 分离现象及酯化的反应平衡 ······ 79
- 6.7 结论 ······ 81
- 参考文献 ······ 82

7 对映选择性的影响因素：变构效应 ·············· 84
7.1 如何提供光学纯化合物 ·············· 84
7.1.1 酶促动力学拆分外消旋混合物 ·············· 84
7.1.2 拆分中的绝对构型 ·············· 85
7.2 影响对映体比率 E 的因素 ·············· 86
7.2.1 E 值是否真的恒定? ·············· 86
7.2.2 反应介质对 E 值的影响 ·············· 87
7.2.3 酶固定化对 E 值的影响 ·············· 87
7.2.4 酶的抑制 ·············· 87
7.2.5 对映选择性抑制和激活：变构效应 ·············· 87
7.2.6 R - 醇影响 CALB 的 E 值 ·············· 88
7.2.7 E 值变化是由于快反应对映异构体还是慢反应对映异构体？ ·············· 92
7.3 前手性化合物的不对称合成 ·············· 93
7.3.1 前手性二羧酸酯的不对称合成：一步法 ·············· 93
7.3.2 前手性二醇的不对称合成：两步法 ·············· 94
7.3.3 在不对称合成反应过程中 e.e. 值是常数吗? ·············· 94
7.4 结论 ·············· 95
参考文献 ·············· 96

8 非天然溶剂中的仲醇动力学拆分 ·············· 98
8.1 引言 ·············· 98
8.2 超临界——在生物催化中取代有机溶剂 ·············· 100
8.3 压力对反应的影响 ·············· 100
8.4 酰基供体及醇的摩尔比对反应的影响 ·············· 102
8.5 离子液——环境友好型溶剂，生物催化中的工业技术 ·············· 103
8.6 依靠 N,N' - 二烷基咪唑阳离子为媒介的离子液 ·············· 104
8.7 离子液/超临界双向体系作为一种有潜力的生物催化媒介 ·············· 105
8.8 ［bmim］［PF_6］/SC - CO_2 系统作为反应的媒介 ·············· 105
8.9 酰基供体的浓度对反应的影响 ·············· 106
8.10 结论 ·············· 107
参考文献 ·············· 107

9 生物催化酚类抗氧化剂的油脂化反应策略 ·············· 110
9.1 引言 ·············· 110
9.2 材料和方法 ·············· 111
9.2.1 材料 ·············· 111
9.2.2 酶催化的酰化过程 ·············· 112

9.2.3　检测方法 …………………………………………………… 112
9.2.4　脂类的分离提纯及化学结构的测定 ………………………… 112
9.3　结果和讨论 ……………………………………………………… 112
9.3.1　有机相中天然抗氧化剂的修饰 ………………………… 112
9.3.2　离子液中天然抗氧化剂的修饰 ………………………… 114
9.4　结论 ……………………………………………………………… 117
参考文献 ………………………………………………………………… 118

10　生物催化在核苷类似物合成中的应用 …………………………… 120
10.1　引言 ……………………………………………………………… 120
10.2　糖的化学酶法改造 ……………………………………………… 121
10.3　拆分和异头碳的分离 …………………………………………… 127
10.4　含碱基修饰的生物转化 ………………………………………… 129
10.5　核苷合成的转糖苷作用 ………………………………………… 131
10.6　结论 ……………………………………………………………… 133
参考文献 ………………………………………………………………… 133

11　一种棘孢曲霉果糖基转移酶在低聚果糖合成中的应用 ………… 136
11.1　引言 ……………………………………………………………… 136
11.2　Pectinex Ultra SP‐L 中果糖基转移酶的纯化 ………………… 138
11.3　源自棘孢曲霉的果糖基转移酶酶学性质 ……………………… 140
11.3.1　底物特异性 ……………………………………………… 140
11.3.2　pH 和温度的影响 ……………………………………… 141
11.3.3　化学物质的影响 ………………………………………… 141
11.3.4　动力学行为 ……………………………………………… 141
11.3.5　低聚果糖的生产 ………………………………………… 142
11.4　棘孢曲霉果糖基转移酶的固定化 ……………………………… 143
11.4.1　Sepabeads EC‐EP 作为固定化载体 …………………… 143
11.4.2　pH 和离子强度对固定化的影响 ……………………… 144
11.4.3　应用固定化催化剂合成低聚果糖 ……………………… 146
11.5　利用甜菜浆和糖蜜生产低聚果糖 ……………………………… 146
11.5.1　甜菜浆和糖蜜作为低聚果糖合成的低成本原料 ……… 146
11.5.2　低聚果糖的分批生产 …………………………………… 146
11.6　结论 ……………………………………………………………… 149
参考文献 ………………………………………………………………… 149

12　乙内酰脲消旋酶：制备光学纯 α ‐氨基酸的关键酶 ……………… 154
12.1　引言 ……………………………………………………………… 154

12.2　新型乙内酰脲消旋酶的发现与分子特性 157
　　12.3　乙内酰脲消旋酶的生化特性 160
　　12.4　乙内酰脲消旋酶的底物对映选择性和动力学分析 161
　　12.5　乙内酰脲消旋酶的反应机理 164
　　12.6　用于光学纯 D-氨基酸合成的乙内酰脲消旋酶等重组生物催化剂的设计 167
　参考文献 171

13　化学-酶法去消旋化 174
　13.1　引言 174
　13.2　α-羟基酸和 β-羟基酸的去消旋化方法 175
　　13.2.1　利用动态动力学拆分法去消旋化制备羟基酸（水解酶＋钌催化的自消旋化反应） 175
　　13.2.2　羟基酸的双酶法动态动力学拆分方法实现去消旋化 176
　　13.2.3　利用立体异构反应实现羟基酸的去消旋化 177
　　13.2.4　微生物催化羟基酸立体异构反应实现去消旋化 179
　13.3　α-羟基腈的去消旋化 179
　13.4　α-氨基酸的去消旋化 180
　　13.4.1　利用立体异构反应实现 α-氨基酸的去消旋化 180
　　13.4.2　通过动态动力学拆分法实现 α-氨基酸的去消旋化 183
　13.5　用于去消旋的有用的酶类 190
　　13.5.1　氨基酸氧化酶 190
　　13.5.2　氨基酸消旋酶 194
　　13.5.3　转氨酶 197
　13.6　总结与展望 199
　参考文献 199

14　丝状真菌来源的腈水解酶 206
　14.1　引言 206
　14.2　真菌腈水解酶的分布及进化关系 206
　　14.2.1　分子遗传分析 206
　　14.2.2　腈水解酶活性的选择和筛选 210
　14.3　结构特性 210
　14.4　催化特性 213
　　14.4.1　反应机理 213
　　14.4.2　底物特异性 214
　　14.4.3　活性和稳定性 216

14.5　结论与展望 218
参考文献 219

15　腈水解酶和腈水合酶催化对映选择性制备非蛋白氨基酸 222
15.1　引言 222
15.2　腈水合酶/酰胺酶催化生物转化 224
15.2.1　氨基腈的保护基团 224
15.2.2　β-氨基腈的对映选择性水解 224
15.3　腈水解酶催化生物转化 228
15.3.1　β-氨基腈的对映选择性水解 228
15.3.2　γ-氨基腈的对映选择性水解 229
15.3.3　腈水解酶的腈水合酶活性 231
参考文献 231

16　腈水解酶不对称合成 α-羟基酸 234
16.1　光学纯 α-羟基酸的形成途径 234
16.2　腈水解酶介导的氰醇的水解作用 235
16.3　双酶法得到光学纯 2-羟基酸 237
16.4　交联酶聚合法固定化腈水解酶 237
16.5　双酶偶联中的氢氰化作用和水解作用 238
16.6　与腈水合酶作用相似的腈水解酶 240
16.7　结论 243
参考文献 243

17　腈水解-酰胺酶催化反应在超滤膜反应器中的动力学特征 245
17.1　引言 245
17.2　实验设计 247
17.3　温度对腈水合酶-酰胺酶级联体系的影响 247
17.4　连续搅拌超滤膜反应器（CSMR）研究 248
17.5　底物浓度对酶促反应反应速率、酶稳定性、底物转化率和反应器容量的影响 250
17.6　结论 254
参考文献 255

18　酶催化 C—C 键的形成合成单糖类似物 257
18.1　引言 257
18.2　转酮酶和 1,6-二磷酸果糖醛缩酶的合成 257
18.2.1　DHAP 的合成 258
18.2.2　氨基环醇的合成 260

- 18.2.3　5-D-木酮糖和 5-D-木酮糖类似物的合成 ······ 262
- 18.3　改变酵母转酮酶的底物特异性 ······ 264
- 18.4　结论 ······ 265
- 参考文献 ······ 265

19　醛缩酶催化亚氨基糖类合成中的新策略 ······ 268
- 19.1　引言 ······ 268
- 19.2　DHAP-醛缩酶介导的由 N-Cbz-氨基醛类合成的含亚氨基糖类 ······ 269
  - 19.2.1　反应介质 ······ 269
  - 19.2.2　醛缩酶催化 DHAP 和 N-Cbz-氨基醛的醛基缩合 ······ 270
  - 19.2.3　N 端保护基团的影响 ······ 273
  - 19.2.4　亚胺基糖类化合物的合成：还原胺化作用 ······ 274
- 19.3　6-磷酸 D-果糖醛缩酶催化合成亚胺基糖 ······ 275
- 19.4　总结与展望 ······ 277
- 参考文献 ······ 277

20　氧参与的生物催化不对称氧化反应 ······ 281
- 20.1　引言 ······ 281
- 20.2　氧化酶催化的不对称氧化反应 ······ 284
- 20.3　过氧化酶催化的不对称氧化反应 ······ 286
- 20.4　脱氢酶催化的不对称氧化反应 ······ 287
- 20.5　单加氧酶催化的不对称氧化反应 ······ 287
- 20.6　双加氧酶催化的不对称氧化反应 ······ 291
- 20.7　其他酶催化的不对称氧化反应 ······ 294
- 20.8　展望 ······ 296
- 参考文献 ······ 297

21　第二代拜耳-维立格（Baeyer-Villiger）反应生物催化剂 ······ 305
- 21.1　引言 ······ 305
- 21.2　BVMO 酶平台 ······ 307
- 21.3　BVMOs 工程化 ······ 310
- 21.4　合成化学中的拜耳-维立格（Baeyer-Villiger）生物氧化反应 ······ 313
  - 21.4.1　化学选择性 ······ 313
  - 21.4.2　热动力学拆分 ······ 315
  - 21.4.3　位置和立体选择性 ······ 315
  - 21.4.4　天然产物和生物活性化合物的合成 ······ 318
- 21.5　立体选择性硫氧化反应中的 BVMOs ······ 320
- 21.6　技术平台发展趋势 ······ 321

         21.6.1 大规模发酵 ………………………………………………… 321
         21.6.2 BVMOs 固定化 …………………………………………… 323
         21.6.3 自给自足的融合蛋白 BVMOs ………………………… 324
   21.7 展望 …………………………………………………………………… 325
参考文献 ………………………………………………………………………… 325

1 生物转化中的荧光检测技术

Jean - Louis Reymond

1.1 引言

在新开发或改进生物催化剂时，通常要进行微生物采集，测定酶突变体表达文库或者宏基因组文库的酶活性，高通量活性筛选是关键步骤之一。理想情况下，筛选是在操作条件下的可靠反应，反应进程用分析仪器如高效液相色谱仪、气相色谱仪、核磁共振、质谱或者简单的薄层色谱监测。然而，在大多数实验室，这种分析并不可靠，特别是在高通量或者文库表达加强格式时。此种情况下，荧光检测有助于酶的发现。在各种设置条件下，荧光能被高灵敏度仪器记录下来，尤其是在高通量筛选格式下，例如酶标板、微型阵列或荧光-激活细胞分类。在紫外灯照射下，眼睛能直接看到荧光。

生物转化的荧光检测是可行的，或者通过耦合一个有趣的反应到荧光传感器系统中，例如酶耦合技术连接产物或 NAD^+ 消耗量的反应，或者通过使用荧光模型底物替代真正的底物。荧光底物对于高通量筛选和克隆时酶的常规鉴定特别有用。近年来，作者和其他人已经报道了一系列的荧光传感器和底物，它将经典的化学检测扩展到更广泛的反应和底物中。本章以作者研究团队和其他报道的伞形酮和荧光酚类化合物为主，回顾了荧光底物的开发。关于生物转化高通量筛选技术的最新进展也已经在近期发表[1]。

1.2 乙醇脱氢酶（ADHs）和醛缩酶

某种程度上讲，乙醇脱氢酶和醛缩酶在生物催化中是最重要的酶，因为它们催化经典的和非常有用的醛类和酮类的反应产生新的非对称中心。虽然这些酶目前使用数量有限，但是对复杂的不对称合成的潜力非常高，有效的荧光底物对于促进这一领域的研究十分重要。

1.2.1 手性荧光醇脱氢酶（ADH）底物

醇脱氢酶将 NAD（P）$^+$ 转化为 NAD（P），在 340nm 处使用紫外或荧光能检测到这一反应。然而，信号往往会被污染物或其他检测组分所掩盖，如检测是在全细胞中或存在其他发色团时，还原型辅因子非常不稳定。信号稳定在间接检测中也是一个问题，如还原型辅因子在比色副反应中（如甲型试验[2]）能检测到。一种替代方法，可以考虑使用荧光或发色醇底物在反应中作指示剂。像1、2或者3的手性1,3-二醇伞形醚作为乙醇脱氢酶的荧光底物已经被开发（图式1-1）[3~5]。醇类由伞形阴离子和活性前体烷基化而获得，它允许各种取代模式和在酶反应官能团周围的立体化学反应。相应的羰基酶氧化醇官能团，通过β-消除反应，自发地释放荧光产物伞形酮5。这一副反应在pH大于7时发生，添加牛血清白蛋白（BSA）能催化该反应。碱性pH是必须的，因为荧光伞形酮阴离子只能在pH大于7时存在。蓝色荧光信号波长约440nm，在醇类底物转化为伞形酮时信号强度增加超过20倍，紫外光下是肉眼可见的，这在菌种筛选时就特别方便。另一方面，不同底物的β-消除反应半衰期是3~15min，假如醇氧化速度非常快，这就限制了在反应动力学上的应用。因此，这种检测仅仅适用于在缓慢反应条件下的动力学研究，例如使用低浓度的酶。

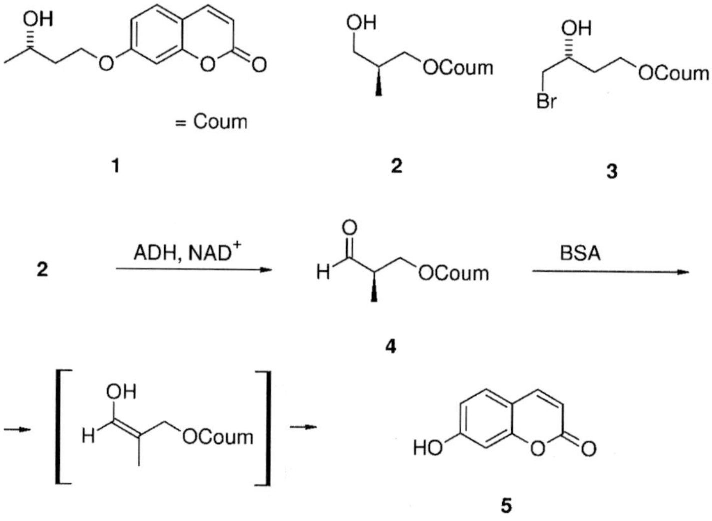

图式1-1 手性荧光醇脱氢酶底物和检测条件

Coum：图中化合物1的缩写；ADH：醇脱氢酶；BSA：牛血清白蛋白

1.2.2 荧光醛缩酶探针

20世纪90年代，醛缩酶催化抗体的发现使得人们在筛选非天然醛缩酶型底物生物转化醛醇缩合反应方面的兴趣日增[6~8]。上面提到的醇脱氢酶（ADH）检测可以在丁间醛醇底物形式上修饰，例如底物6通过逆丁间醛醇/顺序β-消除反应来检测逆醛醇缩合反应。醛缩酶底物6和结构类似物从醛4通过直接合成制备（图式1-2）[9,10]。醛4的β-消除反应在水介质中是不稳定的，但是可以在有机溶剂中进行。例如 $SnCl_4$ 能催化醛与甲硅烷基烯醇醚类在低温二氯甲烷介质中的反应，得率高，这一反应并没有发生 β - 消除反应，但能产生立体异构的丁间醇醛 6，产物可通过高效液相色谱分离并进行检测。逆醛醇缩合反应可用丁间醇醛 7 来评价，它与丁间醇醛 6 遵循同样的机理，丁间醇醛 8 和 9 也是如此。逆醛醇化时，直接产生荧光醛类产物，见 List 等人的研究结果[11]。相对于正向反应，检测逆醛醇缩合反应的优势在于有可能在反应中检测单个丁间醇醛产物的立体异构体，从而进行立体选择性的预测，如可以分析丁间醇醛 6 的所有 8 种非对映异构体[10]。

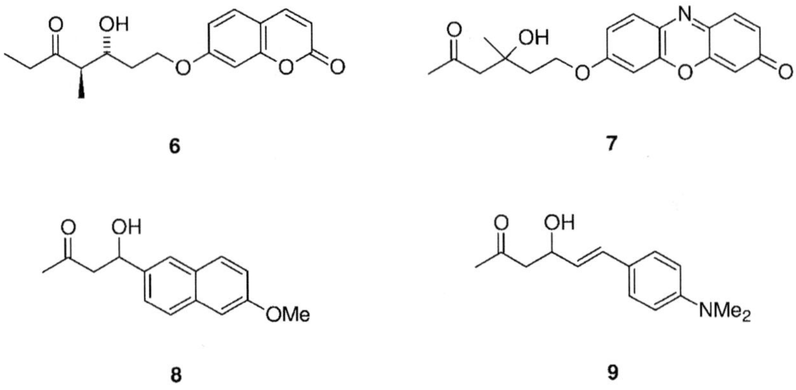

图式 1 - 2　醛缩酶催化抗体和相关生物转化的荧光底物

1.2.3　转醛醇酶和转酮醇酶

转醛醇酶 10～12（图式 1 - 3）的相关体系后来被开发[12]。各种转醛醇酶的戊酮型/己酮型立体异构性可以通过荧光立体异构底物对 11/12 检测。然而与天

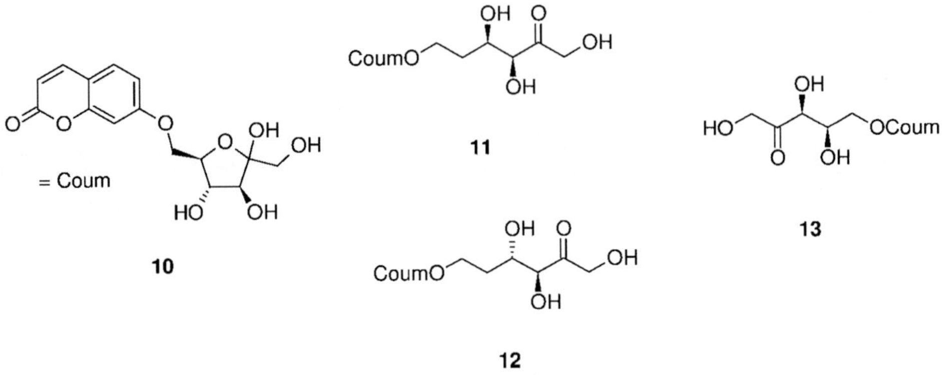

图式 1 - 3　转醛醇酶和转酮醇酶的荧光底物
Coum：图中化合物 10 的缩写

然底物相比，这些底物的转醛醇酶反应效率较低，主要是由于天然的6-磷酸果糖底物上位置6的磷酸基团被芳香族的香豆醚所取代，造成酶不能很好地识别。Sevestre等人[13]报道了底物13作为转酮醇酶的一种荧光底物，也基于类似的荧光释放机理。

值得一提的是大部分天然的醛缩酶可以采用传递NAD^+氧化还原过程的酶-耦合系统进行检测。在突变酶表达文库中，活性微生物菌落NADH的形成可以通过比色法测定，即在琼脂平板上使用吩嗪甲硫酸盐和硝基蓝四氮唑，它们形成不溶性沉淀。Williams等人[14]和Woodhall等人[15]采用该方法推断唾液酸醛缩酶接收非天然醛接收体。

1.2.4 烯醇化酶探针

醛缩酶类生物催化剂通常希望用来催化酮供体的烯醇化。然而通过荧光直接检测烯醇化作用是不可能的。最近发现，二羟基丙酮香豆醚14可以作为在水缓冲溶液中的一种荧光烯醇化探针（图式1-4）[16]。通过伞形酮的β-消除反应形成烯醇，并出现相应的荧光信号。该探针能检测到一系列小分子烯醇化催化剂的活性，通常被用于筛选醛缩酶型的生物催化剂[17]。这个探针可用于伞形酮与烯丙基溴烷基化、烯丙基醚双键的二羟基化、伯醇的硅烷化、仲醇氧化为酮以及酸去质子化，效果很好。

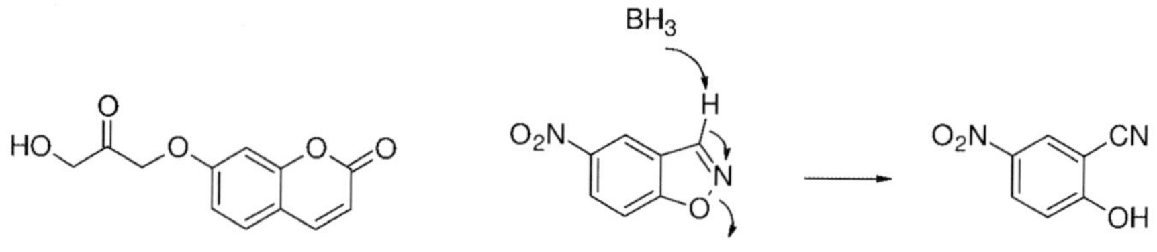

图式1-4 检测烯醇化作用和碳原子上去质子化作用底物

烯醇化作用包括在碳原子上的去质子化步骤，对于研究酶反应原理来说，这是一个有趣的基本反应步骤。生物催化碳去质子化的研究中已集中于硝基苯并噁唑15发色环的打开，形成黄色产物2-氰基-4-硝基苯酚16。弱碱条件能促进该反应，如在憎水环境下的羧酸酯侧链，特别是与白蛋白和催化抗体[18~21]。不稳定的醛4（图式1-1）和相应羰基也能为此反应提供荧光底物，β-消除反应过程确实是在类似于酶的方式下由BSA催化[3]的。

1.3 脂肪酶和酯酶

脂肪酶和酯酶可使用pH指示剂来测定。Kazlauskas团队报道了这一方法的实施情况,他们采用快 E 检测法来筛选对映选择性[22,23]。其他高通量筛选方法也有报道,是基于未标记酯的反应产物化学选择性进行检测,包括乙醛形成的荧光腙的检测,其乙醛来源于有机相中乙烯酯的脂肪酶/酯酶-催化转酯化作用[24];用酶试剂盒检测乙酸酯产生的乙酸[25];或甘油三酯水解释放的甘油氧化后,用肾上腺素与高碘酸盐返滴定[26,27]。

适用于脂肪酶和酯酶的各种发色和荧光酯类商业上主要以简单的伞形酮酯或对硝基苯酚酯的形式存在。不幸的是这些底物通常是惰性的,不与酶反应,而在反应介质中表现出高的非特异水解反应。为了克服这些限制,能显著提高脂肪酶和酯酶的荧光检测的许多检测方法和底物现在已经被开发出来。

1.3.1 固体支持物的检测

伞形酮酯或硝基苯酚酯作为脂肪酶底物的缺点在于它们的低水溶性和高的非特异性。因为脂肪酶是界面酶,因此一直在进行检测设计的探索:这些底物在酶溶液中是稳定的,且在高表面积的材料上不溶。实现这个设计最好是使用浸渍硅凝胶板(供分析薄层色谱法用)与伞形酮溶液共存于二氯甲烷溶剂中[28]。溶剂蒸发后底物均匀吸附在表面。通过简单地加入一滴检测溶液到硅凝胶板表面,就可以用于检测酶。假如活性酶存在的话,缓冲液浸渍平板,底物溶解与水解。这种设计非常实用,因为它允许测定体积减少到每次只要 $1\mu L$。这已经使用于高通量筛选 35 种不同的酶分别与 20 种不同的酯类底物反应,在几个小时内实现 7000 次单个检测。环己烷羧酸酯 17 能释放 4-甲基伞形酮 18 作为荧光产物,它在所有脂肪酶和酯酶检测时作为最均一的反应底物(图式 1-5)。前面提到的硅凝胶板用荧光底物浸渍可以用于检测其他酶,如伞形基糖苷用于检测糖苷酶。

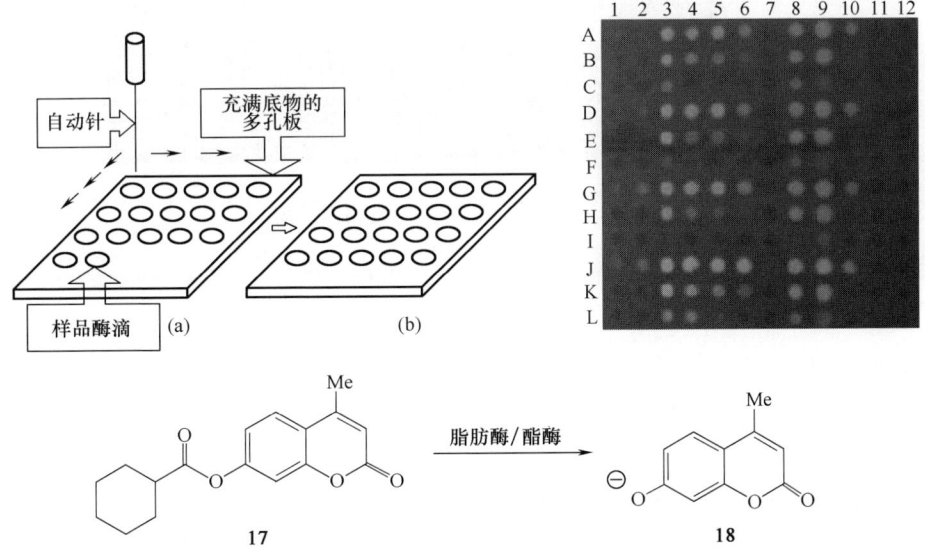

图式 1-5 在固体支持物下的荧光脂肪酶检测

图片显示了一种典型的用底物 17 浸渍的平板在加入 1μL 含各种脂肪酶（1～10 列）或对照（BSA）（11 和 12 列）的反应液在不同条件（A～L 通道）下反应后在紫外照射下的情况。

测定脂肪酶的底物微阵列已经进行了研究（图式 1-6）[29]。这种检测基于间接标记策略，包括 1,2-伯二醇产物的高碘酸盐开环，接着用若丹明磺酰肼化学选择性标记。这种标记共价连接到表面，无论何时都可形成产物醛，它的红色荧光能用标准微阵列扫描仪定量。1,2-二醇酯类在微阵列上显示出期望的化学稳定性。在适当的洗涤条件下，1,2-二醇能够成功地用苯肼试剂化学选择性地标记，而不需要非特异性着色。然而，大多数脂肪酶在检测中已证实是惰性的，在微阵列上最有活性的酶并不是那些在溶液中最有活性的，突显两种反应设计之间的强烈差异。

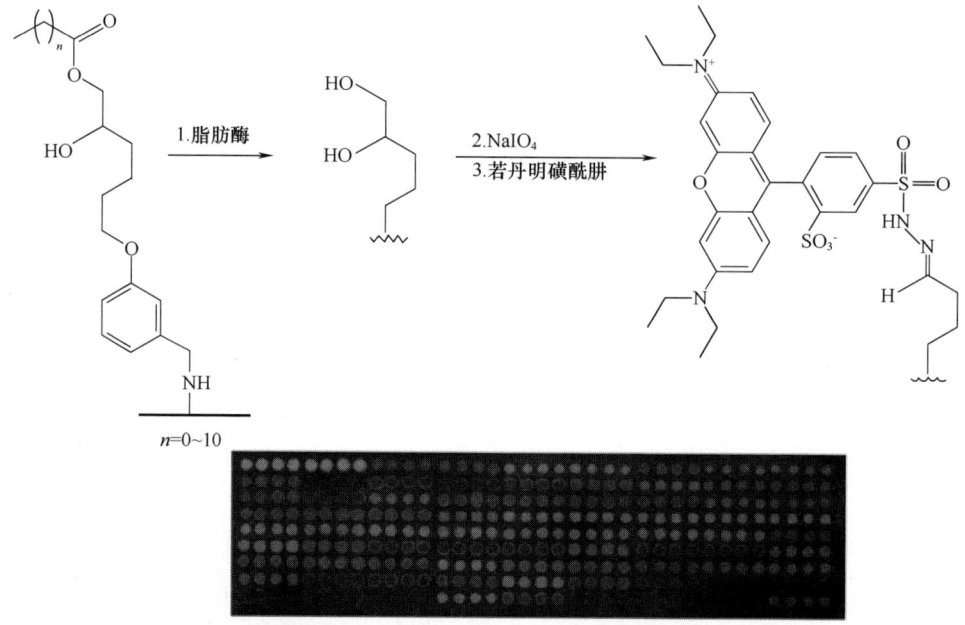

图式 1-6　测定脂肪酶的底物微阵列

1.3.2　高碘酸盐的夹子-O 底物

夹子-O 底物是水解酶荧光和显色底物的最可靠种类之一，特别是脂肪酶（例如 19）[30~32]。这些底物依据于双间接释放机制，1,2-伯二醇产物与高碘酸钠形成的不稳定的醛或酮连续开环，产生荧光信号（例如 21），经过 β-消除反应释放伞形酮 5 或硝基苯酚（图式 1-7）。高碘酸钠选择性地氧化 1,2-二醇和 1,2-氨基醇，但不与大多数的其他官能团相互作用，特别是待检测的底物和酶。这种间接释放策略将酶反应官能团从荧光标记中分开。另外，与酶反应的官能团是未激活的，因此在检测介质中不容易发生非催化的自然水解。夹子-O底物 19 专一性地与脂肪酶反应，因为酶反应的酯是 1，2-二醇单酯官能团，类似于这些酶的天然甘油酯底物[33]。

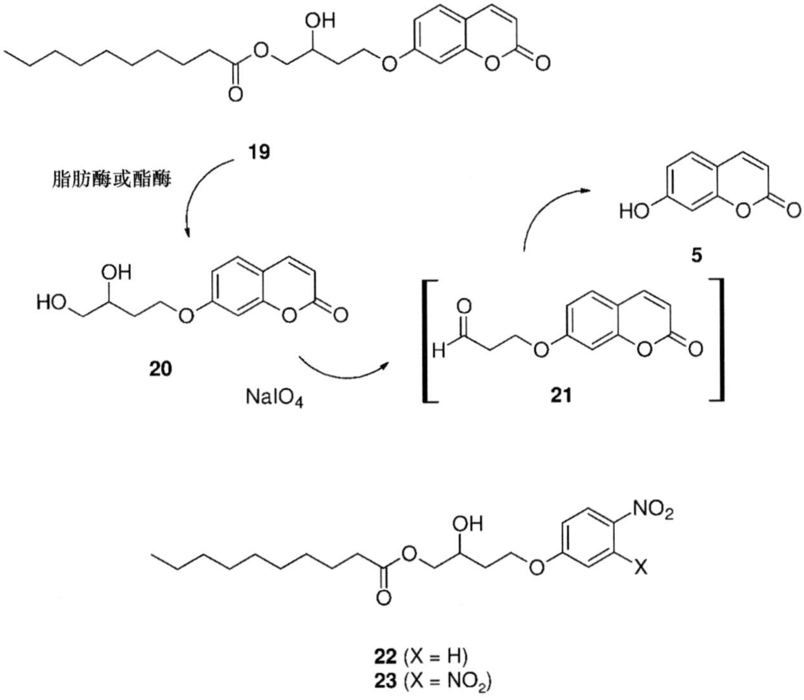

图式 1-7　脂肪酶和酯酶的夹子-O底物

有趣的是，已经发现化合物 19 不仅能与脂肪酶良好地反应，而且与酯酶具有高反应活性，因此这种底物一般作为脂肪酶和酯酶的标准荧光底物。研究了带有不同链长酰基的、有 8 个对映体的化合物 19 的酶指纹识别，结果表明可以通过链长度选择性来区分脂肪酶和酯酶[34]。相应的硝基苯基和二硝基苯基衍生物 22 和 23 显示出类似的反应活性[35]。醇脱氢酶（ADH）和醛缩酶的检测正如前面所讨论的（图式 1-1），1，2-二醇产物的二次分解产生的伞形酮可能是检测中的动力学限制因子，这意味着该底物不适用于非常快的酶动力学研究。

1.3.3　荧光氰醇酯和羟基酮酯

在脂肪酶和酯酶底物的酯功能上，通常使用脂肪族醇而不是酸性苯酚类化合物，这是获取这些酶选择性探针的关键。在这种情况下，利用伯醇产物的氧化分解即可得到解决。荧光氰醇和羟基酮能自发反应生成荧光苯酚，接着是连

续 β - 消除反应，这一现象已经得到研究，这两个化合物可作为荧光脂肪醇的替代品（图式 1 - 8）[36]。不稳定的醛 21 与氰化三甲基硅烷（TMSCN）在二氯甲烷中反应，三甲基硅烷（TMS）基团的酸水解反应能提供氰醇 25，而无需 β - 消除反应。氰醇 25 然后与各种酰基氯发生酯化反应，产生相应的酯（如 24）。在脂肪酶和酯酶存在时，这些底物发生荧光反应。酶催化下的酯水解释放出氰醇 25，然后在水缓冲液中快速、自发地分解产生荧光产物伞形酮。有趣的是，从氰醇 25 到醛 21 的反应平衡时间比 β - 消除反应更快。

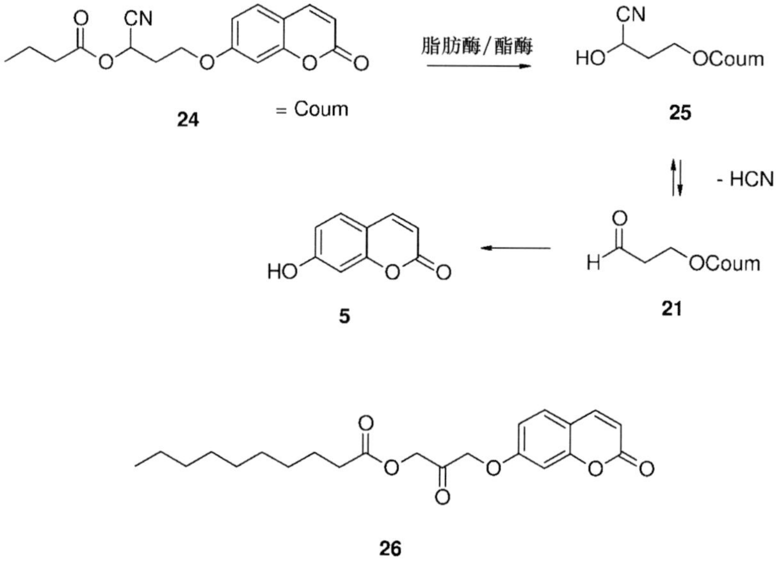

图式 1 - 8　荧光氰醇酯和羟基酮酯

上面讨论的荧光羟基酮 14（图式 1 - 4）也可以用于产生如 26 的酯，它可以用作脂肪酶的荧光底物[37]。然而，在这种情况下，脂肪醇酯相当不稳定。相对快的自发水解可能是一个辅助机理引起的，即酮水合形式的酰基转移。

1.3.4　荧光乙酰氧基甲基醚类

伞形酮能与多种脂肪酸氯甲基酯烷基化反应，产生乙酰氧甲基醚，且得率不错（例 27）[38]。这些底物在缓冲液中经过脂肪酶/酯酶 - 催化水解反应形成伞形酮（图式 1 - 9）[39]。其机制可能涉及一个不稳定的半缩醛中间体，它能自发反应生成甲醛和伞形酮 5。这些底物也用二步法顺序制备，包括伞形酮与 2 - 氯酮的烷基化反应，接着是拜耳 - 维立格（Baeyer - Villiger）氧化反应。该顺序反应特别有趣，能获得只与酯酶反应的荧光内酯 28 和 29[40]。

上述的烷基化反应也可以应用于荧光反应，用于产生相应的荧光单醚，如化合物 30，该化合物可作为脂肪酶的绿色荧光探针[41]。这些底物是水溶性的，是因为其荧光基团上存在负离子的羧酸根，它可以溶解于纯水缓冲液中而不需要任何共溶剂。后一类的底物反应非常快，酶反应专一性强，检测时间不到1min。一种活性指纹识别研究使用了各种荧光单醚底物和酶，或者是在纯水缓冲溶液中或者是在含20%（体积分数）二甲基亚砜共溶缓冲溶液中反应，结果表明分类在酯酶中的酶在纯水缓冲溶液中反应更快，而那些分类为脂肪酶的在共溶剂中有更强的活性，这可能和脂肪酶在界面被激活相关。

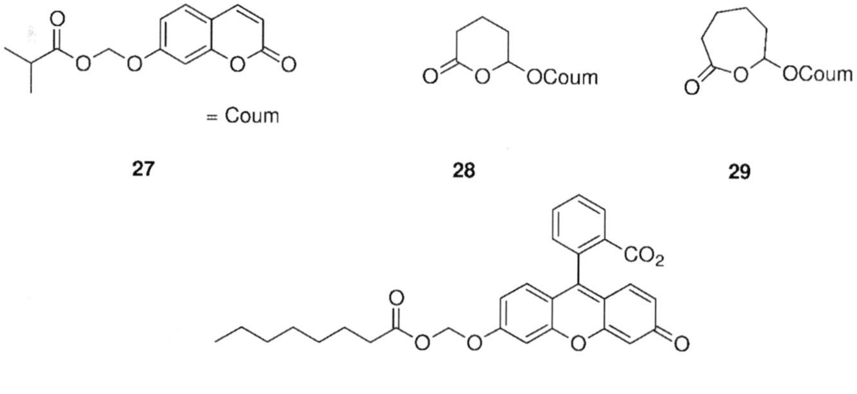

图式1-9　脂肪酶和酯酶的荧光乙酰氧基醚类
Coum：图中化合物 27 的缩写

1.3.5　FRET-脂肪酶探针

FRET（荧光或 Förster 共振能量转移）是最基本的原则之一，用来设计裂解反应的荧光底物和众所周知的蛋白酶和脂肪酶底物。尽管双重标记强烈影响反应活性，但应用脂肪酶 FRET 底物仍然得到了研究。围绕1，2-二醇单酯功能的各种变量调查获得新发现，大多数脂肪酶与芘羧酸酯 31 反应强烈，它是没有荧光的，主要是由于二硝基苯氨基团淬灭了分子内部荧光；反应释放出荧光芘丁酸酯产物 32[42]。由于溶解度和底物低 K_M 值的限制，这类检测需要较低的底物浓度。最有趣的是，这种底物特别抗非特异性水解，尤其是在碱性 pH 条件下。这样就允许在强烈的碱性条件下筛选酶，如图式 1-10 中罗氏脂肪酶 L8。调查表明，在 pH11 时，脂肪酶和酯酶大多数失去活性。

1.4　其他水解酶类

用于荧光脂肪酶底物的大多数反应原则也适用于其他类型的水解酶类。人们已经研究了环氧化物水解酶、酰胺酶、酯酶和磷酸酶。糖苷酶没有进行研究，

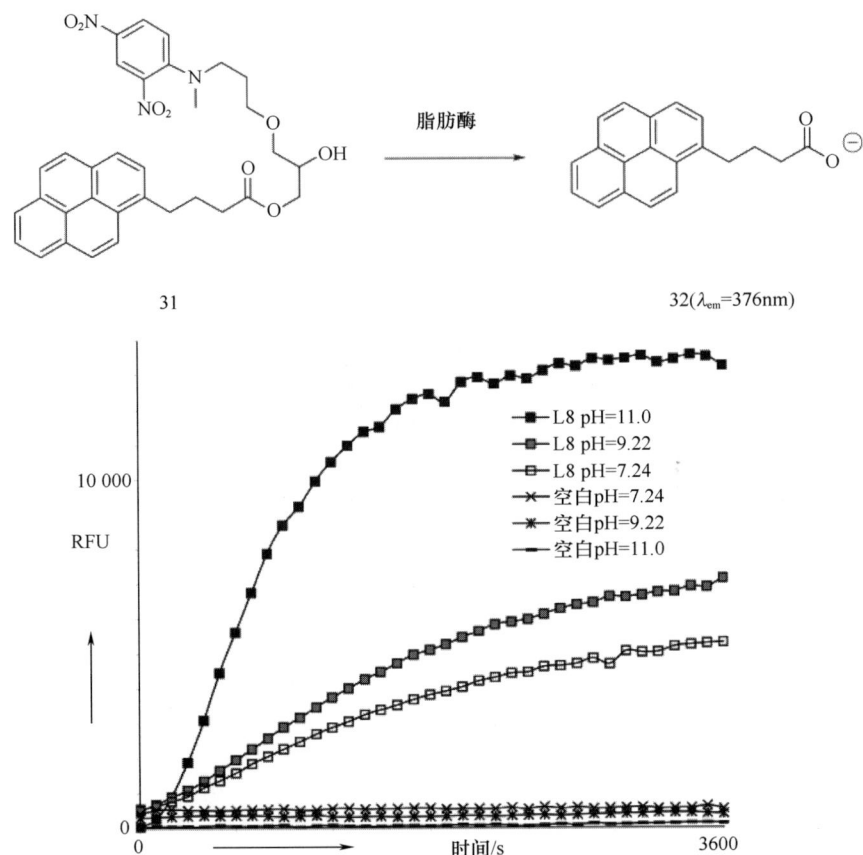

图式 1-10　脂肪酶碱性检测技术的 FRET 脂肪酶底物

RFU：相对荧光单位

因为在酶缺失的情况下，可以忽略非特异性反应，且芳基苷官能团很好地对应着相应的酶。另一方面，仍然有必要开发腈水解酶类的荧光底物，它是一种更重要的生物催化酶类。

1.4.1　环氧化物水解酶

在夹子-O脂肪酶底物19（图式1-7）中的产物1,2-二醇20，环氧化物33通过水解也能形成，这就产生了一种简便的高碘酸盐耦合检测方法，用于系列环氧化物的环氧化物水解酶的反应中（图式1-11）[5,32,43]。这些底物的外消旋体很容易制备，即通过伞形酮与烯丙基卤化物烷基化反应和烯丙基醚与过氧酸的环氧化反应。光学纯的环氧化物是由烯丙基醚的沙普利斯不对称双羟基化反应，接着是选择性环闭合而获得的。这类对映体纯的环氧化物可用于筛选对映选择的环氧化物水解酶，虽然对映体选择性的问题更为复杂。事实上，环氧水解酶能催化环氧化物在两侧开环,产生对映体的产物[44]。另外,这种酶反应也能产生对映转换水解反应,即外消旋环氧化物被转换为1,2-二醇的单一对映体[45]。

夹子-O环氧化物33~41及其相关底物是目前EH唯一可用的选择性荧光底物。另一方面,各种间接检测技术已经被报道来检测未反应的环氧化物[46]或从1,2-二醇高碘酸盐分解产生的羰基产物[26,47,48]。这些检测技术适用于荧光或比色法测定任何环氧化合物的水解。

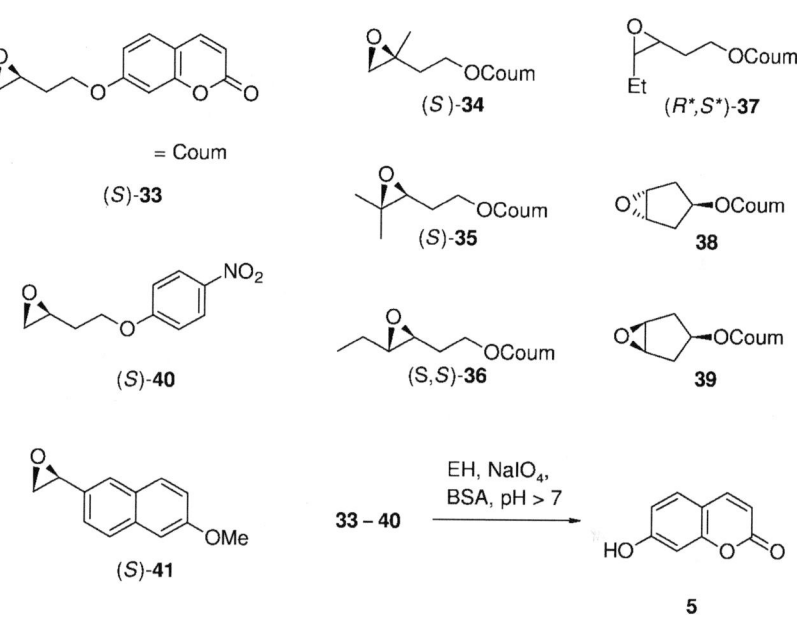

图式1-11 环氧化物水解酶的夹子-O荧光底物
Coum:图中化合物33的缩写

1.4.2 酰胺酶和蛋白酶

1,2-氨基醇能被高碘酸钠氧化,生成相应的羰基产物。这个反应比1,2-二醇的要快得多,且与pH无关。该反应可用于设计芳香酮和醛的非挥发性前体,通过添加氰化物形成氰醇,并还原为相应的氨基醇[49]。用1,2-氨基醇的氧化裂解来设计酰胺酶的选择性底物如苯乙酰胺42,该化合物非常适合筛选青霉素G酰胺酶,这一方法已经进行了开发(图式1-12)[32,43]。一种神经酰胺酶相关的荧光底物最近也已经报道[50]。苯乙酰衍生物43也作为酰胺酶的一种荧光底物[37]。然而,这种底物在碱性条件下十分不稳定,可能在一种辅助机制下水解,伴有分子内的酰基转移到水合二醇,这正如上面脂肪酶底物中所讨论的。由发色的苏氨酸衍生物形成的一种选择性的HIV-蛋白酶底物44也已经制备了[51]。

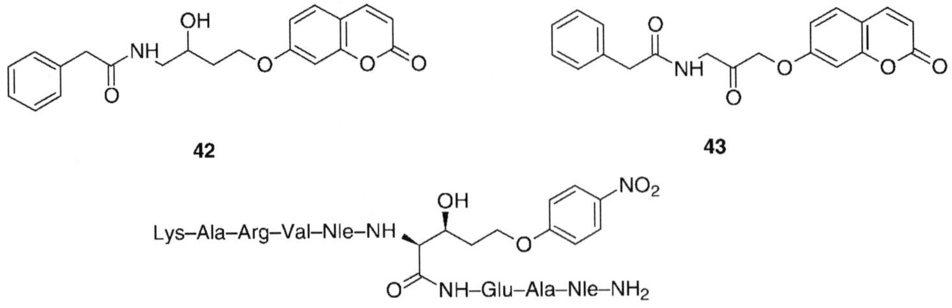

图式 1-12 夹子-O 酰基转移酶和酰胺酶底物

为了检测蛋白酶和酰基转移酶，发现了一种特别棒的检测方案，即荧光检测游离氨基酸，通过来源于铜钙黄绿素的解络合作用，消除了淬火影响。这一原理已被用于酰基转移酶、酰胺酶和蛋白酶的检测（图式 1-13）[52,53]。对于蛋白酶而言，组合检测能满足这样的需求，即同时检测多重肽和测定其裂解特征[54]。解决这个问题的新方案已经有报道，使用所谓的"鸡尾酒"方法，即荧光标记肽类混合物[55]或者组合肽库[56,57]。

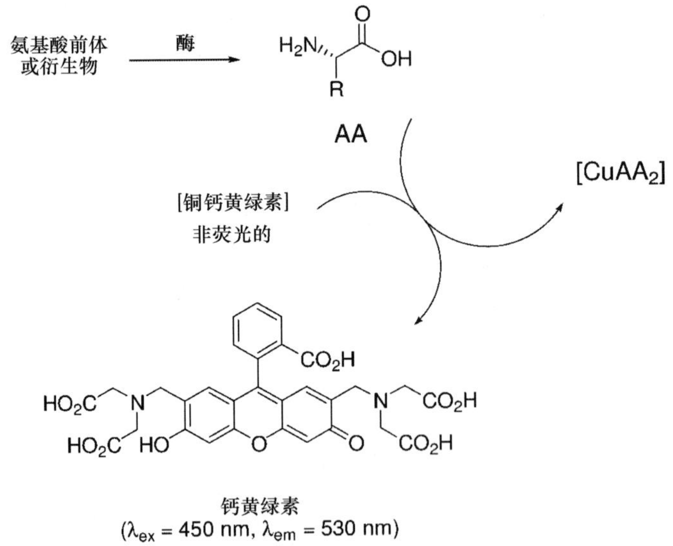

图式 1-13 铜钙黄绿素作为氨基酸的荧光传感器

1.4.3 磷酸酶

在有机合成方面，人们对磷酸酶兴趣一般，但是在生物技术方面人们对磷酸酶以及植酸酶兴趣日浓。植酸酶是一种能水解植酸（包含多个磷酸基团）的酶。磷酸酶的标准底物是对硝基苯磷酸酯和芳香酚类单磷酸酯。与上面讨论的夹子-O原则相关的二和三磷酸酯45和46已经进行研究（图式1-14）[58]。这些底物来源于二醇和二苄基亚磷酰胺的磷酸化，接着氧化为磷酸和加氢脱苄。这些磷酸酯对磷酸酶显示了预期的反应活性，然而，相对于碱性磷酸酶，植酸酶没有选择性，这样就能将它们区分开来，而不需要依据它们的pH比率剖面。

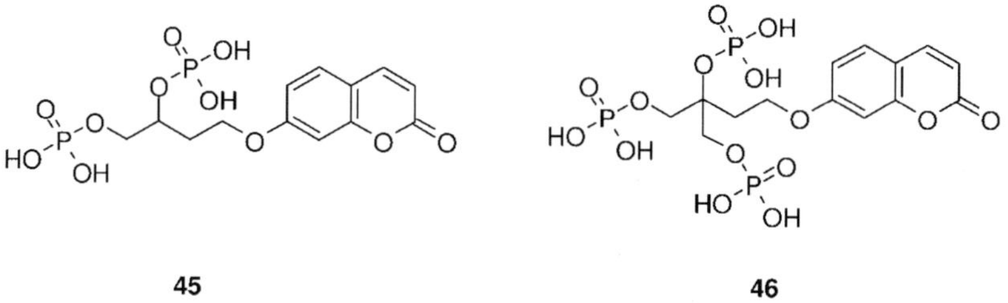

图式1-14 磷酸酶的夹子-O底物

1.5 拜耳-维立格酶（Baeyer-Villiger 酶）

拜耳-维立格（Baeyer-Villiger）单氧化酶（BVMOs）最近被确认为对手性制备有用的酶，特别是与前手性酮对映体选择性有关。据最近的研究显示，2-芳氧基酮类47~50是这些酶的荧光底物（图式1-15）[40]。氧化裂解的自然选择导致氧原子插入到芳醚的一侧而形成一种不稳定的内酯或缩醛酯，该物质会迅速水解形成伞形酮。用检测方法可以测定全细胞中的BVMOs。然而，在某些情况下，醚的亚甲基基团的氧化活性也能作为这些底物的副反应被检测，这个醚与BVMO反应无关。这些底物特别有吸引力，因为它们能从商用原料一步反应而得到，且产量高。对这些酶而言，这是迄今唯一可用的荧光检测方法。

1.6 结论

对于生物转化，荧光检测是酶工程和酶研究日常操作中不可缺少的工具。荧光底物作为酶分类的常规探针特别有用，常用于日常筛选和活性检查。然而，它们不能替代真正的底物，尤其是在特殊生物转化最优条件选择时。在这种情况下，为了追踪反应，需要间接荧光检测或进行仪器分析。酶的荧光检测方法需不断发现，新酶检测技术的开发将继续为创新发展提供充足的沃土。最新进展之一关注多底物平行检测或是用混合物记录酶活性剖面，也称作指纹识别，这能更详细地对酶活性进行描述[59,60]。

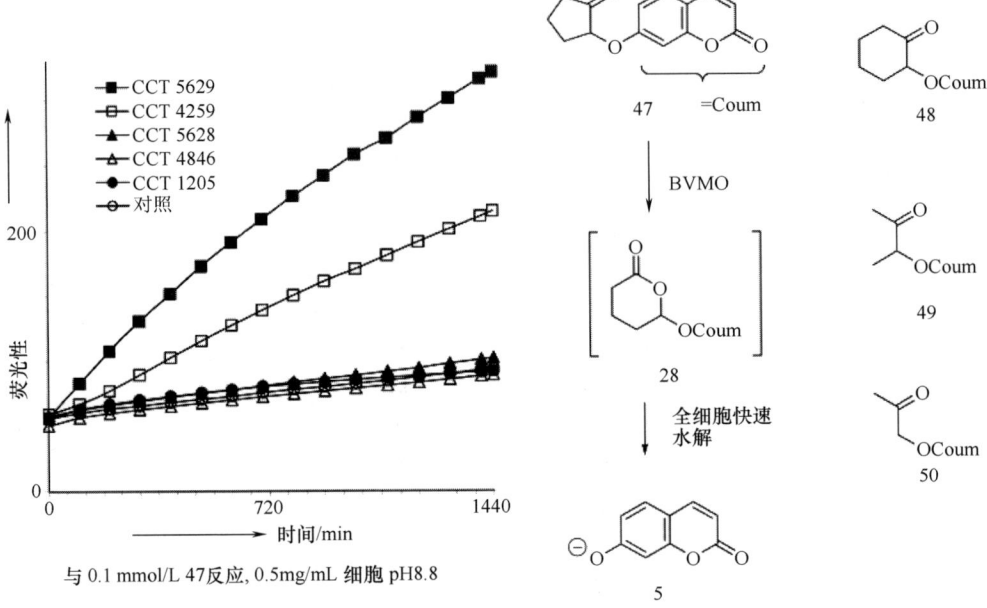

图式 1-15 在整个细胞中 BVMOs 的荧光检测

参考文献

1 Reymond, J. L. (2005) *Enzyme Assays: High-throughput Screening, Genetic Selection and Fingerprinting*, Wiley-VCH Verlag GmbH, Weiheim.

2 Ravot, G., Wahler, D., Favre-Bulle, O., Cilia, V. and Lefevre, F. (2003) High throughput discovery of alcohol dehydrogenases for industrial biocatalysis. *Advanced Synthesis & Catalysis*, 345, 691–694.

3 Klein, G. and Reymond, J. L. (1998) An enantioselective fluorimetric assay for alcohol dehydrogenases using albumin-catalyzed beta-elimination of umbelliferone. *Bioorganic & Medicinal Chemistry Letters*, 8, 1113–1116.

4 Klein, G. and Reymond, J. L. (1999) Enantioselective fluorogenic assay of acetate hydrolysis for detecting lipase catalytic antibodies. *Helvetica Chimica Acta*, 82, 400–407.

5 Badalassi, F., Klein, G., Crotti, P. and Reymond, J. L. (2004) Fluorescence assay and screening of epoxide opening by nucleophiles. *European Journal of Organic Chemistry*, 2557–2566.

6 Reymond, J. L. and Chen, Y. W. (1995) Catalytic, enantioselective aldol reaction using antibodies against a quaternary ammonium ion with a primary amine cofactor. *Tetrahedron Letters*, 36, 2575–2578.

7 Reymond, J. L. and Chen, Y. W. (1995) Catalytic, enantioselective aldol reaction with an artificial aldolase assembled from a primary amine and an antibody. *Journal of Organic Chemistry*, 60, 6970–6979.

8　Wagner, J. , Lerner, R. A. and Barbas III, C. F. (1995) Efficient aldolase catalytic antibodies that use the enamine mechanism of natural enzymes. *Science*, 270, 1797 – 1800.

9　Jourdain, N. , Carlon, R. P. and Reymond, J. L. (1998) A stereoselective fluorogenic assay for aldolases: detection of an anti-selective aldolase catalytic antibody. *Tetrahedron Letters*, 39, 9415 – 9418.

10　Perez Carlon, R. , Jourdain, N. and Reymond, J. L. (2000) Fluorogenic polypropionate fragments for detecting stereoselective aldolases. *Chemistry*, 6, 4154 – 4162.

11　List, B. , Barbas, C. F. and Lerner, R. A. (1998) Aldol sensors for the rapid generation of tunable fluorescence by antibody catalysis. *Proceedings of the National Academy of Sciences of the United States of America*, 95, 15351 – 15355.

12　Gonzalez-Garcia, E. , Helaine, V. , Klein, G. , Schuermann, M. , Sprenger, G. A. , Fessner, W. D. and Reymond, J. L. (2003) Fluorogenic stereochemical probes for transaldolases. *Chemistry-A European Journal*, 9, 893 – 899.

13　Sevestre, A. , Helaine, V. , Guyot, G. , Martin, C. and Hecquet, L. (2003) A fluorogenic assay for transketolase from *Saccharomyces cerevisiae*. *Tetrahedron Letters*, 44, 827 – 830.

14　Williams, G. J. , Domann, S. , Nelson, A. and Berry, A. (2003) Modifying the stereochemistry of an enzyme-catalyzed reaction by directed evolution. *Proceedings of the National Academy of Sciences of the United States of America*, 100, 3143 – 3148.

15　Woodhall, T. , Williams, G. , Berry, A. and Nelson, A. (2005) Creation of a tailored aldolase for the parallel synthesis of sialic acid mimetics. *Angewandte Chemie-International Edition in English*, 44, 2109 – 2112.

16　Kofoed, J. , Darbre, T. and Reymond, J. L. (2006) Dual mechanism of zinc-proline catalyzed aldol reactions in water. *Chemical Communications (Cambridge, England)*, 1482 – 1484.

17　Kofoed, J. , Darbre, T. and Reymond, J. L. (2006) Artificial aldolases from peptide dendrimer combinatorial libraries. *Organic & Biomolecular Chemistry*, 4, 3268 – 3281.

18　Kikuchi, K. , Hannak, R. B. , Guo, M. J. , Kirby, A. J. and Hilvert, D. (2006) Toward bi-functional antibody catalysis. *Bioorganic & Medicinal Chemistry*, 14, 6189 – 6196.

19　Debler, E. W. , Ito, S. , Seebeck, F. P. , Heine, A. , Hilvert, D. and Wilson, I. A. (2005) Structural origins of efficient proton abstraction from carbon by a catalytic antibody. *Proceedings of the National Academy of Sciences of the United States of America*, 102, 4984 – 4989.

20　Manetsch, R. , Zheng, L. , Reymond, M. T. , Woggon, W. D. and Reymond, J. L. (2004) A catalytic antibody against a tocopherol cyclase inhibitor. *Chemistry*, 10, 2487 – 2506.

21　Zheng, L. , Manetsch, R. , Woggon, W. D. , Baumann, U. and Reymond, J. L. (2005) Mechanistic study of proton transfer and hysteresis in catalytic antibody 16E7 by site-directed mutagenesis and homology modeling. *Bioorganic & Medicinal Chemistry*, 13, 1021 – 1029.

22　Janes, L. E. and Kazlauskas, R. J. (1997) Quick E. A fast spectrophotometric method to measure the enantioselectivity of hydrolases. *Journal of Organic Chemistry*, 62, 4560 – 4561.

23　Janes, L. E. , Lowendahl, A. C. and Kazlauskas, R. J. (1998) Quantitative screening of hydrolase libraries using pH indicators: identifying active and enantioselective hydrolases. *Chemistry-A European Journal*, 4, 2324 – 2331.

24 Konarzycka-Bessler, M. and Bornscheuer, U. T. (2003) A high-throughput-screening method for determining the synthetic activity of hydrolases. *Angewandte Chemie-International Edition in English*, 42, 1418 – 1420.

25 Baumann, M., Sturmer, R. and Bornscheuer, U. T. (2001) A high-throughput-screening method for the identification of active and enantioselective hydrolases. *Angewandte Chemie-International Edition*, 40, 4201 – 4204.

26 Wahler, D. and Reymond, J. L. (2002) The adrenaline test for enzymes. *Angewandte Chemie-International Edition in English*, 41, 1229 – 1232.

27 Wahler, D., Boujard, O., Lefevre, F. and Reymond, J. L. (2004) Adrenaline profiling of lipases and esterases with 1,2 – diol and carbohydrate acetates. *Tetrahedron*, 60, 703 – 710.

28 Babiak, P. and Reymond, J. L. (2005) A high-throughput, low-volume enzyme assay on solid support. *Analytical Chemistry*, 77, 373 – 377.

29 Grognux, J. and Reymond, J. L. (2006) A red-fluorescent substrate microarray for lipase fingerprinting. *Molecular Biosystems*, 2, 492 – 498.

30 Badalassi, F., Wahler, D., Klein, G., Crotti, P. and Reymond, J. L. (2000) A versatile periodate-coupled fluorogenic assay for hydrolytic enzymes. *Angewandte Chemie-International Edition in English*, 39, 4067 – 4070.

31 Wahler, D., Badalassi, F., Crotti, P. and Reymond, J. L. (2001) Enzyme fingerprints by fluorogenic and chromogenic substrate arrays. *Angewandte Chemie-International Edition in English*, 40, 4457 – 4460.

32 Wahler, D., Badalassi, F., Crotti, P. and Reymond, J. L. (2002) Enzyme fingerprints of activity, and stereo-and enantioselectivity from fluorogenic and chromogenic substrate arrays. *Chemistry*, 8, 3211 – 3228.

33 Nyfeler, E., Grognux, J., Wahler, D. and Reymond, J. L. (2003) A sensitive and selective high-throughput screening fluorescence assay for lipases and esterases. *Helvetica Chimica Acta*, 86, 2919 – 2927.

34 Grognux, J. and Reymond, J. L. (2004) Classifying enzymes from selectivity fingerprints. *Chembiochem*, 5, 826 – 831.

35 Grognux, J., Wahler, D., Nyfeler, E. and Reymond, J. L. (2004) Universal chromogenic substrates for lipases and esterases, *Tetrahedron, Asymmetry*, 15, 2981 – 2989.

36 Leroy, E., Bensel, N. and Reymond, J. L. (2003) Fluorogenic cyanohydrin esters as chiral probes for esterase and lipase activity. *Advanced Synthesis & Catalysis*, 345, 859 – 865.

37 Sicart, R., Collin, M. P. and Reymond, J. L. (2007) Fluorogenic substrates for lipases, esterases, and acylases using a TIM-mechanism for signal release. *Biotechnol Journal*, 2, 221 – 231.

38 Bensel, N., Reymond, M. T. and Reymond, J. L. (2001) Pivalase catalytic antibodies: towards abzymatic activation of prodrugs. *Chemistry*, 7, 4604 – 4612.

39 Leroy, E., Bensel, N. and Reymond, J. L. (2003) A low background high-throughput screening(HTS) fluorescence assay for lipases and esterases using acyloxymethylethers of umbelliferone. *Bioorganic & Medicinal*

Chemistry Letters, 13, 2105 – 2108.

40 Sicard, R., Chen, L. S., Marsaioli, A. J. and Reymond, J. L. (2005) A fluorescence-based assay for Baeyer-Villiger monooxygenases, hydroxylases and lactonases. *Advanced Synthesis & Catalysis*, 347, 1041 – 1050.

41 Yang, Y. Z., Babiak, P. and Reymond, J. L. (2006) New monofunctionalized fluorescein derivatives for the efficient high-throughput screening of lipases and esterases in aqueous media. *Helvetica Chimica Acta*, 89, 404 – 415.

42 Yang, Y. Z., Babiak, P. and Reymond, J. L. (2006) Low background FRET-substrates for lipases and esterases suitable for high-throughput screening under basic (pH 11) conditions. *Organic & Biomolecular Chemistry*, 4, 1746 – 1754.

43 Badalassi, F., Wahler, D., Klein, G., Crotti, P. and Reymond, J. L. (2000) A versatile periodate-coupled fluorogenic assay for hydrolytic enzymes. *Angewandte Chemie-International Edition*, 39, 4067 – 4070.

44 Archelas, A. and Furstoss, R. (2001) Synthetic applications of epoxide hydrolases. *Current Opinion in Chemical Biology*, 5, 112 – 119.

45 Monterde, M. I., Lombard, M., Archelas, A., Cronin, A., Arand, M. and Furstoss, R. (2004) Enzymatic transformations. Part 58: enantioconvergent biohydrolysis of styrene oxide derivatives catalysed by the *Solanum tuberosum* epoxide hydrolase, *Tetrahedron, Asymmetry*, 15, 2801 – 2805.

46 Zocher, F., Enzelberger, M. M., Bornscheuer, U. T., Hauer, B. and Schmid, R. D. (1999) A colorimetric assay suitable for screening epoxide hydrolase activity. *Analytica Chimica Acta*, 391, 345 – 351.

47 Doderer, K., Lutz-Wahl, S., Hauer, B. and Schmid, R. D. (2003) Spectrophotometric assay for epoxide hydrolase activity toward any epoxide. *Analytical Biochemistry*, 321, 131 – 134.

48 Mateo, C., Archelas, A. and Furstoss, R. (2003) A spectrophotometric assay for measuring and detecting an epoxide hydrolase activity. *Analytical Biochemistry*, 314, 135 – 141.

49 Yang, Y. Z., Wahler, D. and Reymond, J. L. (2003) Beta-amino alcohol properfumes. *Helvetica Chimica Acta*, 86, 2928 – 2936.

50 Bedia, C., Casas, J., Garcia, V., Levade, T. and Fabrias, G. (2007) Synthesis of a novel ceramide analogue and its use in a high-throughput fluorogenic assay for ceramidases. *Chembiochem*, 8, 642 – 648.

51 Badalassi, F., Nguyen, H. K., Crotti, P. and Reymond, J. L. (2002) A selective HIV-protease assay based on a chromogenic amino acid. *Helvetica Chimica Acta*, 85, 3090 – 3098.

52 Klein, G. and Reymond, J. L. (2001) An enzyme assay using pM. *Angewandte Chemie-International Edition*, 40, 1771 – 1773.

53 Dean, K. E. S., Klein, G., Renaudet, O. and Reymond, J. L. (2003) A green fluorescent chemosensor for amino acids provides a versatile high-throughput screening (HTS) assay for proteases. *Bioorganic & Medicinal Chemistry Letters*, 13, 1653 – 1656.

54 Diamond, S. L. (2007) Methods for mapping protease specificity. *Current Opinion in Chemical Biology*, 11, 46 – 51.

55 Yongzheng, Y. and Reymond, J. L. (2005) Protease profiling using a fluorescent domino peptide cocktail. *Molecular Biosystems*, 1, 57 – 63.

56 Kofoed, J. and Reymond, J. L. (2007) A general method for designing combinatorial peptide libraries decodable by amino acid analysis. *Journal of Combinatorial Chemistry*, 9, 1046 – 1052.

57 Kofoed, J. and Reymond, J. L. (2007) Identification of protease substrates by combinatorial profiling on TentaGel beads. *Chemical Communications (Cambridge, England)*, 4453 – 4455.

58 Gonzalez-Garcia, E. M., Grognux, J., Wahler, D. and Reymond, J. L. (2003) Synthesis and evaluation of chromogenic and fluorogenic analogs of glycerol for enzyme assays. *Helvetica Chimica Acta*, 86, 2458 – 2470.

59 Reymond, J. L. and Wahler, D. (2002) Substrate arrays as enzyme fingerprinting tools. *Chembiochem*, 3, 701 – 708. 60 Goddard, J. P. and Reymond, J. L. (2004) Enzyme activity fingerprinting with substrate cocktails. *Journal of the American Chemical Society*, 126, 11116 – 11117.

2 利用固定化技术提高酶的应用
Ulf Hanefeld

2.1 引言

有机化学中酶催化剂的应用与其固定化技术紧密相关。事实上,有许多酶仅能以固定化形式进行产业化应用。固定化技术有利于拓宽酶的应用范围已得到公认。目前已有许多易于固定化的酶作为生物催化剂成功应用于工业规模生产。这也导致了对于同一酶制剂,在不同的企业中会有不正确的酶缩写名称。例如,CALB 是特指南极假丝酵母脂肪酶 B 交联于聚甲基丙烯酸酯的固定化形式(即 Novozym 435)。同样,固定于糊精或硅藻土的洋葱伯克霍尔德菌脂肪酶的名称也被 Amano PS 商业化取代。而在其名称中常常不会提及该酶是固定化酶[1]。

固定化酶重要性及其优势有哪些?一般来说,均相催化剂和酶比非均相催化剂拥有更多优势,见表 2-1。然而,均相催化剂也有缺点,主要是产物分离时酶很难从反应体系中分离[1~3]。这种难分离的特性使生物催化剂的回收利用十分困难,成为连续过程的致命缺陷。通过酶的固定化,非均相催化剂体现出其特有的优势可以在酶催化剂中得以实现。

表 2-1　　均相催化剂和酶与非均相催化剂的比较

	均相催化剂和酶	非均相催化剂
优点	温和的反应条件 高的活性和选择性 有效的传热	有效的分离 催化剂回收简单 连续生产
缺点	分离困难 污染产品 生产不连续	传热不好 低活性和低选择性

对酶催化剂而言,有一点十分重要,即并不是所有的酶在溶液中都能够稳定地存在,尤其是在有机溶剂中酶就极不稳定[4]。酶稳定性的提高不仅可以通过基因改造和化学修饰法实现,而且可以通过操作简单和不需特殊设备的固定

化实现。此外，固定化也可以改善酶的包括酶活性、底物特异性和对映选择性等在内的其他催化特性。但很多潜在的因素总会妨碍人们把酶固定化作为提高酶活性、稳定性、特异性和选择性的最有力工具的认识。

作为均相催化剂的酶固定化方法主要有三种[3]，吸附于载体、包埋于载体中或者通过共价键结合于载体。在共价结合法中，极端情况下，酶分子之间也可以通过交联作用实现酶的结合，在固定化中不需要载体。适合的固定化方法和载体选择对有效改善固定化酶的催化特性至关重要。目前已有许多关于酶固定化的优秀综述[5~13]及综合性书籍[14]出版，这些文献通常将固定化方法分为3~8类，有的甚至包括了现代膜技术。本章将以 COST D25 Action 的固定化研究为例阐明固定化研究的重要性。

2.2 吸附和静电相互作用力

酶的吸附可以通过不同类型的相互作用实现。具有大的亲脂表面的酶可以通过酶与疏水载体之间的范德华力固定于载体上；而具有亲水表面或含有糖基的蛋白质则能够通过氢键作用实现吸附。在一个典型的离子作用例子中，酶作为载体的负离子，确保酶与载体的结合。在所有实例中，酶不需要经过化学修饰和预处理。固定化条件的改变很大程度上影响酶固定化效果，从而影响酶的催化特性并获得酶特性的简单操作。吸附固定化的一个明显的缺点是在反应条件下酶可能会从载体上过滤出去。

2.2.1 范德华相互作用力

适合通过范德华相互作用力进行固定化的酶大多是脂肪酶。在界面处脂肪酶有活性：许多脂肪酶表现出界面激活[15]。通常认为盖子区域覆盖活性位点的这类脂肪酶，当与亲脂界面接触时，仅能转变为活性构象（盖子打开，活性位点暴露）。通过将酶吸附于亲脂表面，盖子将会形成开放的构象（图2-1）。此外，作为界面激活酶，它的部分表面是亲脂性的，以确保反应过程中活性位点正确的方向[6,9]。于是许多脂肪酶被固定于疏水载体上。已有很多提高脂肪酶活性的报道，通过将其固定于如 EP-100 聚丙烯、Accurel MP1004 聚丙烯、辛基-二氧化硅和辛基-琼脂等疏水载体上[9,14,16~20]。

这种技术促进了许多不同酶应用的发展。微生物生产的脂肪酶发酵液中，脂肪酶通常仅有亲脂成分。通过疏水载体的吸附可一步从发酵液中提取和纯化得到脂肪酶从而证明其亲脂性[21,22]。然而，这种分离方法也显示出酶固定于疏水载体的不足之处。固定化及去除发酵液之后，这些脂肪酶可能会相对容易被洗去而脱离载体。事实上，在水相介质中利用固定于疏水载体的酶，酶的解离是一个主要问题。然而，如果将固定化酶用于疏水性有机溶剂中，由于酶不溶

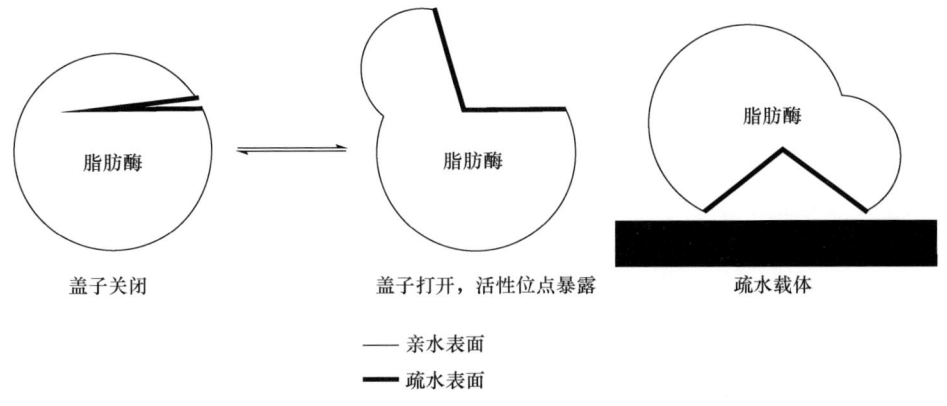

图2-1 大多数脂肪酶被界面激活
当固定化于疏水载体时定义为其处于活性构象

于疏水性有机溶剂,因此就不会发生酶解离的问题。

无盖的 CALB 固定于疏水大孔聚合物,其基于甲基和丁基甲基丙酸烯酯和交联于二乙烯基苯,称为 Novozym 435[23]。CALB 的制备非常成功并得到广泛应用。因此,与其他很多脂肪酶 CALB 不同,Novozym 435 在界面处不被激活[15,24]。当用于甲苯体系中芳香族氰醇酯(1)的动力学拆分,固定化酶表现出明显的优势[25]。在酶催化反应的最后,酶被过滤除去,反应混合物进入第二步转化,(S)-(2)-氰醇的化学保护。所产生的两种氰醇对映体,分别被不同的保护基团保护并且易于分离(图式2-1)。去除酶用于回收再利用,研究发现经过五个循环后,酶的活性和选择性没有任何损失(表2-2),这说明了酶固定化的价值。

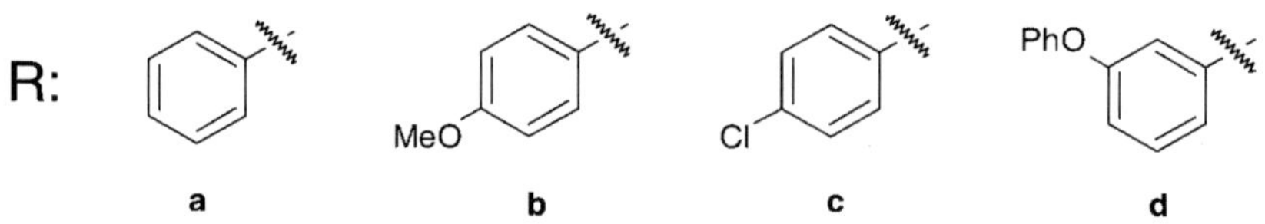

图式 2-1　固定化 CALB 在有机溶剂中的应用：易于去除和回收

表 2-2　60℃甲苯溶剂条件下 Novozym 435
（固定于疏水载体的 CALB）的回收利用

转化率（%，光学纯度）			循环数		
1	1	2	3	4	5
R-1c	98（99）	96（99）	98（97）	98（98）	98（98）
S-5c	86（90）	86（90）	88（93）	90（93）	91（93）
相应的醛	16	18	14	12	10

在许多动力学拆分 CALB 反应中，这类型固定化催化剂应用较为广泛。当催化外消旋均相过渡金属催化剂、多种酸或碱或固定化过渡金属存在时，Novozym 435 都不会失活[1,26~28]。在高温条件下（>60℃），由于这些催化剂催化的反应包括氧化还原反应，使其得到了进一步关注。Novozym 435 将脂肪醛（7）对映选择合成氰醇酯（10），这种动态动力学拆分获得了很好的效果（图式 2-2）[29]。其中 NaCN 作为碱基用于动态消旋化反应和氰醇降解反应（6 和 8）。

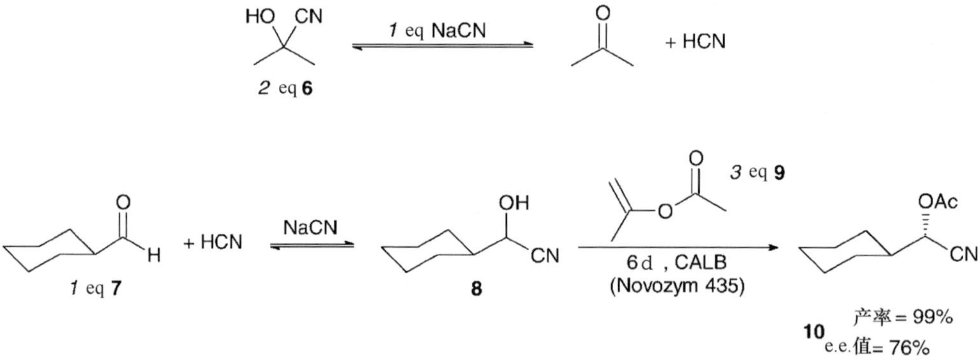

图式 2-2　通过 DKR Novozym 435 催化对映选择性合成脂肪族氰醇

必须指出，CALB 也常被固定于 Accurel 这种材料中用于催化反应。酶固定于这种载体上之后，其立体选择性和活性都比固定化 Novozym 435 要好。然而，这也说明需要考虑扩散效应，特别是酶表现更好或不好由多种因素导致，当优化载体时，这种改进事实上针对载体没有任何帮助[30]。事实上，近年来 Novozym 435 和游离态 CALB 表现出相同的立体选择性[31]。通过对 CALB 初步研究发现，有相当大的一部分（包括活性位点周边区域）表现出亲脂性（图2-2）[32]。直观判断结果表明当酶固定于疏水载体时，由于活性位点可能无法被识别，导致酶失活。这表明酶用这样的方式使活性中心仍然易于接近。

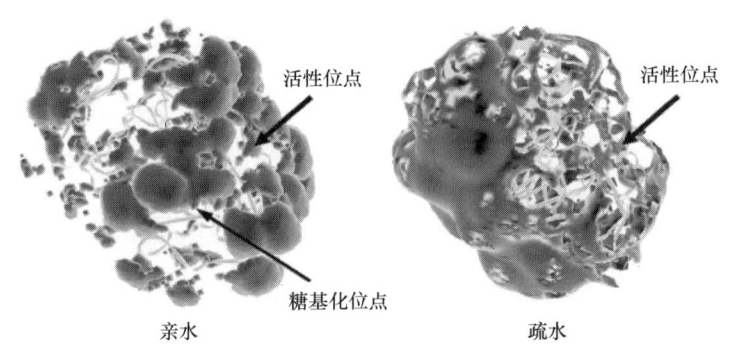

图2-2 CALB 的疏水和亲水表面区域

再版许可来源于[32]，版权（2007）Wiley - VCH Verlag GmbH & Co. KGaA.

2.2.2 氢键

大多数酶具有亲水表面，常为糖基化的形式。因此，酶可以很容易在极性表面形成氢键。于是，这类酶容易固定于亲水载体上（纤维素、木质素、微晶纤维素、硅藻土、多孔玻璃、黏土、硅胶）[9,12,14]。其中硅藻土载体是一种含硅的藻土，具有硅藻属的硅酸盐骨架[33]。有很多不同类型的硅藻土，因此需要慎重选择正确的类型。硅藻土可以用于控制有机溶剂中的水活性，从而有助于保持酶最适的反应条件[34]。硅藻土作为载体用于许多商业化脂肪酶的制备和实验室多种酶固定化的研究[35~37]。此外，糖类聚乙二醇（PEG）或白蛋白也用于稳定酶和避免有机溶剂对酶的不利影响。

来源于橡胶树（*Hevea brasiliensis*）的羟基腈裂解酶（醇腈酶）（HbHNL）固定于硅藻土与固定于微晶纤维素或疏水聚酰胺 Accurel EP 700 相比，表现出更高的活性和相对较高的对映立体选择性。虽然固定于硅藻土的 HbHNL 在无水有机溶剂中表现出较好的稳定性，但当用于无水体系却会失活[37~39]。来源于扁桃（*Prunus amygdalus*）、木薯（*Manihot esculanta*）和甜高粱（*Sorghum bicolor*）的 HNLs 已得到研究，研究表明以上四种 HNLs 在含1%~1.5%的水作为水层的有机溶剂中能保持活性和选择性。

固定于硅藻土的脂肪酶适合用于无水有机溶剂体系。洋葱假单胞菌（*Pseudomonas cepacia*）（又称洋葱伯克霍尔德菌 *B. cepacia*）脂肪酶当蔗糖存在时固定于硅藻土助滤剂上[36,40,41]，并通过 DKR 首次用于对映选择性合成氰醇酯。相似地，还有其他利用固定于硅藻土的脂肪酶合成氰醇酯的成功案例[42]。

Novozym 435 与之相比,虽已成功地用于脂肪族氰醇醛 DKR (见章节 2.2.1 和图式 2-2)[29],但不能通过 DKR 对映选择性合成扁桃腈酯 (1a)[43]。研究发现在反应过程中,通过部分酰基供体 (9) 水解产生的醋酸可中和用于催化外消旋动态形成氰醇 (2) 的碱。这种水解是由于 Novozym 435 的疏水载体中残留水的释放所导致的。当以硅藻土 R-633 CALB 作为载体时,对芳香族醛的 DKR 表现出优异的催化性能 (图式 2-3)[44,45]。显然,在反应体系中硅藻土维持了低的水活度,从而避免了水解作用和醋酸的产生。如上所述,硅藻土能控制有机溶剂体系中的水活度,并保持其处于非常低和恒定的水平。经过优化条件后,通过直接对比发现,这两种酶制剂虽然都能催化这类 DKR,但固定于硅藻土的 CALB 仍作为常用的催化剂 (图 2-3)。这种表现上的不同可解释为在疏水和亲水载体

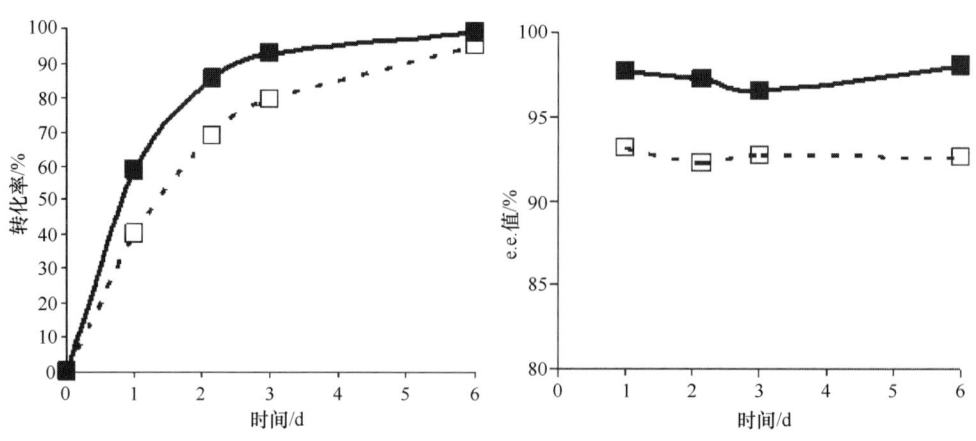

图式 2-3　固定于硅藻土 R-633 的 CALB 通过 DKR 催化对映选择性合成芳香族氰醇

图 2-3　固定于硅藻土 R-633 的 CALB (■) 和
Novozym 435 (□) 催化通过 DKR 对映选择性合成方案 2-3 中的 a 类化合物

中酶不同的方向（图 2-2）[32]。此外，最近有证据表明固定化后蛋白质构象会发生变化，并且这种改变依赖于载体[46]。因此，酶固定化于不同的载体会表现出相同的性能很不可思议。

2.2.3 离子相互作用力

最强的静电相互作用是离子相互作用。由于赖氨酸（ε-氨基）、天冬氨酸或谷氨酸（第二个羧基），酶的表面区域含有氨基和羧基[13]。依赖于溶液的 pH，这些基团带有电荷并能作用于离子表面。这种类型的固定化技术本质上是基于离子交换剂。离子交换剂带有正或负电荷，依赖于酶的优势电荷（图 2-4）[14]。CALB 固定于阴离子交换剂聚乙烯亚胺（PEI，含有许多氨基，带有正电荷），酶固定化的 pH 和温度对酶的活性和对映选择性有很大的影响[47]。早期研究结果就已证实，PEI 也能激活先结合于疏水载体的脂肪酶。表明 PEI 与脂肪酶的疏水表面有相互作用，并影响其构象[48]。

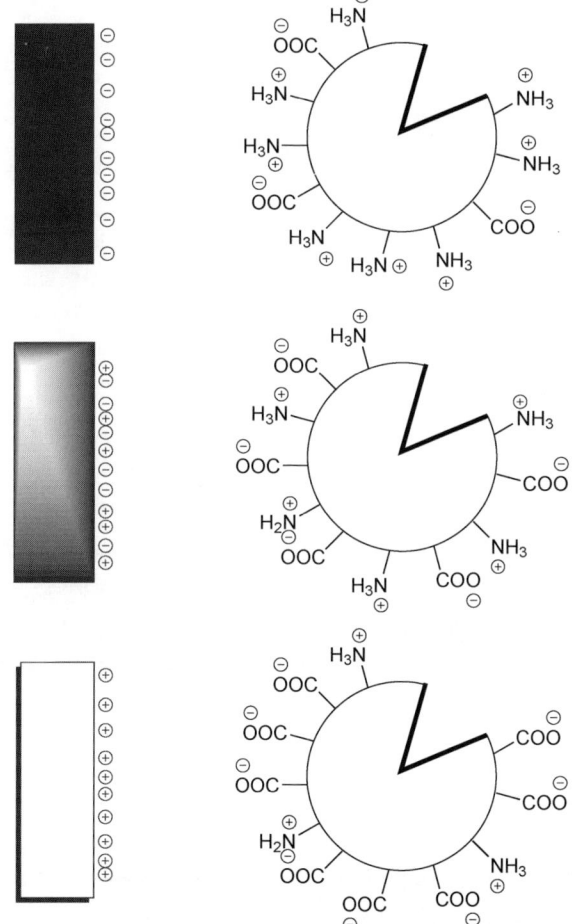

图 2-4 离子交换剂与酶之间不同的离子相互作用

除了阴阳离子交换剂作为酶载体，还发现混合离子交换剂可用于当 pH 接近等电点时同时具有氨基和羧基的结合酶，如来源于大肠杆菌（*Escherichia coli*）的青霉素 G – 酰基转移酶（图 2 – 4）[49]。

在海洋真菌（*Caldariomyces fumago*）的氯过氧化物酶的固定化系统研究中，精心设计制备多孔硅藻土载体，这种天然酶不能用于氯处理[50,51]。根据酶的大小（直径 6.2nm）、静电表面 [图 2 – 5（a）] 和等电点 4 [图 2 – 5（b）] 来调节载体微孔大小，使氨基与载体结合。最优载体的平均孔径为 15nm，且带有正电荷氨基丙基，匹配于氯过氧化物酶的负电荷的多孔材料。当 pH 为 6 时，酶吸附于载体上，这种固定化酶可循环利用 5 次且活性保持稳定。

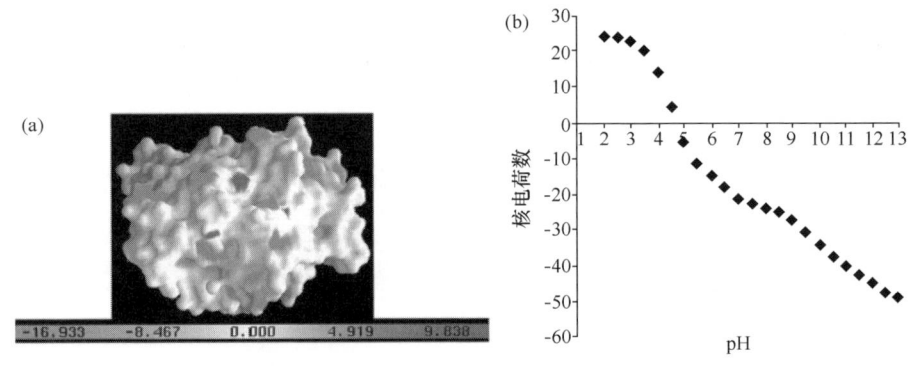

图 2 – 5　氯过氧化物酶固定于多孔硅藻土的电荷变化
（a）氯过氧化物酶在 pH 7.0 时的泊松 – 玻尔兹曼静电表面
（b）随着 pH 的变化氯过氧化物酶电荷数的变化
再版许可来源于 [51]，版权（2007）American Chemical Society.

固定化过程的 pH 和盐浓度对离子固定化至关重要，在酶的反应体系再怎么强调也不为过。如果不重视这些参数或使用孔径大小不合适的多孔材料会导致酶固定化失败或固定化不稳定[52]。

另一种方法是利用螯合金属离子，如铜离子、钴离子、镍离子等通过离子相互作用与酶结合固定化[53,54]。当酶含有易于接近的咪唑残基时，来源于组氨酸[55]或 6×组氨酸标签（图 2 – 6）[56~59]更是如此。这种标签通过基因修饰酶很容易实现。这种标签对酶的催化性能基本没有影响。当苯甲醛裂解酶[60]固定于含有镍离子的聚乙烯基吡咯烷酮基质时，可重复多次用于安息香（12）的生产（图式 2 – 4）[58]。

蛋白质微晶体（PCMC）制备成固定化酶，通过添加助溶剂获得酶的水溶液和盐溶液（如硫酸钾）。盐沉淀同时酶在顶部形成微晶体层，并易于接近。随着盐晶体的生长，直接作用于蛋白质，离子相互作用将酶固定化。PCMCs 仅能用于有机溶剂中，并可稳定贮存[61]。

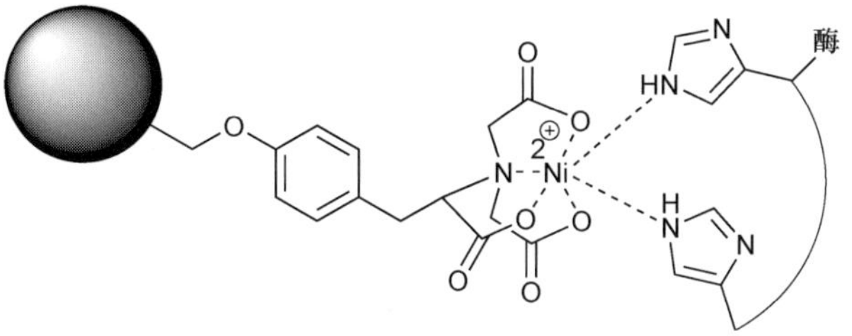

图 2-6　含镍离子载体与带有 6×组氨酸标签酶的结合

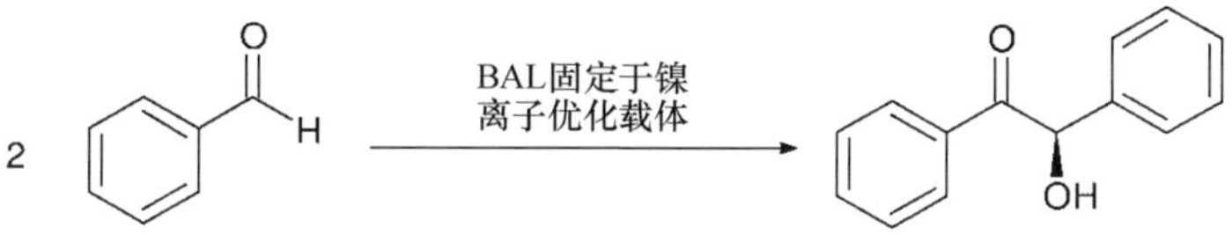

图式 2-4　含 6×组氨酸标签的固定化 BAL 催化安息香 12 的合成

2.3　包埋

包埋对酶结构没有影响，它是一种最好的酶固定化方法。在所有不同的酶包埋方法中，最广泛使用的是凝胶溶胶技术[5,7,62]。溶胶凝胶剂是一种高度多孔硅材料，易于制备和优化（图式 2-5）。溶胶凝胶剂是一种化学惰性玻璃，能形成各种所需的形状，并且具有耐热和机械压力的稳定性能。最重要的是合成过程条件相对温和。第一步是通过酸性催化剂水解四烷氧基硅烷如四甲氧基硅烷（TMOS）。水解之后进行浓缩，最后将部分水解及浓缩后的单体进行混合形成溶胶。进一步浓缩后形成凝胶，其所有的微孔都注满水，称为水凝胶。这种水凝胶经进一步蒸发干燥除去水和乙醇后，在这些条件下毛细管压力导致溶胶凝胶显著收缩而失去部分原来的结构，于是就形成了干凝胶。当水和乙醇换成丙酮，随后又换成超临界二氧化碳时，水凝胶免除了毛细管压力并得到干燥，从而浓缩得到凝胶，这种方式获得的气凝胶具有大的微孔体积，但相对易碎[5]。以这种方式获得的不同溶胶凝胶都具有亲水性。将烷基三烷氧基硅烷如甲基三烷氧基硅烷（MTMS）添加到合成体系中，溶胶凝胶则具有疏水表面。因此，在合成过程中简单的改变会对凝胶发挥较大的改进作用。表面的优化确保溶胶凝胶可以作为亲水载体，并与酶作用形成氢键（参见章节 2.2），或疏水载体（参见章节 2.2.1）。具有疏水表面的溶胶凝胶对脂肪酶的催化反应有很大的促进作用，可能是由于酶以激活构象（盖子打开）被固定（图 2-1）[63,64]。与吸附方法相似，为了稳定和激活酶，可进一步添加表面活性剂、聚乙烯醇或冠醚。此外，在溶胶凝胶合成的不同阶段，可添加多孔玻璃珠或石英玻璃纤维从而提高机械硬力[64~66]。

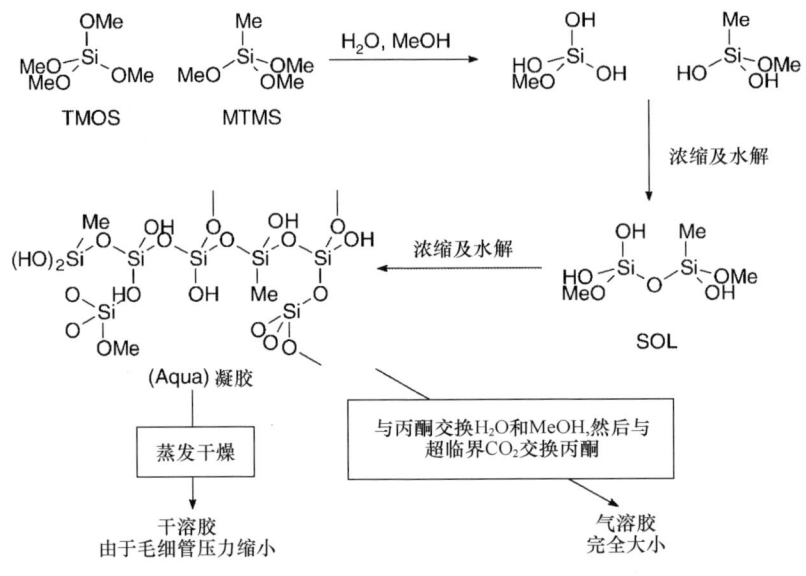

图式 2-5 溶胶凝胶的合成

固定于疏水溶胶凝胶的脂肪酶活性有很大的提高。HbHNL 也固定于疏水溶胶凝胶。HbHNL 结构上与 α/β 水解酶和脂肪酶密切相关。然而，在溶胶凝胶中 HbHNL 已变性（图式 2-5）。在添加酶之前，并且真空状态下，去除溶胶凝胶中的甲醇，水凝胶中的 HbHNL 将保持 65% 的活性。干燥后的干凝胶或气凝胶会使其活性完全丧失。然而，水凝胶能够用于有机溶剂中，高对映选择性催化氰醇的合成（图式 2-6）[67]。

图式 2-6 包埋于水凝胶中的 HbHNL 对映选择性催化合成 S-氰醇

根据上述结果，制备了 MeHNL 和 PaHNL 溶胶凝胶，并比较了这几种 HNLs 的水凝胶和游离酶（表 2-3）[68]。严格地说，它们的反应都是双相反应：游离酶位于缓冲液层，同时也作为固定化酶。然而，缓冲液层位于水凝胶内部，整个系统看上去更像是在有机溶剂中反应。此固定化酶比游离酶具有更好的催化性能，这可能是由于酶的改进所致。然而，水凝胶中缓冲液层大的表面区域可提高安息香醛（11a）和扁桃腈（2a）的相转移。如早期的研究结果一致，固定化酶性能的提高不只是由于酶反应能力的提高[30]。

表 2-3　游离 HNLs 和相应的水凝胶型催化合成扁桃腈（2a）的转化率（%）、e.e. 值（%，括号中）和反应时间

(S)-HbHNL		(S)-MeHNL		(R)-PaHNL	
游离型[a]	水凝胶型[b]	游离型[a]	水凝胶型[b]	游离型[a]	水凝胶型[b]
4h: 97 (97)	0.5h: 97 (99)	4h: 97 (98)	0.5h: 96 (99)	4h: 98 (97)	2h: 97 (97)

注：反应条件：安息香醛 11a（0.5mmol/mL 二异丙基醚）、HCN（3 倍体积）和 HNL（6U/mmol）室温下振荡。

a　HNL 储液以柠檬酸/磷酸盐缓冲液（50mmol/L，pH5.0）稀释为 DIPE：水为 5:1。
b　柠檬酸/磷酸盐缓冲液（50mmol/L，pH5.0）下饱和的 DIPE。

洋葱伯克霍尔德菌脂肪酶（BCL）已成功固定于干凝胶[66]和气凝胶中[65]。最近，BCL 被固定于用 MTMS 和 TMOS 制备的气凝胶中（图式 2-5），并制成冻干粉形式。BCL 制剂在无水有机溶剂中表现出极好的酰化能力[69]。如上所述（参见章节 2.2.2 和图式 2-3），反应体系中的残留水作为酰基供体，酯水解并释放酸。这种转变会在很大程度上影响所需反应的进行。固定于干凝胶的 BCL 与 Amano PS（商业化制备的 BCL）相比，其水解酯的能力明显降低（表 2-4）。因此，这种干凝胶是干介质反应过程中 BCL 制剂的较优选择。此外，在外消旋醇和乙烯乙酯合成 14 中，干凝胶可被循环利用 8 次，而仅有少量活性或选择性的损失（图 2-7）。

表 2-4　无水有机溶剂中室温下由于酶制剂中残留水所致水解作用 24h 后对映体纯酯（0.05mol/L）的转化率

序号	底物	溶剂	logP	Amano PS[a]的转化率/%	干凝胶[b]的转化率/%
1	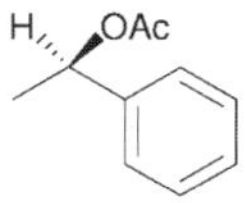 111	甲苯	2.8	4	1
2	13	TBME	1.35	18	3

续表

序号	底物	溶剂	logP	Amano PS[a]的转化率/%	干凝胶[b]的转化率/%
3	(结构 14)	DIPE	1.9	20	10
4		TBME	1.35	12	2
5[c]	(结构 15)	TBME	1.35	86	16

a 100mg/mL 脂肪酶粉。
b 100mg/mL 脂肪酶粉基础上可溶溶胶凝胶。
c 反应温度 48℃。

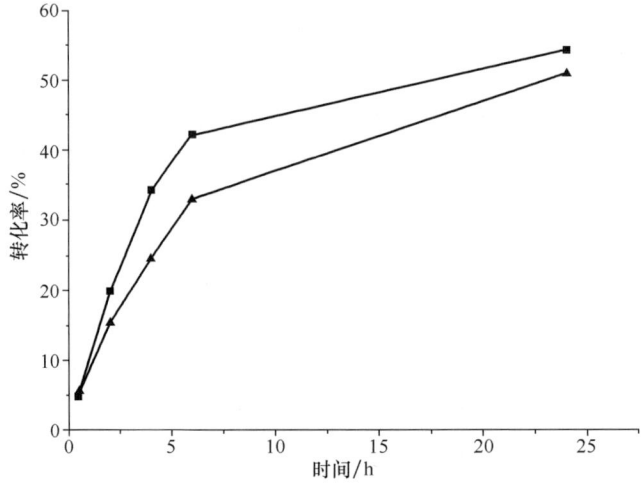

图 2-7　冻干 BCL 干凝胶合成 14 经 8 个循环以上仍保持活性和对映选择性
（■）第一轮，$E = 139$，（▲）第八轮，$E = 90$

2.4 共价结合/交联

酶与载体共价结合的最大优点是能将酶紧密地固定。因此这种方式不会出现脱落导致失活的情况，而且固定化酶通常可重复利用。然而，其缺点是酶被化学修饰，这些修饰不总是易于实施，在绝大多数事例中，这种固定化方式不能针对所有的酶进行均一化处理。然而，通过多位点的接触可使酶稳定地结合，甚至多聚体酶也能有效地结合于一系列载体上[8,9,13]。

共价结合的典型例子是交联酶。不是将酶固定于载体上，而是以酶自身作为载体。酶聚集或结晶、酶的喷雾干粉形式甚至水溶液的酶都能被交联。这种固定化酶不需要额外的载体，仅需要纯酶作为材料，并避免了载体的不利影响[10,70]。

利用酶表面的所有官能团，包括糖残基进行酶的共价固定或交联[13,71]。最常见的是利用酶的氨基，作为亲核试剂用于攻击如环氧化物或醛类。在醛类的例子中，形成的席夫碱被 $NaBH_4$ 还原，使固定化不可逆。另外碳二亚胺用于激活酶的羧基结合于载体上的氨基。载体具有疏水或亲水表面，活性基团通过短或长的空间连接于载体上（图 2-8）。金属螯合环氧载体 Eupergit C 和 Eupergit C 250 L 具有活性环氧基团的多孔丙烯酸玻璃珠[72]。Sepabeads 树脂是具有环氧基或氨基的甲基丙酸烯载体。通过戊二醛将载体的氨基连接于酶上[32]。琼脂糖、乙醛酰琼脂糖[73,74]及胺化乙醛酰琼脂糖（MANA，主要氨基为亲核性）[75]，以及戊二醛修饰的琼脂糖或硅藻土[76]都是有价值的载体。

具有双重功能的分子，如戊二醛，除了其相同基本原理的应用，还可用于交联[10,11,70,71]。最近发现还有一种可能性是先将酶固定于载体上再进行交联，这种方式可得到更稳定的酶制剂[77]。

当皱褶假丝酵母（*Candida rugosa*）脂肪酶[原名柱状假丝酵母（*Candida cylindracea*）脂肪酶]固定于环氧基激活树脂，并对乙醛具有了抗性。这种固定化使其能重复用于无水有机溶剂中以乙酸乙烯酯对映选择性酰化次级醇（图式 2-7）[78]。

固定于长和短间隙的环氧基激活 Sepabeads 树脂和氨基 Sepabeads 树脂的 CALB（戊二醛作为偶联试剂）参见图 2-8。与冻干 CALB 和 Novozym 435 相比，Novozym 435 的比活性（U/g 干固定化 CALB）比固定于不同 Sepabeads CALB 的比活性低很多。通过耐热性筛选发现，短间隙固定于氨基 Sepabeads 的 Novozym 435 和 CALB 表现出相同的稳定性，而其他所有的 CALB 制剂稳定性相对较差[32]。

交联酶聚合物（CLEA）的制备，首先添加沉淀剂如硫酸铵、丙酮、乙醇或 1,2-乙二醇二甲醚将酶聚集。随后添加交联剂，常用戊二醛（图式 2-8）。当存在糊精时[69]以牛血清蛋白作为保护试剂[79]制备 BCL CLEAs。含有糊精的 BCL CLEA 比商业化 BCL Amano PS 制剂具有更好的活性，也比干凝胶 BCL 的活性更高（参见章节 2.3）[69]。此外，固定于 CLEA 的 BCL 对映选择性有所提高。然而，BCL CLEA[在无水二异丙基乙酯（DIPE）中以乙酸乙烯酯酰化 14]重复利用率很差，CLEA 比活性显著降低（第二次循环损失 28% 比活性）。相比较而言，干凝胶 BCL（图 2-7）却表现出更高的稳定性和重复利用性[69]。

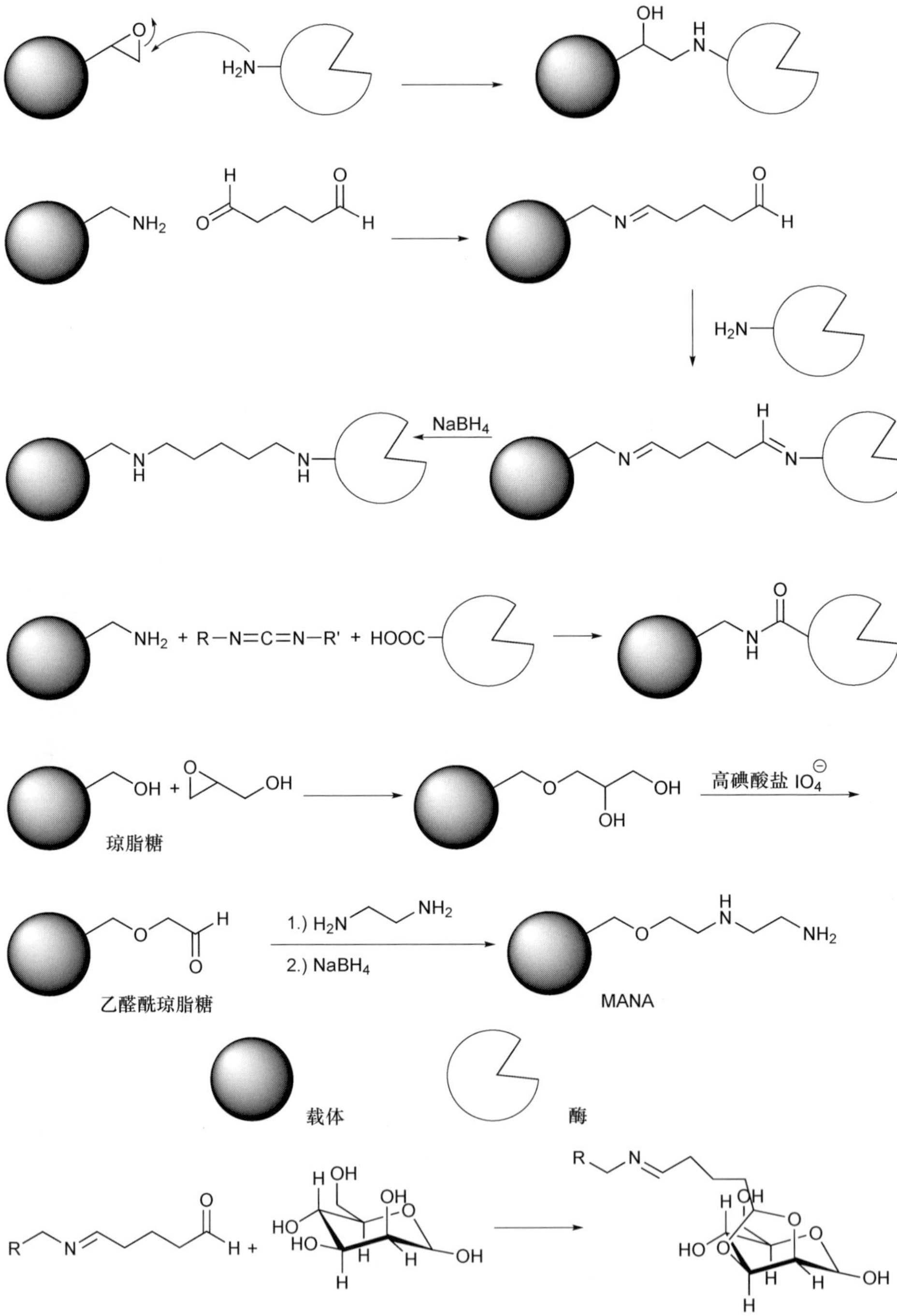

图 2-8　通过酶的氨基或羧基与具有环氧衍生物、胺或醛基的载体连接
从而共价固定化，此外糖残基也可与载体耦联

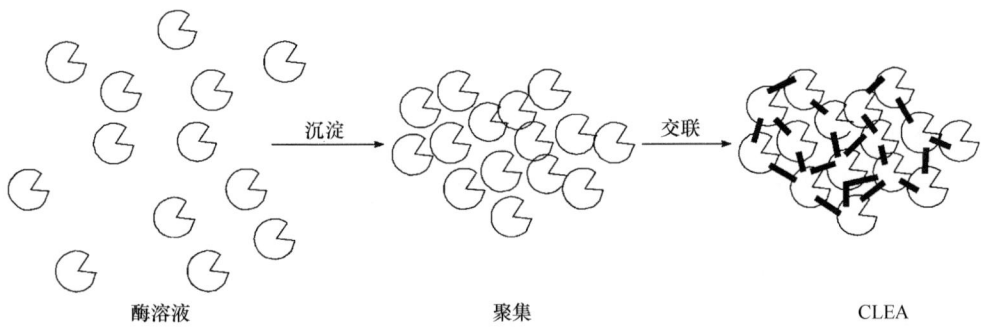

图式 2-7　固定于环氧激活树脂避免皱褶假丝酵母脂肪酶受乙醛诱导的失活效应

图式 2-8　CLEAs 的制备

对不同固定化技术，HbHNL、PaHNL、MeHNL CLEAs 与其水凝胶酶进行对比[68]。当 CLEAs 在缓冲相中使用时，在相同条件下对比水凝胶（参见章节 2.3），所有酶都很稳定[68,80]，其中 PaHNL 可循环利用十次以上而活性无任何损失[81]。固定化 CLEAs 的真正优势在纯有机溶剂中的应用更为显著。其中 MeHNL 表现出相当好的稳定性和反应特性（表 2-5 和表 2-3）。固定化 MeHNL 作为 CLEA 能够用于纯有机溶剂进行反应，并且极大地拓展了酶的应用范围[68,82]。

表 2-5　不同 HNLs CLEAs 催化扁桃腈合成的转化率和 e.e. 值
（括号中的数值）　　　　　　　　　　　单位：%

(S)-HbHNL CLEA	(S)-MeHNL CLEA	(R)-PaHNL CLEA
72h：55（67）	2h：96（97）	72h：97（99）

注：反应条件：苯甲醛 11a（0.5mmol/mL，含有微量来自 HCN 水的二异丙基醚）、HCN（3 eq）和不同的 CLEA（6U/mmol）室温下振荡。

2.5　结论

近十年酶的固定化技术已得到广泛的研究[14]。系统研究了多种方法，并提高了酶的稳定性,从而用于严酷的非自然条件。有机溶剂、超临界液体、离子液体(第 5 章与第 8 章)[83] 不再是不可逾越的问题。同时,酶固定化有效地提高了酶的活性,特别是脂肪酶。除了活性之外,酶的选择性和对映选择性也得到了改善和提高。然而,虽然所有这些方法已得到了实施,但都属于不同个例的重复性实验,而没有形成基于理论基础的通用型正确方法。由于酶之间甚至同种酶的不同同功酶之间结构的多样性,载体的选择范围和不同的结合方式,至今没有任何一种通用的方法能解决所有的问题。

致谢

作者感谢所有的学生、博士研究生和博士后,他们自愿致力于固定化领域的研究工作。在 COST D25 执行期间,所有的鼓励、认同和努力大大促进了本部分的研究工作。在此特别感谢 L. Gardossi (Trieste),P. J. Halling (Strathclyde),L. T. Kanerva (Turku),E. Magner (Limerick),F. Molinari (Milan),和 A. Pierre (Lyon) 在不同酶催化的化学领域给予的帮助。

参考文献

1 Veum, L. and Hanefeld, U. (2006) *Chemical Communications*, 825 – 831.
2 Sheldon, R. A., Arends, I. W. C. E. and Hanefeld, U. (2007) *Green Chemistry and Catalysis*, Wiley-VCH Verlag GmbH, Weinheim.
3 McMorn, P. and Hutchings, G. J. (2004) *Chemical Society Reviews*, 33, 108 – 122.
4 Faber, K. (2004) *Biotransformations in Organic Chemistry*, 5th edn, Springer-Verlag, Berlin.
5 Pierre, A. C. (2004) *Biocatalysis and Biotransformation*, 22, 145 – 170.
6 Bornscheuer, U. T. (2003) *Angewandte Chemie-International Edition*, 42, 3336 – 3337.
7 Avnir, D., Coradin, T., Lev, O. and Livage, J. (2006) *Journal of Materials Chemistry*, 16, 1013 – 1030.
8 Cao, L. (2005) *Current Opinion in Chemical Biology*, 9, 217 – 226.
9 Mateo, C., Palomo, J. M., Fernandez-Lorente, G., Guisan, J. M. and Fernandez-Lafuente, R. (2007) *Enzyme and Microbial Technology*, 40, 1451 – 1463.
10 Cao, L., van Langen, L. and Sheldon, R. A. (2003) *Current Opinion in Biotechnology*, 14, 387 – 394.
11 Sheldon, R. A. (2007) *Advanced Synthesis Catalysis*, 349, 1289 – 1307.
12 End, N. and Schöning, K. -U. (2004) *Topics in Current Chemistry*, 242, 273 – 317.
13 Tischer, W. and Wedekind, F. (1999) *Topics in Current Chemistry*, 200, 95 – 126.
14 (a) Cao, L. (2005) Carrier-bound *Immobilized Enzymes*, Wiley-VCH Verlag GmbH, Weinheim.
(b) Hartmeier, W. (1988) *Immobilised Biocatalysts; an Introduction*, Springer

Verlag, Berlin.
15 Bornscheuer, U. T. and Kazlauskas, R. J. (2006) *Hydrolases in Organic Synthesis*, 2nd edn, Wiley-VCH Verlag GmbH, Weinheim.
16 Persson, M., Mladenoska, I., Wehtje, E. and Adlercreutz, P. (2002) *Enzyme and Microbial Technology*, 31, 833–841.
17 Salis, A., Sanjust, E., Solinas, V. and Monduzzi, M. (2003) *Journal of Molecular Catalysis B: Enzymatic*, 24–25, 75–82.
18 Gitlesen, T., Bauer, M. and Adlercreutz, P. (1997) *Biochimica et Biophysica Acta*, 1345, 188–196.
19 Blanco, R. M., Terreros, P., Munoz, N. and Serra, E. (2007) *Journal of Molecular Catalysis B: Enzymatic*, 47, 13–20.
20 Fernandez-Lorente, G., Terreni, M., Mateo, C., Bastida, A., Fernandez-Lafuente, R., Dalmases, P., Huguet, J. and Guisan, J. M. (2001) *Enzyme and Microbial Technology*, 28, 389–396.
21 Gupta, N., Rathi, P., Singh, R., Goswami, V. K. and Gupta, R. (2005) *Applied Microbiology and Biotechnology*, 67, 648–653.
22 Bastida, A., Sabuquillo, P., Armisen, P., Fernandez-Lafuente, R., Huguet, J. and Guisan, J. M. (1998) *Biotechnology and Bioengineering*, 58, 486–493.
23 Heinsman, N. W. J. T., Schroën, C. G. P. H., van der Padt, A., Franssen, M. C. R., Boom, R. M. and van't Riet, K. (2003) *Tetrahedron, Asymmetry*, 14, 2699–2704.
24 Kirk, O. and Christensen, M. W. (2002) *Organic Process Research & Development*, 6, 446–451.
25 Veum, L., Kuster, M., Telalovic, S., Hanefeld, U. and Maschmeyer, T. (2002) *European Journal of Organic Chemistry*, 9, 1516–1522.
26 Wuyts, S., Wahlen, J., Jacobs, P. A., and De Vos, D. E. (2007) *Green Chemistry*, 9, 1104–1108.
27 Ko, S.-B., Baburaj, B., Kim, M.-J. and Park, J. (2007) *Journal of Organic Chemistry*, 72, 6860–6864.
28 Kim, M.-J., Kim, W.-H., Han, K., Choi, Y. K. and Park, J. (2007) *Organic Letters*, 9, 1157–1159.
29 Veum, L. and Hanefeld, U. (2005) *Synlett*, 15, 2382–2384.
30 Rotticci, D., Norin, T. and Hult, K. (2000) *Organic Letters*, 2, 1373–1376.
31 Egholm Jacobsen, E., Andresen, L. S. and Anthonsen, T. (2005) *Tetrahedron Asymmetry*, 16, 847–850.
32 Basso, A., Braiuca, P., Cantone, S., Ebert, C., Linda, P., Spizzo, P., Caimi, P., Hanefeld, U., Degrassi, G. and Gardossi, L. (2007) *Advanced Synthesis Catalysis*, 349, 877–886.
33 (a) Gebeshuber, I. C., Kindt, J. H., Thompson, J. B., Del Amo, Y., Stachelberger, H., Brzezinski, M. A., Stucky, G. D., Morse, D. E. and Hansma, P. K. (2003) *Journal of Microscopy.*, 212, 292–299.

(b) Gebeshuber, I. C., Kindt, J. H., Thompson, J. B., Del Amo, Y., Stachelberger, H., Brzezinski, M. A., Stucky, G. D., Morse, D. E. and Hansma, P. K. (2004) *Journal of Microscopy*, 214, 101.
34 Basso, A., De Martin, L., Ebert, C., Gardossi, L. and Linda, P. (2000) *Journal of Molecular Catalysis B: Enzymatic*, 8, 245–253.
35 Kanerva, L. T. and Sundholm, O. (1993) *Journal of the Chemical Society-Perkin Transactions*, 1, 2407–2410.
36 Inagaki, M., Hiratake, J., Nishioka, T. and

Oda, J. (1992) *Journal of Organic Chemistry*, 57, 5643 – 5649.

37 Costes, D., Rotcenkovs, G., Wehtje, E. and Adlercreutz, P. (2001) *Biocatalysis and Biotransformation*, 19, 119 – 130.

38 Costes, D., Wehtje, E. and Adlercreutz, P. (1999) *Enzyme and Microbial Technology*, 25, 384 – 391.

39 Persson, M., Costes, D., Wehtje, E. and Adlercreutz, P. (2002) *Enzyme and Microbial Technology*, 30, 916 – 923.

40 Inagaki, M., Hiratake, J., Nishioka, T. and Oda, J. (1991) *Journal of the American Chemical Society*, 113, 9360 – 9361.

41 Inagaki, M., Hatanaka, A., Mimura, M., Hiratake, J., Nishioka, T. and Oda, J. (1992) *Bulletin of the Chemical Society of Japan*, 65, 111 – 120.

42 Paizs, C., Tähtinen, P., Tosa, M., Majdik, C., Irimie, F. -D. and Kanerva, L. T. (2004) *Tetrahedron*, 60, 10533 – 10540.

43 Li, Y. -X., Straathof, A. J. J., and Hanefeld, U. (2002) *Tetrahedron, Asymmetry*, 13, 739 – 743.

44 Veum, L., Kanerva, L. T., Halling, P. J., Maschmeyer, T. and Hanefeld, U. (2005) *Advanced Synthesis Catalysis*, 347, 1015 – 1021.

45 Veum, L. and Hanefeld, U. (2004) *Tetrahedron Asymmetry*, 15, 3707 – 3709.

46 Roach, P., Farrar, D. and Perry, C. C. (2005) *Journal of the American Chemical Society*, 127, 8168 – 8173.

47 Torres, R., Ortiz, C., Pessela, B. C. C., Palomo, J. M., Mateo, C., Guisan, J. M. and Fernandez-Lafuente, R. (2006) *Enzyme and Microbial Technology*, 39, 167 – 171.

48 Guisan, J. M., Sabuquillo, P., Fernandez-Lafuente, R., Fernandez-Lorente, G., Mateo, C., Halling, P. J., Kennedy, D., Miyata, E. and Re, D. (2001) *Journal of Molecular Catalysis B: Enzymatic*, 11, 817 – 824.

49 Fuentes, M., Batalla, P., Grazu, V., Pessela, B. C. C., Mateo, C., Montes, T., Hermoso, J. A., Guisan, J. M. and Fernandez-Lafuente, R. (2007) *Biomacromolecules*, 8, 703 – 707.

50 Murphy, C. D. (2006) *Natural Product Reports*, 23, 147 – 152.

51 Hudson, S., Cooney, J., Hodnett, B. K. and Magner, E. (2007) *Chemistry of Materials*, 19, 2049 – 2055.

52 Essa, H., Magner, E., Cooney, J. and Hodnett, B. K. (2007) *Journal of Molecular Catalysis B: Enzymatic*, 49, 61 – 68.

53 Wang, F., Guo, C., Liu, H. -Z. and Liu, C. -Z. (2007) *Journal of Molecular Catalysis B: Enzymatic*, 48, 1 – 7.

54 Osman, B., Kara, A., Uzun, L., Besirli, N. and Denizli, A. (2005) *Journal of Molecular Catalysis B: Enzymatic*, 37, 88 – 94.

55 Hochuli, E., Döbeli, H. and Schacher, A. (1987) *Journal of Chromatography*, 411, 177 – 184.

56 Augé, C., Malleron, A., Tahrat, H., Marc, A., Goergen, J. -L., Cerutti, M., Steelant, W. F. A., Delannoy, P. and Lubineau, A. (2000) *Chemical Communications*, 2017 – 2018.

57 Nahalka, J., Liu, Z., Chen, X. and Wang, P. G. (2003) *Chemistry-A European Journal*, 9, 373 – 377.

58 Dräger, G., Kiss, C., Kunz, U. and Kirschning, A. (2007) *Organic and Biomolecular Chemistry*, 5, 3657 – 3664.

59 Cassimjee, K. E., Trummer, M., Branneby, C. and Berglund, P. (2008) *Biotechnology and Bioengineering*, 99, 712 – 716.

60 Sukumaran, J. and Hanefeld, U. (2005) *Chemical Society Reviews*, 34, 530 – 542.

61 Kreiner, M., Moore, B. D. and Parker, M. C. (2001) *Chemical Communications*, 1096–1097.

62 Avnir, D., Braun, S., Lev, O. and Ottolenghi, M. (1994) *Chemistry of Materials*, 6, 1605–1614.

63 Reetz, M. T., Zonta, A. and Simpelkamp, J. (1995) *Angewandte Chemie-International Edition in English*, 34, 301–303.

64 Reetz, M. T., Wenkel, R. and Avnir, D. (2000) *Synthesis*, 6, 781–783.

65 Orcaire, O., Buisson, P. and Pierre, A. C. (2006) *Journal of Molecular Catalysis B: Enzymatic*, 42, 106–113.

66 Reetz, M. T., Tielmann, P., Wiesenhöfer, W., Könen, W. and Zonta, A. (2003) *Advanced Synthesis Catalysis*, 345, 717–728.

67 Veum, L., Hanefeld, U. and Pierre, A. (2004) *Tetrahedron*, 60, 10419–10425.

68 Cabirol, F. L., Hanefeld, U. and Sheldon, R. A. (2006) *Advanced Synthesis Catalysis*, 348, 1645–1654.

69 Hara, P., Hanefeld, U. and Kanerva, L. T. (2008) *Journal of Molecular Catalysis B: Enzymatic*, 50, 80–86.

70 Cao, L., van Rantwijk, F. and Sheldon, R. A. (2000) *Organic Letters*, 2, 1361–1364.

71 Schoevaart, R., Siebum, A., van Rantwijk, F., Sheldon, R. and Kieboom, T. (2005) *Starch*, 57, 161–165.

72 Boller, T., Meier, C. and Menzler, S. (2002) *Organic Process Research & Development*, 6, 509–519.

73 Guisan, J. M. (1988) *Enzyme and Microbial Technology*, 10, 375–382.

74 Mateo, C., Palomo, J. M., Fuentes, M., Betancor, L., Grazu, V., Lopez-Gallego, F., Pessela, B. C. C., Hidalgo, A., Fernandez-Lorente, G., Fernandez-Lafuente, R. and Guisan, J. M. (2006) *Enzyme and Microbial Technology*, 39, 274–280.

75 Fernandez-Lafuente, R., Rosell, C. M., Rodriguez, V., Santana, C., Soler, G., Bastida, A. and Guisan, J. M. (1993) *Enzyme and Microbial Technology*, 15, 546–550.

76 Betancor, L., Lopez-Gallego, F., Hidalgo, A., Alonso-Morales, N., Dellamora-Ortiz, G., Mateo, C., Fernandez-Lafuente, R. and Guisan, J. M. (2006) *Enzyme and Microbial Technology*, 39, 877–882.

77 Lopez-Gallego, F., Betancor, L., Hidalgo, A., Alonso, N., Fernandez-Lorente, G., Guisan, J. M. and Fernandez-Lafuente, R. (2005) *Enzyme and Microbial Technology*, 37, 750–756.

78 Berger, B. and Faber, K. (1991) *Journal of the Chemical Society D-Chemical Communications*, 1198–1200.

79 Shah, S., Sharma, A. and Gupta, M. N. (2006) *Analytical Biochemistry*, 351, 207–213.

80 Roberge, C., Fleitz, F., Pollard, D. and Devine, P. (2007) *Tetrahedron Letters*, 48, 1473–1477.

81 van Langen, L. M., Selassa, R. P., van Rantwijk, F. and Sheldon, R. A. (2005) *Organic Letters*, 7, 327–329.

82 Chmura, A., van der Kraan, G. M., Kielar, F., van Langen, L. M., van Rantwijk, F. and Sheldon, R. A. (2006) *Advanced Synthesis Catalysis*, 348, 1655–1661.

83 Cantone, S., Hanefeld, U. and Basso, A. (2007) *Green Chemistry*, 9, 954–971.

3 表面固定化生物催化剂与连续流微通道反应器

Malene S. Thomsen and Bernd Nidetzky

3.1 引言

微结构反应技术在合成化学中体现出重要的优势[1]。与传统的宏反应器相比,微反应器除了可小型化、高通量优化反应过程外[1b],内部尺寸为数十或数百微米的微通道中非典型流体行为是一个特别的优势和本质特征[1c,2]。液体流动是层流式、直接和对称的,因此促进了连续反应工程和反应器设计的发展。关键过程参数的改良控制,如流动速度和温度,可提高产率,改善化学转化的选择性。虽然同样通过扩散来传输底物,但微通道的表面积与体积的比值约为$10000m^2/m^3$,甚至更高,因而在化学反应过程中,底物传输速度比反应速度更快。使用微结构反应器提出了新的生产概念,例如最显著的连续处理、根据需要按比例灵活地平行放大[2,3]。

作为合成化学的手段,微结构反应器获得广泛的认可[1],但微流体系统中的生物催化转化并未被迅速推广([4]和其中的参考文献)。虽然酶常被整合到微流体芯片体系中进行催化应用,但迄今为止,研发用于酶促转化的可升级的微结构反应器却没有获得相应的关注。这很令人惊奇,因为小型化生物过程研究中常用的微孔板系统,其特征就是微升水平上用于补料和分批补料操作的平行振荡容器[5]。微结构流式反应器不但促进了从天然多样性的酶和突变库中筛选目标酶,而且为生物催化过程分析和设计提供了一个很好的系统。流动状态下合适的微结构反应器中进行的实验,可在实验早期收集过程信息,又可以直接减少面向市场的时间[5a]。

作为一项有用的技术,微结构生物催化反应器中的流水作业必须与固定化酶便利、高效的循环使用相结合([4]和其中的参考文献)。一个方案是将酶附加到微粒上组成功能珠,在微通道中作为小型固定床。复杂的液体流动模型和产生有用流动所需的高压差是可能的不利之处。第二个选择是直接将酶固定在微通道壁上([4]是这方面的综述,[1b,2,6]是用化学催化剂涂布微反应器壁的实例)。虽然这种情况下反应所需的特殊表面积相对较小,但是以酶涂布通道为特征的微流体反应器是生物催化微处理技术中有效的手段。本章先简短地回顾其技术发展水平，然后总结归纳用嗜热古细菌（*Pyrococcus furiosus*）合成的高热稳定性 β - 糖苷水解酶 CelB（乳糖酶蛋白）酶促水解乳糖的微反应器发展的结果[7]。

3.2 微反应技术中利用游离酶和固定化酶进行生物催化合成反应

近来的综述系统地概括了用于化学分析的酶促微反应器[4]。因为本章的重点是生物催化合成，所以不会太多涉及分析应用，这些内容见参考文献（[4]和其中提到的参考文献）。将微反应器用于酶高通量动力学特性的研究是本技术另一种很有趣的应用[8]，目前应用有限的原因就不在此进行讨论了。

Kanno 等人[9]报道了利用糖苷酶催化的转糖基作用合成芯片上的低聚糖。研究者并没有使用固定化的酶，但是，与传统的补料转化相比，显著提高的产品产率是他们研究中的特殊之处。其他水解酶，如脂肪酶[10]和蛋白酶[11]，也在微通道反应器中进行了研究。采用不同的方法对酶进行固定化。结果显示，固定化可提高产品产率，微反应器还可减少反应对试剂的要求。Jones 等人[12]设计了一种酶反应器，用聚二甲基硅氧烷（PDMS）材料来构筑微结构，脲酶直接与之混合后固定在微反应器壁上。Belder 等人[13]用一种可溶性环氧化物水解酶完成对映选择性催化，并用微流体芯片进行分析。也用微流体系统完成了 NAD（H）-依赖型酶促氧化还原反应[14]。[14b] 中叙述了电化学再生 NADH 的方法。微通道系统中分析的氧化酶促反应包括漆酶催化的对氯苯酚降解反应[15]和细菌 P450 酶催化的生物碱羟基化反应[16]。最近，Ku 等人[17]报道，用两个连续的微通道反应器分析聚酮化合物的合成及其反应过程。第一个反应器中固定Ⅲ型聚酮化合物合成酶，是通过蛋白质的组氨酸标签与琼脂糖微珠表面的 Ni - 次氮基三乙酸基团的相互作用。第二个反应器的微通道表面连接有大豆过氧化物酶。该研究快速检测不同条件下的两步酶促转化反应和反应条件对最终产物结构的影响。未来在组合合成中微结构的多重酶反应器将发挥更加广泛的用途。Honda 等[18]介绍了酶聚合体与微结构反应器交联的技术。他们利用硅毛细管内壁上的戊二醛，在酰化氨基酸水解酶与聚 - L - 赖氨酸之间形成聚合体。因此，获得的酶反应器表现出良好的操作稳定性，与游离酶相比，固定化酶对热应力和有机溶剂的耐受性更好。最近的文章中 Honda 等[19]把固定化的酰化氨基酸水解微反应器酶与微型器件相整合，用于两相液体提取，实现连续酶促拆分外消旋酸衍生物，并原位分离产物。Luckarift 等[20]报道了含有一连串微流体芯片的连续流动式微装置通过多步化学 - 酶促反应合成 2 - 氨基异酚噁唑。硅是反应中酶固定化的载体。

3.3 新的微流体固定化酶反应器

3.3.1 微反应器设计

研究人员研发了两种不同的利用固定化酶的微结构反应器。

如图3-1（a）所示，第一种装置是在适当的界面和温度控制环境中用双组分液态硅橡胶材料（Silopren LSR 4070）通过微型喷射模塑法制造微结构多通道平板，再进一步组装而成。

平板上设计了9条线性微通道，一个能保证液体平均分配至每个通道的入口区域和一个出口区域[图3-1（b）]。每个通道的长度是64mm，宽350μm，高250μm。每个通道中间隔2.5mm用立体浮雕微结构合并，在左壁和右壁两种状态中交替变化[图3-1（c）]。这样设置了流动障碍，通过被动混合效应促进底物在微通道表面进行转移[1b,c,2,3]。聚二甲基硅氧烷（PDMS）平板可容纳的液体体积是167μL。用聚甲基丙烯酸甲酯合成两块平板，夹住微流体元件构成三明治式的结构外壳[图3-1（a）]。一块平板透明，有供流体流动的入口和出口。另一块平板部分材料是聚甲基丙烯酸甲酯，其中嵌入金属板。此板用作外

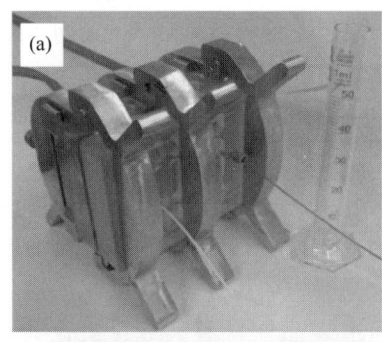
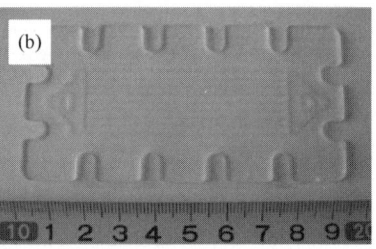
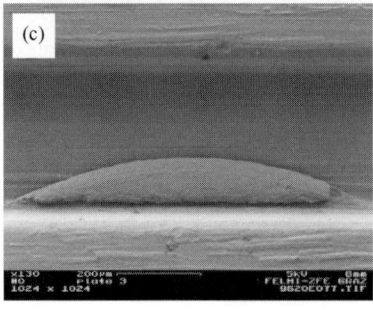

图3-1 以聚二甲基硅氧烷（PDMS）构筑的多通道微流体元件为特征的微反应器[21]
(a) 组装好的微反应器 (b) 微结构的多通道板
(c) 微流体通道部分的电子显微照片，显示出被动混合元件

部水浴的温度控制。高压液相色谱（HPLC）泵（Knauer Smartline 1000）提供压力，驱动连续液体流动，使得微反应器运转。装置的出口处就可连接一台流通性吸光度检测仪[21]。

第二种装置是多板堆叠而成的微流体反应器，最初是由 Hessel、Löwe 和合作者从气相变换发展而来的[1b]（图3-2），现在适用于固定化酶生物催化过程。这类装置统称为气相微反应器（GPMR, gas phase microreactor）。微流体反应器的微流体元件是有34条线性通道的不锈钢板［图3-2（b）］。入口区域是多通道结构，可实现微通道间适当地分配液体，每个微通道长20nm，纵横比为1.5（宽300μm，高200μm）。微反应器中最多可组装10块微反应板，每块板可容纳24.5μL液体，与微型热交换板交替堆叠排列。每个通道的壁上涂有10~20μm厚的γ-氧化铝层［图3-2（c）］，通过化学耦合酶可以随机连接到通道壁上[23]。值得注意的是，根据已有的文献报道[24]，微通道壁上涂布的γ-氧化铝并不会影响连续运转的微反应器的的停留时间分布。微反应器的入口与前面提到的 HPLC 泵相连接。出口与来自 Postnova Analytics 公司的 Upchurch 微分离器阀相连接（Landsberg，德国），以便启动手动反压力调节，基本维持在0.5~1.0MPa。

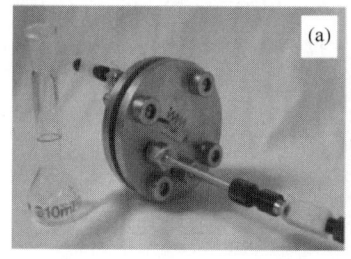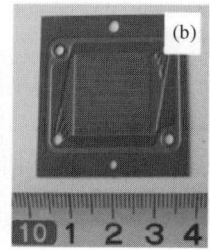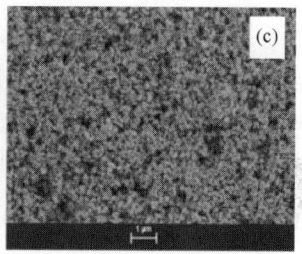

图3-2 用于固定化酶生物催化转换反应的气相微反应器（GPMR）[22]
（a）完全组装好的微反应器 （b）微结构多通道板 （c）微通道壁上γ-氧化铝涂层的电子照片

3.3.2 酶的固定化

Miyazaki 和 Maeda 整理了在微通道表面固定化酶可以采用的有效方法[4a]。作者用戊二醛把微结构板上的氨基和酶的氨基交联在一起，以达到固定化的目的。PDMS 板上可用于连接蛋白质的表面积约有793mm^2。由于涂布有γ-氧化铝，所以难以精确判断 GPMR 板上的有效面积。根据微结构板上微通道的数量和几何结构计算，最小的表面积为340mm^2。

PDMS 的表面是疏水性的，导致不易被水性溶剂润湿，有利于吸附非特异性蛋白。对于化学修饰，也有一定的反应惰性[25]。用于制造反应板的液态硅橡胶中含有填充剂——高热硅酸。除了高弹性特征具有一些应用外，硅酸还可为表面化学提供额外的硅烷醇。用 3 - 氨基丙基三乙氧基硅烷的水溶液（pH 3.5 ~ 4.0）进行流式处理，硅烷化微流体板。硅烷化过的板再用戊二醛溶液衍生化处理。最后一步，已被活化的微流体板在酶溶液中保温反应，酶液的浓度一般是 0.1mg 蛋白/mL。所用流程的完整叙述已在其他文章中发表[21]。类似的过程也可用于 GPMR 板上酶的固定化，区别在于硅烷化处理一步溶液的 pH 为 7.0，以避免破坏 γ - 氧化铝涂层。

固定化实验包括大肠杆菌中表达的重组 *P. furiosus* β - 乳糖酶蛋白（CelB）。将大肠杆菌继续热处理，从可溶性蛋白成分中部分纯化制备获得表达产物[7]。在 80℃，以乳糖为底物，乳糖酶蛋白的特殊活性可达 800U/mg 蛋白。我们能够分别在 PDMS 板和 GPMR 板上固定化处理 60μg 和约 100μg 的乳糖酶蛋白。

3.4 乳糖的酶法水解

3.4.1 固定化细胞的催化效率

在 80℃连续流动状态下测定了固定在反应板上的酶活性。底物溶液通常是含有 600mmol/L 乳糖的 20mmol/L 柠檬酸钠缓冲液（pH 5.5），以不同的流速输送底物，出口处以稳定状态运转的微反应器收集样品中的葡萄糖，再离线测定葡萄糖的浓度。图 3-3 所显示的是典型的测定结果。酶活性对应于转换的乳糖与平均停留时间 τ_{av} 之间线性关系的斜率，平均停留时间是整个反应器体积的系数（24.5μL/板，由供应商德国美茵茨微技术研究所和流速所测定的体积）（图 3-3）。与游离态酶相比，结合在 GPMB 板上的乳糖酶蛋白保留了 50% 特异的活

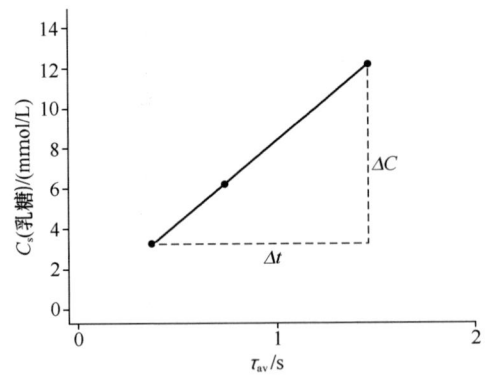

图 3-3　连续流动条件下测定固定化乳糖酶蛋白的活性[22]

用产物浓度对滞留时间（τ_{av}）的线性关系的斜率来计算活性 $\Delta CV/\Delta \tau_{av}$，$V$ 是反应器体积。反应是在 80℃，底物乳糖为 600mmol/L 的 GPMR 板上进行的。采用单个微反应板（$V = 24.5$μL）。所含的酶活性总量为 13U

性（结合的酶活性/结合的蛋白质）。与游离态相比，结合在 PDMS 板上的乳糖酶蛋白仅保留了 30% 特殊活性。采用相同的处理条件，与固定化到微结构板上相比，乳糖酶蛋白连接到硅烷化处理的大孔玻璃珠上，表现出 35% 的起始特异活性。

3.4.2 乳糖的连续转化

图 3-4 总结了不同流速影响酶促转化乳糖的微反应器实验的结果。乳糖起始浓度为 100mmol/L，水解程度大于 60%，GPMR 反应器所需的平均停留时间是 4min，比 PDMS 反应器少 8 成。然而，两种微反应器的比较必须考虑每毫升 GPMR 反应器工作体积中活性酶浓度（500U/mL）比 PDMS 反应器（≈12U/mL）高 56 倍。因此，这意味着，在校正了固定化的酶量后，PDMS 反应器的催化效率比 GPMR 反应器要高 7 倍（=56/8）。

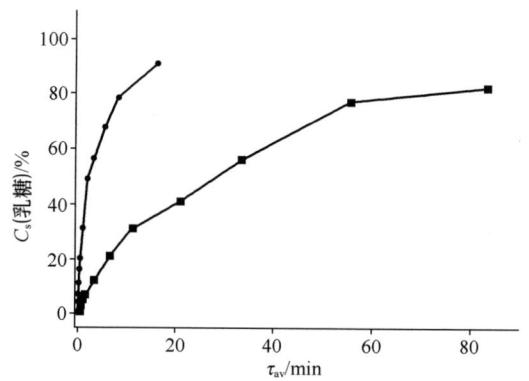

图 3-4　比较连续转化 100mmol/L 乳糖（80℃、pH5.5）时固定化酶微反应器的性能[21,22]

GPMR（●）；PDMS（■）

在 τ_{av} 为 3.2min（GPMR）和 33min（PDMS 微反应器）的条件下进行反应。GPMR 中体积酶活性是 184U/mL（两块相互堆叠的板，总体积 49μL），PDMS 微反应器中体积酶活性是 12U/mL（总体积 167μL）

为检验乳糖酶蛋白在两种微反应器中的操作稳定性，我们设计了时间过程实验，结果见图 3-5。GPMR 和 PDMS 反应器中乳糖水解的平均滞留时间分别维持在 3.2min 和 33min，假定酶完全稳定，能转化 60%~70% 的起始底物。在这些条件下，每个实验中 100h 时间间隔中释放的葡萄糖稳态水平的下降，显示出酶活性的逐步丧失。两种酶反应器都表现出有效的稳定性。

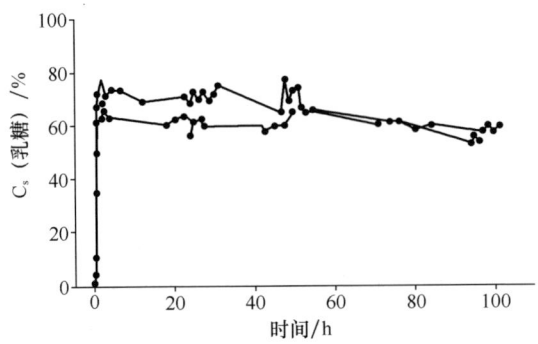

图 3-5　连续转化 100mmol/L 乳糖（80℃、pH5.5）时固定化酶
微反应器的操作稳定性[21,22]
GPMR（●）；PDMS（■）。在 τ_{av} 为 3.2 min（GPMR）
和 33min（PDMS 微反应器）的条件下进行反应。
GPMR 中体积酶活性是 184U/mL（两块相互堆叠的板，总体积 49μL），
PDMS 微反应器中体积酶活性是 12U/mL（总体积 167 μL）

3.5　利用微反应技术强化生物催化过程

　　过程强化这个术语包括一个多水平设计方法，是针对改善化学处理的关键特征，如缩小设备的尺寸、降低能量消耗、安全操作以获得目的产物[26]。微反应技术是一项有效的手段，通过将过程的液体动力学与反应堆理化需求相匹配，从而完成过程强化[2,27]。根据多相催化的气相转化反应分析[2,27a]，关于上述提到的强化的化学处理的标准，微通道壁上进行涂布处理的反应器具有更好的完成传统固定床技术的潜力。特别是化学转化的特征时间尺度预期在微通道直径（d_M），从 d_M^1 到 d_M^2 分别对应于反应速率限制的转化到扩散限制的转化。因此，用固定化催化剂进行的化学处理在小型化和微型化中似乎很稳定，越来越多的关于催化气相或液相反应的研究支持了这种观念[1b,2]。目前在比较微结构设备与对应的宏观固定床反应器的运行性能时，严格的化学工程分析都缺少了固定化生物催化系统。

　　用微反应技术缩小设备尺寸所带来的潜在的优势可以用时空产率（STY）比较来说明。有人报道，将乳糖酶蛋白（CelB）固定化到 Eupergit C 颗粒上（反应器中酶活性 90U/mL），在 70℃连续运转，这种固定床反应器的 STY 为 62g/（L·h）[7a]。固定床反应器的线性流速是 0.64cm/min，在微反应器线性流速范围内（0.124 ~ 400cm/min）。80℃时固定化 CelB 微反应器（反应器中酶活性 530U/mL）的 STY 达到 500g/（L·h）。因此，考虑到温度从 80℃降到 70℃，酶活性减少 25%（数据未列出），将所用酶的装载量标准化到 1kU CelB/L，两种反应器的比较揭

示，微流体设备和填充床反应器的性能分别是 0.71g 葡萄糖/（L·h）和 0.69g 葡萄糖/（L·h）。这个结果表明，将反应器小型化到微流体规格，催化界面从颗粒到表面也发生了相应的几何学变化，但并不会提高固定化 CelB 催化乳糖转化成葡萄糖和半乳糖的本质的反应能力。在这些情况下，将酶导入微流体系统的优势是获得更高的单位体积产率。不同 CelB 反应器性能的评价分析提出了一个警示，仅仅将反应器小型化至微流体尺寸，并不能有效地提高酶促乳糖转化的生产效率。尽管有效微结构表面积接近两块板堆叠而成的钢反应器的表面积，但 PDMS 装配而成的连续运转的多通道微反应器的 STY 仅有 20g 葡萄糖/（L·h）。将酶制剂固定化到 PDMS 上，可溶性 CelB 的特殊活性仅保留了 3%，说明了相对很低的 STY 水平的原因。选择合适的酶固定化表面是非常重要的、急迫的，γ-氧化铝涂层似乎是有前景的替代物。

3.6　结论和展望

工业上进行酶促转化常用两种类型的生物反应器：搅拌釜反应器和填充床或流化床反应器[28]。根据微流体技术，构建能替代这些已成熟反应器的新系统，要求新系统具有明确的和引人注目的优势。因此，最初在实验室中发展这项技术时，必须考虑到在严格的和特殊的情况下，微反应器进行生物催化合成除了作为一项手段，还可能存在的用途。目前无法提供清楚和普遍有效的答案。然而，根据这里和其他研究组获得的结果[1~4]，可以预期到下述优点：强化处理，尤其对多相反应；易于整合单元操作，比如生物催化反应和用液液萃取产物移除[19]；不需纯化中间体，完成多步有机合成；易于实现动力学控制的反应；改变产物特性；更快地将研究结果转化成生产，以更低的成本、更早地开始生产；尽早能够按比例扩大生产能力。

致谢

我们要感谢给予显微 PDMS 反应器制造支持的 A. P. Zurk（Daily Business Solutions 股份有限公司）和提供 GPMR 装配、安装支持的 D. Kirschneck 博士（Microinnova 股份有限公司）。格拉茨技术大学电子显微镜研究所的 P. Pölt 和 C. Elis 博士很好地完成了扫描电子显微镜测量工作。主要作者研究室的工作由奥地利运输创新技术部（"未来工厂"计划，项目 807947）拨款资助。D. Kirschneck 博士、M. Koncar 博士（VTU 工程）和 Mag. H. Reichl（Hämosan）是该计划的产业合作者。感谢他们的鼓励和经济支持。

参考文献

1. (a) Baxendale, I. R., Deeley, J., Griffiths-Jones, C. M., Ley, S. V., Saaby, S. and Tranmer, G. K. (2006) *Chemical Communications*, 2566 – 2568.
   (b) Jähnisch, K., Hessel, V., Löwe, H. and Baerns, M. (2004) *Angewandte Chemie-International Edition*, 43, 406 – 446.
   (c) deMello, A. J. (2006) *Nature*, 442, 394 – 402.
   (d) Watts, P. and Haswell, S. J. (2005) *Chemical Engineering & Technology*, 28, 290 – 301.
   (e) Jensen, K. F. (2001) *Chemical Engineering Science*, 56, 293 – 303.
   (f) Watts, P. and Wiles, C. (2007) *Chemical Communications*, 443 – 467.

2. Hessel, V., Hardt, S., Löwe, H., Müller, A. and Kolb, G. (2005) *Chemical Micro Process Engineering*, Vol. 1 and 2, Wiley-VCH Verlag GmbH, Weinheim.

3. (a) Ehrfeld, W., Hessel, V. and Löwe, H. (2000) *Microreactors*, Wiley-VCH Verlag GmbH, Weinheim.
   (b) Brand, O., Fedder, G. K., Hierold, C., Korvink, J. G. and Tabata, O. (series eds) (2006) *Micro Process Engineering* (N. Kockmann, volume ed), Wiley-VCH Verlag GmbH, Weinheim.

4. (a) Miyazaki, M. and Maeda, H. (2006) *Trends in Biotechnology*, 24, 463 – 470.
   (b) Urban, P. L., Goodall, D. M. and Bruce, N. C. (2006) *Biotechnology Advances*, 24, 42 – 57.
   (c) Krenkova, J. and Foret, F. (2004) *Electrophoresis*, 25, 3550 – 3563.

5. (a) Micheletti, M. and Lye, G. J. (2006) *Current Opinion in Biotechnology*, 17, 611 – 618.
   (b) Kumar, S., Wittmann, C. and Heinzle, E. (2004) *Biotechnology Letters*, 26, 1 – 10.
   (c) Hermann, R., Lehmann, M. and Büchs, J. (2003) *Biotechnology and Bioengineering*, 81, 178 – 186.
   (d) Weuster-Botz, D., Puskeiler, R., Kusterer, A., Kaufmann, K., John, G. T. and Arnold, M. (2005) *Bioprocess and Biosystems Engineering*, 28, 109 – 119.
   (e) Thomsen, M. and Nidetzky, B. (2008) *Principles and Applications of Chemical Microreactors* (ed. T. R. Dietrich), Blackwell Publishing, Berlin, Germany (in press).

6. (a) Berger, R. J. and Kapteijn, F. (2007) *Industrial and Engineering Chemistry Research*, 46, 3863 – 3870.
   (b) Schouten, J. C., Rebrov, E. V. and de Croon, M. H. J. M. (2002) *Chimia*, 56, 627 – 635.
   (c) Kreutzer, M. T., Kapteijn, F., Moulijn, J. A., Ebrahimi, S., Kleerebezem, R. and van Loosdrecht, M. C. M. (2005) *Industrial and Engineering Chemistry Research*, 44, 9646 – 9652.

7. (a) Petzelbauer, I., Kuhn, B., Splechtna, B., Kulbe, K. D. and Nidetzky, B. (2002) *Biotechnology and Bioengineering*, 77, 619 – 631.
   (b) Kamrat, T. and Nidetzky, B. (2007) *Journal of Biotechnology*, 129, 69 – 76.
   (c) Petzelbauer, I., Nidetzky, B., Haltrich, D. and Kulbe, K. D. (1999) *Biotechnology and Bioengineering*, 64, 322 – 332.
   (d) Splechtna, B., Petzelbauer, I., Kuhn, B., Kulbe, K. D. and Nidetzky, B. (2002) *Applied Biochemistry and Biotechnology*, 99, 473 – 488.

(e) Lang, M., Kamrat, T. and Nidetzky, B. (2006) *Biotechnology and Bioengineering*, 95, 1093–1100.

8 (a) Kerby, M. B., Legge, R. S. and Tripathi, A. (2006) *Analytical Chemistry*, 78, 8273–8280.

(b) Mao, H., Yang, T. and Cremer, P. S. (2002) *Analytical Chemistry*, 74, 379–385.

(c) Mao, H., Yang, T. and Cremer, P. S. (2002) *Journal of the American Chemical Society*, 124, 4432–4435.

(d) Seong, G. H., Heo, J. and Crooks, R. M. (2003) *Analytical Chemistry*, 75, 3161–3167.

(e) Koh, W.-G. and Pishko, M. (2005) *Sensors and Actuators. B, Chemical*, 106, 335–342.

(f) Liu, A. L., Zhou, T., He, F. Y., Xu, J. J., Lu, Y., Chen, H. Y. and Xia, X. H. (2006) *Lab on a Chip*, 6, 811–818.

(g) DeLouise, L. A. and Miller, B. L. (2005) *Analytical Chemistry*, 77, 1950–1956.

(h) Jiang, H., Zou, H., Wang, H., Ni, J., Zhang, Q. and Zhang, Y. (2000) *Journal of Chromatography A*, 903, 77–84.

(i) Gleason, N. J. and Carbeck, J. D. (2004) *Langmuir*, 20, 6374–6381.

(j) Garcia, E., Hasenbank, M. S., Finlayson, B. and Yager, P. (2007) *Lab on a Chip*, 7, 249–255.

9 (a) Kanno, K., Maeda, H., Izumo, S., Ikuno, M., Takeshita, K., Tashiro, A. and Fujii, M. (2002) *Lab on a Chip*, 2, 15–18.

(b) Hisamoto, H., Shimizu, Y., Uchiyama, K., Tokeshi, M., Kikutani, Y., Hibara, A. and Kitamori, T. (2003) *Analytical Chemistry*, 75, 350–354.

10 (a) Urban, P. L., Goodall, D. M., Bergström, E. T. and Bruce, N. C. (2006) *Journal of Biotechnology*, 126, 508–518.

(b) Pijanowska, D. G., Baraniecka, A., Wiater, R., Ginalska, G., Lobarzewski, J. and Torbicz, W. (2001) *Sensors and Actuators. B, Chemical*, 78, 263–266.

(c) Nakamura, H., Li, X., Wang, H., Uehara, M., Miyazaki, M., Shimizu, H. and Maeda, H. (2004) *Chemistry-Engineering Journal*, 101, 261–268.

(d) Park, C. B. and Clark, D. S. (2002) *Biotechnology and Bioengineering*, 78, 229–235.

11 (a) Miyazaki, M., Kaneno, J., Uehara, M., Fujii, M., Shimizu, H. and Macda, H. (2003) *Chemical Communications*, 648–649.

(b) Miyazaki, M., Kaneno, J., Kohama, R., Uehara, M., Kanno, K., Fujii, M., Shimizu, H. and Maeda, H. (2004) *Chemistry-Engineering Journal*, 101, 277–284.

(c) Miyazaki, M., Kaneno, J., Yamaori, S., Honda, T., Briones, M. P., Uehara, M., Arima, K., Kanno, K., Yamashita, K., Yamaguchi, Y., Nakamura, H., Yonezawa, H., Fujii, M. and Maeda, H. (2005) *Protein and Peptide Letters*, 12, 207–210.

(d) Kawakami, K., Sera, Y., Sakai, S., Ono, T. and Ijima, H. (2005) *Industrial and Engineering Chemistry Research*, 44, 236–240.

(e) Wu, H., Tian, Y., Liu, B., Lu, H., Wang, X., Zhai, J., Jin, H., Yang, P., Xu, Y. and Wang, H. (2004) *Journal of Proteome Research*, 3, 1201–1209.

12 (a) Jones, F., Lu, Z. and Elmore, B. (2002) *Applied Biochemistry and Biotechnology*, 98, 627–640.

(b) Jones, F. et al. (2004) *Applied Biochemistry and Biotechnology*, 113, 261–272.

13 Belder, D. et al. (2006) *Angewandte Chemie-International Edition*, 45, 2463–2466.

14 (a) Zhao, D. S. and Gomez, F. A. (1998)

Electrophoresis, 19, 420 – 426.

(b) Yoon, S. K., Choban, E. R., Kane, C., Tzedakis, T. and Kenis, P. J. (2005) *Journal of the American Chemical Society*, 30, 10466 – 10467.

15 Maruyama, T., Uchida, J., Ohkawa, T., Futami, T., Katayama, K., Nishizawa, K., Sotowa, K., Kubota, F., Kamiya, N. and Goto, M. (2003) *Lab on a Chip*, 3, 308 – 312.

16 Srinivasan, A., Bach, H., Sherman, D. H. and Dordick, J. S. (2004) *Biotechnology and Bioengineering*, 88, 528 – 535.

17 Ku, B., Cha, J., Srinivasan, A., Kwon, S. J., Jeong, J. C., Sherman, D. H. and Dordick, J. S. (2006) *Biotechnology Progress*, 22, 1102 – 1107.

18 Honda, T., Miyazaki, M., Nakamura, H. and Maeda, H. (2006) *Advanced Synthesis & Catalysis*, 348, 2163 – 2171.

19 Honda, T., Miyazaki, M., Yamaguchi, Y., Nakamura, H. and Maeda, H. (2007) *Lab on a Chip*, 7, 366 – 372.

20 Luckarift, H. R., Ku, B. S., Dordick, J. S. and Spain, J. C. (2007) *Biotechnology and Bioengineering*, 98, 701 – 705.

21 (a) Thomsen, M. S., Pölt, P. and Nidetzky, B. (2007) *Chemical Communications*, 2527 – 2529.

(b) Thomsen, M. S. and Nidetzky, B. (2008) *Engineering in Life Sciences*, 8, 40 – 48.

22 Thomsen, M. S. and Nidetzky, B. (2008) *Biotechnology Journal*, in press; DOI 10.1002/biot.200800057.

23 (a) Rouge, A., Spoetzl, B., Gebauer, K., Schenk, R. and Renken, A. (2001) *Chemical Engineering Science*, 56, 1419 – 1427.

(b) Zapf, R., Kolb, G., Pennemann, H. and Hessel, V. (2006) *Chemical Engineering & Technology*, 29, 1509 – 1512.

(c) Germani, G., Stefanescu, A., Schuurman, Y. and van Veen, A. C. (2007) *Chemical Engineering Science*, 62, 5084 – 5091.

24 Rouge, A., Spoetzl, B., Gebauer, K., Schenk, R. and Renken, A. (2001) *Chemical Engineering Science*, 56, 1419 – 1427.

25 Makamba, H., Kim, J. H., Lim, K., Park, N. and Hahn, J. H. (2003) *Electrophoresis*, 24, 3607 – 3619.

26 (a) Ramshaw, C. (1999) *Green Chemistry*, G15 – 17.

(b) Stankiewicz, A. I. and Moulijn, J. A. (2000) *Chemical Engineering Progress*, 96, 22 – 34.

27 (a) Commenge, J.-M., Falk, L., Corriou, J.-P. and Matlosz, M. (2005) *Chemical Engineering & Technology*, 28, 446 – 458.

(b) Becht, S., Franke, R., GeiBelmann, A. and Hahn, H. (2007) *Chemical Engineering & Technology*, 3, 295 – 299.

(c) Mae, K. (2007) *Chemical Engineering Science*, 62, 4842 – 4851.

28 Buchholz, K., Kasche, V., Bornscheuer, U. T. (2005) *Biocatalysis and Enzyme Technology*, Wiley-VCH Verlag GmbH, Weinheim.

4 非水相溶剂中的蛋白酶活性与稳定性

Lars Haastrup Pedersen, Sinthuwat Ritthitham, Morten Kristensen

4.1 引言

在亲水性和疏水性溶剂中，蛋白酶和脂肪酶都是公认的非常有效的生物催化剂。酶和溶剂系统的多样性，为调控底物和产物的选择性和溶解性的工艺设计提供更为广泛的途径。生物催化剂能在相对温和的反应条件下催化复杂的碳水化合物、脂类物质和肽进行特殊的转化反应或区域选择性的替换反应，并获得较好的产率。因此，生物催化剂可以替代传统的化学反应，并避免手性催化和区域选择性有机合成所必需的保护和去保护反应步骤。与脂肪酶相比，蛋白酶不能直接催化以脂肪酸作为酰基供体的酯化反应，但能高效地催化单糖、寡糖、多糖等碳水化合物作为酰基受体的转酯化反应。

蛋白酶以活化的酯作为酰基供体，从而催化碳水化合物的酯化反应。已有研究表明，枯草杆菌蛋白酶家族（S8）成员能够催化蔗糖C1′位置的特异性酰化反应（图4-1），而嗜热菌蛋白酶（EC 3.4.24.27）首先催化的是蔗糖C2位置的酰化反应以及环糊精葡萄糖环的区域选择性酰化反应。这种区域选择性有别于绝大多数的脂肪酶，如疏棉状嗜热丝孢菌（*Humicola lanuginose*）和假单胞菌（*Pseudomonas* sp.）合成的脂肪酶主要催化的是蔗糖C6位置的酰化反应，其次是C6、C6′和C6、C1′位的反应。利用不同脂肪酶区域选择性的差异，可以在碳水化合物的特殊位置进行酯化反应。因此，通过控制酰基长度和糖分子中脂肪酸的位置分布，能够系统地改变这些两性生物表面活性剂的理化特性。

为获得最优的反应过程，所选用的溶剂不仅要能溶解底物，而且必须能保持酶的活性。对于生物表面活性剂催化的合成反应，亲水性溶剂更适合于亲水性碳水化合物和疏水性酰基供体，但会导致绝大多数蛋白质的变性。脂肪酶以20%~30%（体积分数）的浓度溶于亲水性非质子溶剂中，会观察到酶的活性下降，甚至完全失活[1-3]。与之相反，碱性蛋白酶在这些条件下能保持相对稳定的活性。因此，在有机溶剂中酶的稳定性需要详细研究，并揭示酶的稳定性与蛋白质结构和构象之间的联系。

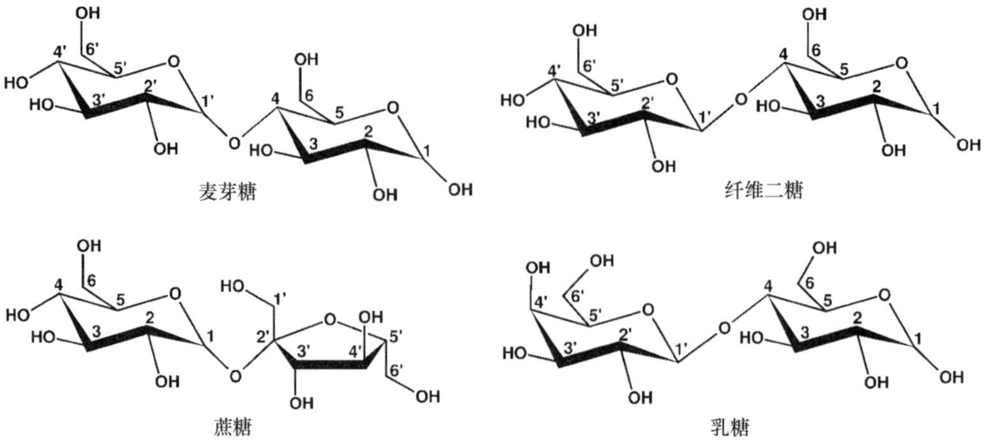

图4-1 重要的二糖

Plou等人[4]和Kennedy等人[5]回顾、总结了蛋白酶和脂肪酶催化的糖酯合成反应，而Bordusa[6]和Gupta等[7]分别针对碱性蛋白酶在有机溶剂和工业上的应用情况进行了概括。

本章目的是综述亲水性溶剂中蛋白酶催化的糖酯合成反应，并提供一些亲水性溶剂影响蛋白酶活性和稳定性的最新尝试。因此，可以体现出溶剂工程在亲水性溶剂和离子液体方面的应用特点。

4.2 蛋白酶催化碳水化合物脂肪酸酯合成反应的活性和选择性

在以一系列单糖、二糖作为酰基受体，短链、中链脂肪酸转酯化形成三氯乙酯和乙烯酯的反应中，详细研究了包括枯草菌溶素在内的枯草杆菌蛋白酶家族蛋白酶的催化特性和区域选择性。对碱性蛋白酶催化的反应而言，无水吡啶和N,N-二甲基甲酰胺（DMF）是很好的溶剂，因为它们具有较好的底物溶解性，并能维持酶的活性。含量丰富的糖中，有一些C6位置的羟基能被取代（表4-1）。不过，向反应介质中加入二甲基亚砜（DMSO），链霉菌（*Streptomyces* sp.）蛋白酶催化反应的区域选择性会由半乳糖的伯羟基转变成C2位置上的仲羟基[10]。

表4-1 碱性脂肪酶在合成基于单糖的生物表面活性剂时的选择性

碱性蛋白酶	溶剂和条件	酰基供体	酰基受体	取代位置	产率/%	参考文献
枯草杆菌蛋白酶 枯草芽孢杆菌 (*Bacillus subtilis*)	DMF 45℃，18h	丁酸三氯乙酯	D-葡萄糖	6	64	[8]

续表

碱性蛋白酶	溶剂和条件	酰基供体	酰基受体	取代位置	产率/%	参考文献
芽孢杆菌（*Bacillus* sp.）（碱性蛋白酶）	吡啶 45℃，2d	丙酸三氯乙酯	D-葡萄糖	6	5.2	[9]
	DMF 35°，7d	乙酸乙烯酯	D-葡萄糖	6	31	
		苯甲酸乙烯酯	D-葡萄糖	6	33	
		己二酸二乙烯酯	D-葡萄糖	6	66	[10]
			D-半乳糖	6	63	
			D-甘露糖	6	54	
			α-甲基-D-半乳糖	6	74	
链霉菌（*Streptomyces* sp.）	DMF：DMSO 4：1 35℃，7d	己二酸二乙烯酯	D-葡萄糖	6	30	
			D-甘露糖	6	46	
			α-甲基-D-半乳糖	6	21	
			D-半乳糖	2	49	

在吡啶和二甲基甲酰胺溶剂中，枯草菌溶素和其他枯草杆菌蛋白酶显示了对酰化重要二糖的伯羟基的选择性（图4-1）。因此，对于纤维二糖和麦芽糖，仅在C6′位取代形成单酯，而对于乳糖，形成单酯的主要取代位置是6′-氧-单酯，但也检测到少量在C3′或C4′位取代的产物。整个取代模式清晰地显示出反

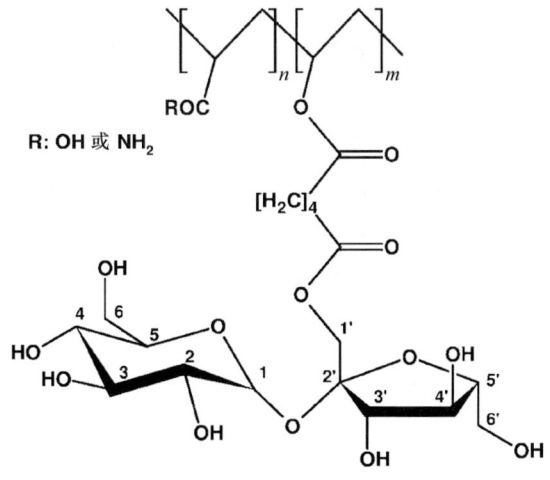

图4-2 含有生物可降解聚合物的蔗糖
1′-O-乙烯基己二酰-蔗糖与丙烯酸或丙烯酰胺聚合[21]

应的区域选择性是这三种还原糖非还原末端的伯羟基。在二甲基甲酰胺或二甲基亚砜与水的两相体系（7%，体积分数）中，以蛋白酶 N 作为催化剂，在蔗糖的三个伯羟基位点均可分别进行取代形成单酯，以 1′位的单酯为主要产物[11, 12]。也可以在无水的二甲基甲酰胺或吡啶体系中用其他的枯草杆菌蛋白酶催化不同的酰基供体合成蔗糖单酯，主要都是在 1′位上进行取代生成单酯（表 4-2）。以乙烯乙酯为酰基供体，Park 和 Chang[14] 也观察到在 C1′位和另两个伯羟基中的任一个同时取代，形成两种不同的蔗糖丙烯酸酯（1′,6′-2-氧-丙烯酰基蔗糖和 6,1′-2-氧-丙烯酰基蔗糖）。碱性蛋白酶 AL89 在二甲基甲酰胺、二甲基亚砜和水的混合体系（7%，体积分数）中，却是选择在蔗糖的 C2 位取代。因此，以月桂酸乙烯酯作为酰基供体，蛋白酶催化合成 2-氧-月桂酰蔗糖[15]。

表 4-2　碱性脂肪酶在合成基于二糖的生物表面活性剂时的选择性

碱性蛋白酶	溶剂和条件	酰基供体	酰基受体	糖酯产率/%	取代模式 位置	取代模式 分布（摩尔百分比）/%	参考文献
枯草杆菌蛋白酶 枯草芽孢杆菌	DMF 45℃,2~7d	丁酸三氯乙酯	麦芽糖		6′		[8]
			纤维二糖		6′		
			乳糖		6′	75	
					4′	10	
					3′	10	
枯草杆菌蛋白酶 嘉士伯地衣芽孢杆菌	DMF 45℃	丁酸三氟乙酯	蔗糖	50	1′	90	[13]
枯草杆菌蛋白酶 嘉士伯地衣芽孢杆菌（Optimase M-440）	吡啶 30℃,5d	乙酸乙烯酯	蔗糖		1′	70	[14]
					6,1′	18	
					1′,6′	12	
蛋白酶 N 枯草芽孢杆菌	DMF:水=13.3:1 45℃,1d DMF:水=24:1 45℃,3d	甲基丙烯酸三氟乙酯	蔗糖	15	1′	90	[11]
					6′	10	
					6	10	
		8、10、12 个碳原子脂肪酸的乙烯酯	蔗糖	17(8 个碳原子)	1′	75	[12]
				40(10 个碳原子)	6′	10~13	
				21(12 个碳原子)	6	7~11	

续表

碱性蛋白酶	溶剂和条件	酰基供体	酰基受体	糖酯产率/%	位置	分布(摩尔百分比)/%	参考文献
蛋白酶 AL89 专性嗜碱芽孢杆菌 (*B. pseudofirmus*)	DMSO：DMF：水 = 6.2：6.2：1 45℃，1d	月桂酸乙烯酯	蔗糖	57	2		[15]
枯草芽孢杆菌 (*B. subtilis*)	吡啶 50℃，5d	4、6、10 个碳原子脂肪酸的二乙烯酯	麦芽糖	53(4 个碳原子) 42(6 个碳原子) 34(10 个碳原子)	6′		[16]
			乳糖	62(4 个碳原子) 46(6 个碳原子) 31(10 个碳原子)	6′		
			蔗糖	55(6 个碳原子)	1′		

在无水二甲基亚砜体系中，以蔗糖为酰基受体，中性蛋白酶嗜热菌蛋白酶表现出相同的区域选择性[17]。取决于酰基供体链的长度，环糊精的葡萄糖环在 C2 或 C2 和 C3 或 C2 和 C6 位进行取代[18]。上述的碳水化合物脂肪酸酯具有特殊的理化特性，所以应用广泛。特别是单糖和二糖的月桂酸单酯具有抗菌活性[19]，二糖的乙烯酯可用来聚合，或者与丙烯酸或丙烯酰胺共聚合生成水凝胶[20, 21]。通过这种方式，Wang 等人[21]分别合成了生物可降解的均聚物 1′-氧-乙烯基己二酰蔗糖和 6′-氧-乙烯基己二酰乳糖，二糖通过酯键与聚乙烯主链上己二酰基团的空隙相连。此外，1′-氧-乙烯基己二酰蔗糖可与丙烯酸或丙烯酰胺共聚合（图 4-2）。环糊精的脂肪酸酯用于传输药物自主装配的毫微粒子[22]。

4.3 酶的稳定性和构象

用傅里叶变换红外（FTIR）光谱仪观测枯草菌溶素在 100% 二甲基亚砜中二级结构元件的构象和动力学过程，结果显示室温条件下由于完全的伸展，形成了无规则卷曲[23]。但在 30℃时，形成了聚合体或分子间 β-片层，表现出较低的催化活性[24]。在 54%~56% 二甲基亚砜溶液中，用傅里叶变换红外光谱和圆二色光谱仪观测到枯草杆菌蛋白酶三级结构部分被破坏。这种结构的变化诱导提高了酶构象的弹性，导致水解活性和（S）-乙基-2（4-取代的苯氧基）

丙酸的对映选择性提高。二甲基亚砜溶液的浓度调整到55%（体积分数），对映异构体比率（E 值）提高2.4~4.5，具体取决于烷基取代基的链长。外消旋混合物乙基-2-（4-己基苯氧基）丙酸在65%（体积分数）二甲基亚砜溶液中，E 值可达53，而在缓冲液中 E 值仅有5.4[25]。Quiroga 等人观察到二甲基甲酰胺对木瓜类植物半胱氨酸蛋白酶产生相似的效应[26]，也就是说在二甲基甲酰胺和pH8 Tris-HCl 缓冲液（体积比为1:1）中同时提高水解活性和使构象部分伸展。傅里叶变换红外光谱分析酶的结构，显示在混合体系中保温4h 后二级结构元件β-片层和β-转角层的含量明显提高。

Ruiz 和 De Castro[27]报道，来源于古核生物 Natrialba magadii 的嗜碱性蛋白酶在30%（体积分数）二甲基亚砜溶液（1.5mol/L NaCl，pH8 和 pH10）中于30℃保温7d，剩余近80%的活性。在不适合的盐浓度溶液中，二甲基亚砜能起到稳定酶活性的作用。

Ogino 和 Ishikawa[28]比较了一系列溶剂中四种不同蛋白酶水解活性的半衰期。二甲基亚砜溶液（25%，体积分数）对 α-胰凝乳蛋白酶和两种碱性蛋白酶嘉士伯枯草杆菌蛋白酶和铜绿假单胞菌（Pseudomonas aeruginosa）蛋白酶PST-01 具有稳定效应。事实上，后者在二甲基亚砜溶液和多种醇溶液中异常稳定，活性半衰期超过50d。二甲基酰胺会降低 α-胰凝乳蛋白酶和嗜热菌蛋白酶的稳定性，但对碱性蛋白酶尤其是枯草菌溶素具有稳定作用。甲醇也具有同样的作用，但PST-01 蛋白酶，而不是嘉士伯枯草杆菌蛋白酶，表现出最高的稳定性。根据碱性蛋白酶的稳定性，水是最差的溶剂。疏水性溶剂中，甲苯对四种蛋白酶具有很好的稳定效应（表4-3）。

表4-3 在有机溶剂中蛋白酶的活性半衰期[28, 29] [圆括号中数字是2008年测得的结果。酶在25%有机溶剂（pH8）中于30℃保温，用酪蛋白检测残留的水解活性]

溶剂	Log P	半衰期/d			
		α-胰凝乳蛋白酶	嗜热菌蛋白酶	枯草杆菌蛋白酶	PST-01
水		13.2 (0.05)	10.8 (17.3)	0.3 (0.4)	9.7 (10.2)
二甲基亚砜	-1.35	33.6	2.6	6.4	>50
二甲基甲酰胺	-1.01	2.2	0.9	39.8	25.3
甲醇	-0.74	6.0 (0.006)	4.6 (4.1)	26.2 (20.3)	>50 (41.0)
乙醇	-0.30	27.0	3.0	>50	>100
丙酮	-0.24	0.6	0.7	24.8	23.1
叔丁醇	0.35	0.5	0.8	41.6	>50
庚醇	2.62	3.8	13.1	8.6	>50
甲苯	2.73	>100	22.5	5.7	12.0

Klibanov[30]和其合作者[31, 32]报道,枯草菌溶素在水、乙腈和二氧杂环乙烷中具有几乎相同的三级结构,在不同的水相系统中结构的差异也是在同一个数量级的。特别是活性位点结构在三种溶剂中是基本一致的,而且溶剂不会从本质上影响酶的轻度交联晶体的暴露面。

近来利用圆二色光谱的研究表明,蛋白稳定性与二级结构特殊元件 α - 螺旋保持不变密切相关,而添加甲醇会改变 β - 折叠结构。因此,PST - 01 结构中含有相对较多的 α - 螺旋和较低的 β - 片层(表 4 - 4),是提高 25% 甲醇溶液中半衰期的重要因素(表 4 - 3),但存在的两个二硫键对 PST - 01 的稳定性也有一定的贡献[29]。

表 4 - 4　蛋白酶的二级结构元件组成[29](在 30℃、pH8 条件下用圆二色光谱测定)

	α - 螺旋/%	β - 片层/%
α - 胰凝乳蛋白酶	7	30
嗜热菌蛋白酶	38	17
枯草杆菌蛋白酶	30	26
PST - 01	37	23

以嗜热菌蛋白酶类似的双突变体的实验说明了新的二硫键能增加酶的稳定性。因为通过双突变,增加了一个二硫键,形成一个 14 个氨基酸长度的柔性环状区域(56~69 位),结果提高了突变体的热稳定性[33]。另一个相近的突变体耐热蛋白,能耐受煮沸,在 100℃ 的半衰期达到 170min[34]。上述两种酶是在远离活性位点的区域进行突变,所以催化活性相关的氨基酸残基的柔韧性并没有受到影响。突变后,不仅热稳定性提高,而且对溶剂的稳定性也增强了。虽然两个突变体在热稳定性上的差异很明显(10K),但没有显示出有机溶剂耐受性上的显著差异[35]。

Tsuchiyama 等人[36]研究了二甲基亚砜和 Tris - HCl 缓冲液(pH8)的混合体系中,二甲基亚砜对蛋白酶 PST - 01 催化合成 Z - 天(门)冬氨酰苯丙氨酸甲酯(阿斯巴特)的起始反应速率的影响。二甲基亚砜的浓度逐渐提高时(20%~70%,体积分数),起始反应速率下降;二甲基亚砜浓度在 50% 时,天(门)冬氨酰苯丙氨酸甲酯前体的产率是 83%;当二甲基亚砜浓度超过 60%,产生的沉淀物可能是蛋白酶。

我们分别分析了碱性蛋白酶 AL89 的粗酶冻干粉在无水的二甲基亚砜和二甲基甲酰胺中的溶解行为。首先两种情况下获得的是浑浊的悬浮液,然后悬浮液完全溶解,浑浊度(OD_{600})呈指数级下降,二甲基亚砜中的下降速度更快(图 4 - 3)。在这个过程中,测定了酶悬浮液残留的水解活性,结果显示水解活性的下降与浑浊度的减少相关。这些研究表明,酶制剂在悬浮状态时具有最高的活性，溶解会导致酶的失活。二甲基亚砜对酶悬浮液的溶解速度比二甲基甲酰胺快，相应的残余的活性减少也更快（图4-4）。因此，通过调整这两种溶剂的混合比例，可获得底物溶解性和酶活性的最优平衡。

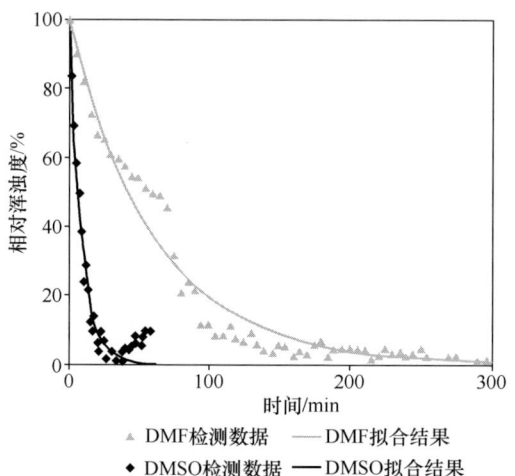

图4-3 碱性蛋白酶 AL89 在亲水性溶剂中的溶解性（M. Kristensen 和 L. H. Pedersen，未发表）

二甲基甲酰胺 $t_{1/2}$：29min；二甲基亚砜 $t_{1/2}$：6min。碱性蛋白酶 AL89 的粗酶液（10g/L）悬浮在二甲基甲酰胺或二甲基亚砜中，于40℃保温。在连续振荡中，用 Tecan 光吸收酶标仪三次测定 200μL 样品的 OD_{600}

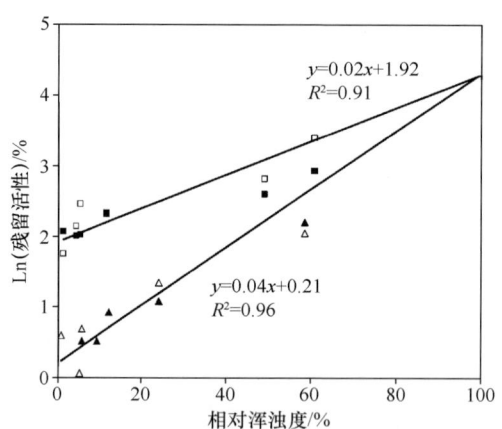

图4-4 碱性蛋白酶 AL89 在亲水性溶剂中的溶解对残留活性的影响

（M. Kristensen 和 L. H. Pedersen，未发表）

酶在无水的二甲基甲酰胺（方框）或二甲基亚砜（三角）中保温（添加 0.2mol/L 蔗糖，空心符号；未添加，实心符号）。相对浑浊度（OD_{600}）用来衡量碱性蛋白酶 AL89 溶解的程度（见图4-1的描述和变化曲线）。用缓冲液按 1∶50 稀释 20μL 样品，在 pH10、50℃的条件下用偶氮酪蛋白测定残留的水解活性

4.4 溶剂工程

一般而言，酶的活性在无水有机溶剂中要显著低于水溶液中，并不仅仅因为构象柔性的降低，也与有机溶剂的理化性质有关，即底物的去溶剂化和不稳定的过渡态产生不利的能量效应[30]。这些不利影响可通过选择合适的有机溶剂进行弥补。因此对于生物催化而言，溶剂工程和新型反应介质是重要的研究领域。在这种情况下，离子液体受到越来越多的关注。离子液体是低熔点（<100℃）的盐，是一种非水的极性溶剂。与传统的有机溶剂不同，离子液体具有不可测量的蒸气压。由于离子液体的极性，可用于溶解多种亲水化合物，有些甚至与水互溶[37]。因此，改变阳离子和阴离子的不同组合，调节离子液体的亲水性，可用来获得水混合或水不混合系统[38]。现已存在大量的组合方式，例如阳离子是一代、二代和三代咪唑盐、吡啶盐、吡咯烷盐、鏻盐、铵盐、胍盐、异脲盐，阴离子是卤化物、硫酸盐、磺酸盐、酰胺、亚胺、甲基、硼酸盐、磷酸盐、锑酸盐。

对于包括纤维素和直链淀粉等线性多聚糖在内的碳水化合物，离子液体是很好的溶剂。据报道，100℃时纤维素在氯化 1 - 丁基 - 3 - 甲基咪唑（[BMIM][Cl]）中的溶解度是 100g/L[39]。也有报道，25～75℃时葡萄糖、蔗糖、乳糖在含有二氰阴离子 $(CN)_2N^-$ 的离子液体中溶解度能达到 200g/L[40]，75℃时 β - 环糊精在 1 - 丁基 - 3 - 甲基咪唑二氰胺盐 [BMIM][$(CN)_2N$] 中溶解度甚至可达 750g/L。

离子液体不仅能作为碳水化合物的优良溶剂，而且能维持酶的活性和稳定性。Erbeldinge 等人[41]研究表明，嗜热菌蛋白酶在 1 - 丁基 - 3 - 甲基咪唑六氟磷酸盐（[BMIM][PF_6]）和水以 95∶5（体积比）混合成的体系中催化合成天（门）冬氨酰苯丙氨酸甲酯（阿斯巴特）前体（Z - 阿斯巴特），产率达到 95%。悬浮液中酶能保持稳定，并维持活性，但当少量酶溶解于离子液体中时，酶活性丧失。此外，枯草菌溶素在 Hofmeister 系列亲水性离子液体中具有活性[42]，α - 胰凝乳蛋白酶和枯草菌溶素在 1 - 乙基 - 3 - 甲基咪唑三氟甲磺酸盐（[EMIM][Tf]）的均匀水溶液（水含量为 0.2%，体积分数）中，于 30℃催化 N - 乙酰 - 苯基苯丙酸的酯化反应[43]。与 50℃时 1 - 丙醇作为反应介质（水含量 2%，体积分数）相比，在四种离子液体中 α - 胰凝乳蛋白酶转酯化反应的半衰期都有所延长：在极性最低的甲基 - 三辛基氨基三氟亚胺中效果最佳，比 1 - 丙醇半衰期延长提高了 13.5 倍[44]。

4.5 结论

亲水性有机溶剂可以作为水的共溶剂，形成单相体系，进行底物传输，获得产物。同时，由于这些溶剂能导致酶部分变性，增加空间结构的柔韧性，所以可以提高酶的活性，影响酶的区域选择性，增强酶的立体选择性。浓度低于50%的亲水性溶剂对碱性蛋白酶有稳定作用，但更高的浓度尤其是无水体系，绝大多数酶包括碱性蛋白酶都将发生变性，并失去活性。虽然并不都是由于结构的改变，但热稳定性提高也导致了有机溶剂中稳定性的增强。改变热力学平衡，使水解酶催化水解反应的逆反应，为传统有机化学提供了一个潜在的供选方案。生物催化的优势已在化学和制药工业上得到很好的体现。碱性蛋白酶能催化肽和数量众多的可再生资源，合成生物活性分子和载体，也能合成具有特定功能特征的碳水化合物衍生物，用于药物传输和卫生保健系统。虽然这些酶在亲水性有机溶剂和离子液体中极其稳定，但是利用现代生物技术更能改善它们的特性，为特殊的工业反应设计效率更高的酶。安全、最优的底物传输、高产率和反应介质的循环是生物催化所提出的挑战。因此，溶剂工程仍是生物技术设计中一个重要的因素。更好地理解反应介质、生物催化剂、底物和产物之间的关系，是进一步发展绿色工业所不可缺少的。

参考文献

1 Castillo, E., Pezzotti, F., Navarro, A. and López-Munguia, A. (2003) *Journal of Biotechnology*, 102, 251.

2 Degn, P. and Zimmermann, W. (2001) *Biotechnology and Bioengineering*, 74 (6), 483.

3 Moniruzzaman, M., Hayashi, Y., Talukder, M. R., Kawanishi, T. (2007) *Biocatalysis and Biotransformation*, 25 (1), 51.

4 Plou, F. J., Cruces, M. A., Ferrer, M., Fuentes, G., Pastor, E., Bernabé, M., Christensen, M., Comelles, F., Parra, J. L. and Ballesteros, A. (2002) *Journal of Biotechnology*, 96, 55.

5 Kennedy, J. F., Kumar, H., Panesar, P. S., Marwaha, S. S., Goyal, R., Parmar, A. and Kaur, S. (2006) *Journal of Chemistry and Technology*, 81, 866.

6 Bordusa, F. (2002) *Chemical Reviews*, 102, 4817.

7 Gupta, R., Beg, Q. K. and Lorenz, P. (2002) *Applied Microbiology and Biotechnology*, 59, 15.

8 Riva, S., Chopineau, J., Kieboom, A. P. G. and Klibanov, A. (1988) *Journal of the American Chemical Society*, 110, 584.

9 Watanabe, T., Matsue, R., Honda, Y. and Kuwahara, M. (1995) *Carbohydrate Research*, 275, 215.

10 Kitagawa, M., Fan, H., Raku, T., Shibatani, S., Maekawa, Y., Hiraguri, Y., Kurane, R. and Tokiwa, Y. (1999) *Biotechnology Letters*, 21, 355.

11 Potier, P., Bouchu, A., Descotes, G., and Queneau, Y. (2000) *Tetrahedron Letters*, 41, 3597.

12 Potier, P., Bouchu, A., Gagnaire, J., and Queneau, Y. (2001) *Tetrahedron Asymmetry*, 12, 2409.

13 Riva, S., Nonini, M., Ottolina, G. and Danieli, B. (1998) *Carbohydrate Research*,

314,259.
14 Park, H. G. and Chang, H. N. (2000) *Biotechnology Letters*,22,39.
15 Pedersen, N. R., Wimmer, R., Matthiesen, R., Pedersen, L. H. and Gessesse, A. (2003) *Tetrahedron Asymmetry*, 14,667.
16 Wu, Q., Wang, N., Xiao, Y. M., Lu, D. S. and Lin, X. F. (2004) *Carbohydrate Research*,339,2059.
17 Pedersen, N. R., Halling, P. J., Pedersen, L. H., Wimmer, R., Matthiesen, R. and Veltman, O. R. (2002) *FEBS Letters*,519,181.
18 Pedersen, N. R., Kristensen, J. B., Bauw, G., Ravoo, B. J., Darcy, R., Larsen, K. L. and Pedersen, L. H. (2005) *Tetrahedron: Asymmetry*,16,615.
19 Watanabe, T., Katayama, S., Matsubara, M., Honda, Y. and Kuwahara, M. (2000) *Current Microbiology*,41,210.
20 Patil, N. S., Yanzi, L., Rethwisch, D. G. and Dordick, J. S. (1997) *Journal of Polymer Science Part A-Polymer Chemistry*, 35(11),2221.
21 Wang, X., Wu, Q., Wang, N. and Lin, X. F. (2005) *Carbohydrate Polymers*,60,357.
22 Choisnard, L., Gèze, A., Yaméogo, B. G. J., Putaux, J. L. and Wouessidjewea, D. (2007) *International Journal of Pharmacy*,344,26.
23 Griebenow, K. and Klibanov, A. M. (1997) *Biotechnology and Bioengineering*, 53(4),351.
24 Xu, K., Griebenow, K. and Klibanov, A. M. (1997) *Biotechnology and Bioengineering*, 56(5),351.
25 Watanabe, K. and Ueji, S. (2000) *Biotechnology Letters*,22,599.
26 Quiroga, E., Cami, G., Marchese, J. and Barberis, S. (2007) *Biochemical Engineering Journal*,35,198.
27 Ruiz, D. M. and De Castro, R. E. (2007) *Journal of Industrial Microbiology & Biotechnology*,34,111.
28 Ogino, H. and Ishikawa, H. (2001) *Journal of Bioscience and Bioengineering*,91,109.
29 Ogino, H., Gemba, Y., Yutori, Y., Doukyu, N., Ishimi, K. and Ishikawa, H. (2007) *Biotechnology Progress*,23, 155.
30 Klibanov, A. M. (1997) *Trends in Biotechnology*,15(3),97.
31 Schmitke, J. L., Stern, L. J. and Klibanov, A. M. (1997) *Proceedings of the National Academy of Sciences of the United States of America*,94,4250.
32 Schmitke, J. L., Stern, L. J. and Klibanov, A. M. (1998) *Proceedings of the National Academy of Sciences of the United States of America*,95,12918.
33 Mansfeld, J., Vriend, G., Dijkstra, B. W., Veltman, O. R., Van den Burg, B., Venema, G., Ulbrich-Hofmann, R. and Eijsink, V. G. H. (1997) *Journal of Biological Chemistry*,272(17),11152.
34 Van den Burg, B., Vriend, G., Veltman, O. R., Venema, G. and Eijsink, V. G. H. (1998) *Proceedings of the National Academy of Sciences of the United States of America*,95(5),2056.
35 Mansfeld, J. and Ulbrich-Hofmann, R. (2006) *Biotechnology and Bioengineering*, 97(4),672.
36 Tsuchiyama, S., Doukyu, N., Yasuda, M., Ishimi, K. and Ogino, H. (2007) *Biotechnology Progress*,23,820.
37 Kragl, U., Eckstein, M. and Kaftzik, N. (2007) *Current Opinion in Biotechnology*, 13,565.
38 Sheldon, R. A., Lau, R. M., Sorgedrager, M. J., van Rantwijk, F. and Seddon, K. (2002) *Green Chemistry*,4,147.
39 Swatloski, R. P., Spear, S. K., Holbrey, J.

D. and Rogers, R. D. (2002) *Journal of the American Chemical Society*, 124, 4974.

40 Liu, Q., Janssen, M. H. A., van Rantwijk, F. and Sheldon, R. A. (2005) *Green Chemistry*, 7, 39.

41 Erbeldinger, M., Mesiano, A. J. and Russell, A. J. (2000) *Biotechnology Progress*, 16, 1129.

42 Zhao, H., Campbell, S. M., Jackson, L., Song, Z. and Olubajo, O. (2006) *Tetrahedron Asymmetry*, 17, 377.

43 Noritomi, H., Nishida, S. and Kato, S. (2007) *Biotechnology Letters*, 29, 1509.

44 Lozano, P., De Diego, T., Carrié, D., Vaultier, M. and Iborra, J. L. (2003) *Journal of Molecular Catalysis B: Enzymatic*, 21, 9.

5 有机溶剂中酶构型对脂肪酶立体选择性和活性的重要性

Francesco Secundo

5.1 引言

脂肪酶应用于许多生物催化中,具有显著的实际价值,例如醇酯和羧基的动力学拆分(无论是在水中或非水介质中)[1],多羟基化合物的酰基选择性,光学纯氨基酸和氨基化合物的制备[2,3]。此外,脂肪酶在有机溶剂中很稳定,不需要辅因子,具有广泛的底物特异性和高对映选择性。所有这些特征使脂肪酶成为在纯有机溶剂中生物催化上应用最多的酶类。

有机溶剂的使用对于在水中不稳定或难溶的底物转化具有特别的优势。此外,在无水的情况下,通过水解酶(主要是脂肪酶和蛋白酶)合成酯键和酰胺键,能阻止由水引起的水解和许多副反应。通过有机溶剂的改变,能控制底物特异性、特定酶的区域选择性和对映选择性。尽管酶在有机介质中有很多优势,然而在大多数情况下,它们的催化效率比在水相体系中低很多。这可以归为不同的原因,如高饱和底物浓度、扩散限制、酶-底物中间过渡态的低稳定性、蛋白质柔韧性的限制和脱水引起的酶分子的聚集和变形,这在无水溶剂中是不可逆的[4]。

本章主要考察和讨论一些添加剂,也就是溶解保护剂[糖、冠醚和甲氧基聚(乙二醇)]对某些脂肪酶的活性和对映选择性的影响。当使用溶解保护剂时酶活性或对映选择性得以提高,以傅里叶变换红外光谱(FT-IR)获得的构象数据为依据,我们得到了一个合理的解释。

5.2 纯有机溶剂中脂肪酶形式及其活性和对映选择性

一般认为,有机溶剂中的生物催化是指在有足够的水缓冲液(少于5%)时,酶悬浮(或有时为溶解)于纯有机溶剂中,以确保酶的活性。然而对于水解酶来说,水是底物,而且水对于确定水活度值(a_w)以最优化合成反应(如酯的形成）可能至关重要。Valivety 等人[5]发现，在有些情况下，固定在不同载体上的假丝酵母脂肪酶的活性相对于 a_w 值展现出相同的活性特性，但是绝对比率不同。对于以前认为是从洋葱假单胞菌中得到的洋葱伯克霍尔德菌脂肪酶（脂肪酶 BC）以及南极假丝酵母脂肪酶 B（CALB），相对于 a_w 的酶活性特性甚至比活性都取决于酶的冷冻干燥或者固定化方式。不同形式的脂肪酶 BC 或者 CALB 酯交换活性的比较如表 5-1 和表 5-2 所示。

表 5-1　各种形式的脂肪酶 BC 在四氯化碳中（$a_w < 0.1$）的转酯活性

脂肪酶形式	相对转酯活性[a,b]
经纯化和 PEG 冻干[c]	7.8
经纯化和与 PEG 共价键交联[c]	3.5
粗酶[d]	1.0
脂肪酶 BC 的 CLEC[e]	1.4
溶胶凝胶 - AK 脂肪酶 BC[f]	76.4

a　相对于粗酶 BC 作为 1。
b　以 1-辛醇（0.19mol/L）和乙酰基丁酸盐（0.79mol/L）间的转酯化反应得到 1-辛基丁酸盐和乙醛作为模式反应。包含 10μg 蛋白质的酶量用于 1mL 的反应体积中。粗脂肪酶 BC 的活性是 0.5μmol/min×10μg 蛋白。
c　PEG，甲氧基聚（乙二醇）（分子质量 5000u）。
d　脂肪酶 BC 为 AMANO 公司商业化的产品（商业名称为脂肪酶 PS）。
e　CLEC，交联酶晶体。样品为 Altus 的赠品。
f　包埋于溶胶凝胶 - AK 中的脂肪酶 BC。样品从 Fluka 购买。

表 5-2　各种形式的 CALB 在甲苯中（$a_w < 0.1$）的转酯活性

酶形式	相对转酯活性[a,b]
CALB 粗酶[c]	0.05
纯化的 CALB[d]	1.0
CALB + PEG[e]	13.0
CALB + OA[f]	6.7
Novozym 435[g]	7.3

注：CALB——南极假丝酵母脂肪酶 B。
a　相对于纯化的 CALB 作为 1。
b　以 1-辛醇（0.19mol/L）和乙酰基醋酸盐（1.1mol/L）间的转酯化反应得到 1-辛基醋酸盐和乙醛作为模式反应。包含 10μg 蛋白质的酶量用于 1mL 的反应体积中。纯化的 CALB 活性是 6μmol/min×10μg 蛋白。
c　CALB 粗酶是 Novo - Nordisk 的赠品（实验产品 SP 525）。
d　纯化的 CALB 是从 CALB 粗酶中（如参考文献 [7] 中所报道）纯化获得的。
e　纯化的 CALB 与 PEG 冻干（分子质量为 5000u）。
f　纯化的 CALB 与油酸冻干（OA）。
g　Novozym435 购于 Novo - Nordisk，是 CALB 固定于大孔丙烯酸树脂。

可以注意到：酶的干燥制备方式不同，造成了对于有机溶剂催化酶比活性的显著差异（最多相差两个数量级）。而且值得一提的是，以三丁酸甘油酯为底物，溶胶凝胶包埋的洋葱伯克霍尔德菌脂肪酶（溶胶凝胶－AK 脂肪酶 BC）的转酯活性为水中测量活性的 83%[6]。相似的，与甲氧基聚（乙二醇）共冻干的 CALB（CALB＋PEG）中，醋酸乙烯酯水解活性为水中的 51%[7]。需要注意的是，对于 BC 和 CALB 这两种脂肪酶，各种不同形式以及水溶液中酶活性的比较，都是在相同脂肪酶量的基础上进行的。野生的枯草芽孢杆菌脂肪酶 A（wtBSLA）预先与 PEG 冻干后，转酯活性增加 6.4 倍（表 5－3）[8]。

表 5－3　wtBSLA 和 BSLA 盖子结构突变体在石油醚中的转酯活性

酶	速率/（nmol/min）[a]
BSLA[b]	122（19）
HPlip[c]	14（3）
AXElip[d]	16（3）

a 在 a_w ＝0.11 的 6－甲基－5－庚烯－2－醇（0.013mol/L）中以乙烯基醋酸盐（0.11mol/L）作为酰基供体的转酯化反应速率。40mg 酶与 5mgPEG 冻干并添加至终反应体积 1mL 的体系中。反应混合物在 150r/min，25℃条件下振荡。通过 GLC 利用[8]中描述的条件检测反应进程。圆括号内为没有用 PEG 冻干的相同数量酶的转酯化速率。

b　wtBSLA。

c，d　插入 *Penicillium purpurogenum* 乙酰木聚糖酯酶 BSLA[(c)]或者人胰脂肪酶[(d)]盖子的突变 BSLA。选择这两种酶的盖子是因为它们与 BSLA 结构相同。而且，这些盖子插入到野生型酶中没有破坏 α/β－水解酶折叠的核心[8]。

其他的研究小组添加一些碳水化合物以提高几种水解酶在有机溶剂中的催化活性。特别是 Kanerva 和 Sundholm[9] 对脂肪酶 BC 和 Pu 等[10]对玫瑰假丝酵母和假单胞菌脂肪酶的研究发现，这些酶与蔗糖的共冻干有利于增加其在己烷中的催化活性。也观察到其他丝氨酸水解酶活性得以增长。Adlercreutz[11] 报道了当山梨醇存在时，吸附在硅藻土上的 α－胰凝乳蛋白酶醇解速率会上升。De Paz 等[12]也观察到，与海藻糖和蔗糖共冻干时枯草杆菌蛋白酶活性会上升。类似地，发现冻干的或者吸附在有山梨醇的硅藻土上的枯草杆菌蛋白酶在二氧杂环乙烷中的转酯化活性会上升[13]。也研究了脂肪酶 BC 与不同种类糖冻干后的活性和对映选择性。

图 5－1 为脂肪酶 BC 的活性与糖/脂肪酶比例（质量比）的关系。可以观察到当糖存在且糖/脂肪酶≥20 时冻干脂肪酶，能够将脂肪酶 BC 的转酯化活性提高至 4.7 倍。相似地，以对映体比率表示的脂肪酶对映选择性在糖存在时可提高至 2.8 倍（表 5－4）。

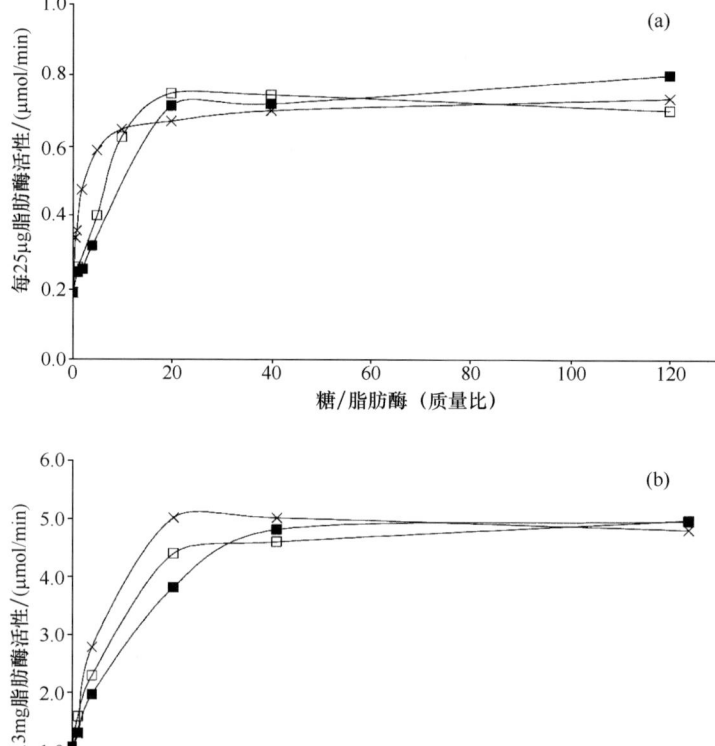

图 5-1 0.025mg（a）和 0.3mg（b）的脂肪酶 BC 分别与不同数量的蔗糖（□）、海藻糖（×）、甘露醇（■）共冻干的转酯化活性

活性测定是以 1-辛醇（0.19mol/L）和醋酸乙烯酯（1.1mol/L）作为底物，在甲苯中测量 1-辛基醋酸盐的形成速率。反应体积 1mL。所有的试剂、溶剂和酶都在 0.33 水活性下平衡

表 5-4 6-甲基-5-庚烯-2-醇为底物、甲苯为反应介质，糖对脂肪酶 BC 对映体比率（E）和转酯化反应速率的影响

糖	E^a	速率[a]/（nmol/min）	E^b	速率[b]/（nmol/min）
无	14	14	21	162
蔗糖	39	89	32	533
海藻糖	26	95	33	235
甘露醇	31	151	37	491

a 0.025mg 脂肪酶 BC 与 0.5mg 糖冻干得到的数据。

b 0.1mg 脂肪酶 BC 与 1mg 糖冻干得到的数据。反应条件见参考文献 [14]。

有些研究小组将冠醚用作冻干缓冲液的添加剂[15-19]，发现其对有机溶剂中水解酶的活性和对映选择性有利。使用18-冠醚-6有利于有机溶剂中脂肪酶活性的条件也被发现。特别是对于脂肪酶 BC 和 CALB，在甲苯中的转酯化活性分别提高了2.5倍和1.4倍［图5-2（a）和（b）］。有趣的是，尽管在水中18-冠醚-6降低了脂肪酶的活性，但在有机溶剂中却提高了活性。实际上在水中加入4%（质量分数）添加剂后，酶活性只剩下未加添加剂时的12%（CALB）和0.25%（脂肪酶 BC）。这也可以解释为何仅在18-冠醚-6与脂肪酶摩尔比≤100时活性得以提高，而高摩尔比会引起酶活性降低，甚至低于不含添加剂时冻干的酶。相反，由于酶冻干后在反应中添加18-冠醚-6并不会引起酶活性显著的变化（图5-2a和b），因此上述酶活性的降低是由于添加物和

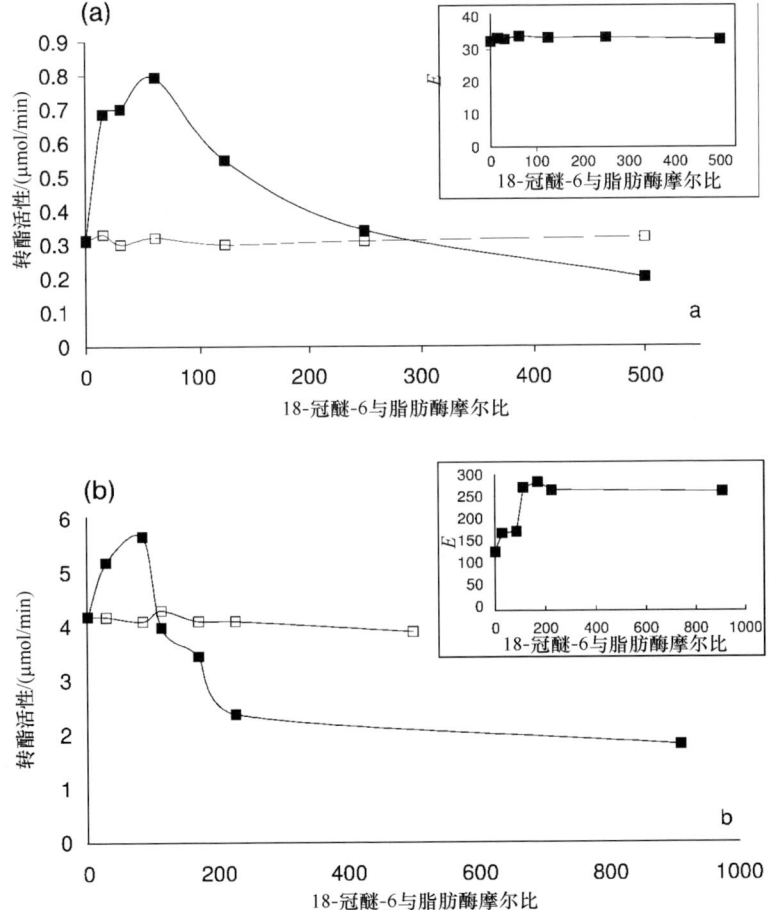

图5-2　0.1mg 的（a）脂肪酶 BC 和（b）CALB 在甲苯中的转酯化活性与冻干前添加到酶溶液中（■）或反应介质中（□）的18-冠醚-6与脂肪酶摩尔比的关系

反应在1mL 的反应体积中进行，以6-甲基-5-庚烯-2-醇作为亲核试剂，乙烯基醋酸盐作为酰基供体。插入图：冠醚对脂肪酶 BC 对映选择性的效果。数据为至少三次测定的平均值

底物形成复合物（可能引起表观底物浓度降低）的可能性可以排除。可以得到以下结论，活性的降低可归为 18-冠醚-6 在水中冻干时与酶的相互作用。至于其他有机溶剂的使用，发现在 1,4-二氧杂环乙烷作为反应介质时转酯活性的提高对于脂肪酶 BC（1.7 倍）和 CALB（1.5 倍）影响要小些。

18-冠醚-6 对于对映选择性的影响取决于脂肪酶。发现脂肪酶 BC 的 E 值（约 33）几乎不会受到与冠醚共冻干的影响（图 5-2a）。这一发现与 Mine 等的[17]报道相一致，他们也没有观察到与 18-冠醚-6 共冻干的脂肪酶 BC 在 2,2-二甲基-1,3-二氧-4-甲醇和醋酸乙烯酯之间转酯化反应中 E 值的变化。与脂肪酶 BC 相反，与 18-冠醚-6 共冻干的 CALB 的 E 值会从 120 提高到 280（图 5-3）。两种酶的不同表现可能是由在冻干时加入添加剂引起脂肪酶 BC 和 CALB 不同的细小构象的变化，或者是和两种酶催化活性位点的不同相互作用所引起的。值得指出的是当 18-冠醚-6 增加到添加物与脂肪酶摩尔比为 200 时，CALB 的 E 值会增加（图 5-2b）。而当添加剂与脂肪酶摩尔比增加到约 100 时活性上升，到约 200 时活性下降，而没有冠醚时其活性几乎保持恒定，约为原来的 50%（图 5-2b）。这些数据表明高浓度的添加物会引起 CALB 中间体的形成，这个中间体活性较低但是对映选择性较高[20]。

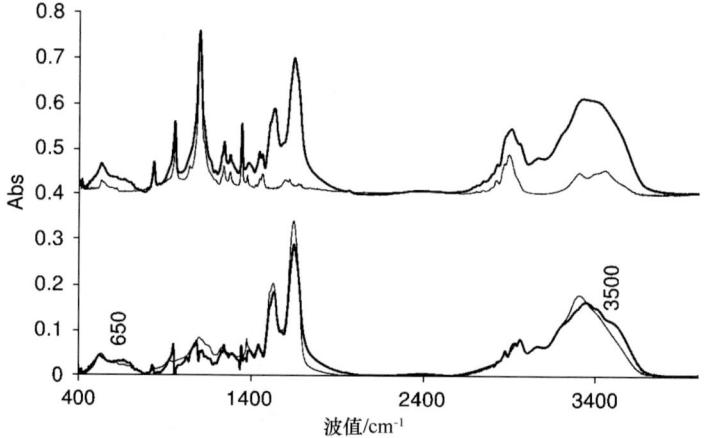

图 5-3　上面部分：脂肪酶 BC 与 18-冠醚-6 与脂肪酶 62 摩尔比的傅立叶变换红外光谱（粗线）和只有 18-冠醚-6 冻干的傅立叶变换红外光谱（细线）。下面部分：脂肪酶 BC 在没有 18-冠醚-6 条件下冻干（细线）与上面部分光谱结果（与 18-冠醚-6 共冻干的脂肪酶 BC 减去 18-冠醚-6）的差异比较。为了使光谱清晰沿着 y 轴进行了补偿

5.3　为何在有机溶剂中加入添加剂会影响脂肪酶的活性和对映选择性

为了阐明为何在有机溶剂中加入添加剂能提高酶活性的机制，我们主要关

注添加剂是怎样影响酶的构型以及冻干后水被酶吸附的量。我们通过傅立叶变换红外光谱检测了对这些蛋白质的影响，此红外光谱技术可以用来对不同物理状态和在添加剂的作用下酶样品的构象进行比较。特别是在 1600～1700cm 的区域显示的蛋白质条带（氨基条带Ⅰ）是由若干的重叠成分组成的，可以表示为不同的二级结构构象[21]。

对于制药领域广泛作为溶解保护剂用于蛋白质药物配方组成的糖，研究发现脂肪酶 BC 与这些添加剂共冻干的红外光谱与水溶液中的酶相比更类似于不加糖冻干的脂肪酶 BC（光谱的比较是基于红外氨基条带Ⅰ的相关系数）[14]。对氨基条带Ⅰ化合物的成分相对区域的分析见表 5 – 5。在与糖冻干的脂肪酶中，氨基条带Ⅰ在 1654～1657cm^{-1} 处的活性与相关强度间无相互关系，这一区域通常表现为 α – 螺旋二级结构（表 5 – 5）。与在水溶液中相比，此条带冻干样品的结果总是较低。事实上与海藻糖冻干的脂肪酶 BC 中此条带要高于与其他的糖冷冻的样品，这可能与更显著的酶活性提高没有关系。此外，在 1680～1683cm^{-1} 和 1693～1695cm^{-1} 处（都表示分子间的 β – 折叠，总的相对面积不高于 20.8%）条带相对面积的总和总是低于不加糖冻干的脂肪酶 BC（总面积为 24.0%）（表 5 – 5）。在 1614cm^{-1} 条带处也可观察到相似的趋势，加糖后共冻干的脂肪酶 BC 样品数据低于无添加剂的样品。这些数据表明糖的存在减少分子间的 β – 折叠（一种典型的蛋白质聚集状态）。因此，糖可能破坏蛋白质 – 蛋白质的相互作用，并有利于底物进入酶催化活性位点和水达到位于酶粉颗粒内部的酶分子。与酶分子较好的接触也可能是所有糖引起对映选择性增加的原因（表 5 – 3）。事实上，Rottici 等[22] 报道[22]，与其他的酶制剂类型（如游离酶）相比，由于底物到达催化活性位点受到较少阻碍，固定化 CALB（例如，Novozym 435）具有更高的活性和对映选择性。

表 5 – 5　在水溶液中或无糖和含糖冻干中脂肪酶 BC 样品氨基条带Ⅰ光谱区域的红外线条带位置，条带面积及其含义

条带位置/cm^{-1}	条带面积/%^{a}							
	在水中	无糖	蔗糖 0.3mg	蔗糖 15mg	海藻糖 0.3mg	海藻糖 15mg	甘露醇 0.3mg	甘露醇 15mg
1614～1620 β – 折叠^b	—	4.6	3.8	3.1	2.9	2.0	6.3	2.8
1625 水合氨基化合物 C═O 族	—	—	—	—	—	—	—	—
1628～1631 β – 折叠	—	12.1	8.4	12.3	9.3	8.5	9.5	9.7

续表

条带位置/cm^{-1}	条带面积/%[a]							
	在水中	无糖	蔗糖 0.3mg	蔗糖 15mg	海藻糖 0.3mg	海藻糖 15mg	甘露醇 0.3mg	甘露醇 15mg
1638～1640 β-折叠	21.5	8.3	13.3	14.1	11.8	13.9	11.1	13.6
1645～1649 随机卷	—	11.6	7.7	8.5	10.9	5.0	5.0	7.1
1654～1657 α-螺旋结构	32.4	18.3	19.5	18.4	26.5	27.8	20.8	20.6
1666～1668 β-转角	20.3	21.1	28.3	24.1	20.1	23.0	26.5	27.2
1680～1683 β-转角/β-折叠[b]	12.2	15.2	12.1	14.5	12.7	14.4	17.0	12.7
1693～1695 β-折叠[b]	—	8.8 (24.0)[c]	6.9 (19.0)[c]	5.0 (19.5)[c]	5.7 (18.4)[c]	5.3 (19.7)[c]	3.8 (20.8)[c]	6.2 (18.9)[c]
1698（无意义）	7.0	—	—	—	—	—	—	—

a 氨基条带 I 的每一条带组成的位置和相对贡献是通过去卷积谱的曲线拟合根据 GRAMS/32 程序的相关步骤测定的。具体细节见参考文献 [14]。

b 分子内的 β-折叠。

c 1693～1695cm^{-1} 和 1680～1683cm^{-1} 条带相对面积之和。

通过比较含和不含 18-冠醚-6 冻干的脂肪酶 BC 光谱，发现添加物也可能对促进酶的水合具有重要作用（图 5-3）。

从脂肪酶 BC 与 18-冠醚-6 共冻干的光谱中减去 18-冠醚-6 光谱获得的差异光谱（图 5-3，下面部分和粗线）中，观察由于水在 3500cm^{-1}（OH 拉伸）和在 650cm^{-1}（震动条带）而形成的光谱条带时，可以发现与 18-冠醚-6 冻干的脂肪酶 BC 样品的强度比不含 18-冠醚-6 冻干的脂肪酶 BC 样品更加显著（在 650cm^{-1} 和 3500cm^{-1} 分别为前者 0.030 和 0.128，后者 0.022 和 0.091）。可以得出结论，18-冠醚-6 有利于提高脂肪酶活性（尤其是脂肪酶 BC），使其水合作用更好。而对于 CALB 的活化作用没有那么显著，因为 CALB 是 N-糖基化的，而且糖部分本身可能与 CALB 形成氢键结合或者更好地水合。

添加剂另一个可能的作用涉及一些脂肪酶具有活动部分（称为盖子）的特殊结构，其会调节进入催化活性中心的入口。有可能在有机溶剂中酶活性低是因为酶在冻干后处于关闭构象（低活性）[24]。如果添加剂（如 N-辛基-β-葡萄糖苷）在冻干后有利于开放构象，则酶在有机溶剂中会更有活性[25]。然而，这种可能性不包括 PEG，因为对于 BSLA（一种没有盖子的脂肪酶）也可以观察到活性的增加。而且对于突变的 BSLA（插入盖子）与 PEG 冷冻干燥后也表现为在有机溶剂中酶活性的提高，这与 wtBSLA 相似（表 5-3）。但是，PEG 可以使蛋白质分散在一些有机溶剂中（如 1,4-二氧杂环乙烷）[26]，这说明与糖相似，PEG 能破坏蛋白质-蛋白质之间的相互作用并且减少对于酶催化活性中心的底物扩散限制。

5.4 结论

本章强调了酶以冻干形式制备对于脂肪酶在有机溶剂中优化活性和对映选择性是非常重要的。在冷冻干燥前添加一些添加剂对脂肪酶有利，可避免脂肪酶与载体（如无机材料）间有害的相互作用，阻止蛋白质与蛋白质之间的相互作用（如蛋白质的聚集）。这些方法有利于较好的水获得性和酶分子与底物的接触，从而表现出较高的酶活性。基于本章所提供的许多有利的证据，我们认为酶的形式是一个重要因素，这一因素在以达到产业化水平为目标的脂肪酶有机溶剂生物催化过程中是不能回避的。

参考文献

1 Drauz, K. and Waldmann, H. (2002) *Enzyme Catalysis in Organic Synthesis: A Comprehensive Handbook*, 2nd edn, I – III, Wiley-VCH Verlag GmbH, Weinheim.

2 Kanerva, L. T., Csomos, P., Sundholm, O., Bernath, G. and Fulop, F. (1996) *Tetrahedron, Asymmetry*, 7, 1705 – 1716.

3 Gotor, V. (1999) *Bioorganic & Medicinal Chemistry*, 7, 2189 – 2197.

4 Klibanov, A. M. (1997) *Trends in Biotechnology*, 15, 97 – 101.

5 Valivety, R. H., Halling, P. J., Peilow, A. D. and Macrae, A. R. (1994) *European Journal of Biochemistry*, 222, 461 – 466.

6 Secundo, F., Spadaro, S., Carrea, G. and Overbeeke, P. L. A. (1999) *Biotechnology and Bioengineering*, 62, 554 – 561.

7 Secundo, F., Carrea, G., Varinelli, D. and Soregaroli, C. (2001) *Biotechnology and Bioengineering*, 73, 157 – 163.

8 Secundo, F., Carrea, G., Tarabiono, C., Gatti-Lafranconi, P., Brocca, S., Lotti, M., Jaeger, K.-E., Puls, M. and Eggert, T. (2006) *Journal of Molecular Catalysis B: Enzymatic*, 39, 166 – 170.

9 Kanerva, L. T. and Sundholm, O. (1993) *Journal of the Chemical Society-Perkin Transactions*, 1(1), 2407 – 2410.

10 Pu, W., Li-rong, Y. and Jian-ping, W. (2001) *Biotechnology Letters*, 23, 1429 – 1433.

11 Adlercreutz, P. (1993) *Biochimica et Biophysica Acta*, 1163, 144 – 148.

12 Paz, R. A. De, Dale, D. A., Barnett, C. C., Carpenter, J. F., Gaertner, A. L. and Randolph, T. W. (2002) *Enzyme and*

Microbial Technology, 31, 765–774.

13 Bovara, R., Carrea, G., Gioacchini, A. M., Riva, S. and Secundo, F. (1997) *Biotechnology and Bioengineering*, 54, 50–57.

14 Secundo, F. and Carrea, G. (2005) *Biotechnology and Bioengineering*, 92, 438–446.

15 van Unen, D. J., Engbersen, J. F. J. and Reinhoud, D. N. (1998) *Biotechnology and Bioengineering*, 59, 553–556.

16 Persson, M., Mladenoska, I., Wehtje, E. and Adlercreutz, P. (2002) *Enzyme and Microbial Technology*, 31, 833–841.

17 Santos, A. M., Vidal, M., Pacheco, Y., Frontera, Y., Baez, C., Ornellas, O., Barletta, G. and Griebenow, K. (2001) *Biotechnology and Bioengineering*, 74, 295–308.

18 Mine, Y., Fukunaga, K., Itoh, K., Yoshimoto, M., Nakao, K. and Sugimura, Y. (2003) *Journal of Bioscience and Bioengineering*, 95, 441–447.

19 Tsukube, H., Yamada, T. and Shinoda, S. (2001) *Journal of Heterocyclic Chemistry*, 38, 1401–1408.

20 Secundo, F., Barletta, G. L., Dumitriu, E. and Carrea, G. (2007) *Biotechnology and Bioengineering*, 97, 12–18.

21 Byler, D. M. and Susi, H. (1986) *Biopolymers*, 25, 469–487.

22 Roticci, D., Norin, T. and Hult, K. (2000) *Organic Letters*, 2, 1373–1376.

23 Grdadolnik, J. and Maréchal, Y. (2001) *Biopolymers*, 62, 40–53.

24 Louwrier, A., Drtina, G. J. and Klibanov, A. M. (1996) *Biotechnology and Bioengineering*, 50, 1–5.

25 Gonzalez-Navarro, H., Bano, M. C. and Abad, C. (2001) *Biochemistry*, 40, 3174–3183.

26 Secundo, F., Carrea, G., Vecchio, G. and Zambianchi, F. (1999) *Biotechnology and Bioengineering*, 64, 624–629.

6 利用霉菌干菌丝体直接催化酯化反应：一种具有（位置）选择性、条件温和且高效制备结构多样酯的方法

Francesco Molinari, Diego Romano, Raffaella Gandolfi,
Lucia Gardossi, Ulf Hanefeld, Attilio Converti, Patrizia Spizzo

6.1 菌丝体及有机介质中的生物转化

在过去的 20 年中，有机介质中的酶催化反应已成为生物催化领域中的研究热点。在控制水活度（a_w）的条件下，羧酸酯酶（主要是脂肪酶）已应用于单相有机溶液中催化酯的合成：通过酯交换或酯转移反应[1]，反应平衡可以向酯合成的方向转移。酯化反应伴随着水的生成，增加了反应体系的水活度，对酯化反应平衡有负面影响，从而阻碍了直接酯化反应的进行。

细胞结合酶很难纯化，并且常常由于酶脱离了原来的环境而变得不是很稳定，因此只有少数的细胞结合酶用于生物催化。但是通过使用干的全细胞，细胞结合酶可以直接用作有机相中的生物催化剂。

全细胞催化剂并不需要固定化，尤其当涉及菌丝微生物时，这是因为它们存在菌丝体结构，便于过滤及重复利用。霉菌菌丝结合羧酸酯酶已很便捷地被用作水相和（或）有机相中的生物催化剂：在有机溶剂中第一次使用丝状真菌菌丝体的报道要追溯到 1978 年[2]，Gancet 及其合作者[3] 也随后展开了这方面的工作。本章将讨论真菌菌丝结合羧酸酯酶的性质和它们在风味酯的生产以及手性酯化反应中的应用。

6.2 微生物及其筛选

筛选各种不同的冻干微生物，包括细菌（46 株）、酵母（42 株）及霉菌（15 株），用于水解香叶醇和己醇的各种不同的酯（醋酸酯、丁酸酯及辛酸酯）[4]。

筛选过程中发现，各种米曲霉和米根霉菌株表现出显著的菌丝结合活性，能够完全、高效地水解全部酯类。用米曲霉 MIM 和米根霉 CBS 112.07 的干菌丝体来研究在有机溶剂中香叶醇和丁酸的直接酯化反应。这项研究发现生长条件在诱导胞外或菌丝结合的羧酸酯酶的活性上起着关键性作用。必须强调的是，来源于 *Rhizopus delemar*，*Rhizopus javanicus* 和 *Rhizopus niveus* 的脂肪酶有着相同的氨基酸序列，而来源于 *R. oryzae* 的脂肪酶仅有两个氨基酸不同[5]。*Rhizopus delemar*，*Rhizopus liquefaciens*，*R. javanicus* 及 *R. niveus* 现在被认为是 *R. oryzae* 属的不同的菌株[6]。来源于 *R. oryzae* 的脂肪酶通常是脂肪酶前体蛋白裂解后分泌到细胞外形成的，而且在这些微生物中发现的各种形式的脂肪酶其差异主要是由于翻译后蛋白质裂解的程度不同，而并非基因的不同[7]。

生物转化的优化结果表明，达到高转化速率和高摩尔转化率的最优条件包括使用正己烷和正庚烷作为溶剂，温度 50℃，约为 50mmol/L 的等摩尔浓度底物，冻干菌体生物催化剂浓度 25～30g/L。表 6-1 为碳源影响 *A. oryzae* MIM 和 *R. oryzae* CBS 112.07 的表达活性。

表 6-1 丁酸香叶酯的摩尔转化率（正庚烷为溶剂，采用不同碳源培养得到的干菌体为催化剂，用量为 **30g/L**，反应温度 **50℃**，初始香叶醇及丁酸浓度 **50mmol/L**，催化反应 **24h**）

碳源	*A. oryzae* MIM/%	*R. oryzae* CBS 112.07/%
麦芽提取物	10	75
葡萄糖	<5	10
甘油	<5	20
蔗糖	<5	15
油酸	<5	15
橄榄油	35	90
豆油	20	60
三醋精	35	45
吐温 80	>95	>95
葡萄糖+吐温 80	<5	<5
油酸+吐温 80	70	10

吐温 80 被证明是促使形成冻干菌体活性的最佳碳源，然而较为常规的碳源（葡萄糖、蔗糖、甘油）的使用较大程度表现为胞外分解脂肪的活性。在这些数据的基础上，可以优化菌丝结合活性的培养条件，且最终发酵规模可放大到 50L。

当冻干生物催化剂在 P_2O_5 干燥条件下保存时，其脂肪水解活性在 8 个多月内都较为稳定。

已部分纯化香叶醇和丁酸酯化反应所涉及的羧酸酯酶：它们紧密地结合在细胞膜上，并且只能使用表面活性剂，如3-[（3-胆酰胺丙基）二甲胺]-1-丙磺酸内盐（CHAPS），才能使它们从细胞膜上分离出来。从生物催化剂的角度来看，这种情况可被看作是酶被"固定"在疏水载体上。

6.3 醋酸酯的生产

许多醋酸酯（如醋酸异戊酯、醋酸苯甲酯、醋酸香茅酯及醋酸香叶酯）都是天然香料成分。它们可以通过有机相中脂肪酶催化酯化获得，但是酶促乙酰化作用中的主要问题是醋酸的存在可使酶钝化[8,9]。大部分脂肪酶催化酯合成反应都通过转酯化作用来避免游离酸的毒性和水的形成。Claon 和 Akoh[10]发现，来源于 *Candida antarctica* 的固定化脂肪酶能高效地促进香叶醇和香茅醇与醋酸的直接酯化反应。

A. oryzae MIM 的干菌丝体能在有机相中高效催化游离醋酸和伯醇的酯化反应[11]（表6-2）。

表6-2 几种醋酸酯合成的摩尔转化率（采用30g/L *A. oryzae* MIM 干菌体作为催化剂，醋酸及醇的初始浓度为65mmol/L，正庚烷为溶剂，反应温度50℃，催化反应12h）

醇	摩尔转化率/%
乙醇	88
正丙醇	90
正丁醇	>95
正戊醇	>95
正己醇	95
2-甲基-1-丁醇	85
3-甲基-1-丁醇	80
香叶醇	>95
苯甲醇	65
2-苯乙醇	95

这种生物转化最相关的特点如下。

（1）即使不采取任何措施去除直接酯化过程中产生的水，大多数情况下也能获得较高的摩尔转化率（另可参见本章最后一部分关于分离现象及酯化反应平衡）。

（2）干菌丝体用量仅为30g/L，意味着转化中所用酶的比活性很高。

(3) 悬浮于庚烷中的酶表现出显著的热稳定性：菌丝体在 30℃ 和 50℃ 下 14d 仅损失 10% ~ 30% 的活性，这也意味着有机溶剂没有把酶从菌丝体中去除。

(4) 菌丝体很容易通过大孔过滤器过滤掉。

(5) *R. oryzae* 和 *A. oryzae* 的不同菌株在优化后能表现出高的酯化效率[12]。

这些结果表明，可以将 *A. oryzae* MIM 冻干菌丝体催化伯醇的直接乙酰化反应作为一种制备方法，且其连续性也是可行的。利用 *A. oryzae* MIM 冻干菌丝体直接催化香叶醇乙酰化生产醋酸香叶酯，其在正庚烷中的反应动力学和热力学的研究已经完成[13-15]。批次实验的初始底物摩尔浓度为 25 ~ 150mmol/L，细胞浓度 5 ~ 30g/L，温度 30 ~ 95℃。测定不同初始底物浓度下的初始反应速率，然后对初始底物浓度 ≤ 75mmol/L 情况下的初始速率进行拟合，估算出表观米氏常数 (K_m) 为 62mmol/L，k_{cat} 值为 0.88mmol/(g·h)[15]。

通过计算，乙醇和香叶醇的乙酰化反应 K_m 都非常高，这也与众所周知的在有机溶剂中该参数显著增加相一致，这可能是由于溶剂和底物与活性位点结合的竞争性抑制造成的[13,15]。

随着温度上升到 80℃，初始产物生成速率逐步增加，超过这个值后逐步下降，这证明生物催化剂存在可逆失活。我们用 Arrhenius 模型来估算香叶醇乙酰化的表观活化焓 ($\Delta H^{\#} = 35$kJ/mol) 及生物催化剂可逆失活的表观活化焓 ($\Delta H_i^{\#} = 150$kJ/mol)[15]，并将这些热力学数据与乙醇乙酰化的热力学数据进行了比较 (表 6-3)。

表 6-3 在不同环境下采用 Arrhenius 模型 (以 *A. oryzae* MIM 干菌体为催化剂的香叶醇及乙醇乙酰化反应的表观热力学参数，参考温度为 50℃)

	乙酸乙酯			乙酸香叶酯		
	$\Delta H^{\#}$ /(kJ/mol)	$\Delta S^{\#}$ /[kJ/(mol·K)]	r^2	$\Delta H^{\#}$ /(kJ/mol)	$\Delta S^{\#}$ /[kJ/(mol·K)]	r^2
乙酰化	31	—	0.98	35	—	0.94
可逆失活	63	—	0.96	150	—	0.99
不可逆变性	22	-0.29	0.99	28	-0.28	0.99

这些热力学数据证实，这一现象与生物催化剂的可逆热失活有关，生物催化剂过渡态的形成比乙酰化反应需要更高的活化能。此外，由于乙醇和香叶醇乙酰化的活化焓几乎一样，因此限制性步骤的过渡态应该几乎不受空间位阻的影响。香叶醇的可逆失活的活化焓 (150kJ/mol) 比乙醇的活化焓 (63kJ/mol) 高出很多，这与众所周知的酶在有机溶剂中因短链醇严重失活的结论相一致[16,17]。

6.4 外消旋醇的立体选择性酯化

脂肪酶已广泛用于有机相中外消旋醇或羧酸的动力学拆分。手性醇的制备，通常是用非手性活化酯（如乙烯酯、异丙烯酯以及三氯乙基磷酸酯）使反应平衡移向目的产物，并避免可逆性问题。同样，手性酸的获得也是通过酯的酸解。这两种情况中，总体的立体选择性受水活度的影响：水有利于水解反应，导致了目的酯光学纯度下降。直接酯化反应较难应用，因为反应伴随着水的生成，提高了反应体系的水活度，这将有利于可逆性，但会降低总体的立体选择性。

对 2 - 辛醇和其他仲醇（2 - 丁醇、2 - 戊醇、2 - 己醇及 2 - 庚醇）外消旋混合物的拆分，是在有机溶剂中采用 R. oryzae CBS112.07 冻干菌丝体作为催化剂直接进行酯化反应来实现的[18]。（R，S） - 2 - 辛醇在优化条件（正庚烷中醇浓度为 1g/L，等摩尔的丁酸作为酰化剂，30g/L 干生物催化剂及反应温度 30℃）下的拆分数据如图 6 - 1 所示。

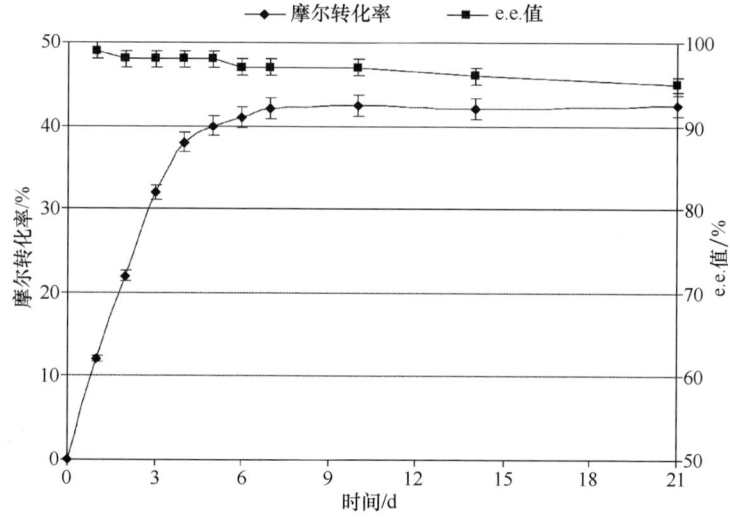

图 6 - 1　30℃时以正庚烷为溶剂，采用 R. oryzae CBS112.07 冻干菌丝体
（30g/L）作为催化剂的（R） - 2 - 丁酸辛酯生产的时间曲线
醇浓度 = 1.0g/L，等摩尔浓度的丁酸作为酰化剂

最大摩尔转化率（42% ~ 43%）在反应 7d 时达到，与此同时 R - 产物的对映体过量值（e.e. 值）达到 97% ~ 98%；21d 后酯的光学纯度略有减少（95% ~ 96%），而摩尔转化率保持不变。这种立体化学反应表明：尽管在酯化反应过程中会生成水，但在这些条件下酯化是不可逆的。

在研究外消旋 1,2 - O - 异亚丙基甘油（IPG 或丙酮缩甘油）的拆分时发现一种很不同的情况[19]。这种情况下，通过开展对市售的 R-IPG 和 S-IPG 进行独立批量测试，对 A. oryzae MIM 和 R. oryzae CBS 112.07 催化丁酸酯化的动力学做了研究（表6-4）。

表6-4　采用 R. oryzae CBS112.07 和 A. oryzae MIM 冻干菌丝体催化 R-IPG 及 S-IPG 和丁酸酯化反应的动力学参数

	R. oryzae		A. oryzae	
	R-IPG	S-IPG	R-IPG	S-IPG
K_m/(mmol/L)	87.2	284.4	125.2	3277.0
K_{cat}/[mmol$_p$/(g·h)]	1.31	1.26	4.29	14.45
对映异构率	3.4		8.0	

Aspergillus oryzae MIM 比 R. oryzae CBS 112.07 具有更高的对映选择性；因此，用它来研究优化条件下（R, S）-IPG 的丁酸酯化的反应进程（图6-2）。

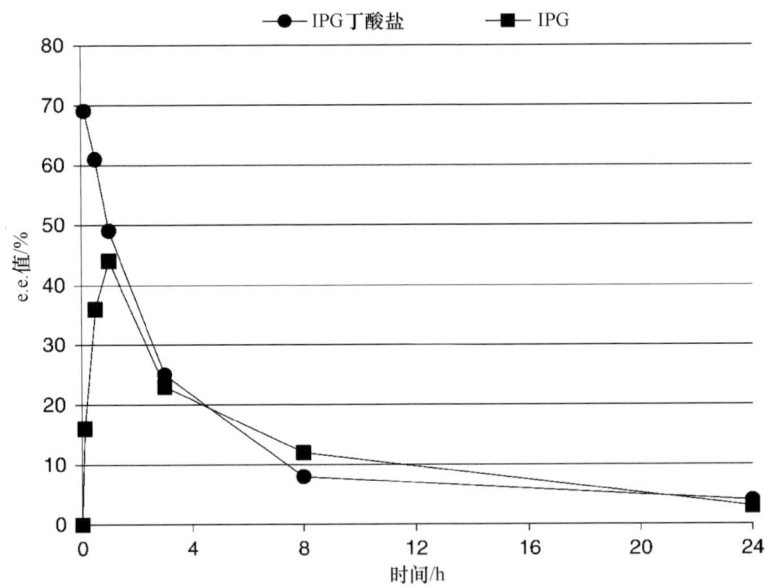

图6-2　优化条件下，（R, S）-IPG 与丁酸酯化反应的 e.e. 值特性
T=30℃，菌体浓度=30g/L，（R, S）-IPG 浓度=3g/L，
等摩尔浓度的丁酸，正庚烷为溶剂，a_w=0.75 及 A. oryzae MIM 冻干菌体为生物催化剂

IPG 的酯化大部分是可逆的，底物的 e.e. 值1h后达到最大，并随着反应进行逐步下降，而在反应15min后（产品 e.e. 值=68%~70%）获得最好的拆分效果。生物转化在0.15~0.95不同初始水活度下进行。在初始反应速率和动力

学拆分的整体数据上均无显著差异，这表明即使在非常低的 a_w 值下，菌丝体也表现很高的活性，能快速建立平衡。

6.5 外消旋羧酸的立体选择性酯化反应

有机溶剂中酶促酯化拆分外消旋 2 - 芳基丙酸是一种简便的获得光学纯产品的方法，这种产品可以作为生物活性化合物或手性拆分试剂[20]。对不同的手性芳香酸（2 - 苯丙酸、萘普生、布洛芬、氟比洛芬与托品酸）在有机溶剂中进行实验，采用不同菌株的米曲霉和米根霉冻干菌体作为催化剂。外消旋 2 - 芳基丙酸酯化具有良好的立体选择性，而托品酸在任何条件下都不能进行反应。

采用 *A. oryzae* MIM 和 *R. oryzae* CBS 112.07 干菌丝体进行有机溶剂中（R, S）- 2 - 苯丙酸不对称酯化反应的研究。*A. oryzae* MIM 倾向形成 S - 酯，而 *R. oryzae* CBS 112.07 倾向形成 R - 酯，因此这两株菌在对映体选择上互补。如表 6 - 5 所示，采用两株菌催化与乙醇的酯化反应时可获得最高的对映选择性，有机溶剂和温度的适当组合可获得高的对映体选择性。

表 6 - 5　不同温度下 *R. oryzae* CBS 112.07 干菌体催化 2 - 苯丙酸与乙醇的酯化反应：反应 6d 的摩尔转化率和（R）- 酯的 e.e. 值

溶剂	温度/℃	摩尔转化率/%	e.e. 值/%	E
庚烷	20	9	>98R	>100
	30	16	>98R	>100
	40	24	95R	52
十五烷	20	8	>98R	>100
	30	15	>98R	>100
	40	18	97R	80

氟比洛芬是一种环氧合酶（COX）抑制性非甾体抗炎药（NSAID）。这种 COX - 抑制活性主要体现在（S）- 对映体上，而（R）- 对映体几乎没有 COX 活性。发现在各种动物体内（R）- 氟比洛芬都能抑制肿瘤生长。体外实验表明，这种效果主要基于引起细胞周期的阻断并使其凋亡。

在甲苯中菌丝体催化（R, S）- 氟比洛芬对映体选择性酯化时（图式 6 - 1），菌丝体用量为 10g/L（即 12.3×10^{-6} U/mL，对硝基苯棕榈酸酯水解活性），（R, S）- 氟比洛芬浓度为 50mmol/L，1 - 辛醇浓度为 27.5mmol/L（图式 6 - 1）。完整菌丝体和菌丝体裂解物均用来实验（图 6 - 3）。在反应动力学上两者没有显著区别，而在最高对映选择性上菌丝体裂解物则略有下降。

图式6-1 （R,S）-氟比洛芬与1-辛醇对映选择性酯化反应

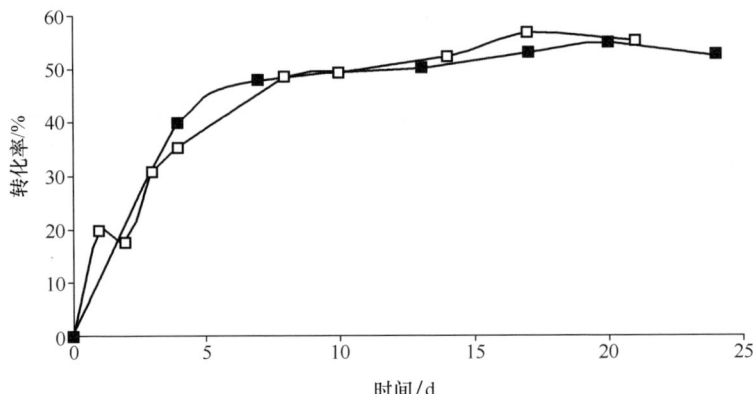

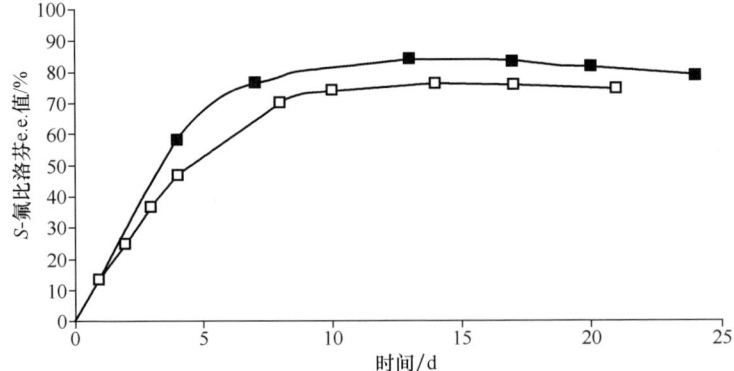

图6-3 （R,S）-氟比洛芬与1-辛醇酯化反应的摩尔转化率和对映选择性
以 A. oryzae MIM 干菌体为催化剂（10g/L），甲苯为溶剂，反应温度50℃
□ 菌丝体裂解物；■ 完整菌丝体

在 50℃时达到最高转化率（约 55%），同时未反应的（S）- 氟比洛芬的 e.e. 值为 84%。值得注意的是，尽管在直接酯化时生成了一些水，但其摩尔数转化率很完全。

通过离心去除生物质，采用饱和 $NaHCO_3$ 选择性地从有机相中萃取酸，未反应的氟比洛芬的回收及从酯中分离都很容易实现。

与采用来自 *Candida antarctica* 两种商业脂肪酶 B（CALB）作为生物催化剂获得的实验数据相比，采用干菌丝体获得的结果具有显著的提高[22,23]。

6.6 分离现象及酯化的反应平衡

通过利用干菌体催化酯化反应可以获得高的摩尔转化率，这鼓励我们进一步研究这些非均相体系中水分的分离。其目的是要验证通过调整酯化反应中形成的水，菌丝体是否能够影响酯化反应的热力学平衡。采用 *R. oryzae* CBS 112.07 干菌体催化两种酯的合成，其结果与采用一种商业固定化酶 CALB（Novozym 435）的研究结果做了比较。

表 6-6 为不同条件下采用这两种生物催化剂催化香叶醇与己酸及肉桂醇与丁酸酯化反应的摩尔转化率。为了排除试剂和（或）产品可能吸附生物催化剂，生物催化剂已被充分地清洗，清洗液通过高效液相色谱进行分析，都没有观察到产物及试剂。在所有情况下，反应停止后通过添加新的生物催化剂来确认已经有效达到反应平衡。

表 6-6 *R. oryzae* CBS 112.07 和 Novozym 435® 催化酯化反应平衡时的摩尔转化率

溶剂	温度/℃	平衡时的摩尔转化率/%	
		R. oryzae CBS 112.07	Novozym 435®
香叶醇与己酸的酯化反应			
甲苯	50	93	91
己烷	30	97	90
肉桂醇与丁酸的酯化反应			
甲苯	50	95	91

在所有情况下，尽管两个催化体系都能达到大于 90% 的转化率，但 *R. oryzae* CBS 112.07 干菌体催化的转化率略高。

为了了解所观察到的差异是否是菌丝体对反应平衡的影响，我们进行了一系列的测定，主要检测气相中水蒸气压力的变化，以相对湿度表示（RH）。应用了一种特别设计的快速检测，含有机溶剂系统的湿度计。必须强调的是，在那些已经达到了明显平衡的系统中（读数恒定至少 1h），测得的数值被认为是该系统可接受的近似 a_w 值。首先，检测两个干生物催化剂的含水量，发现在冷冻干燥后菌丝体仍有11%的水存在（在110℃烤箱中6h后菌体重量变化）。然后将这两个生物催化剂放在甲苯中平衡24h，以获得在两个系统中相同的含水量。表6-7的结果表明，菌丝体导致了低水活度，这表明或许在菌丝体内部已经将水分分离。

表6-7　干生物催化剂的初始水含量以及60mg菌丝和200mg Novozym 435®在6mL甲苯密闭系统中处理24h后测定的水活度

生物催化剂	干生物催化剂的水含量（质量分数）/%[a]	甲苯中 a_w[b]
R. oryzae CBS 112.07	11	0.15
Novozym 435®	3	0.22

a. 经过110℃干燥后湿样品与干样品质量上的差异。
b. 使用湿度计DARAI（Trieste，意大利）测量。

为了验证在酯化反应中产生的水是否释放进入主体溶剂或保留在细胞内，菌丝体被置于含有对应于酯化反应50%和100%摩尔转化率时水分生成量的甲苯中以制备样品。检测了7d里气相中RH的变化，其数据如图6-4（a）及

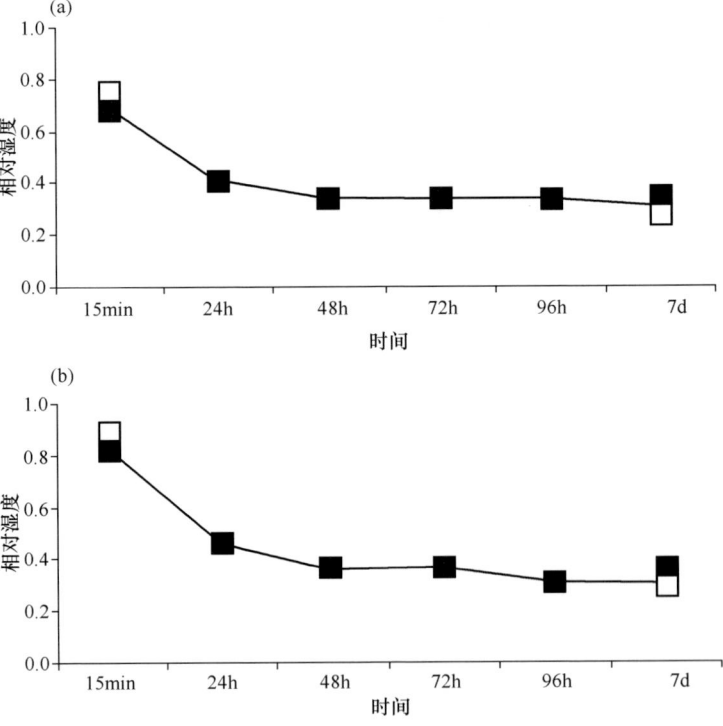

图6-4　在甲苯（2mL）中，菌丝（10g/L）和水组成的系统中相对湿度的变化
分别从初始反应等摩尔底物浓度为25mmol/L和50mmol/L开始直接酯化反应摩尔转化率（a）50%及（b）100%对应的水含量。空方格表示相同实验没有中间读数的测量值

（b）所示。此外，为了排除打开瓶口插入湿度计读取示数的步骤可能造成的干扰［图 6-4（a）及（b）空方形］，也进行了类似的实验：仅在甲苯中平衡开始时及反应 1 周后进行检测。

水分分离和平衡是个长期的过程，得到的相对湿度约为 0.3，而在反应结束 100% 摩尔转化率时理论的水活度应该为 0.12（由 UNIFAC 法计算得到）。因此，这些数据表明菌丝体对水的吸纳影响很小。菌丝体似乎提供了一个微环境，在这里酯化过程产生的水被迅速移除，而不是保留在细胞壁内。图 6-4 和图 6-5 的数据表明酯化过程产生的水分迅速地进入溶剂中（RH 值约为 0.75）。这里对丁酸和三种不同的醇的酯化反应进行了研究：肉桂醇、1-苯基-1-丁醇和 Z-L-丝氨酸-氧苯达唑（图 6-5）。

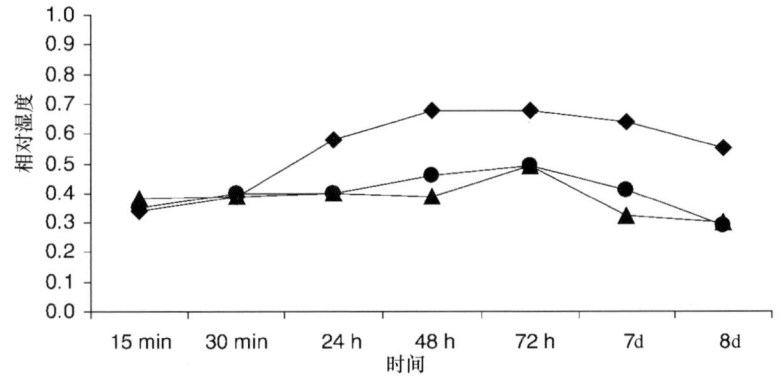

图 6-5　丁酸和不同醇酯化反应中相对湿度的变化
肉桂醇（◆），1-苯基-1-丁醇（●），及 Z-L-丝氨酸-氧苯达唑（▲）。
实验条件：2mL 甲苯，20mg 冻干菌体，及 50mmol/L 等摩尔底物，6mL 密闭瓶中

7 天后，仅肉桂醇酯化转化率基本可以定量，而其他两种情况转化率均低于 5%。通过观测三个系统气相中相对湿度的变化表明，仅与肉桂酸反应的相对湿度显著增加：随着系统逐渐平衡，相对湿度会下降，但很缓慢。

6.7　结论

干霉菌菌丝体能有效地用于有机相中不同醇和不同羧酸的立体选择性酯化反应，并且有如下显著优势：
(1) 有机相中高稳定性和对自由酸的高耐受性，包括醋酸。
(2) 通过水的分离可获得高摩尔转化率。
(3) 通过水的分离获得好的立体选择性。

（4）易设立连续膜生物反应器。

参考文献

1. Faber, K. (2004) *Biotransformations in Organic Chemistry*, 5th edn, Springer Verlag, Berlin.
2. Bell, G., Blain, J. A., Paterson, J. D. E., Shaw, C. E. L. and Todd, R. J. (1978) *FEMS Microbiology Letters*, 3, 223–228.
3. Gancet, C. and Guignard, C. (1986) *Biocatalysis in Organic Media*, Elsevier, Amsterdam.
4. Molinari, F., Marianelli, G. and Aragozzini, F. (1995) *Applied Microbiology and Biotechnology*, 43, 967–973.
5. Bornscheuer, U. T. and Kazlauskas, R. J. (1999) *Hydrolases in Organic Synthesis*, Wiley-VCH Verlag GmbH, Weinheim.
6. Schipper, M. A. A. and Stalpers, J. A. (1984) *Studies in Micology*, CBS, Baar.
7. Beer, H. D., Bornscheuer, U. T., McCarthy, J. E. G. and Schmid, R. D. (1998) *Biochimica et Biophysica Acta*, 1399, 173–180.
8. Langrand, G., Rondot, N., Triantaphylides, C. and Baratti, J. (1990) *Biotechnology Letters*, 12, 581–586.
9. De Castro, H. F., De Oliveira, P. C. and Pereira, E. B. (1997) *Biotechnology Letters*, 19, 229–232.
10. Claon, A. C. and Akoh, C. C. (1993) *Biotechnology Letters*, 15, 1211–1216.
11. Molinari, F., Gandolfi, R., Zilli, M. and Converti, A. (2000) *Enzyme and Microbial Technology*, 27(8), 626–630.
12. Gandolfi, R., Converti, A., Pirozzi, D. and Molinari, F. (2001) *Journal of Biotechnology*, 92, 21–26.
13. Converti, A., Del Borghi, A., Lodi, A., Palazzi, E., Gandolfi, R. and Molinari, F. (2002) *Biotechnology and Bioengineering*, 77, 232–237.
14. Converti, A., Del Borghi, M., Gandolfi, R., Molinari, F., Palazzi, E. and Zilli, M. (2002) *World Journal of Microbiology & Biotechnology*, 18, 409–416.
15. Converti, A., Del Borghi, A., Gandolfi, R., Molinari, F., Palazzi, E., Perego, P. and Zilli, M. (2002) *Enzyme and Microbial Technology*, 30, 216–223.
16. Garcia, H. S., Malcata, F. X., Hill, C. G. Jr, and Amundson, C. H. (1992) *Enzyme and Microbial Technology*, 14, 535–545.
17. Garcia-Alles, L. F. and Gotor, V. (1998) *Biotechnology and Bioengineering*, 59, 163–170.
18. Molinari, F., Mantegazza, L., Villa, R. and Aragozzini, F. (1998) *Journal of Fermentation and Bioengineering*, 86, 62–64.
19. Romano, D., Ferrario, V., Molinari, F., Gardossi, L., Sanchez Montero, J. M., Torre, P. and Converti, A. (2006) *Journal of Molecular Catalysis B: Enzymatic*, 41, 71–74.
20. Alcantara, A. R., Sanchez Montero, J. M. and Sinisterra, J. V. (2000) *Stereoselective Biocatalysis*, Marcel Dekker, New York-Basel.
21. Grösch, S., Schilling, K., Janssen, A., Maier, T. J., Niederberger, E. and Geisslinger, G. (2005) *Biochemical Pharmacology*, 69, 831–839.

22 Spizzo, P., Basso, A., Ebert, C., Gardossi, L., Ferrario, V., Romano, D. and Molinari, F. (2007) *Tetrahedron*, 63, 11005 – 11010.

23 Morrone, G., Nicolosi, G., Patti, A. and Piattelli, M. (1995) *Tetrahedon: Asymmetry*, 6, 1178 – 1773.

7 对映选择性的影响因素：变构效应

Elisabeth Egholm Jacobsen, Thorleif Anthonsen

7.1 如何提供光学纯化合物

许多天然的光学纯化合物具有手性，通常也存在异构体。它们可以是碳水化合物、氨基酸、萜类、羟基羧酸或生物碱。这些物质可以作为构建手性化合物的合成元件。天然化合物是经过酶催化合成的，因此自然已经赋予这些化合物手性。

绝大多数有机合成中选择性是个重要问题。通常从三个方面来判定选择性：化学选择性是指区分在一个分子上发生的反应的不同化学基团，如羟基和氨基；区域选择性是指区分位于不同化学环境的相同化学基团的反应，如碳水化合物的不同羟基；第三是区分仅有立体化学环境差异的化学基团反应。酶催化能够辨别所有这三种选择性，然而立体辨别是最困难的。

酶催化立体差异合成的目标是生产纯的对映体化合物。这一目标可以通过两个不同的路线实现，不对称合成或外消旋混合物的拆分。这两种方法都有其自身特点。利用不对称合成，除了基于手性天然产品的反应，底物是非手性的且催化剂酶具有立体化学性。酶能够催化非手性底物的反应，产生过量的单一对映体产品。理论产率是100%的产品，其对映体过量值（e.e. 值）为100%。理论上，产物的对映体过量值 e.e. 值在整个反应中是恒定的，即它独立于转化率。相反，动力学拆分最多得到50%的单一对映异构体，且两个对映体的 e.e. 值取决于转化率（图7-1）。然而，通过使用诸如动态动力学拆分或原位倒置的去消旋技术，产率和 e.e. 值可能达到100%。

7.1.1 酶促动力学拆分外消旋混合物

拆分是生产光学纯化合物的一种常用方法。通常利用水解酶催化外消旋混合物的动力学拆分。动力学拆分的一个特点是产物和残留底物的 e.e. 值取决于反应的转化率[1]，这与非对映体拆分或者不对称合成不同。如果一些产率损失可以接受的话，由于底物部分的 e.e. 值在反应过程中迟早会达到100%，因此

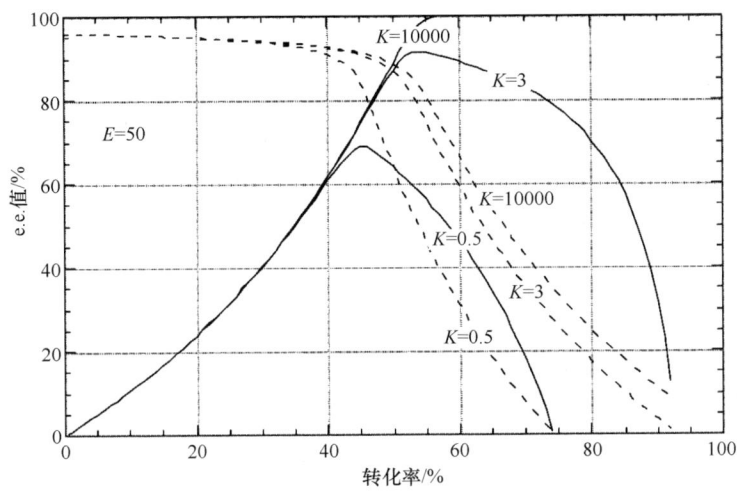

图 7-1　外消旋底物转化过程中底物（实线）和产品（虚线）e.e. 值的变化

E 值设为 50，对三个不同的平衡常数 K 进行计算，其中 $K=10\,000$ 对应为不可逆反应。这种情况下底物曲线在 55% 转化率时达到 100% 转换，这表明如果牺牲 5% 的产率，可以得到光学纯底物。$K=3$ 和 0.5 的曲线表明，特别是可逆性对底物的 e.e. 值产生不利的影响

这一目标总能够达到。当反应最重要的因素不是产率而是 e.e. 值时，这是动力学拆分的一个特点和明显的优势。动力学拆分反应的关键参数是对映体比率 E，通常称为对映选择因子[2]。根据国际纯粹与应用化学联合会 IUPAC，对映选择性是"一种立体异构体对另一种立体异构体在化学反应中的优先形成"[3]。对映选择性最常用于前手性底物转化为对映体混合物时的不对称合成，其中一个对映体为主。然而根据定义，对映选择性也可用于动力学拆分，两个对映异构体以不同的速率转换为产物。在这种情况下，反应也可能被称为对映体选择或光学特异性，因为酶与两种不同底物，两个对映异构体的相互作用不同。据国际纯粹与应用化学联合会（IUPAC）所述，"如果仅仅是构象不同的起始材料转化为立体异构体产物，该反应称为立体特异性反应"。该定义也应该包括动力学拆分，因为两个对映异构体得到不同的对映体产物。一般认为动力学拆分中的 E 值在拆分反应中是恒定的[4a]。E 值基本上是两个对映异构体特异性反应常数的比率[5]。例如，假如 E 值是 19，也就是说 R 对映体的反应比 S 对映体的反应快 19 倍。这意味着，反应一开始，产物就包含 19:1 的对映异构体，或者 95% 的 R 和 5% 的 S 对映体，即 e.e. 值为 90%[6]。

7.1.2　拆分中的绝对构型

E 值一般不表明哪一种对映异构体反应更快。已经收集了几种脂肪酶的立体

选择倾向性信息，而且似乎大多数脂肪酶都遵循所谓的 Kazlauska 规则[7]。对于仲醇，图 7-2 为一对对映体中快反应的异构体结构。根据 CIP 法则，分辨哪一种是 R 或 S 构型非常重要［见图式 7-1 相关例子。当 $R=$ 溴或氯，R/S 符号改变，比较小基团或大基团的相对大小。如果 E 值很高（如 $E \geq 20$），可用于预测，甚至作为绝对构型的证据][8]。

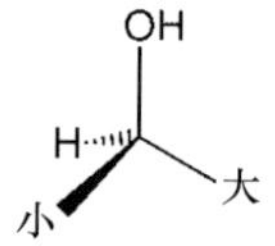

图 7-2　脂肪酶催化酯化动力学拆分外消旋仲醇或水解相应的酯中快反应对映异构体的结构

小和大指基团的相对大小，而不是 R/S 的符号。

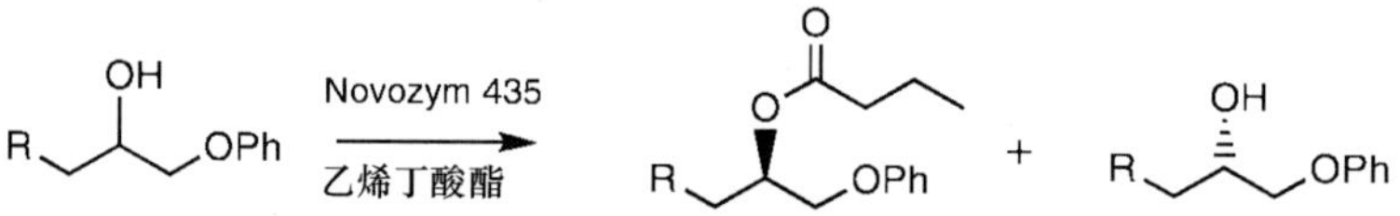

$1\ R=CH_3,\ 2\ R=Et,\ 3\ R=Br,\ 4\ R=Cl,\ \mathbf{a}\ 醇,\ \mathbf{b}\ 丁酸酯$

图式 7-1　根据 CIP 法则判断 R 或 S 构型的例子

7.2　影响对映体比率 E 的因素

生物催化拆分或不对称合成的对映选择性，主要取决于酶和底物的结构。这些都可以变化，从而优化选择性。酶可以通过分子遗传学方法进行优化，而底物可以通过有机化学合成进行修饰。这些优化选择性的方法本章不做讨论。

7.2.1　E 值是否真的恒定？

E 值应该通过在转化的不同阶段测定剩余底物和产物的 e.e. 值计算得到[9]。但是通常仅仅测定某一转化率时的 e.e. 值进行计算，也可以利用几个测定值通过使用计算机程序计算得到[10,11]。认为 E 值在拆分过程中是恒定的，仅受底物和酶的影响。但已经发现 E 值在反应过程中可能会改变[12]。此种情况是在对应几个转化率测定 E 值时发现的。如果使用计算机程序计算基于几个测量值的 E 值，会得到平均 E 值。如前所述，E 值大小主要取决于酶和底物，同时也取决于有机溶剂中酰基转移反应中的酰基供体[13,14]。酰基供体，如活化的卤烷基酯，可以测得高 E 值，但某种程度上是可逆的。这对底物部分的 e.e. 值特别不利（图 7-1）。另一方面，烯酯，如乙烯基或异丙烯酯，可提供不可逆反应的条件，却可能会因为酶的氨基酰化使 E 值降低[13]。如醋酸乙烯酯作为酰基供体时，释放的乙醛可能与酶的氨基作用，使得选择性降低[4b]，而这问题并不总是存在[14]。E 值还取决于反应介质。水解反应中，介质通常为水或缓冲液，而对于转酯化反应，可能都是一种有机溶剂或混合溶剂，包括水。反应过程中介质会改变，这不是因为溶剂本身的变化，而是因为底物对映异构体以不同的速度消失，产品对映异构体以不等量形成[15]。它们也构成了反应介质，因此这些变化会影响到反应选择性。

7.2.2 反应介质对 E 值的影响

在拆分反应中溶剂可能影响反应的选择性，对此已有很好的认识。介质主要是溶剂，在水解反应中主要由水组成。但在转酯化反应中，介质是有机溶剂，有不同的水含量。表示介质水含量的最相关方式是水分活度 a_w。a_w 值可通过在反应体系中添加不同水活度的无机盐混合物而设定[16]。有研究表明，拆分反应中对映选择性可随着水活度增加而增加[17]。其效果取决于所用的有机溶剂，但当水活度过高时，酰基转移反应将停止。

7.2.3 酶固定化对 E 值的影响

固定酶催化剂主要是为了改善酶的性能，它可以以不同的方式进行。通常使用两种不同的固定化方法：载体联接和交联或者基质包埋和膜固定化[18]。只有少数报道有关选择性，有报道称选择性会增强[19]或者并没有影响。这似乎是合理的，每一种特定的酶会有不同的表现，但还是需要更多的研究[20]。

7.2.4 酶的抑制

曾发现脂肪酶的底物和产物抑制。在南极假丝酵母脂肪酶 B（CALB）催化的正丙醇和丙酸甲酯的醇解反应中，发现丙醇抑制酶形成紧密封闭的复合体[21]。含有磷酸盐和膦酸盐的抑制剂是已知的蛋白酶抑制剂。CALB 的抑制研究显示二乙基对-硝基苯磷酸盐具有抑制作用。这种酶的失活是由二乙基对-硝基苯磷酸盐在活性中心的共价键结合引起的[22]。

7.2.5 对映选择性抑制和激活：变构效应

添加小分子可以改变特定酶促反应的对映选择性。人们认为，这些分子结合到蛋白质不同活性部位的位点上，导致活性位点的构象发生变化。这样的酶称为变构酶，即酶由多个亚基组成，具有多活性位点。辅助底物或小分子的结合可能会导致酶活性和选择性的增加或降低。

对于 E 值，由于对映选择性是两种对映异构体反应速率比：一个对映异构体反应速度的变构增加，或另一个慢反应对映异构体反应速度的变构降低，都将导致 E 值的增加。

1989 年报道了右旋甲氧甲基吗啡喃和左旋美沙芬对 *Candida rugosa* 对映选择性的抑制导致了动力学拆分中对映选择性的增加[23]。动力学抑制实验显示，碱的分子作用是非竞争性抑制（即碱结合到脂肪酶的变构位点上），造成抑制一种对映异构体的转化，而另一个对映异构体转化速率相对增加[23]。在脂肪酶 PS （Pseudomonas sp.）催化的 3 - 乙酰氧基腈水解反应中，发现 L - 蛋氨醇可提高 （R）型异构体的水解速度，而抑制（S）型对映体的水解。这意味着底物和 L - 蛋氨醇结合到酶的不同位点，由于 L - 蛋氨醇的结合引起酶构象的变化使得酶对底物的亲和性发生改变[24]。3 -（3，4 - 二氯苯基）戊二酸与固定化 CALB 催化的不对称反应表明在反应的 18h 内，酶的活性损失 30%，这被认为是由于产物抑制造成的[25]。Lundhaug 等观察到在 CALB 催化的仲醇丁酸酯拆分反应中对映选择性降低[26]，意味着这是由光学纯产物醇对酶的抑制引起的。Akeboshi 等人[27]也报道，伴随着苄基保护的伯醇的水解，对映选择性逐渐下降，醇产物抑制了快反应对映体的水解速率。这一现象于 20 世纪 30 年代首次报道，当时发现马钱子碱能增强人体肝脏酯酶催化的 L - 扁桃酸甲酯的水解，而对 D - 异构体的水解没有影响。这些结果也表明了明显的光学纯添加剂的变构结合[28,29]。

也有报道称有机碱能增强水饱和有机溶剂中脂肪酶催化反应的对映选择性[30,31]。在添加三乙胺（Et3N）的水饱和有机反应介质中，CALB（Novozym 435）催化的 2 - 苯基 - 4 - 苄基 5（4H）- 噁唑酮和丁醇的反应中，脂肪酶活性和 E 值都戏剧性地增加。人们认为，碱和酸性的副产物能够形成离子对，避免了溶解其中的酸的抑制效应，因此将其从酶的微环境中除去[32]。据报道，在 Novozym SP 435 催化的 1 - 叠氮 - 3 - 苯氧基 - 2 - 丙醇转酯化反应中，添加 Et3N、冠醚和三（3，6 - 二氧杂庚基）胺增强了反应的对映选择性和反应速率[33]。

动力学实验也可用于揭示酶的抑制类型。通过在双倒数米氏方程直线图（Lineweaver - Burk 方程）中插入实验数据，可以推算得到酶的表征常数。不过，这种米氏方程模型无法正确解释变构酶的动力学性质[34]。

已经对不同溶剂中 1 - 丁醇对 CALB 的抑制作用动力学进行了研究，竞争性抑制常数 K_i 值与计算的底物活度系数相关，表明醇去溶剂化是不断变化的条件[35]。

7.2.6　R - 醇影响 CALB 的 E 值

CALB 催化 1 - 苯氧基 - 4 - 甲氧基 - 2 - 丁醇丁酸酯水解时发现，E 值在转换过程中会变化[12]。这样的现象在仲醇酯反应中似乎相当常见。而且当 CALB 催化相应的醇（图式 7 - 1）与乙烯基丁酸酯进行酯化反应时，E 值也发生了变化。底物转换过程中，当反应是水解时，E 值增加，而转酯化时 E 值降低。Novozym 435 催化的 1 - 苯氧基 - 2 - 丁醇（1a）和相应的丁酸酯（1b）反应的典型分析见图 7 - 3。

一种可能的解释是，这种效应与光学异构酯的浓度变化相关。但是当加入光学纯的（R）- 1b，1 - 苯氧基 - 2 - 丁醇丁酯的快反应对映体，与 1 - 苯氧

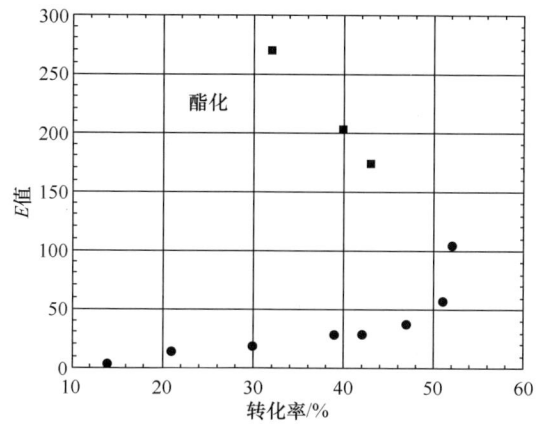

图 7-3 Novozym 435 催化的 1-苯氧基-2-丁醇（1a）酯化反应（■）和相应丁酯（1b）水解反应（●）过程中的 E 值

基-2-戊醇（2a）进行转酯化反应时没有发现 E 值的这种效应。类似的有，加入光学纯（R）-4b，3-氯-1-苯氧基-2-丙醇丁酯的慢反应对映体与 1-苯氧基-2-丁醇（1a）的转酯化反应。可以得出结论，E 值改变的效应与酯的浓度改变并不相关。为了验证这一结论，3-氯-1-苯氧基-2-丙醇（4a）与乙烯丁酸基进行酯化反应，同时在 30% 的转化率时添加一种光学纯（R）醇，如（R）-1a、（R）-2a、（R）-5a、（R）-6a 和（R）-7a（图 7-4 和图式 7-2）。

添加不同但结构相似的 R 型醇用来分析和计算 E 值可能会受到添加的实际底物的 R 型醇的影响。4a 进行酯化时发现 E 值有所降低，从 9% 转化率时的 160 降低到 30% 转化率时的 94（这种 E 值的降低与反应中 1.55kJ/mol 的 $\Delta\Delta G^{\#}$ 的微小变化相一致）。然而在 4a 转酯化反应中 30% 转化率时添加（R）-1a，E 值则从之前的 94 升高到 205。4a 与添加的（R）-1-苯氧基-2-己醇 [（R）-5a] 和（R）-2-甲基-1，4-丁二醇 [（R）-7a] 转酯化反应结果相似。在 4a 的拆分反应中，添加 1-苯氧基-2-戊醇 [（R）-2a] 和（R）-苯乙醇也显示相似的结果，但 E 值有较微小的增加。而（R）-1-甲氧基-2-丙醇 [（R）-6a] 的添加并没有影响选择性（图 7-5）。

同样令人惊奇的是，添加（R）-1-苯氧基-2-己醇 [（R）-5a] 后，E 值先增加后迅速降低。已知 5a 与乙烯丁酸酯 CALB 催化酯化几乎没有选择性，而且转化速率很低[14]。因此，选择性增强的消失只是因为醇的酯化似乎不太可能。但是有可能光学纯的醇添加后与酶结合，之后被溶剂溶入到主体溶液中。因此添加后观察到的这种效应的迅速下降可能是由于酯化反应或溶解作用对（R）-醇消除的综合作用。

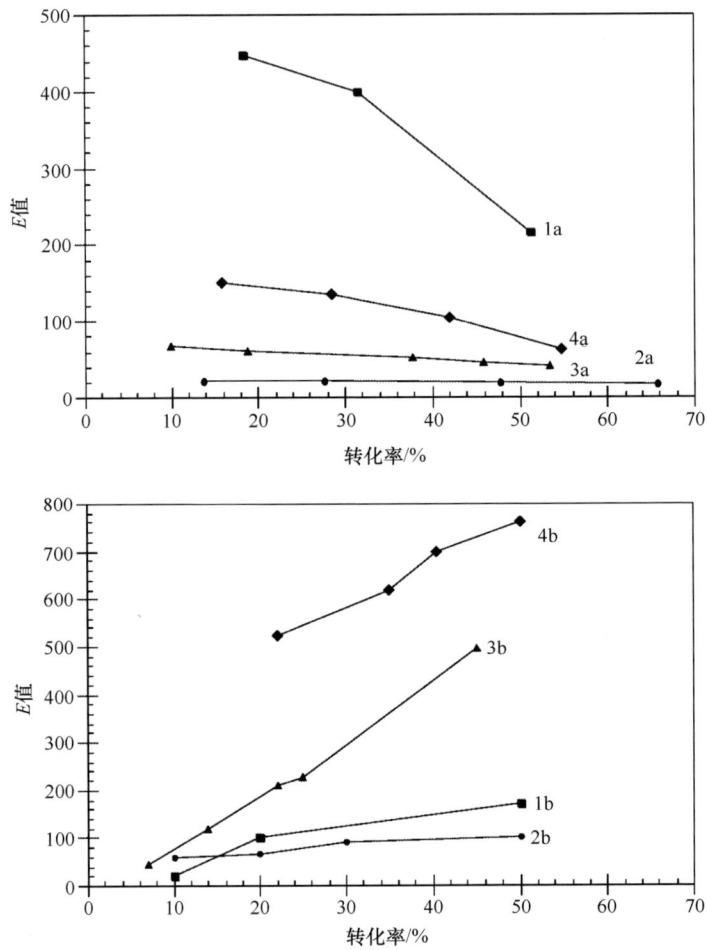

图7-4 （a）Novozym 435 催化的醇 1a、2a、3a 和 4a 与乙烯丁酸酯转酯化反应不同转化率时的 E 值（本次反应不同于图7-3所用的反应）

（b）Novozym 435 催化的相应丁酸酯 1b、2b、3b 和 4b 的水解反应中不同转化率时的 E 值

图式7-2 （R）-5a、（R）-6a、（R）-7a 结构

由于这种效应是研究使用 CALB 的固定化制剂（Novozym 435）时观察到的，因此使用 CALB 的纯蛋白制剂进行相同的反应，以观察酶的固定化是否改变 E 值非常有趣。CALB 制剂 Novozym 525 F 是含有 1%～10% 纯蛋白的水溶液。

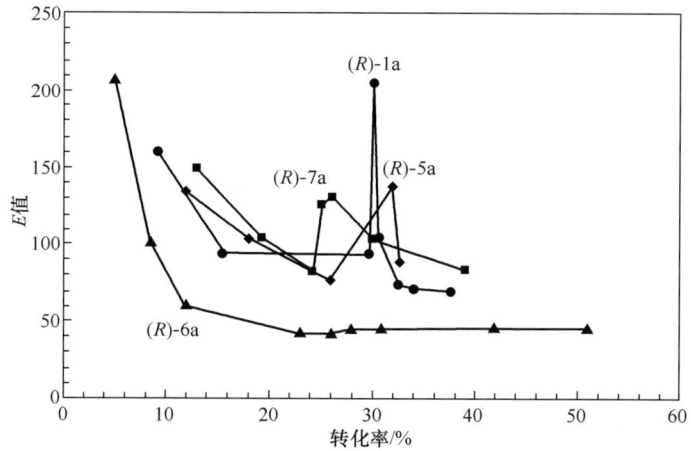

图7-5 Novozym 435 催化 4a 转酯化反应不同转化率时的 E 值

光学纯（R）-醇（R）-1a 在 30% 转化率时添加，E 值从 94 增加到 205，然后又降低。
对（R）-5a 和（R）-7a 的添加有此同样的效应，但对（R）-6a 没有影响

-80℃冻干后，干的蛋白粉被用于催化 1a、2a、3a 和 4a 与乙烯丁酸酯在正己烷中的转酯化反应。

所有反应中 E 值随着转化率增加而降低。图 7-6 为 Novozym 525F（4a/525F）酯化 4a 的 E 值和 Novozym 435（4a/435）拆分 4a 的比较。可以推断，固定化并没有明显影响反应。

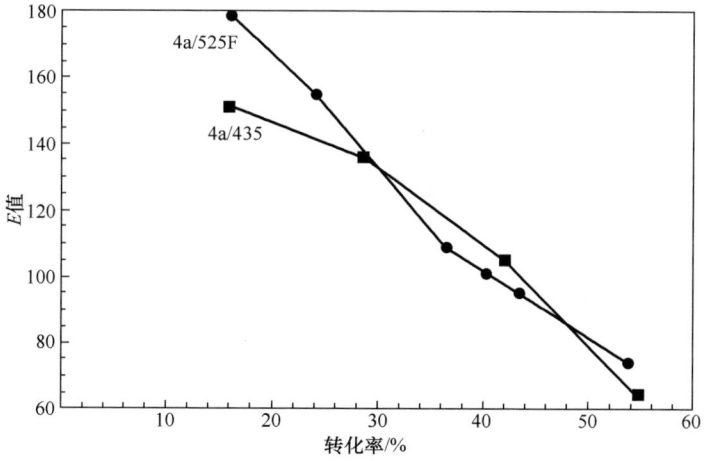

图7-6 Novozym 435（4a/435，■）和 Novozym 525 F（4a/525 F，●）催化的
以乙烯丁酸酯为酰基供体在正己烷中 4a 转酯化反应的 E 值

E 值在两个转化反应中都降低

光学纯（R）-醇的添加提高了 CALB 的选择性，原因很可能是它们引起了酶构象的变化，或许是由于变构效应。然而在 CALB 的详细结构中没有发现变构中心[36,37]。

饱和转移差异核磁共振实验结果表明，酶与（R）-醇对映异构体之间有着强烈的相互作用，而（S）-型却没有（H. W. Anthonsen，结果未公布）。如上所述，纯（R）-醇的少量添加提高了动力学拆分的 E 值，而且这一现象会很快消失。原因可能是醇被运送到酯化活性中心。未来的目标是发现可以不可逆结合到这个未知变构位点的添加剂，从而产生持续性的影响。

7.2.7　E 值变化是由于快反应对映异构体还是慢反应对映异构体？

如上所述，当动力学拆分中对映选择性随反应条件变化而变化时，可能是由于一个或两个对映体的反应速率的增加或降低造成的。每个对映体的反应速率可以由下面的公式得到，即计算两个对映体不同转化率时的浓度[38]。

$$cvF = c \times (1 + ee_p)$$
$$cvS = c \times (1 + ee_p)$$

cvF 和 cvS 分别为快反应和慢反应对映体的转化率（底物对映体的总浓度的%转换），c 是外消旋底物的转化率，ee_p 是产物的对映体过量值。结果在 Kaleidagraph 3.0 中绘制，从而可以将不同的反应过程曲线进行比较。

图 7-7 为 1a 小取代基增加的一个 CH_2 形成的 2a 的影响。很明显，E 值降低是由快反应对映体反应速率的降低所致[14]。这与 8a 中的乙酯变为如 9a 的叔-丁基（图式 7-3）时的效果相反。在这种情况下，9a 之所以有更高的 E 值是因为慢反应对映体的反应速率降低[39]。对于 1a 和 2a，慢反应对映体反应速率几乎同样慢，而 8a 和 9a 快反应对映体同样快。

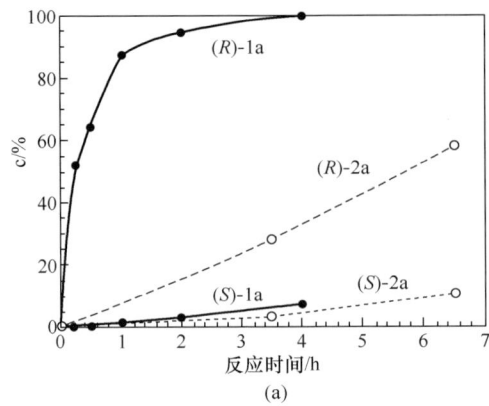

(a)

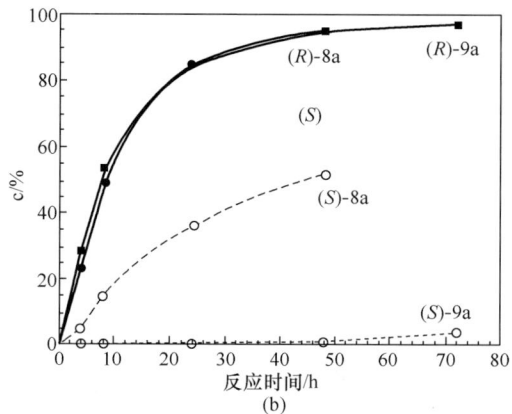

图 7-7 （a）为 Novozym 435 催化的 1-苯氧基-2-丁醇（1a）两个对映体的酯化进程
（b）为乙基 4-氯-3-羟基丁酯（8a）和相应的叔丁酯 9a 酯化反应的比较
（R）-1a 表示（R）-1a 形成的产物，为便于比较，1-苯氧基-2-戊醇（2a）
两个对映体酯化的相应过程也在图上显示

8a R_1 = Et
9a R_1 = 叔-丁基

R_2 = COC$_3$H$_7$

图式 7-3 8a 中的乙酯变为 9a 的叔-丁基反应

7.3 前手性化合物的不对称合成

7.3.1 前手性二羧酸酯的不对称合成：一步法

脂肪酶催化的前手性二羧酸二酯的不对称合成（其产物的手性中心位于酰基侧）是个一步法过程，因为形成的极性羧酸和（或）酰胺不能作为被脂肪酶很好接受的底物。例如对映选择性水解或氨解二乙基-3-羟基戊二酸（图式 7-4）形成阿托伐他汀、立普妥，这是一个重要手性侧链的前体的反应[40,41]。形成的 S-对映体 e.e. 值很高（98%），但不幸的是，这并不是用于生产重要药用产品所期望的对映体。只有 α-胰凝乳蛋白酶对 R-对映体有优势，但只有中等的 e.e. 值。这样的一步法过程中 e.e. 值只取决于 K_1/K_2 的比率，这在反应过程中是恒定的，因为底物为非手性的，而且没有产物会引起变构效应。

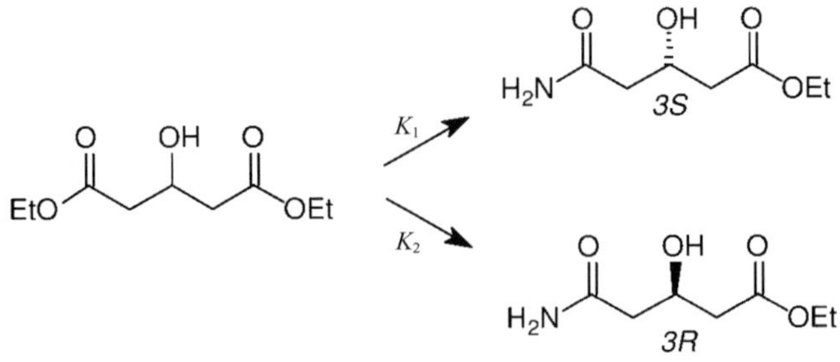

图式 7-4 对映选择性水解或氨解二乙基-3-羟基戊二酸

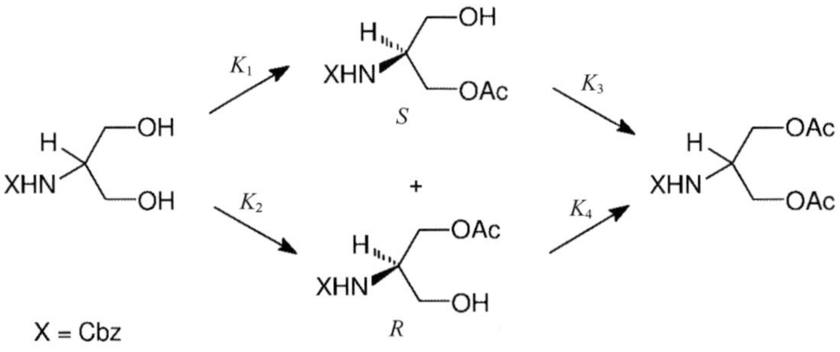

图式 7-5 前手性二醇转化成对映体化合物

7.3.2 前手性二醇的不对称合成：两步法

前手性二醇可以转化成对映体化合物，如图式 7-5 所示。通过水解酶如脂肪酶的催化，在有机溶剂中可以被醋酸乙烯酯对映选择而乙酰基化，产生单乙酸酯混合物。手性的单乙酸酯以不同的速率形成，也会以不同的速率进一步反应。通常可以假设，当 $K_1 > K_2$，那么 $K_4 > K_3$，且 K_1/K_2 的比率在反应过程中为恒定的常数[4C]。

因此由于两步反应，单乙酸酯阶段的 e.e. 值会增加。当这些假设成立时，随着反应的转化率达到 100%，单乙酸酯的 e.e. 值应增加。此外，两种 (R+S) 单乙酸酯的产率在 e.e. 值最终下降之前也应增加，当转化率达到 100% 时 e.e. 值为 0，反应体系中只有非手性的醋酸二酯[4d]（图 7-8）。

7.3.3 在不对称合成反应过程中 e.e. 值是常数吗？

利用图式 7-5 所示伯二醇和猪胰脂肪酶（粗品，Sigma II 型）作为转酯化反应酯交换催化剂的研究表明，这种情况更为复杂[42]。在一次反应中，反应 30min 后 60% 的二醇转化为单乙酸酯对映体 A，e.e. 值达到 90%。然后对映体 B 形成，使得 e.e. 值降为零。进一步反应后，对映体 B 过量，e.e. 值再次增加,但之后却表现为偏好对映体 B。经过 20h 的转化,所有二醇都被消耗,但令人惊奇的是醋酸二酯却不出现在反应体系中。这些结果表明,不仅监测拆分反应的过程很重要,监测不对称合成的过程也很重要。这一出乎意料的结果仍有待解释。可能是由于如前面章节 2.5 所述的拆分反应的变构效应,然而由于使用的酶制剂不纯,这一结果也可能是多种酶的作用。此外,也应考虑酰基转移作用。

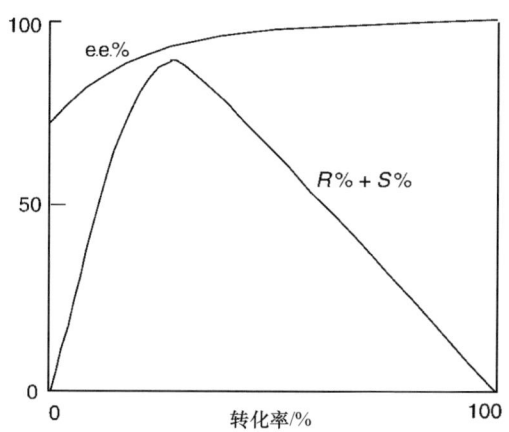

图 7-8　在两步法中单酯阶段转化率 e.e. 值(上线)的变化,
以及不同转化率时总单酯量(%)(下线)

7.4　结论

本章论述了水解酶作为催化剂生产光学纯对映体化合物。讨论了对映选择性动力学拆分和前手性分子对映选择性不对称合成这两种立体识别反应。

动力学拆分反应的关键参数是对映异构体比率 E 值,即两种对映体反应速率常数的比率。高 E 值确保高的产物对映体过量值。不对称合成的成功取决于较高的 K_1/K_2 比率,K_1 是形成一种对映体速度常数,K_2 是另一种对映体反应的速度常数。一般认为,E 值和 K_1/K_2 比率都不会在反应过程中变化,然而近期的研究表明并非总是如此。当一个外消旋酯的立体中心位于烷基部分时,水解反应中 R-醇的释放会导致 E 值升高。另一方面,转酯化反应中 R-醇的去除会引起 E 值的降低。这是因为 R-醇的存在会引起变构效应。

前手性二醇酯化反应不对称合成也显示了异常现象。还需要进行更多的实验验证以得出最终的结论。

当立体中心位于酰基侧时,可能因为手性单羧基产物通常不是脂肪酶的底物,因此前手性分子水解反应不对称合成更为简单。

一般的规则可能是,在拆分过程中 E 值是变化的,而不对称合成中 e.e. 值取决于转化程度。大体上这不应只局限于酶催化作用,对非酶催化剂催化的反应也应同样有效。

参考文献

1. Chen, C.-S., Fujimoto, Y., Girdaukas, G. and Sih, C. J. (1982) *Journal of the American Chemical Society*, 104, 7294–7299.
2. Anthonsen, T. and Jongejan, J. A. (1997) *Methods in Enzymology*, 286, 473–495.
3. IUPAC (1996) Basic Terminology of Stereochemistry, http://www.chem.qmul.ac.uk/iupac/stereo/ (accessed October 2nd, 2008).
4. (a) Faber, K. (2004) *Biotransformations in Organic Chemistry*, 5th edn, Springer-Verlag, Berlin, p. 39.
   (b) Faber, K. (2004) *Biotransformations in Organic Chemistry*, 5th edn, Springer-Verlag, Berlin, p. 348.
   (c) Faber, K. (2004) *Biotransformations in Organic Chemistry*, 5th edn, Springer-Verlag, Berlin, p. 35.
   (d) Faber, K. (2004) *Biotransformations in Organic Chemistry*, 5th edn, Springer-Verlag, Berlin, p. 36.
5. Fersht, A. (1999) *Structure and Mechanism in Protein Science*, W. H. Freeman and Co., New York.
6. Anthonsen, T. (2001) *Basic Biotechnology*, 2nd edn (eds B. Kristiansen and C. Ratledge), Cambridge University Press, Cambridge, pp. 409–428.
7. Kazlauskas, R. J., Weissfloch, A. N. E., Rappaport, A. T. and Cuccia, L. A. (1991) *The Journal of Organic Chemistry*, 56, 2656–2665.
8. Hoff, B. H. and Anthonsen, T. (1999) *Chirality*, 11, 760–767.
9. Sih, C. J. and Wu, S.-H. (1990) *Topics in Stereochemistry*. 19, 63–125.
10. Anthonsen, H. W., Hoff, B. H. and Anthonsen, T. (1996) *Tetrahedron: Asymmetry*, 7, 2633–2638.
11. Anthonsen, H. W. (1996–1997) http://www.chem.ntnu.no (accessed October 2nd, 2008).
12. Waagen, V., Partali, V., Hansen, T. V. and Anthonsen, T. (1994) *Protein Engineering*, 7, 589–591.
13. Hoff, B. H., Anthonsen, H. W., Anthonsen, T. and T. (1996) *Tetrahedron: Asymmetry*, 7, 3187–3192.
14. Jacobsen, E. E., Hoff, B. H. and Anthonsen, T. (2000) *Chirality*, 12, 654–659.
15. Jacobsen, E. E., van Hellemond, E. W., Moen, A. R., Prado, L. C. V. and Anthonsen, T. (2003) *Tetrahedron Letters*, 44, 8453–8455.
16. Kvittingen, L., Sjursnes, B., Anthonsen, T. and Halling, P. (1992) *Tetrahedron*, 48, 2793–2802.
17. Jacobsen, E. E., Anthonsen, T. and C. (2002) *Journal of Chemistry-Revue Canadienne de Chimie*, 80, 577–581.
18. Hartmeier, W. (1986) *Immobilisierte Biokatalysatoren*, Springer-Verlag, Berlin.
19. Heinsman, N. W. J. T., Schröen, C. G. P. H., van der Padt, A., Franssen, M. C. R., Boom, R. M. and van't Riet, K. (2003) *Tetrahedron: Asymmetry*, 14, 2699–2704.

20 Jacobsen, E. E., Andresen, L. S. and Anthonsen, T. (2005) *Tetrahedron: Asymmetry*, 16,847-850.

21 Bousquet-Dubouch, M.-P., Graber, M., Sousa, N., Lamare, S. and Legoy, M.-D. (2001) *Biochimica et Biophysica Acta*, 1550,90-99.

22 Patkar, S. A., Björkling, F., Zundel, M., Schulein, M., Svendson, A., Heldt-Hansen, H. P. and Gormsen, E. (1993) *Indian Journal of Chemistry*, 32B, 76-80.

23 Guo, Z.-W. and Sih, C. J. (1989) *Journal of the American Chemical Society*, 111(17), 6836-6841.

24 Itoh, T., Ohira, E., Takagi, Y., Nishiyama, S. and Nakamura, K. (1991) *Bulletin of the Chemical Society of Japan*, 64, 624-627.

25 Homann, M. J., Vail, R., Morgan, B., Sabesan, V., Levy, C., Dodds, D. R. and Zaks, A. (2001) *Advanced Synthesis Catalysis*, 343, 744-749.

26 Lundhaug, K., Overbeeke, P., Jongejan, J. and Anthonsen, T. (1998) *Tetrahedron: Asymmetry*, 9, 2851-2856.

27 Akeboshi, T., Ohtsuka, Y., Ishihara, T. and Sugai, T. (2001) *Advanced Synthesis Catalysis*, 343, 624-637.

28 Bamann, E. and Laeverenz, P. (1930) *Hoppe-Seyler's Zeitschrift fur Physiologische Chemie*, 193, 201-214.

29 Ammon, R. and Fischgold, H. (1931) *Biochemische Zeitschrift*, 234, 54.

30 Berger, B., Rabiller, C. G., Königsberger, K., Faber, K. and Griengl, H. (1990) *Tetrahedron: Asymmetry*, 1, 541-546.

31 Maugard, T., Remaud-Simeon, M., Petre, D. and Monsan, P. (1997) *Tetrahedron*, 14, 5185-5194.

32 Parker, M.-C., Brown, S. A., Robertson, L. and Turner, N. J. (1998) *Chemical Communications*, 2247-2248.

33 Pchelka, B. K., Loupy, A., Plenkiewicz, J. and Blanco, P. A. L. (2001) *Tetrahedron: Asymmetry*, 12, 2109-2119.

34 Berg, J. M., Tymoczko, J. L. and Stryer, L. (2002) *Biochemistry*, W. H. Freeman, New York.

35 Garcia-Alles, L. F. and Gotor, V. (1998) *Biotechnology and Bioengineering*, 59, 163-170.

36 Uppenberg, J., Hansen, M., Patkar, S. and Jones, T. A. (1994) *Structure*, 2, 293-308.

37 Uppenberg, J., Öhrner, N., Norin, M., Hult, K., Kleywegt, G. J., Patkar, S., Waagen, V., Anthonsen, T. and Jones, T. A. (1995) *Biochemistry*, 34, 16838-16851.

38 Hoff, B. H. (1999) Ph. D. Thesis, NTNU, 78.

39 Hoff, B. H., Anthonsen, T. and (1999) *Tetrahedron: Asymmetry*, 10, 1401-1412.

40 Jacobsen, E. E., Hoff, B. H., Riise Moen, A. and Anthonsen, T. (2003) *Journal of Molecular Catalysis. B: Enzymatic*, 21, 55-58.

41 Moen, A. Riise, Hoff, B. H., Hansen, L. K., Anthonsen, T. and Jacobsen, E. E. (2004) *Tetrahedron: Asymmetry*, 15, 1551-1554.

42 Lie, A., Ljones, T., Hoff, B. H., Anthonsen, T. and Jacobsen, E. E. (2008) to be published.

8 非天然溶剂中的仲醇动力学拆分

Maja Habulin, Mateja Primožič, Željko Knez

8.1 引言

生物催化酶具有区域选择性，尤其针对复杂的大分子，酶分子在生物催化领域应用时，具有的基本特点就是不需要任何保护基团。因此，生物催化剂作为化学合成过程中的工具可应用于许多合成步骤中，因此，在经济发展中占有重要地位的化学反应器的使用量会降低。在过去的十年里，生物催化剂在制药行业的潜在功效已经得到广泛的认可。鉴于生物催化剂高效的催化能力及独特的立体、区域及化学选择性，且制药行业具有高额的商业利润[1]，因此，生物转化在该行业的应用领域正经历一个显著的增长。在过去的数十年间，酶在有机合成领域中的应用从最初的彻底忽略到完全接受，已经得到很大的改善[2]。

绿色化学正在寻找新颖的、比传统有机溶剂对环境更加友好的反应介质。这种介质的优点是较低的反应温度、较高的反应速率及高的选择性。多数的化学过程主要依靠反应溶剂。而在化学生产过程中，易挥发的有机溶剂对环境及人体健康都是不利的，基于这一点，非传统溶剂在制造过程的应用及环境友好型工艺的开发显得更加突出。在这些溶剂中，有些是与水互溶的，而基于生态及经济的角度考虑，在后处理过程中需要将其与水分离。考虑经济的再循环，这些溶剂需要回收再利用。离子液及超临界流体也是一种新型溶剂，也应用于绿色化学中[3]。

离子液是一种低熔点的盐，它代表生物催化过程中一种新型的反应介质。离子液完全是由离子组成的，它具有很低的蒸气压，且由宽范围的阴阳离子组成，因此离子液的性质是可以控制的。离子液被认为是一种新型绿色化学的革命，它震惊了学术及化工界。基于它独特的性质及可催化多种合成过程[3]，该新型的化学组合可降低有机溶剂使用中的危险和腐蚀。近期，离子液在生物催化体系中最可喜的发展是这些溶剂应用于生物催化过程中[4]，原因在于酶在离子液中具有较好的稳定性。

超临界流体作为反应溶剂，具有更加吸引人的特点，它具有气体的低黏性、高扩散性，同时它具有液体的高溶解性。

到目前为止，在超临界流体的研究中，超临界二氧化碳是研究最多的，由于它具有的经济、技术及环境因素。其次，在运送疏水性化合物时，它是一个很好的溶剂。基于其具有相对较低的临界压力及临界温度（304.45K），它可以为酶提供一个温和的反应条件，来维持酶的活性。它被认为是不错的反应介质，因此可以代替有机溶剂。利用超临界 CO_2 作为反应介质的最大优点是它的分馏潜力。它表现较宽的溶解特性，因为它的密度随压力及温度持续地发生变化。

近年来，在非传统生物反应媒介中，超临界-离子液两相系统越来越多地受到人们的关注，并且作为绿色、高效的有机溶剂应用于酶促反应来制备有用及有价值的生物制品[5]。该生物过程是一个无污染的化学过程，通过酶在离子液及超临界双向系统中恰当地应用，可以得到纯品，这意味着即将来临的绿色化学工业存在很大的潜力。

易挥发及非极性的超临界二氧化碳和不挥发及极性的离子液可以组成双向系统。在这些系统中，产物的回收过程依据的原理是，超临界二氧化碳可溶解于离子液中，而离子液不溶于超临界二氧化碳中[6]。因为大多数有机化合物可溶解于超临界二氧化碳中，因此，这些产物可以从离子液中转移到超临界相中[7,8]。

在绿色化学发展过程中，因为在其中的物理及化学性质，双向体系中的酶催化反应表现出很大的潜力[9]。通过酶与反应介质的结合，实行绿色生物催化过程的可能性已经得到证明[10~12]。这种双向系统因为离子液及超临界相的不同混合性，可同时用于生物转化及产物的萃取，即使在极端苛刻的条件下也可以。

手性醇是一种非常有用的前体材料，可以合成多种生物活性物质。近年来，光学纯的药品及农用化学品的需求正在逐步增加[13]。光学纯的1-苯乙醇衍生物是重要的手性模块，常用于医药品、精细化学品、农用化学品、天然产品等的合成中间体。尤其是（R）-1-苯乙醇被广泛地用于眼科防腐剂、溶剂变色染料、肠道胆固醇吸收抑制剂、芳香物质等。

来自南极假丝酵母的脂肪酶 CALB，作为不对称生物催化剂，在消旋醇对酰基供体的立体选择性方面表现很好的选择性[14,15]。最常用的商业 CALB 酶制剂是 Novozym 435，它是将酶固定于大孔丙烯酸树脂，这种结构约占总量的90%。

近来，利用商业提供的固定化 CALB 脂肪酶进行 1-苯乙醇的动力学拆分实验，该实验是在非水相的超临界二氧化碳及离子液-超临界二氧化碳体系中进行的，目的是研究 Novozym 435 的立体选择性。影响不同反应参数的指标包括：压力、酰基供体及醇的摩尔比、不同的离子液，该研究通过动力学拆分 1-苯乙醇，得到光学纯的（R）-1-乙酸苯乙酯。

8.2 超临界——在生物催化中取代有机溶剂

早在 20 世纪 80 年代早期，生物催化在非水相介质中已经取得了突破性进展[16~19]，当时酶催化的反应（酯化及转酯化反应）在有机溶剂中进行（如正己烷和正庚烷）。通过在水相介质中添加有机溶剂，从而引起疏水效应进而改变体系的疏水性，这是因为在水环境中，埋在蛋白质核心的疏水残基得到折叠，这样在有机介质中，酶分子的活性结构得到动力学截留[20~23]。酶在有机介质中比在水相中更加稳定。

近年来有机溶剂在食品及与健康相关的产品中的使用，已经越来越受到限制。因此，利用超临界体系作为反应介质已经受到重视[24,25]。像有机溶剂这些介质一样，可以使酶稳定，并且加强酶对疏水化合物的溶解性，并且改变酶在合成反应中的热力学平衡。另外，超临界体系具有气体所具有的扩散性能及较低的黏度，这就使得反应混合物和酶活性中心之间的转移电阻得到降低，同时导致反应速率的增加。另外，超临界体系中的介电常数及密度对温度和压力是很灵敏的。因此，连续的反应环境中，酶的活性和选择性可通过不断变化的压力和温度来控制。利用超临界体系作为酶促反应的溶剂的其他优点还包括：其比液体溶剂拥有更简便的下游处理技术。因为超临界体系常利用气体作为反应条件，因此溶剂可以很容易地去除，而不会在工业产品如化妆品、药物等中留下任何残留物。在超临界条件下可进行生物催化反应的溶剂中，研究最多的是 CO_2，因为它具有较低的临界温度。基于其简便、无毒且便宜，许多酶已被证实在其中较稳定且保持活性[26]。作为生物催化剂的酶要求苛刻的反应参数。较高的压力和温度及极端的 pH 都可能导致蛋白质变性。在超临界体系中，压力可以直接影响酶的活性，可能导致其变性，压力也可间接影响酶的活性。就超临界 CO_2 而言，可认为压力对酶的活性基本无影响。蛋白质结构应该保持完整且只有原结构改变可能发生。这些原结构的改变可能导致产生蛋白质的另一个状态，这可能产生酶活性、选择性及稳定性的改变。通过改变速率参数或者溶解性参数，压力也可能对反应产生直接的影响。在较高的压力及较强的溶质-溶剂相互作用时，会产生一个更好的溶解性能。

因此，下面研究了在超临界 CO_2 中，压力对 Novozym 435 动力学拆分 1-苯乙醇的影响。

8.3 压力对反应的影响

通过不同压力条件，在超临界 CO_2 中研究酶的稳定性。一定条件下将 CALB 处理过夜，之后测定其剩余活性。研究发现，压力对酶的活性没有直接的影响。

当反应在纯的超临界 CO_2 中进行时，1-苯乙醇的拆分实验中，重点区域处，转化率受压力的影响。压力变化区间是 6.7~19MPa。在温度为 313.15K 时，当压力增加到 9MPa 时，欲得到的光学纯（R）-1-乙酸苯乙酯的产量得到增长，因为随着压力越靠近临界点，底物的溶解性会变化。反应体系的性能在反应中也起到重要的作用。在超临界 CO_2 中，生成（R）-乙酸苯乙酯的限速步骤是底物从团块表面扩散到酶分子的表面。在压力 6.7~9MPa 变化时，因为加强了生物质间的转移，因此反应速率增加，这些可以从图 8-1 中看出。

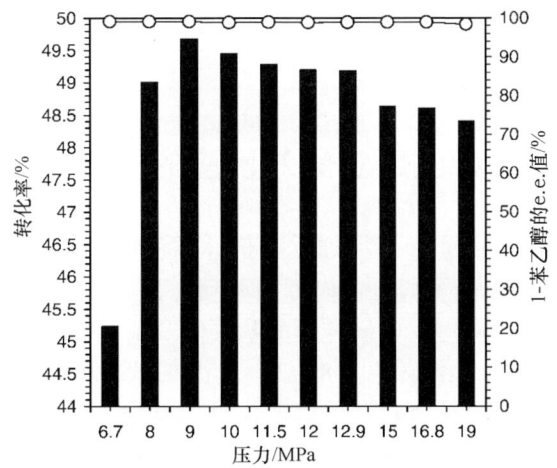

图 8-1 在超临界 CO_2 中，固定化 CALB 催化动力学拆分
1-苯乙醇反应，反应 5h 后压力对反应的影响
柱状代表压力与转化率的关系，圆形代表压力与 1-苯乙醇的
对映体过量值的关系（或压力对转化率的影响）

在不同反应条件下，观察反应体系的性能变化，见图 8-2。反应在液体反应器中进行，同时固态生物催化剂在 9MPa 中。在压力接近 11MPa 且选定温度及合成的超临界条件下来进行反应。

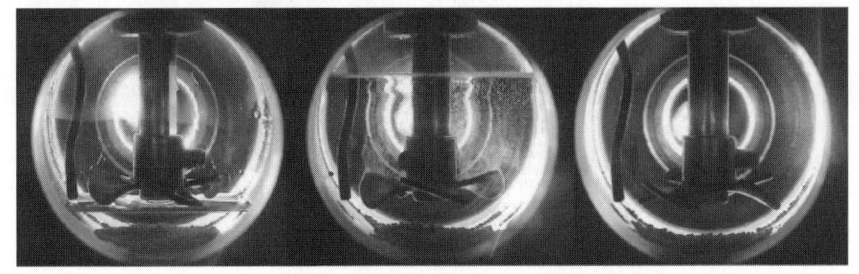

图 8-2 观察反应釜中的气液相平衡
左边，液态反应釜和固态生物催化剂其压力达 6MPa；中间液态反应釜和固态生物
催化剂其压力达 9MPa；右边，超临界反应釜和固态催化剂其压力达 15MPa

以生物催化剂的稳定性为基础,可以看出其间接影响反应的进行,如,通过改变压力可以影响物理性质－密度。压力的增加可引起溶剂密度的增加,且体系的溶解性也增加。同时,随着压力的增加,整个液体反应混合物的溶解性也增加了。在重点区域含有丰富的 CO_2,在压力低于9MPa时,底物的扩散率明显增加,表面张力及黏性降低。观察压力对反应的影响可知,液态反应混合物富集于超临界 CO_2 中,导致比在单一超临界相中较高的反应率。在9MPa处,转化率达到最大。在压力高于9MPa时,反应是转化率略微降低,因为在较高压力下,大量的 CO_2 的稀释对底物产生影响,且反应降低。在15MPa时,只有一相存在。在该反应中,通过酶相中底物摩尔分数的增加,使较高的底物浓度抑制平衡。

8.4 酰基供体及醇的摩尔比对反应的影响

对于一个可逆反应而言,当增加酰基供体浓度时可使产物的产量增加。在上述反应中即表现为反应平衡向合成方向移动。另一方面,高浓度的底物可能抑制反应,使反应速度减慢。本研究对酰基供体及1－苯乙醇的不同摩尔比对转化率的影响进行了研究。结果见图8-3。当提高酰基供体对底物醇的浓度时,可以获得高产量的光学纯化合物。当二者比例为9∶1时,转化率达49.9%。在实验条件下,经过5h后,底物(R)－1－苯乙醇可完全转化为光学纯的(R)－1－乙酸苯乙酯。反应物的对映体过量值可达99.9%。

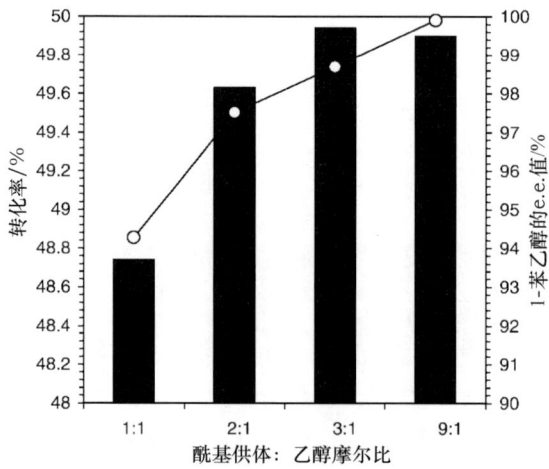

图8-3 酰基供体及醇的摩尔比对动力学拆分1－苯乙醇的影响,
固定化CALB在超临界 CO_2 中反应5h后
柱状代表压力与转化率的关系,圆点代表压力与对映体过量值的关系

8.5 离子液——环境友好型溶剂，生物催化中的工业技术

离子液代表一种新型的盐，它具有一系列有用的性质，如极低的蒸气压、热稳定性、非可燃性、高的离子传导性、较好的溶解特性，总之是一种很好的溶剂，可以替代易挥发的溶剂作为环境友好型溶剂[8, 27~30]。通过调节阳离子及阴离子比例可以在较宽范围内改变离子液的性质。

离子液合成中，阳离子通常是二烷基咪唑阳离子、烷基吡啶阳离子、烷基铵阳离子、烷基鏻阳离子等。组成离子液的阴离子一般是有机的 [RCO_2]$^-$ 或者无机离子，一般可分为 2 组：多核多环的（$Al_2Cl_7^-$、$Al_3Cl_{10}^-$、$Au_2Cl_7^-$、$Fe_2Cl_7^-$ 等）和单核单环的阴离子，它们构成中性的离子液 [BF_4^-，PF_6^-，SbF_6^-，N(CF_3SO_2)$_2^-$ 等][31~33]。

离子液的性质及功能可根据特定的反应进行适当调整，因此，它们被喻为可调整的溶剂。通过选择特定的离子液，可以获得高的产率及使特定反应的污染降低。一般来说，离子液可以重复利用，这可以降低反应的成本。底物在离子液中反应是很简单的，且不需要特别的器具。反应比在传统溶剂中更快更简单。

酶催化的一些反应中，其某些热力学及动力学参数在离子液中较传统溶剂中的酶表现得更好[34~37]。生物催化剂在离子液中的稳定性是现在溶剂的 2 倍[38]：离子液可以为酶促反应提供恰当的环境（物质传递和酶的催化构象），且它作为一种溶剂，离子液可以认为是液体的固定载体，由于酶 - 离子液多点的相互作用（氢键、范德华力、离子键等）的发生，导致柔性的超分子结构不能维持蛋白的活性结构[39]。其极性及非极性的协调特性使蛋白对不对称反应具有较大的选择性，因为它影响着酶的活性及选择性[40]。近年来，离子液作为溶剂在不对称反应中已经受到越来越多的关注[41~43]。

如何从离子液中萃取纯的产物是一个关键问题。水溶性的物质可以简单地溶解到水中。高压蒸馏或低压高温蒸馏用于产物分离时，都有可能导致产物降解。

许多研究者研究在离子液/CO_2 系统中高压对反应的影响，发现 CO_2 极易溶解于离子液中，并且离子液基本不溶于超临界 CO_2 中。易挥发且非极性的超临界 CO_2 和极性不挥发的离子液组成一种新型的具有独特性质的体系，它已被用在萃取有机化合物中，即利用超临界 CO_2 从离子液中萃取[3]。

有许多关于不同的离子液对商业酶 CALB 动力学拆分 1 - 苯乙醇的立体选择性的影响的研究，这是建立在 N，N' - 烷基咪唑阳离子为反应媒介的基础上的。本研究重点对 CALB 在离子液 [bmim][PF_6]/超临界 CO_2 中动力学拆分 1 - 苯乙醇的酶选择性进行了研究。

8.6 依靠 N, N' - 二烷基咪唑阳离子为媒介的离子液

在生物催化中，应用离子液具有许多优点，包括增加酶的稳定性、活性及立体选择性[41,44,45]。当离子液与超临界 CO_2 结合使用时，考虑增加酶的立体选择性及稳定性方面，离子液表现为一种更加有应用价值的媒介[9,46~48]。利用超临界 CO_2 及室温下的离子液作为联合的反应媒介已经广泛地证明了这一点[5,7,8]。这里有许多关于 IL/CO_2 作为反应媒介，进行酶促拆分消旋体的研究[49,50]。基于离子液宽泛的物理及化学性质，利用 N, N' - 二烷基咪唑阳离子的离子液作为反应媒介研究了 CALB 的对应选择性。

筛选不同的离子液作为动力学拆分 1 - 苯乙醇的反应媒介，这些离子液的阴离子主要为单核，包括 [BF_4^-]、[PF_6^-]、[NTf_2^-] 等，阳离子为烷基阳离子，这些离子液在常压及 313.15 K 下作为反应媒介应用于反应中。从立体选择性方面考虑，离子液被认为是一种恰当的反应媒介。CALB 在离子液中表现的形式表明离子液中适合酶的立体选择性表达。由实验可知，在 [bmim][PF_6] 中转化率达到最高，且在 [emim][NTf_2] 中，介质对酶有一定的钝化作用，见图 8 - 4。低碱度减少氢键与酶的内部氢键干扰[51]。在这 3 种离子液——[BF_4^-]、[PF_6^-] 和 [NTf_2^-] 中，阴离子具有较低的氢键碱性，[BF_4^-] 的负极攻击氟原子，[NTf_2^-] 进攻 5 个原子，[PF_6^-] 进攻 6 个原子，同时 CALB 的活性增加。

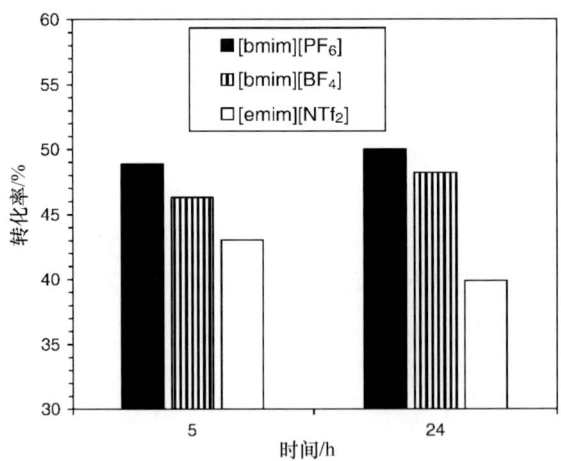

图 8 - 4　[bmim][PF_6]、[bmim][BF_4] 及 [emim][NTf_2] 三种不同的离子液作为 CALB 拆分 1 - 苯乙醇的反应溶剂，5h 及 24h 后的反应结果

离子液可作用于不同的生物催化反应的原因是其具有不同的性质，包括：极性、疏水性、溶剂可溶性及结合不同的阴离子等。我们可以观察到 CALB 在离

子液中其极性、疏水性及黏性都显著地增加。在［bmim］［PF_6］中，经过5h的反应，48.9%的（R）-1-苯乙醇转化为对应酯，其e.e.值达95.6%，经过1d的反应，（R）-1-苯乙醇全部转化为光学纯的（R）-1-乙酸苯乙酯。在［bmim］［PF_6］离子液中，固定化CALB表现出较好的稳定性、活性，及对（R）-1-苯乙醇的立体选择性。一些研究表明，二（三氟）亚胺的离子液应用于生物催化中是一种合适的媒介[39,46,50]。相反，在目前的工作中，相同的离子液针对不同的反应，表现的性质不同。因为CALB催化水解和转酯化反应，针对多次反应，它表现出较低的立体选择性。

8.7 离子液/超临界双向体系作为一种有潜力的生物催化媒介

酶在离子液及超临界CO_2双相中的表现为，酶分子被固定在离子液相中，通过超临界CO_2相运送底物及产物，这被描述为现代化学的合成过程，且可得到纯的产物[52]。

8.8 ［bmim］［PF_6］/SC-CO_2系统作为反应的媒介

下面是对CALB在离子液及超临界CO_2中动力学拆分1-苯乙醇的研究。为防止副反应的产生，且保证（R）-1-苯乙醇尽可能地转化，本实验选择离子液［bmim］［PF_6］。由于压力直接或间接地影响生物催化剂的活性，本研究对压力6~36.5MPa进行了研究。在上述条件下，对两相体系进行的研究见图8-5。酶悬浮在离子液中进行反应。产物及底物留在超临界相中，同时超临界相也作为本实验的萃取相。

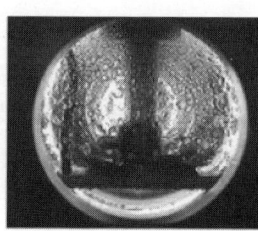
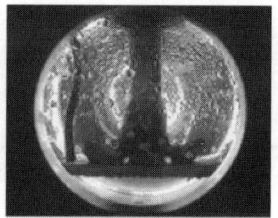

6.5 MPa　　21 MPa　　36 MPa

图8-5　反应釜中的气液相平衡

这里反应釜中为固态生物催化剂，上相是底物及产物，通过超临界CO_2进行萃取

在压力低于16MPa时，压力对该反应影响显著，此时液态相中CO_2的摩尔分数显著增加。CO_2/［bmim］［PF_6］的性质显示，当压力达16MPa时，超临界

CO_2 在离子液中的溶解性增加,此时液态相中 CO_2 的摩尔比达到 65%。在 16MPa 时,(R)-1-苯乙醇的转化率达到最高,约有 46.8% 转化为 (R)-1-乙酸苯乙酯,e.e. 值达 88.1%。由图 8-6 可知,在压力高于 16MPa 时,压力对生物催化剂的活性基本没有影响。

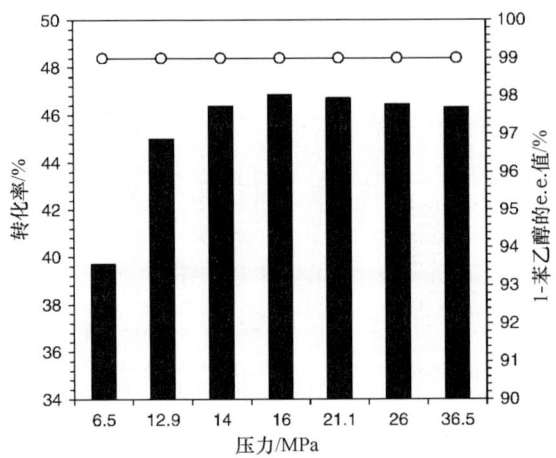

图 8-6 在 IL/SC-CO_2 双相体系中,CALB 在 313.15K,
催化拆分 1-苯乙醇,不同压力对反应的影响
柱状代表压力对转化率的影响,圆点代表 e.e. 值

选定两种媒介,研究生物催化剂的粒形及尺寸特征在溶剂处理前后对酶结构的影响。天然的生物催化剂一般为微球形,其平均粒径为 500μm。当生物催化剂在超临界 CO_2 中处理后,由 SEM 观察可知,其粒径没有改变。在 [bmim][PF_6] 中处理后,观察可知其粒径略为降低,为 430μm,这可能是由于部分载体溶解导致,据报道可知,在 [bmim][PF_6]/SC-CO_2 双相系统中,生物催化剂的粒径没有改变。

在 IL/SC-CO_2 双相体系中,CALB 催化拆分 1-苯乙醇具有许多优点,如产量高,下游处理技术简单,酶在其中很稳定,及酶独特立体选择性的增加,比单独的超临界 CO_2 效果好。

8.9 酰基供体的浓度对反应的影响

为在 313.15K 和 16MPa 的条件下获得更高的光学收率,我们研究了 IL/SC-CO_2 反应体系中,酰基供体浓度对拆分反应的影响,见图 8-7。当底物组成同 SC-CO_2 体系中相同时,转化率达到最大,即酰基供体与 1-苯乙醇的摩尔比为 9:1 时。在该反应条件下,没有检测到 (S)-1-苯乙醇被转化,这就意味着产物的 e.e. 值达 99.9%之上。在反应 5h 后，达到最好的结果，其中转化率及反应底物的 e.e. 值分别达 47.2%、89.5%。该反应混合物可以最大限度地利用生物催化剂。正如预期的结果一样，经过 5h 的反应后，约有 49.9%的（R）-1-苯乙醇转化为光学纯的（R）-1-乙酸苯乙烯酯。反应物的 e.e. 值达 99.3%。

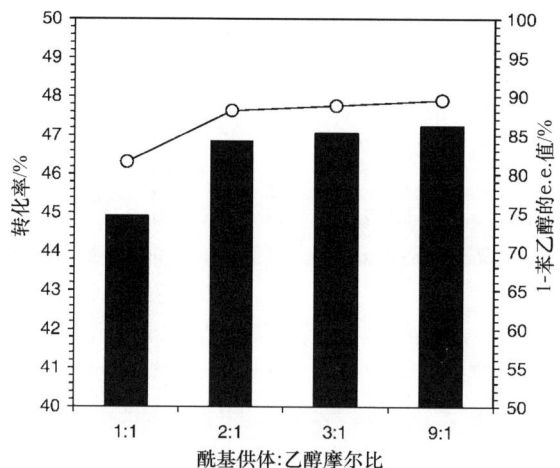

图 8-7 在［bmim］［PF_6］/超临界-CO_2 系统中，CALB 催化的酶促拆分 1-苯乙醇中，酰基供体/醇不同摩尔比对反应的影响

8.10 结论

利用 CALB 作为催化剂，乙酸乙烯酯作为酰基供体，可以成功地对 1-苯乙醇进行动力学拆分。

利用超临界 CO_2 和离子液及超临界系统作为媒介可以使动力学拆分外消旋仲醇的反应，得到高产率、对映选择性，下游处理技术简单。压力对反应有一定的影响，这可以从热力学参数上体现出来。另外，通过增加酰基供体可以提高产量。

利用超临界 CO_2 或者离子液及超临界的双向系统作为合成反应的绿色溶剂，具有宽广的前景，这归功于现代溶剂的物理及化学特性，可以看作有应用前景的溶剂。

参考文献

1 Zaks, A. and Dodds, D. R. (1997) *DDT*, 2, 513-531.

2 Rasor, J. P. and Voss, E. (2001) *Applied Catalysis A: General*, 221, 145-158.

3 Keskin, S., Kayrak-Talay, D., Akman, U. and Hortaçsu. Ö. (2007) *The Journal of Supercritical Fluids*, 43(1), 150-180.

4 Gordon, C. M. (2001) *Applied Catalysis A: General*, 222(1-2), 101-117.

5 Brennecke, J. F. and Maginn, E. J. (2001) *AIChE Journal*, 47(11), 2384-2389.

6 Blanchard, L. A., Brennecke, Z. and Gu, J. F. (2001) *The Journal of Physical Chemistry B*, 105(12), 2437-2444.

7 Blanchard, L. A. and Brennecke, J. F. (2001) *Industrial and Engineering Chemistry Research*, 40(1), 287-292.

8 Blanchard, L. A., Hancu, D., Beckman, E. J. and Brennecke, J. F. (1999) *Nature*, 399(6731), 28-29.

9 Lozano, P., De Diego, T., Carrié, D., Vaultier, M. and Iborra, J. L. (2002) *Chemical Communications*, 7, 692-693.

10 Lozano, P., De Diego, T., Carrié, D., Vaultier, M. and Iborra, J. L. (2004) *Journal of Molecular Catalysis A-Chemical*, 214(1), 113-119.

11 de los Ríos, A. P., Hernández-Fernóndez, F. J., Gómez, D., Rubio, M., Tomás-Alonso, F. and Víllora, G. (2007) *The Journal of Supercritical Fluids*, 43(2), 303-309.

12 Reetz, M. T., Wiesenhofer, W., Francio, G. and Leitner, W. (2003) *Advanced Synthesis Catalysis*, 345(11), 1221-1228.

13 Kataoka, M., Kita, K., Ada, M., Yasohara, Y., Hasegawa, J. and Shimizu, S. (2003) *Applied Microbiology and Biotechnology*, 62(5-6), 437-445.

14 van Rantwijk, F., Lau, R. M. and Sheldon, R. A. (2003) *Trends in Biotechnology*, 21(3), 131-138.

15 Ottosson, J. and Hult, K. (2001) *Journal of Molecular Catalysis B: Enzymatic*, 11(4-6), 1025-1028.

16 Antonini, E., Carrea, G. and Cremonesi, P. (1981) *Enzyme and Microbial Technology*, 3(4), 291-296.

17 Martinek, K., Semenov, A. N. and Berezin, I. V. (1981) *Biochimica et Biophysica Acta*, 658(1), 76-89.

18 Martinek, K., Levashov, A. V., Khmelnitsky, Y. L., Klyachko, N. L. and Berezin, I. V. (1982) *Science*, 218(4575), 889-891.

19 Zaks, A. and Klibanov, A. M. (1984) *Science*, 224(4654), 1249-1251.

20 Klibanov, A. M. (2001) *Nature*, 409(6817), 241-246.

21 Partridge, J., Moore, B. D. and Hailing, P. J. (1999) *Journal of Molecular Catalysis B: Enzymatic*, 6(1-2), 11-20.

22 Griebenow, K., Klibanov, and A. M. (1996) *Journal of the American Chemical Society*, 118(47), 11695-11700.

23 Wescott, C. R. and Klibanov, A. M. (1994) *Biochimica et Biophysica Acta*, 1206(1), 1-9.

24 Chulalaksananukul, W., Condoret, J. S. and Combes, D. (1993) *Enzyme and Microbial Technology*, 15(8), 691-698.

25 Knez, Ž. and Habulin, M. (2002) *The Journal of Supercritical Fluids*, 23(1), 29-42.

26 Taniguchi, M., Masamichi, K. and Kobayashi, T. (1987) *Agricultural and Biological Chemistry*, 51(2), 593-594.

27 Madeira Lau, R., van Rantwijk, F., Seddon, K. R. and Sheldon, R. A. (2000) *Organic Letters*, 2(26), 4189-4191.

28 Wasserscheid, P. and Keim, W. (2000) *Angewandte Chemie-International Edition*, 39(21), 3772-3789.

29 Welton, T. (1999) *Chemical Reviews*, 99(8), 2071-2083.

30 Earle, M. J. and Seddon, K. R. (2000) *Pure

and Applied Chemistry, 72 (7), 1391 – 1398.

31 Olivier-Bourbigou, H. and Magna, L. (2002) Journal of Molecular Catalysis A-Chemical, 182(1), 419 – 437.

32 Zhao, D. B., Wu, M. and Kou, Y. (2002) Catalysis Today, 74(1 – 2), 157 – 189.

33 Liu, J. -F., Jönsson, J. A. and Jiang, G. -B. (2005) Trends in Analytical Chemistry, 24(1), 20 – 26.

34 Eckstein, M., Sesing, M., Kragl, U. and Adlercreutz, P. (2002) Biotechnology Letters, 24(11), 867 – 872.

35 Eckstein, M., Wasserscheid, P. and Kragl, U. (2002) Biotechnology Letters, 24 (10), 763 – 767.

36 Lozano, P., De Diego, T., Carrié, D., Vaultier, M. and Iborra, J. L. (2003) Biotechnology Progress, 19(2), 380 – 382.

37 Persson, M. and Bornscheuer, U. T. (2003) Journal of Molecular Catalysis B: Enzymatic, 22(1 – 2), 21 – 27.

38 Lozano, P., De Diego, T., Guegan, J. -P., Vaultier, M. and Iborra, J. L. (2001) Biotechnology and Bioengineering, 75 (5), 563 – 569.

39 De Diego, T., Lozano, P., Gmouh, S., Vaultier, M. and Iborra, J. L. (2005) Biomacromolecules, 6(3), 1457 – 1464.

40 Baudequin, C., Baudoux, J., Levillain, J., Cahard, D., Gaumont, A. C. and Plaquevent, J. C. (2003) Tetrahedron: Asymmetry, 14(20), 3081 – 3093.

41 Schöfer, S. H., Kaftzik, N., Wasserscheid, P. and Kragl, U. (2001) Chemical Communications, 5, 425 – 426.

42 Sheldon, R. (2001) Chemical Communications, 23, 2399 – 2407.

43 Kragl, U., Kaftzik, N., Schöfer, S. H., Eckstein, M., Wasserscheid, P., Hilgers, C. and Oggi, C. (2001) Chemistry Today, 19(7 – 8), 22 – 24.

44 Howarth, J., James, P. and Dai, J. F. (2001) Tetrahedron Letters, 42(42), 7517 – 7519.

45 Reetz, M. T., Wiesenhöfer, W., Franciò, G. and Leitner, W. (2002) Chemical Communications, 9, 992 – 993.

46 Lozano, P., De Diego, T., Gmouh, S., Vaultier, M. and Iborra, J. L. (2004) Biotechnology Progress, 20(3), 661 – 669.

47 Dzyuba, S. V. and Bartsch, R. A. (2003) Angewandte Chemie-International Edition, 42(2), 148 – 150.

48 Garcia, S., Lourenco, N. M. T., Lousa, D., Sequerira, A. F., Mimoso, P., Cabral, J. M. S., Afonso, C. A. M. and Barreiros, S. (2004) Green Chemistry, 6(9), 466 – 470.

49 Leitner W. (2004) Pure and Applied Chemistry, 76(3), 635 – 644.

50 Lozano, P., De Diego, T., Larnicol, M., Vaultier, M. and Iborra, J. L. (2006) Biotechnology Letters, 28(19), 1559 – 1565.

51 Kaar, J. L., Jesionowski, A. M., Berberich, J. A., Moulton, R. and Russell, A. J. (2003) Journal of the American Chemical Society, 125(14), 4125 – 4131.

52 Lozano, P., De Diego, T., Gmouh, S., Vaultier, M. and Iborra, J. L. (2007) International Journal of Chemical Reactor Engineering, 5(A 53), 1 – 10.

9 生物催化酚类抗氧化剂的油脂化反应策略

Maria H. Katsoura, Eleni Theodosiou, Haralambos Stamatis, Fragiskos N. Kolisis

9.1 引言

天然多羟基酚类化合物,例如黄酮类、酚醛糖苷类和黄酮木脂素类化合物,广泛地存在于各种具有抗氧化剂、抗菌、抗癌和抗炎活性的植物中[1,2]。由于其独特的生物活性,此类天然的化合物可用于医药、化妆品和食品添加剂中[1]。然而由于它们在很多介质中溶解度低和稳定性差,限制了它们的应用范围,另外,它们的生物活性不仅取决于它们的化学结构,而且受疏水性程度的影响,因为疏水性会直接影响它们进入细胞的速率或影响它们与蛋白质和酶之间的作用[5,6]。

通过脂肪族化合物与多羟基酚类物质的羟基发生酰化作用来修饰此类天然化合物,不仅可以增加结构的多样性,生成的结构类似物可作为很有用的模型用于研究其结构与功能之间的关系,而且还可以改变它们的物理化学性能,增加其在疏水性溶剂中的溶解度。值得一提的是,利用不同的酰基供体选择性酰基化这些天然的化合物还能提高它们的生物活性,比如它们的抗氧化剂、抗菌和药理性能[5,6]。

在非水相有机溶剂中利用酶修饰不同的底物(包括天然的化合物),是最近20年来酶学上的较大突破[7,8]。一些研究小组指出:不论在毒性较大还是较小的有机溶剂中,利用脂肪酶或蛋白酶修饰黄酮类、糖类和糖苷类等多羟基化合物是可行的[9~12]。然而,由于天然多羟基化合物在有机溶剂中溶解度很低,使得生物催化修饰此类物质存在着很多的不足,如得率和产率低[12,13]。

另一方面,有研究小组报道离子液(由离子构成,并且在常温下为液体)可作为一种良好的溶剂,用于生物催化多羟基化合物的修饰,如维生素 C[14]、糖、糖苷[15,16]和黄酮类物质[5,17]。由于离子液具有特殊的物理化学性质,如蒸气压低、较强的热稳定性、可溶解多种化合物(包括极性和非极性有机化合物),所以它已成生物催化应用中一种新型的、环境友好的"绿色溶剂"。值得注意的是，由咪唑类的阳离子和各种不同的阴离子（包括 PF_6^- 和 BF_4^-）组成的一系列离子液的毒理实验显示，大多数离子液的毒性要比有机溶剂低好几个数量级[21,22]。离子液的最大优势就是它的毒性低，这使得它可用于生物催化生产食品添加剂、医药和化妆品。

一些非水相的反应体系，如无水的有机相和咪唑类的离子液，已成功地应用于生物催化生产各种天然酚类化合物的脂类衍生物（图9-1），例如酚糖苷类、黄酮糖苷类（七叶灵、水杨苷、水杨醛葡糖苷、柚皮苷、芸香甘）和黄酮木脂素类化合物（水飞蓟素），同时还对不同的反应介质中影响生物催化过程中的转化率和区域选择性的各种反应参数进行了详细的研究。

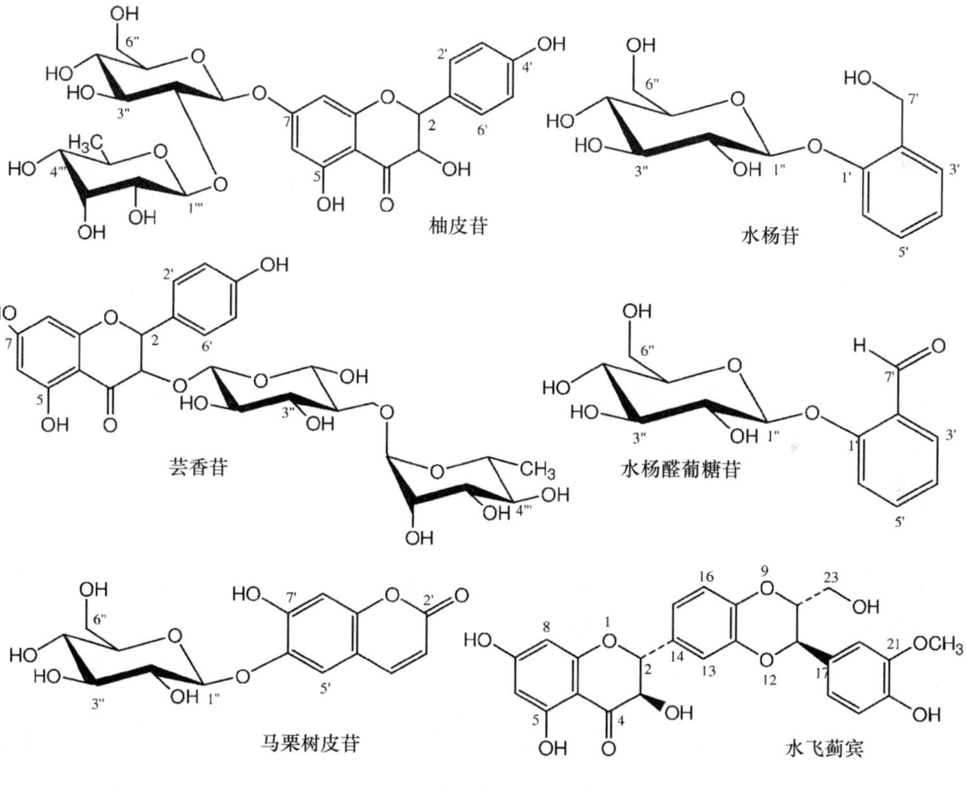

图9-1 天然抗氧化剂的结构图

9.2 材料和方法

9.2.1 材料

固定化的南极假丝酵母脂肪酶 B（Novozym 435）购自诺维信公司，所有的化学试剂和离子液均为最高纯度。

9.2.2 酶催化的酰化过程

分别以离子液（[bmim][BF_4]和[bmim][PF_6]）和有机溶剂为介质，根据文献[5,6,17]报道的方法，摇瓶水平下考察酶催化的天然多羟基化合物的反应过程。

9.2.3 检测方法

根据报道[5,6,17]，利用高效液相色谱（HPLC），采用二极管阵列紫外检测器对反应过程进行实时定量分析。

9.2.4 脂类的分离提纯及化学结构的测定

利用制备型 HPLC 对脂进行高度分离纯化[5,17]，利用 ^{13}C 和 ^1H 同位素标记的核磁共振（NMR）测定单脂的化学结构，质谱（MS）检测单脂的分子质量。

9.3 结果和讨论

以商业化的固定化南极假丝酵母脂肪酶 B 为催化剂，分别于有机相和离子液介质中，考察了酶催化修饰天然多羟基化合物的反应过程。

9.3.1 有机相中天然抗氧化剂的修饰

9.3.1.1 酶催化水飞蓟素和芸香苷与二羧酸的酰化反应

水飞蓟素是最具生物活性的黄酮木脂素类化合物的一种，含有三个酚基，一个脂肪族伯醇，一个脂肪族仲醇，而芸香苷有一个只含有仲醇的糖配基。很多研究证明 CALB 对伯醇和仲醇都具有选择性[5,23-26]，脂肪酶优先和具有较小空间位阻的伯醇反应，当伯醇消耗完后，再和仲醇酰基化反应[27]。生物催化剂的区域选择性受连接在黄酮类化合物苷元的糖基的影响，主要受伯醇和空间位阻的影响[5,12,28]。除天然的多羟基底物外，酰基供体也会对生物催化过程产生重要影响[9,17]。在叔戊醇介质中，我们研究了三种二羧酸（己二酸、十二烷二酸、十六烷二酸）与水飞蓟素、芸香苷的酰基化反应。表 9-1 概括了天然抗氧化剂和酰基供体对反应的影响。

对所有的酰基供体二羧酸而言，水飞蓟素的转化得率高于芸香苷，这是因为水飞蓟素的结构中存在伯醇，而脂肪酶对伯醇具有更高的酶活性。利用核磁共振（NMR）对纯化后的产物进行化学结构测定发现：芸香苷中与羧基发生酰基化反应的羟基位于糖配体 4 位上，而在水飞蓟素中却是其仅有的 2,3 位上的伯醇。值得注意的是，就芸香苷而言，质谱检测发现既有单脂的生成又有二脂的生成，同时系统还检测到氧化态芸香苷的生成。就水飞蓟素而言，当十六烷二酸为酰基供体时,水飞蓟素的转化率最高,而相对于芸香苷,酰基供体的碳链长度对其转化率影响不大。

表 9-1　有机溶剂种类对转化率的影响

反应介质	转化率/%					
	芸香苷			水飞蓟素		
	C_6	C_{12}	C_{16}	C_6	C_{12}	C_{16}
叔戊醇	13.1	12.3	10.5	32.0	30.7	38.0
叔丁醇	6.2	8.0	6.4	17.7	13.8	22.4
丙酮	n.d.[a]	n.d.[a]	n.d.[a]	31.3	23.3	45.5

a. 无产物生成。
催化剂为固定化 CALB;反应温度为 50℃;反应时间为 96h;水飞蓟素在三种有机溶剂中的浓度均为 7.5mmol/L;芸香苷在叔戊醇和叔丁醇中的浓度为 7.5mmol/L,在丙酮中的浓度为 30mmol/L。

9.3.1.2　有机溶剂种类对反应的影响

为了考察有机溶剂种类对反应的影响,我们选择叔戊醇、叔丁醇、丙酮作为反应介质,一是因为这些有机溶剂与反应的兼容性较好,二是因为它们的毒性较低[29]。

表 9-1 表明,水飞蓟素和芸香苷在叔戊醇中的转化率高于在叔丁醇中的转化率,就丙酮而言,二羧酸为 C_{12} 和 C_{16} 的酰基供体有利于反应的进行。水飞蓟素在丙酮中的溶解度(40g/L)是在叔戊醇和叔丁醇中的 11 倍。水飞蓟素在丙酮中的溶解度大利于反应的进行,当以己二酸、十二烷二酸、十六烷二酸为酰基供体与水飞蓟素反应 96h 后,所生成的酯的含量分别为 4.5g/L、3.4g/L、6.6g/L。

9.3.1.3　底物浓度对反应的影响

我们将酶和抗氧化剂的用量保持不变,仅增加酰基供体的用量,考察酰基供体和底物的摩尔比对反应的影响。就芸香苷而言,在所有的反应介质中,不同底物摩尔比下的转化率基本相同,并且产物全为单酯。水飞蓟素在叔戊醇和叔丁醇中反应情况与芸香苷相似(数据未给出),但当丙酮为反应介质时,水飞蓟素的酰化得率随着酰基供体与水飞蓟素的摩尔比的增加而增加(表 9-2)。

表 9-2　酰基供体二羧酸与水飞蓟素的摩尔比对转化率和起始反应速率的影响

摩尔比	转化率/% {起始反应速率/[mmol/(h·g 催化剂)]}		
	C_6	C_{12}	C_{16}
1	31.3 (0.02)	23.3 (0.02)	45.5 (0.04)
2	44.5 (0.02)	33.2 (0.04)	56.5 (0.04)
5	59.0 (0.04)	42.5 (0.04)	66.8 (0.04)

注:催化剂为固定化 CALB;反应温度为 50℃;反应时间为 96h;水飞蓟素的浓度均为 30mmol/L。

9.3.2 离子液中天然抗氧化剂的修饰

9.3.2.1 酶催化天然抗氧化剂的酰基化反应

以水杨苷、水杨醛葡糖苷、七叶灵、柚皮苷和水飞蓟素与酰基供体丁酸乙烯酯为底物,考察了在两种离子液体[bmim]BF_4和[bmim]PF_6(控制离子液中的可溶性水)中,固定化CALB催化不同天然多羟基化合物与酰基供体的转酯化反应的反应效率和选择性。

图9-2是上述底物在离子液和丙酮中的生物转化得率。从图中可以看出,在离子液体中,固定化CALB可有效地催化所有底物的转酯化反应,且转化率都较高。表9-3总结了酶催化的各种底物的反应速率,当离子液体[bmim]BF_4作为介质时,所有多羟基化合物的反应速率最高。值得注意的是,水杨苷、水杨醛葡糖苷、七叶灵、柚皮苷和水飞蓟素在离子液体[bmim]BF_4中的溶解度分别是68mmol/L、23mmol/L、40mmol/L、100mmol/L、82mmol/L,在离子液[bmim]PF_6中的溶解度为20mmol/L、5.5mmol/L、19.5mmol/L、1.5mmol/L、7.2mmol/L,在丙酮中的溶解度为6.5mmol/L、2mmol/L、19.5mmol/L、12mmol/L、8.3mmol/L,根据上述的研究结果可知,随着底物溶解度的增大,底物的转化率也随之增大,这也与Park和Kazlauskas[16]利用酶催化葡萄糖酰基化的结果相一致。

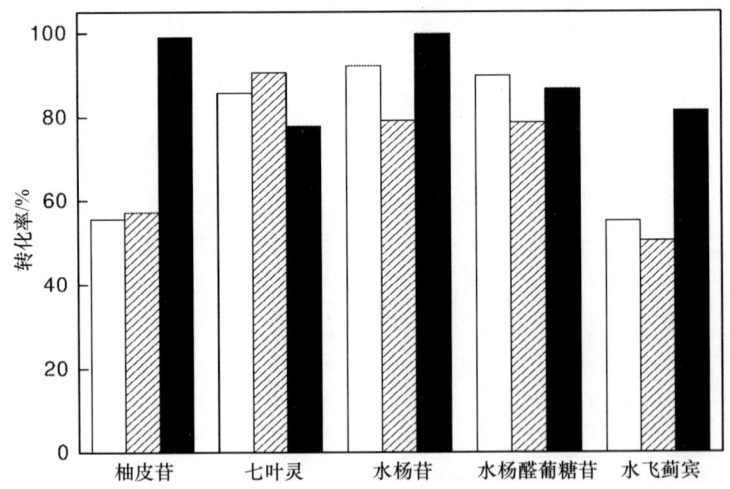

图9-2　不同抗氧化剂的转化率

催化剂为固定化CALB;反应时间为72h;酰基供体丁酸乙烯酯的浓度为300mmol/L;天然多羟基化合物的浓度为30mmol/L;[bmim]BF_4(白),60℃;[bmim]PF_6(网格),60℃;丙酮(黑),50℃

经HPLC检测发现主要的产物为单酰基化衍生物,MS检测也发现有少量的双酰基化衍生物的生成[17]。表9-3也表明，酶在[bmim] BF₄的区域选择性优于[bmim] PF₆，在丙酮中的选择性最差。未经修饰的多羟基化合物在[bmim] PF₆和丙酮中溶解度小于其对应的单酯化衍生物，这与酶在此介质中所表现出来的较差的立体选择性有关。另外，酚类底物在[bmim] BF₄中具有较高的溶解度，使酶在该离子液体中表现出较好的立体选择性。

表9-3 不同介质中的起始反应速率和单酯生成量的百分比

底物	起始反应速率/[mmol/（h·g催化剂）]（单酯生成量的摩尔百分比[a]）		
	[bmim] BF₄	[bmim] PF₆	丙酮
柚皮苷	0.06（86.8）	0.05（63.0）	0.04（45.5）
七叶灵	0.04（98.1）	0.03（80.6）	0.03（78.1）
水杨醛葡糖苷	0.15（68.3）	0.10（64.6）	0.03（52.8）
水杨苷	0.08（23.6）	0.05（41.9）	0.03（28.4）
水飞蓟宾	0.27（100.0）	0.07（100.0）	1.58（100.0）

a 单酯占总酯生成量的百分比，酰基供体与多羟基化合物的摩尔比为10，催化剂为固定化CALB，酰基供体为丁酸乙烯酯。

与传统的有机溶剂相比，离子液的使用增大了所有的天然多羟基化合物的溶解度，这对酶法修饰该类化合物是十分有益的，因为这样可以一步法生成大量的酰基化衍生物。值得注意的是，当这些酚类底物在离子液中达到它们的溶解度时，对应的单脂衍生物的生成量可达到30.0g/L（就柚皮苷而言），这比已报道的在有机溶剂中合成产量高很多[10,30]。

9.3.2.2 底物浓度对反应的影响

在离子液[bmim] BF₄和[bmim] PF₆中，丁酸乙烯酯与水飞蓟宾的摩尔比对转化率的影响如图9-3所示。从图中可以看出，随着丁酸乙烯酯与水飞蓟宾的摩尔比从3增加到15，水飞蓟宾的转化率也随之增大。当底物为柚皮苷时，转化率也随着底物的摩尔比的增大而增大（数据未显示），可能的原因是酰基供体的过量使得热力学平衡向产物生成的方向移动。除底物摩尔比之外，水飞蓟宾和柚皮苷的浓度也与转化率呈正相关（数据未给出）。

9.3.2.3 酰基供体性质的影响：混合抗氧化剂的合成

为了考察离子液体中酰基供体性质对酶催化水飞蓟宾或柚皮苷反应的影响，我们选择了一系列的脂肪酸和其对应的乙烯酯或甲酯作为酰基供体。

结果表明，酰基供体的碳链长度对酶催化水飞蓟宾或柚皮苷反应的转化率有很大的影响，具体表现为：在两种离子液体中，酰基供体的碳链越短，其对应的转化率越大（一直到四个碳链长度），相反地，酰基供体的碳链越长，其对应的转化率便会急剧下降（表9-4）。

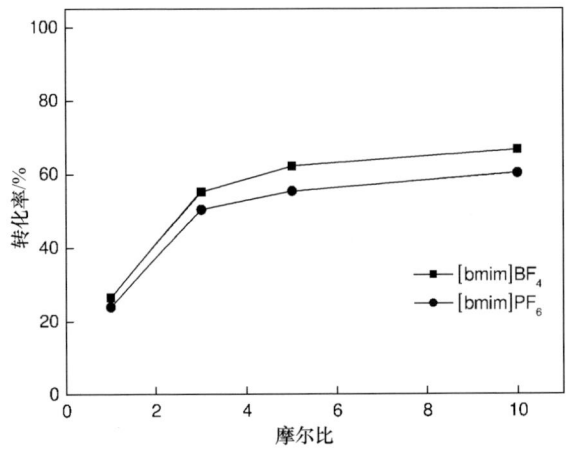

图 9-3 丁酸乙烯酯与水飞蓟宾的摩尔比对转化率的影响

催化剂为固定化 CALB；反应时间为 72h；水飞蓟宾的浓度为 30mmol/L；

离子液为 [bmim] BF_4 和 [bmim] PF_6

表 9-4　　　　　　　　酰基供体的碳链长度对转化率的影响

酰基供体	转化率/%		
	[bmim] BF_4	[bmim] PF_6	丙酮
辛酸	8.9	9.8	12.4
十二烷酸	5.8	6.4	21.5
棕榈酸	1.1	1.5	28.4
十八烯酸	1.6	13.6	14.2
丁酸乙烯酯	26.5	23.9	53.6
十二酸乙烯酯	3.9	3.8	75.4
油酸甲酯	2.3	23.7	24.6

离子液 [bmim] BF_4 和 [bmim] PF_6 中的反应温度为 60℃，丙酮中的反应温度为 50℃；催化剂为固定化 CALB；反应时间为 72h；水飞蓟宾的浓度为 30mmol/L。

然而，当丙酮作为反应介质时（表 9-4），酶容易催化酰基供体为中、长链脂肪酸的反应，这与文献报道的在传统有机溶剂中固定化 CALB 催化多羟基化合物的酰基化结果是一致的[10,23]。长链的酰基供体在离子液体中的溶解度小于在弱极性的有机溶剂中的溶解度，这就导致了酶催化的天然多羟基化合物的转化率的不同，长链脂肪酸在离子液中的溶解度较小使得反应体系分成了两相，从而降低了酶与底物的接触机会，进而阻碍了酚类物质的酰基化反应。

除了先前提到的游离脂肪酸和其对应的酯外，我们还选择了具有抗氧化性能的物质作为酰基供体。以酚醛酸和其对应的乙烯酯为酰基供体，研究在离子液［bmim］BF_4和［bmim］PF_6中固定化 CALB 催化酰基化七叶灵合成混合抗氧化剂的反应。

从图 9-4 中可以看出，酶催化七叶灵合成混合抗氧化剂是可行的，且转化效果较好。相对于所实验的酚醛酸，于［bmim］PF_6中的转化率高于［bmim］BF_4中的转化率，而当酚醛酸酯作为酰基供体时，在两种离子液体中的转化率均高于酚醛酸作为酰基供体时的转化率。

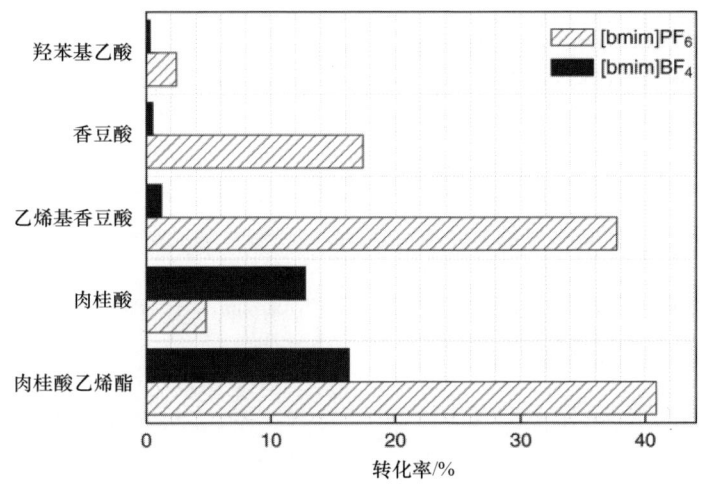

图 9-4　七叶灵（25mmol/L）与各种酚醛酸（50mmol/L）酰基化反应的转化率
反应温度为 60℃；催化剂为固定化 CALB；反应时间为 72h；
［bmim］BF_4（黑），［bmim］PF_6（网格）

9.4　结论

在有机溶剂和离子液中，生物催化酰基化黄酮类、酚醛糖苷类和黄酮木脂素类天然多羟基化合物是可行的。己二酸、游离脂肪酸及其对应的乙烯酯和具有抗氧化性能的酚醛酸作为酰基供体，在酶的作用下与天然多羟基化合物发生选择性酰化反应，并制备了具有生物活性的酚类衍生物。生物催化剂的催化效率和区域选择性严格地依赖于各种反应参数，例如，反应介质的性质，酰基供体的性质，底物浓度和底物的溶解度。以离子液［bmim］BF_4作为反应介质，大大地提高了底物的浓度，这对一步法制备大量的酚类衍生物是十分有利的。

参考文献

1. Parke, D. V., Basu, T. L., Temple, A. J. and Garg, M. L. (eds) (1999) *Antioxidants in Human Health and Disease*, CABI Publishers, New York.
2. Pietta, P. -G (2000) *Journal of Natural Products*, 63, 1035 – 1042.
3. Heim, K. E., Tagliaferro, A. R. and Bibilya, D. J. (2002) *The Journal of Nutritional Biochemistry*, 13, 572 – 584.
4. Rice-Evans, C., Miller, N. J. and Paganga, G. (1996) *Free Radical Biology & Medicine*, 20, 933 – 956.
5. Katsoura, M. H., Polydera, A. C., Tsironis, L., Tselepis, A. D. and Stamatis, H. (2006) *Journal of Biotechnology*, 123, 491 – 503.
6. Mellou, F., Lazari, D., Skaltsa, H., Tselepis, A. D., Kolisis, F. N. and Stamatis, H. (2005) *Journal of Biotechnology*, 116, 295 – 303.
7. Klibanov, A. M. (2001) *Nature*, 409, 241 – 246.
8. Schmid, A., Dordick, J. S., Hauer, B., Kiener, A., Wubbolts, M. and Witholt, B. (2001) *Nature*, 409, 258 – 268.
9. Ardhaoui, M., Falcimaigne, A., Engasser, J. M., Moussou, P., Pauly, G. and Ghoul, M. (2004) *Journal of Molecular Catalysis B: Enzymatic*, 29, 63 – 67.
10. Ardhaoui, M., Falcimaigne, A., Ognier, S., Engasser, J. M., Moussou, P., Pauly, G. and Ghoul, M. (2004) *Journal of Biotechnology*, 110, 265 – 271.
11. Ardhaoui, M., Falcimaigne, A., Ognier, S., Engasser, J. M., Moussou, P., Pauly, G. and Ghoul, M. (2004) *Biocatalysis and Biotransformation*, 22, 253 – 259.
12. Gao, C., Mayon, P., MacManus, D. A. and Vulfson, E. V. (2001) *Biotechnology and Bioengineering*, 71, 235 – 243.
13. Danieli, B., Luisetti, M., Sampognaro, G., Carrea, G. and Riva, S. (1997) *Journal of Molecular Catalysis B: Enzymatic*, 3, 193 – 201.
14. Park, S. and Kazlauskas, R. J. (2003) *Current Opinion in Biotechnology*, 14, 432 – 437.
15. Kim, M. J., Choi, M. Y., Lee, J. K. and Ahn, Y. (2003) *Journal of Molecular Catalysis B: Enzymatic*, 26, 115 – 118.
16. Park, S. and Kazlauskas, R. J. (2001) *Journal of Organic Chemistry*, 66, 8395 – 8401.
17. Katsoura, M. H., Polydera, A. C., Katapodis, P., Kolisis, F. N. and Stamatis, H. (2007) *Process Biochemistry*, 42(9), 1326 – 1334.
18. Gordon, C. M. (2001) *Applied Catalysis A: General*, 222, 101 – 117.
19. Itoh, T., Nishimura, Y., Ouchi, N. and Hayase, S. (2003) *Journal of Molecular Catalysis B: Enzymatic*, 26, 41 – 45.
20. Wilkes, J. S. (2004) *Journal of Molecular Catalysis A-Chemical*, 214, 11 – 17.
21. Jarstoff, B., Störmann, R., Ranke, J., Mölter, K., Stock, F., Oberheitmann, B., Hoffmann, J., Nüchter, M., Ondruschka, B. and Filser, J. (2003) *Green Chemistry*, 5, 136 – 142.
22. Ranke, J., Mölter, K., Stock, F., Bottin-Weber, U., Poczobutt, J., Hoffmann, J., Ondruschka, B., Filser, J. and Jastorff, B. (2003) *Ecotoxicology and Environmental Safety*, 58, 396 – 404.
23. Kontogianni, A., Skouridou, V., Sereti, V., Stamatis, H. and Kolisis, F. N. (2003) *Journal of Molecular Catalysis B: Enzymatic*,

21,59-62.
24 McCabe, R. W. and Taylor, A. (2004) *Enzyme and Microbial Technology*, 35, 393-398.
25 Uppenberg, J., Ohmer, N., Norin, M., Hult, K., Kleywegt, G. J., Patkar, S., Waagen, V., Anthomen, T. and Jones, T. A. (1995) *Biochemistry*, 34(51), 16838-16851.
26 Teng, R. W., Bui, T. K. H., McManus, D., Armstrong, D., Mau, S. L. and Bacic, A. (2005) *Biocatalysis and Biotransformation*, 23, 109-116.
27 Nakajima, N., Ishihara, K., Itoh, T., Furuya, T. and Hamada, H. (1998) *Journal of Bioscience and Bioengineering*, 87 (1), 105-107.
28 Stamatis, H., Sereti, V. and Kolisis, F. N. (2001) *Journal of Molecular Catalysis B: Enzymatic*, 11, 323-328.
29 Kontogianni, A., Skouridou, V., Sereti, V., Stamatis, H. and Kolisis, F. N. (2001) *European Journal of Lipid Science and Technology*, 103, 655-660.
30 Otto, R. T., Scheib, H., Bornscheuer, U. T., Pleiss, J., Syldatk, C. and Schmid, R. D. (2000) *Journal of Molecular Catalysis B: Enzymatic*, 8, 201-211.

10 生物催化在核苷类似物合成中的应用

Vicente Gotor

10.1 引言

现今,很多研究机构应用生物转化法制备常规化学法难以制备的多种有机化合物。众所周知,在精细化学品制造业,利用生物催化剂高度立体选择性制备光学醇化合物具有优势。在应用于有机合成的酶中,脂肪酶在催化水解反应、转酯化反应、氨解反应中扮演着重要角色[1]。其他的生物催化剂,如氧化还原酶和一些裂合酶也引起了人们的关注。例如,利用这些生物催化剂实现药品的生物法制备[2]。

碳水化合物等多羟基化合物的选择性转化,已经成功应用于底物分子特定羟基的激活或保护,在实现不同类型化学转化的同时避免冗长的保护和去保护步骤。利用脂肪酶或蛋白酶在极性有机溶剂中的催化作用可以实现某些单糖和二糖单酯的制备[3]。此外,生物转化在其他核苷[4]或者类固醇[5]等天然产物中的应用也已经广泛报道。

经修饰后的核苷因其可作为抗病毒和抗癌药物而大受关注。同时开展了大量关于运用其杂环碱基和五碳糖的修饰作用降低核苷类似物毒性及病毒药物抗性的研究。但直到现在依然只有具有天然 β-D 构型的核苷因其给药性好而被作为化学治疗剂进行研究。然而,第一种非天然的 β-L-构型的拉米呋啶的发现已经被美国食品药品监督管理局(FDA)所批准,并运用结合疗法以对抗HIV-1(人类免疫缺陷病毒-1)和 HBV(乙肝病毒),这使得人们对 β-L-核苷的合成产生广泛的兴趣。因此,目前,一些具有潜在抗病毒或抗癌药物功效的 L-核苷在经历临床试验[6]。图 10-1 和图 10-2 列出了一些具有临床试验价值的核苷物。

近年来,生物转化在核苷化学中的应用逐渐显示出其巨大潜力[7]。本章将给出几个脂肪酶等生物催化剂合成新型核苷类似物的不同途径。本章主要集中在利用酶促酰基化作用和烷氧羰基化作用在合成新型类似物中的应用。这些生物催化反应在核苷选择性转化中的作用显而易见。另外,部分类似的生物过程不仅用于保护或激活羟基，而且还被用于外消旋核苷的酶法拆分。此外，针对利用脱氨酶[8]或通过转糖基作用[9]合成新型核苷类似物的具有修饰碱基的生物催化剂研究也屡见报道。

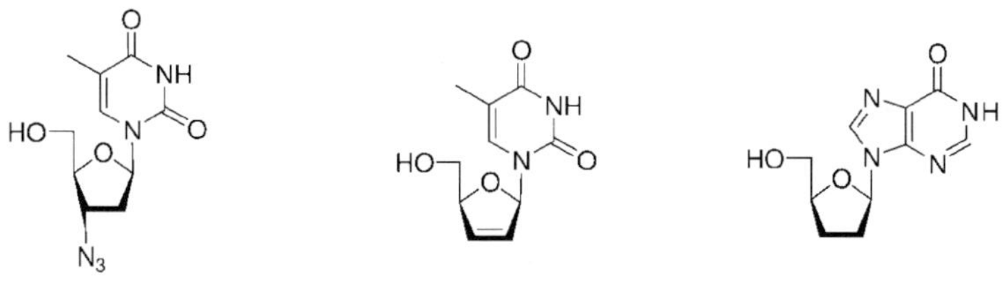

AZT:齐多夫定　　　d4T:司他夫定　　　ddI:地丹诺辛

图 10-1　FDA 批准的抗 HIV 药物

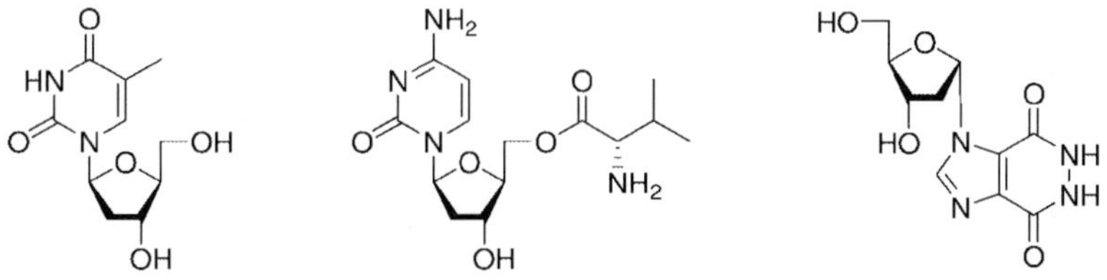

LdT:替比夫定　　　Val-L-dC:泛托西他滨　　　HMC-HO1-α

图 10-2　作为抗 HBV 临床试验的 L-核苷

10.2　糖的化学酶法改造

由于修饰寡核苷酸已经成为化学家研究的主要领域，因此运用合适的保护或去保护方法应用于核苷单体的合成具有同等的重要性。多功能基团化合物的选择性保护在有机合成中是个挑战性难题。在核苷化学中，绕过碱基的氨基而选择性处理其糖组分的羟基难度较大，并且需要多级反应。在此情况下，由于生物催化过程对环境友好，且具有在温和条件下表露出高的化学和立体选择性的性质，因而，酶是很好的选择，且它们可与有机溶剂兼容，并表现出回收利用的潜在价值。

本章第一部分将研究依赖于脂肪酶的不同类型核苷的不同特定选择性过程。为了制备具有药理学活性的新型衍生物，将相应化合物进行生物转化的应用具有重要意义。两种酶，即南极假丝酵母类型 B（CALB）和洋葱假单胞菌自由型（PSL）或固定化型（PSLC）被选择作用于不同类型的 2′-脱氧核苷的两个羟基中的一个。这样，就有可能通过 CALB[10]在 5′端制备酰化化合物，而 PSL 被选择作用于第二个羟基[11]。乙烯基或者肟酯可以作为酰基的供体。图式 10-1 显示了不同肟酯应用于此过程的第一个例子。溶剂在此过程中扮演着重要角色，并且二氧杂环乙烷常常被用于这样的反应中。值得注意的是，在核糖核苷的例子中，用 PSL 是不可能在 2′或 3′位获得高立体选择性的，但是 CALB 却可以在5′位作用于第一个羟基来催化此过程。此外，最近一项用于解释 PSL 对次羟基反应基的反常的立体选择性的理论研究也被公布了[12]。

另一种应用是具有生理活性功能基团的引入，比如氨基甲酸盐，可以通过相应的碳酸盐而制备（图式 10-2）。对于起始碳酸盐的合成，采用类似的酶对 2-脱氧核苷的立体选择性酰化作用的策略：在此情况下，肟碳酸盐被用作烷氧羰基化试剂[13]。由于氨基甲酸盐可以在没有胺或氨的催化下获得较高得率的核苷氨基甲酸盐类似物，氨基甲酸盐的合成取代了相应的乙烯基碳酸盐衍生物的使用[14]。苯甲基碳酸盐（$R^1 = CH_2Ph$）被用作烷氧羰基化试剂时，这种酶法的烷氧羰基化作用在激活或保护羟基时可发挥重要功效。

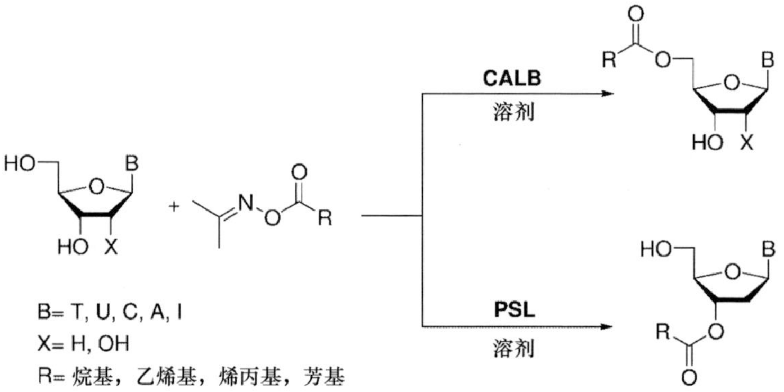

图式 10-1　2′-脱氧核苷区域选择性酰化

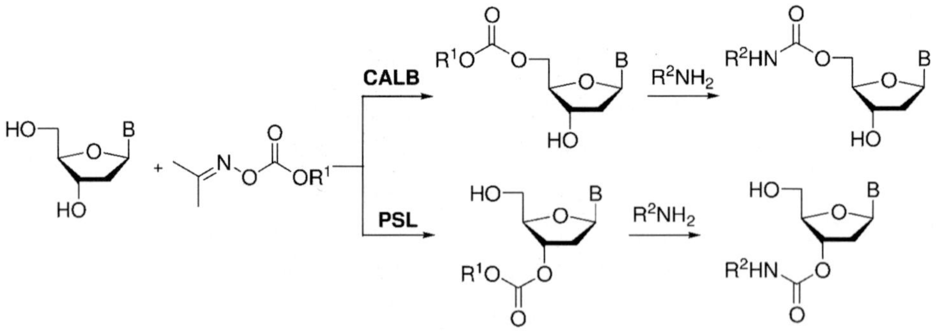

图式 10-2　2′-脱氧核苷氨基甲酸衍生物的区域选择性合成

此外，这种化学酶法可以生产出新型的氨基核苷，而通过单一的化学途径则很难制备出[15]。图式 10-3 显示了一些用于获得 3′-氨基-利多卡因核苷的化学酶法过程。其关键步骤是基于核苷的 5′端直接亲核取代其 3′端活性位点。这种方法适用于核糖核苷和 2′-脱氧核糖核苷,并且表现出将生物催化剂与化学催化剂结合以生产高附加值产品的功效。

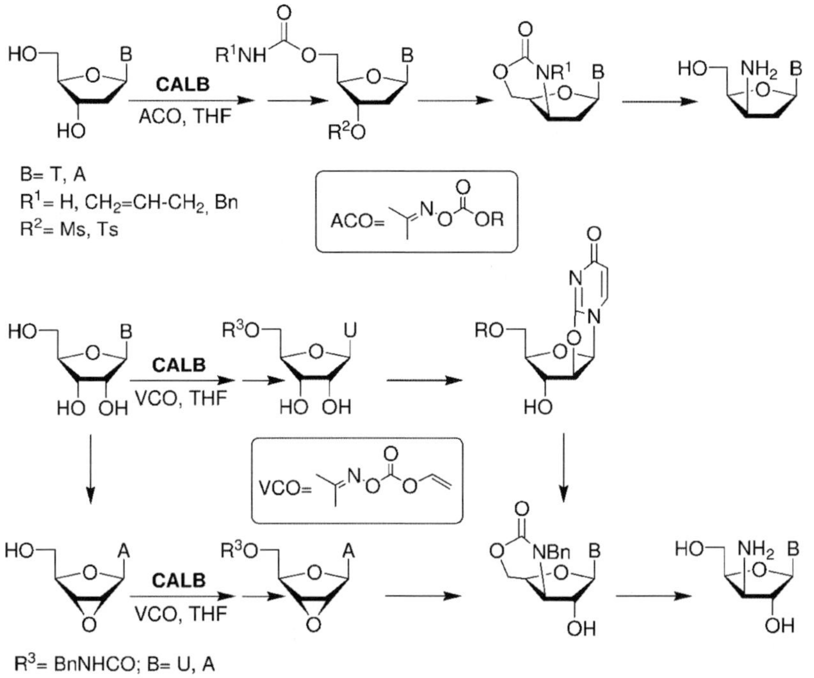

图式 10-3　化学酶法制备氨基低聚核苷衍生物

在有限可用的保护基团中,乙酰丙基被频繁地用于寡聚核苷酸合成中保护核苷的 3′或 5′-羟基端的溶剂相。合成 3′-氧-乙酰丙基核苷(2′-脱氧或 2′-氧被保护)的策略首先涉及用于生成 5′-氧-二甲氧基(5′-O-DMTr)衍生物的 5′-羟基的保护。5′-氧-二甲氧基在酸性媒介下被移除后,加入乙酰丙酸或乙酰丙酸酐及二环己基碳二亚胺(DCC)以满足 3′端受保护的核苷[16]。另一方面,相应非受保护的核苷与乙酰丙酸进行直接反应,接着通过柱层析分离 3′,5′-双酰化产物,并用二甲氧基氯处理残基以移除 3′-酰化化合物,并通过快速柱层析实现再一次的纯化,最终获得低得率的 5′-氧-乙酰丙基衍生物。一种简短的合成 3′和 5′-氧-乙酰丙基-2′-脱氧核苷[17]的方法如图式 10-4 所示。该法通过立体选择性酶解作用获得相应的 3′,5′-二氧-乙酰丙基衍生物,从而避免了一些单调的化学法保护或去保护步骤。南极假丝酵母脂肪酶 A(CALA)已被鉴定为用于空间位阻化合物[18]拆分的理想生物催化剂,并且某些情况下,较 CALB 表现出相反的立体选择性[19]。其次,对于 2′-脱氧核苷的立体选择性酰化作用,无论是 CALA 还是 CALB 都表现出相反的立体选择性。再者,这些化合物也可通过酶法的酰基化作用，采用相应的肟酯衍生物为酰基供体（图式 10-5），从天然核苷中制备。此过程的发生伴随着高立体选择性和很好的得率[20]。总之，酶法是一种合成 3′或 5′-氧-乙酰丙基保护的核苷有效的、立体选择的方法。因此，这些用于合成寡核苷酸溶剂相的关键构件是很容易获得高得率和高纯度的。

在某些情况下，乙烯酯类已被成功用于这些立体选择性过程（图式 10-6）。因此，CALB 用乙烯安息香酸盐作为酰基转移剂，在 2′-脱氧核苷的 5′-羟基端选择性催化单苯甲酰，并获得不错的得率[21]。在此情况下，丙酮肟安息香酸盐作为其他核苷的酰化剂的应用可以在低反应速率条件下获得适当的得率。过程的可测量性以及每批反应后可回收再用使得新过程很高效[22]，且具有诱人的工业应用的前景。

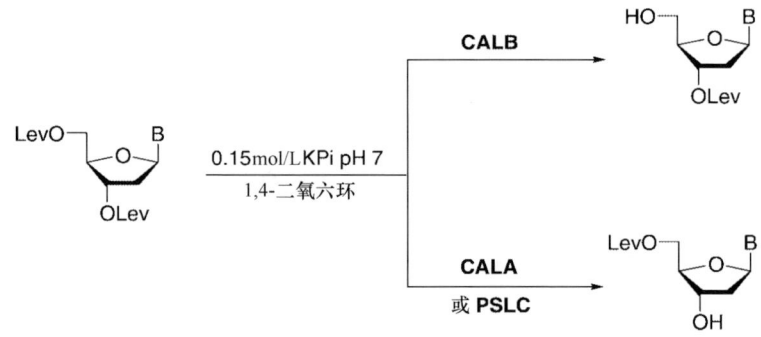

图式 10-4　酶法水解二叔-O-乙酰丙基核苷

总体上，合成 3′-氧-二甲氧基衍生物的方法已经在采用苯甲酰衍生物作为起始材料而进行。在 3′-羟基端引入二甲氧基基团是在 70℃ 条件下，在 5′-氧-苯甲酰-2′-脱氧核苷中加入溶于嘧啶中的二甲氧基氯而实现的。选择的这种高反应温度提供了一种更快的反应速率和更好的总得率。然后，在 0℃ 下加入溶于甲醇中的甲醇钠去移除 5′-氧-苯甲酰基[23]。在这些条件下，3′-氧-二甲氧基-胸腺嘧啶核苷通过层析分离，同时得率可达到 90%（图式 10-7）。

但是，在相类似的反应条件下，N-苯甲酰-胞嘧啶衍生物却得到的是 N-苯甲酰-3′-氧-二甲氧基-脱氧胞嘧啶和它相应的 N 端非受保护核苷的混合物。然而，这种限制通过使用对应的乙酰丙基衍生物可被避免，因为受保护的基团很容易通过肼而被移除（图式 10-8）。

有报道称，在某些情况下，相比于未修饰的类似物，核苷衍生物中糖组分的一个羟基的酰基化后可以提高其生物活性[24]。一些氧-巴豆酰基 2′-脱氧核苷衍生物的立体选择性合成已经通过生物催化的方法有效获得。CALB 可制备 5′-氧-酰基化化合物，而 PSLC 可制备 3′-氧-巴豆酰基化类似物[25]。由于副异构化作用的存在，传统的化学方法不适合，而一些脂肪酶的混合使用可用于有效实现双酰化核苷的合成（图式 10-9）。

氨基核苷具有让人感兴趣的生理特性。氨基核苷可提供有趣的生理特性。这类化合物的新类似物的合成途径也已经被报道[26]。一种修饰了的用于制备 3′，5′-二氨基-3″，5′-三脱氧嘧啶的途径如图式 10-10 所示。这个反应经过四个步骤后总得率为 63%，且是对早期描述的反应过程的一种改进[27]。

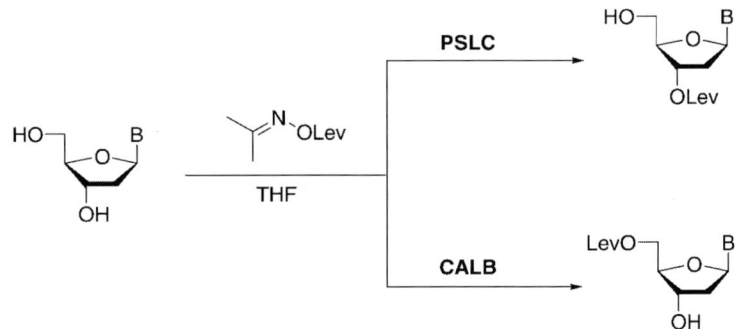

图式 10-5 酶酰化制备单乙酰丙基 2′-脱氧核苷

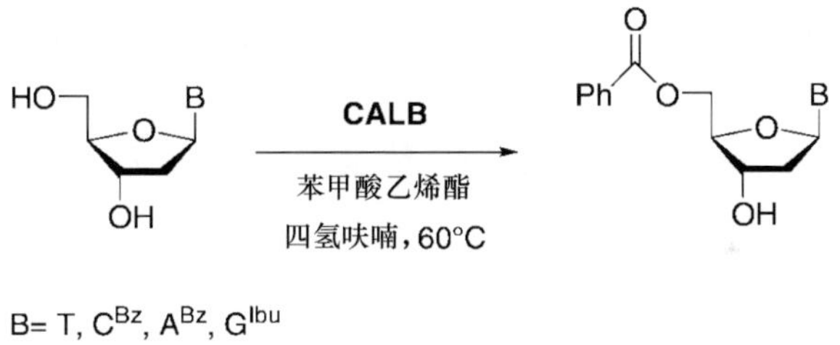

图式 10-6 5′-苯甲酰-2′-脱氧核苷的合成

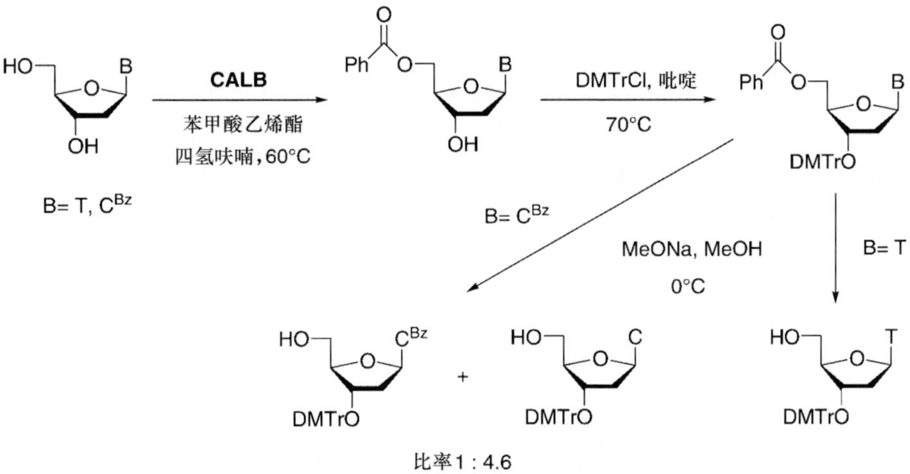

图式 10-7 3′-O-DMTr 2′-脱氧核苷的合成

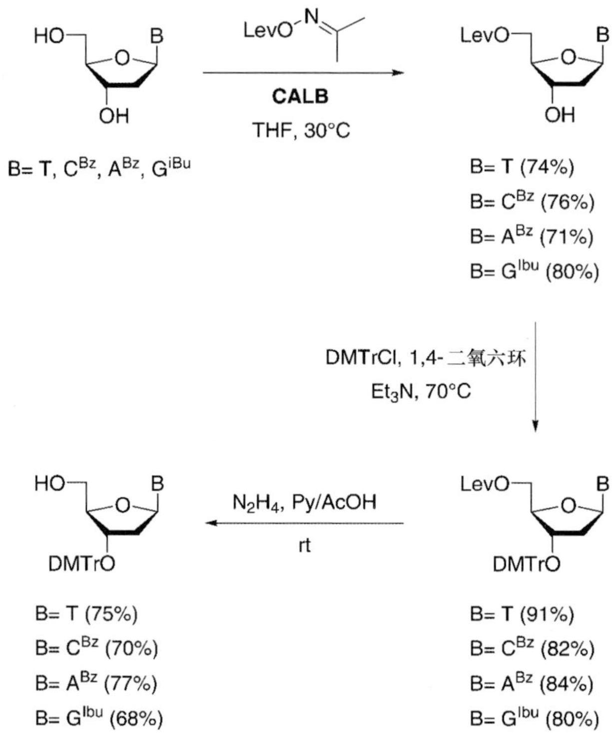

图式 10-8 从 5′-O-乙酰丙基衍生物中合成 3′-O-DMTr 衍生物

此外，嘧啶 3′,5′-二氨基核苷衍生物的立体选择性酶法酰化是依靠加入反应过程中的生物催化剂实现的[28]。N-5′-酰化产物采用 CALB 作为催化剂来获得，而 PSLC 却被选择性地指向 N-3′端位置[29]。分子模型研究的发展正是为了解释 CALB 在这些酶过程中的表现。另一方面，胺的烷氧羰基化可生产重要的医药化学中间体氨基甲酸盐，由于穿过细胞膜时具有更好的渗透性，其具有对身心健康的功效。此外，这些过程也允许氨基的保护在温和的条件下进行。首要氨基的第一个特意选择性酶法烷氧羰基化反应是采用 CALB 并利用嘧啶 3′,5′-二氨基核苷获得的，并且非活性同源碳酸盐类可合成一些中度到高得率的 N-5′-氨基甲酸酯类（图式 10-11）[30]。

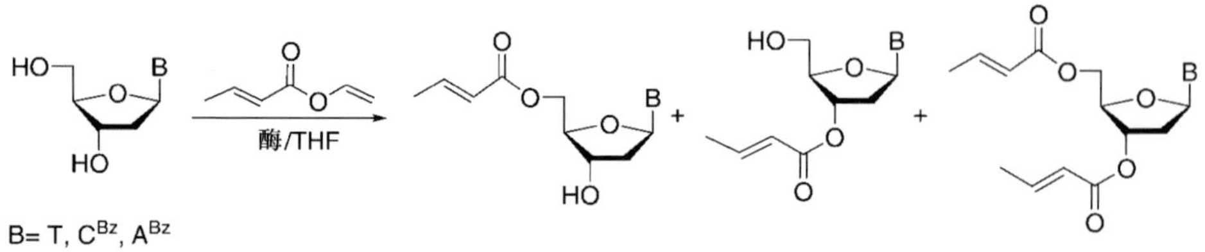

图式 10-9　氧-巴豆酰基 2′-脱氧核苷的合成

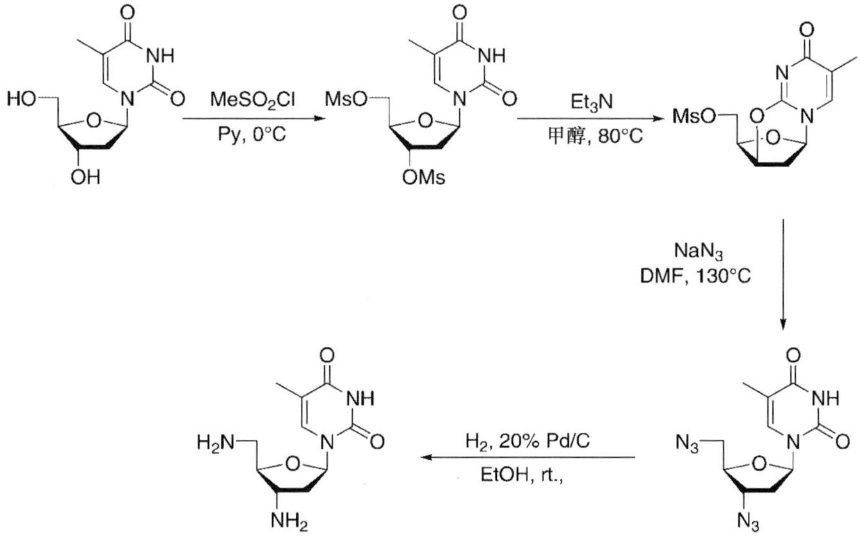

图式 10-10 3′,5′-二氨基-3′,5′-三脱氧胸苷的化学合成

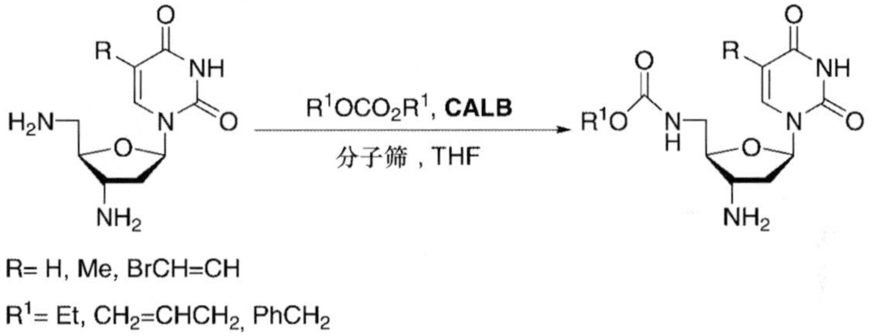

图式 10-11 3′,5′-二氨核苷的酶法烷氧基羰基化

10.3 拆分和异头碳的分离

并联动力学拆分（PKR）是以外消旋混合物为起始反应物，并以此在相同反应速率下[31]制备两种不同化合物的反应过程，目前已被应用于 β-D/L-脱氧核苷混合物的分离。尽管已有酶酰化作用和酶水解作用，但是 β-L-3′-氧-乙酰丙基-2′-脱氧核苷和 β-L-5′-氧-乙酰丙基-2′-脱氧核苷的合成的实例已经第一个[32]被描述。很明显，PSL 在对 D/L 核苷酰化作用中的各种不同表现，也表明 D/L 核苷混合物可用并联动力学拆分。图式 10-12 显示了通过酰化反应得到的 1∶1 比例的 D/L 核苷混合物通过 PKR 反应而轻易实现分离的化合物。在核苷酸领域，这种方法在科学研究和工业应用上均具有巨大的潜力。

此外，运用类似的策略也可对 α/β－异头物的混合物进行分离。因此，一种用于合成和分离3′和（或）5′受保护的 α－2′－脱氧核苷的有效且高得率的草案已经通过酶催化[33]的立体选择性酰化/去酰化过程而得到发展。PSLC 被发现对 β－2′－脱氧核苷衍生物的3′端具有高度化学选择性和立体选择性，然而同样的脂肪酶却对相应的 α－异头物的5′端表现出相反的立体选择性（图式10－13）。酰化改性后的异头物的不同的 R_f 值使其分离很容易。

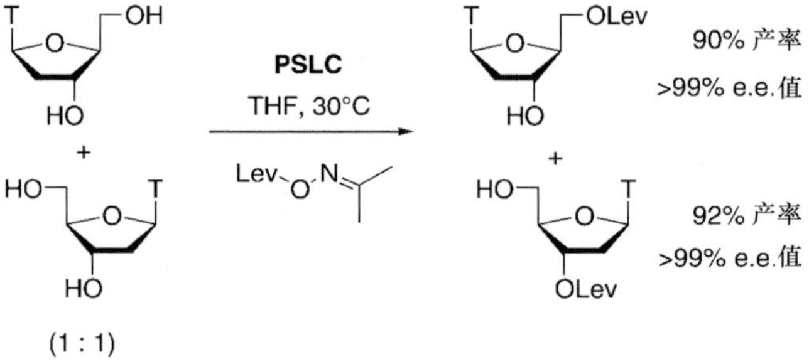
PSLC
THF, 30°C
(1 : 1)
90% 产率
>99% e.e.值
92% 产率
>99% e.e.值

图式 10－12　酶法分离 D/L－胸苷外消旋混合物

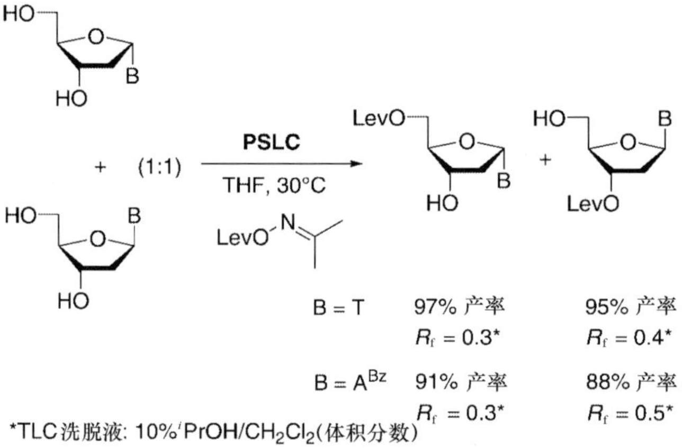
PSLC
THF, 30°C
(1:1)
B = T　97% 产率　R_f = 0.3*　95% 产率　R_f = 0.4*
B = A^Bz　91% 产率　R_f = 0.3*　88% 产率　R_f = 0.5*
*TLC洗脱液: 10% iPrOH/CH2Cl2(体积分数)

图式 10－13　酶法分离 α/β－异头物混合物

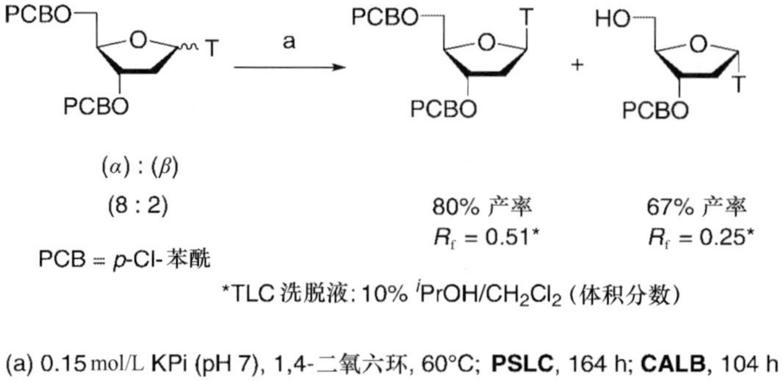
(α) : (β)
(8 : 2)
80% 产率　R_f = 0.51*
67% 产率　R_f = 0.25*
PCB = p-Cl-苯酰
*TLC洗脱液: 10% iPrOH/CH2Cl2 (体积分数)
(a) 0.15 mol/L KPi (pH 7), 1,4-二氧六环, 60°C; PSLC, 164 h; CALB, 104 h

图式 10－14　α/β－异头物混合物中合成 β－胸苷

一个实际的例子——商业规模合成的 β - 胸腺嘧啶脱氧核苷得到的母液中的 α/β - 异头物的分离，如图式 10 - 14 所示。PSLC 被用作生物催化剂是因为这种脂肪酶已经对 α/β - 核苷表现出我们所希望的相反的立体选择性水解作用。这种水解反应对 α - 异头物的 5′ - 对氯代苯甲酸基团有极好的选择性，生成 3′ - 氧 - (对氯苯基) - α - D - 胸腺嘧啶脱氧核苷作为高级产物，其中没有发现完全水解的 α - 胸腺嘧啶脱氧核苷。尽管反应时间很长，但是 β - 异头物可不经修饰而重新获得。通过层析后，纯的 α - 核苷被分离，得率为 67%。接下来，CALB 参与的水解反应因两个原因被尝试：第一，用以表明 CALB 可被循环使用几次，以减少生产过程的总体耗费；第二，CALB 以其合理的价格而具有商业应用的可能性[33]。在类似的条件下发现，CALB 参与的产物混合物的水解反应要快于 PSLC 参与的反应，并且可以得到相同的产物。完成从初始原料到产物的转化，CALB 需要 104h，而 PSLC 却需要 164h。利用 CALB 参与的更快速反应有望减少水解过程的总体反应周期，且有助于实现更低消耗的目标。层析分离之后，通过常规的产物的碱基 - 催化水解反应获得极好得率的 β - 胸腺嘧啶脱氧核苷和 α - 胸腺嘧啶脱氧核苷。

10.4 含碱基修饰的生物转化

由于经碱基修饰后的核苷的重要性，应用于碱基修饰后得到的衍生物的合成的新型生物催化过程的发展引起人们很大的兴趣。腺苷脱氨基酶（ADA）和腺苷酸脱氨基酶（AMPDA）是催化嘌呤核苷和核苷酸的水解 - 脱氨基作用的生物催化剂。在过去的几年里，用于制备和转变具有潜在抗癌抗菌素及抗病毒活性的核苷结构相关化合物的脱氨基酶的一些应用也已经有报道了[8]。ADA 和 AMPDA 是涉及在嘌呤环中的酶，并且它们催化嘌呤核苷和嘌呤核苷酸的水解 - 脱氨基反应。由于这些生物催化剂表现出宽泛的底物特异性，并且它们可被拓展到碳环核苷及酰化核苷[34]，因此在最近几年里，它们已经在生物催化领域表现出巨大的功效。图式 10 - 15 所示的为这些酶参与的一般过程。

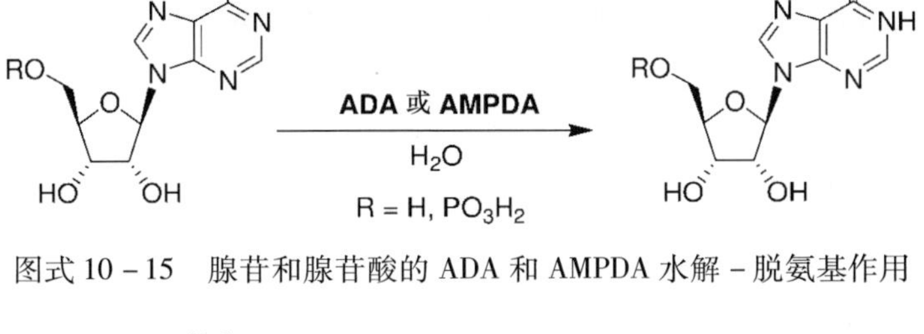

图式 10 - 15　腺苷和腺苷酸的 ADA 和 AMPDA 水解 - 脱氨基作用

尽管反应速率很低[35]，但是 ADA 能够转化 6 位被取代的嘌呤核苷，包括卤素、甲氧基或羟氨基。此外,糖组分5′端的羟基的影响是显著的。因此,之前证明了5′-氧-受保护的或5′-脱氧-5′-取代的核苷不是这种酶的适当底物[36]。然而,2′和3′端受保护的核苷,如相应的2′,3′-异亚丙基腺嘌呤核苷[37],当5′羟基或5′氨基在核苷中存在时,是适当的底物,但是后者发生反应更困难些。当脱氨基酶与化学催化剂结合时,其对其他核苷衍生物的转化具有实用功效。一个有趣的例子是以2′-脱氧腺苷起始物合成2′,3′-双脱氧肌苷的过程。该过程的发生是通过两个生物催化反应的结合及常规的多级化学反应过程而实现的。首先,两个酶反应过程发生(图式10-17)。再者,相比于其他的脂肪酶[38],CALB是在5′端获得立体选择性酰基化的最有效的催化剂。非受保护的3′-羟基的脱氧作用是通过相应的苯基硫代碳酸盐的形成及与三丁基锡氢化物的进一步反应而获得的。该化学过程被频繁用于不同类型核苷的脱氧作用[39]。

此外,ADA也已经被用于一些从6-氨基嘌呤获得的核苷类似物的拆分[40]。该策略已被成功用于(±)-卡波佛的拆分。在不同条件下,非修饰的(+)-氨基化合物的转化可实现(+)-卡波佛的制备,而相比于其左旋对映异构体,(+)-卡波佛是较低活性的HSV-1抑制剂(图式10-18)[41]。

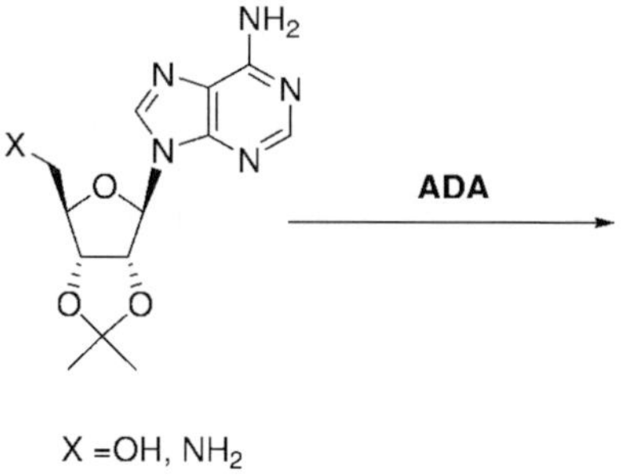

图式10-16 2′,3′-异亚丙基衍生物的脱氨基作用

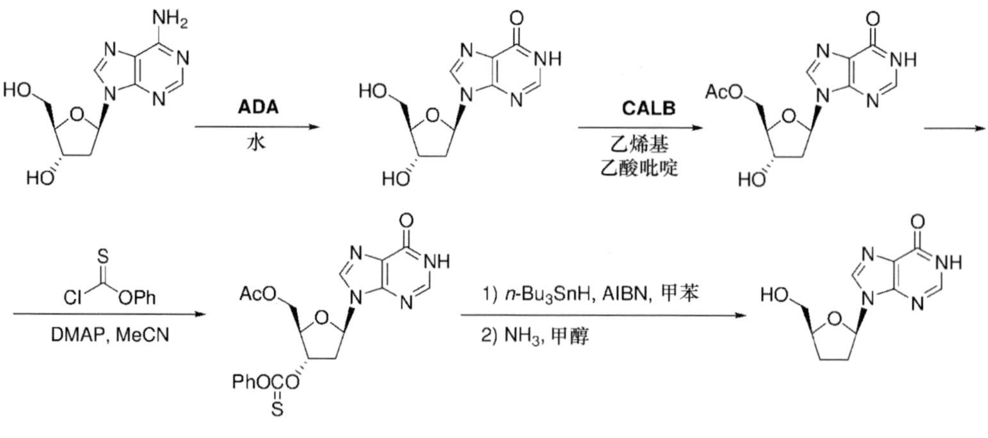

图式10-17 多级反应合成2′,3′-双脱氧肌苷

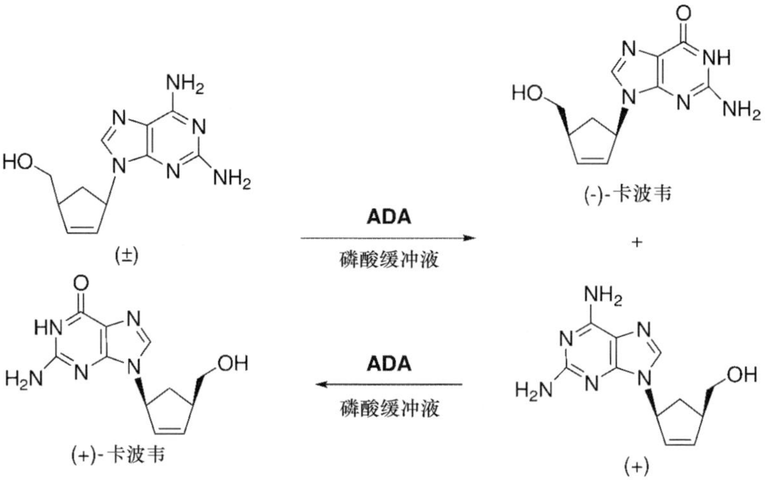

图式 10-18　(±)-卡波韦酶法拆分

10.5　核苷合成的转糖苷作用

本节讨论一些通过转糖苷反应实现碱基交换以制备核苷类似物的例子。在这些过程中，经常用到两种不同类型的作用于分子内的酶：核苷磷酸化酶和 $N-2'$-脱氧核糖转移酶。核苷磷酸化酶催化核苷的可逆磷酸解作用，转移酶的反应涉及嘌呤和嘧啶碱基[42]。图式 10-19 显示了这些过程的一般合成策略。但是，核苷磷酸化酶表现出宽泛的底物特异性，而 $N-2'$-脱氧核糖转移酶却特异性催化 $2'$-脱氧核糖核苷并用其他的嘌呤或嘧啶实现碱基的交换[43]。已经提出通过碱基交换实现 $2'$-脱氧核糖核苷的合成的反应涉及两种不同的机理的假设。其中之一涉及一个糖苷酶的共价催化类似物，其中戊二酸单酰或者天冬氨酸残基涉及这个催化反应[44]。其他的可能性涉及两种不同的酶：胸腺嘧啶核苷磷酸化酶和嘌呤核苷磷酸化酶[45]。目前已经证实了通过嘌呤-嘧啶或嘧啶-嘌呤的碱基交换实现不同核苷类似物的制备[46]。图式 10-20 描述了用全细胞作为生物催化剂所参与反应的广泛用途。在这种情况下，大肠杆菌表现出制备不同核苷类似物的广泛用途[47]。

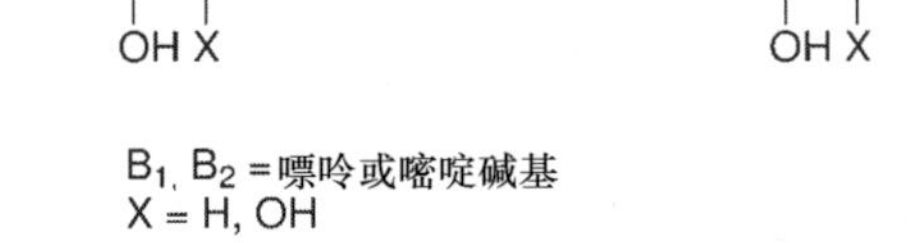

B_1, B_2 = 嘌呤或嘧啶碱基
X = H, OH

图式 10-19　核苷磷酸化酶合成核苷类似物

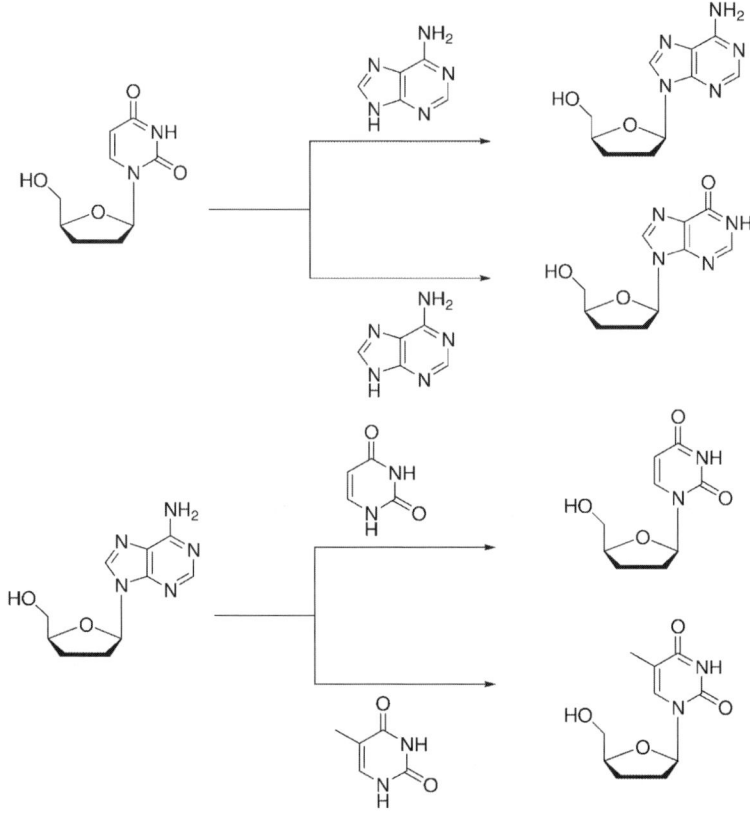

图式 10-20　大肠杆菌合成核苷类似物

在某些情况下，两种生物催化剂多级反应的结合可以以间接的方式实现某些化合物的制备或增加它们的得率。因此，图式 10-21 显示了含有一个次黄嘌呤碱基的核苷类似物的合成。通过核苷磷酸化酶和腺嘌呤脱氨酶的结合以两步的方式发生反应并获得高得率的最终类似物。然而，由于这类碱基的低溶解性，用次黄嘌呤对此化合物的直接制备只有很低的得率[48]。

图式 10-21　多级反应合成核苷类似物

10.6 结论

温和条件下进行酶促反应的可能性以及它们的高立体选择性使得生物催化反应在完成某些化学法很难完成的转化时具有极大的吸引力。本章描述了三种不同类型的应用于选择性转化核苷生成新的类似物的酶的用途，并很好地证实了脂肪酶是有机化学中最广泛应用的催化剂，尤其是在外消旋混合物的拆分方面。本章也报道了用于立体选择性保护或激活脱氧核苷中的羟基的脂肪酶的多功能性过程。其次，近些年来在 D/L 混合物的拆分及异头物的分离中一些应用也已经出现，并且由于脂肪酶可以在温和条件下进行分离，这些过程具有很大的工业应用的可能性。再者，在最后几年里，出现了两种类型的酶：脱氨基酶转化替代 6-嘌呤核苷生成相应的 6-氧类似物，糖基转移酶通过转糖基反应发生碱基置换以制备核苷类似物。它们作为有效的催化剂，被用于新型具有生理作用的衍生物的合成。

参考文献

1 Gotor-Fernández, V. and Gotor, V. (2007) Use of lipases in organic synthesis, in *Industrial Enzymes: Structure, Function and Application* (eds J. Polaina and A. P. MacCabe), Springer, Dordrech, The Netherland, Chapter 18.

2 Gotor, V. (2002) *Organic Process Research & Development*, 6, 420–426.

3 Wong, C.-H. (1995) *Pure and Applied Chemistry*, 67, 1609–1616.

4 (a) Ferrero, M. and Gotor, V. (2000) *Monatshefte für Chemie*, 131, 585–618.
(b) Ferrero, M. and Gotor, V. (2000) *Chemical Reviews*, 100, 4319–4348.

5 Ferrero, M. and Gotor, V. (2000) Biocatalytic synthesis of steroids, in *Stereoselective Biocatalysis* (ed. R. N. Patel), Marcel Dekker, New York, USA, Chapter 11.

6 (a) Gumina, G., Chong, Y., Choo, H., Song, G.-Y. and Chu, C. K. (2002) *Current Topics in Medicinal Chemistry*, 2, 1065–1086.
(b) Sommadossi, J.-P. (2002) *Recent Advances in Nucleosides* (ed. C. K. Chu), Elsevier, Amsterdam, pp. 417–432.
(c) Lee, K. and Chu, C. K. (2001) *Antimicrobial Agents and Chemotherapy*, 45, 138–144.
(d) Standing, D. N., Bridges, E. G., Placidi, L., Faraj, A., Loi, A. G., Pierra, C., Dukhan, D., Gosselin, G., Imbach, J.-L., Hernández, B., Juodawlkis, A., Tennant, B., Korba, B., Cote, P., Cretton-Scott, E., Schinazi, R. F., Myers, M., Bryant, M. L. and Sommadossi, J.-P. (2001) *Antiviral Chemistry & Chemotherapy*, 12, 119–129.
(e) Gumina, G., Song, G.-Y. and Chu, C. K. (2001) *FEMS Microbiology Letters*, 202, 9–15.

7 Lavandera, I., García, J., Fernández, S., Ferrero, M., Gotor, V. and Sanghvi, Y. (2005) Current protocols in nucleic acid

chemistry, in *Protection of Nucleosides for Oligonucleotide Synthesis*, John Wiley &Sons, Ltd,2. 11. 1 – 2. 11. 36.

8 Santaniello,E. ,Ciuffeda,P. and Alessandrini,L. (2007)Deaminating enzymes of the purine cycle as biocatalysts for chemoenzymatic synthesis and transformations of antiviral agents structurally related to purine nucleosides,in *Biocatalysis in the Pharmaceutical and Biotechnology Industries* (ed. R. Patel) ,CRC Press,Chapter 17.

9 Cordezo, L. A. , Fernández – Lucas, J. , García Burgos, C. A. , Alcantara, A. R. and Sinisterra,J. V. (2007)Enzymatic synthesis of modified nucleosides in biocatalysis, in *The Pharmaceutical and Biotechnology Industries* (ed. R. Patel) ,CRC Press,Chapter 14.

10 Morís, F. and Gotor, V. (1993) *Journal of Organic Chemistry*,58,653 – 660.

11 Morís, F. and Gotor, V. (1992) *Synthesis*,7, 626 – 628.

12 Lavandera, I. , Fernández, S. , Magdalena, J. , Ferrero, M. , Grewal, H. , Savile, C. K. , Kazlauskas, R. J. and Gotor, V. (2006) *ChemBioChem*,7,693 – 698.

13 (a) Morís, F. and Gotor, V. (1992) *Journal of Organic Chemistry*,57,2490 – 2492.
(b) Morís, F. and Gotor, V. (1992) *Tetrahedron*,48,9869 – 9876.

14 (a) García – Allés,L. ,Morís,F. and Gotor,V. (1993)*Tetrahedron Letters*,34,6337 – 6338.
(b) García – Allés, L. and Gotor, V. (1995) *Tetrahedron*,51,307 – 316.

15 García – Allés, L. , Magdalena, J. and Gotor, V. (1996) *Journal of Organic Chemistry*,61,6980 – 6986.

16 (a) Reese, C. B. and Song, Q. (1999) *Nucleic Acids Research*,27,963 – 971.
(b) Reese, C. B. and Song, Q. (1999) *Journal of the Chemical Society – Perkin Transactions*,1,1477 – 1486.

17 García, J. , Fernández, S. , Ferrero, M. , Sanghvi,Y. S. and Gotor,V. (2002) *Journal of Organic Chemistry*,67,4513 – 4519.

18 Domínguez de María, P. , Carboni -Oerlemans, C. , Tuin, B. , Bargeman, G. , Van de Meer, A. and Van Gemert, R. (2005) *Journal of Molecular Catalysis B:Enzymatic*,37,36 – 46.

19 de Gonzalo, G. , Brieva, R. , Sánchez, V. M. , Bayod, M. and Gotor, V. (2001) *Journal of Organic Chemistry*,66,8947 – 8953.

20 García, J. , Fernández, S. , Ferrero, M. , Sanghvi, Y. S. and Gotor, V. (2003) *Tetrahedron: Asymmetry*,14,3533 – 3540.

21 García, J. , Fernández, S. , Ferrero, M. , Sanghvi, Y. S. and Gotor, V. (2004) *Tetrahedron Letters*,45,1709 – 1712.

22 Trost, B. M. (2002) *Accounts of Chemical Research*,35,695 – 705.

23 Díaz-Rodríguez, A. , Fernández, S. , Sanghvi, Y. S. , Ferrero, M. and Gotor, V. (2006) *Organic Process Research & Development*, 10,581 – 587.

24 (a) Hamamura,E. K. ,Prystasz,M. ,Verheyden, J. P. H. , Moffat, J. G. , Yamaguchi, K. , Uchida, N. ,Sato,K. ,Nomura, A. ,Shiratori,O. ,Takese, S. and Katagiri,K. (1976) *Journal of Medicinal Chemistry*,19,654 – 662.
(b) Hamamura,E. K. ,Prystasz,M. ,Verheyden, J. P. H. , Moffat, J. G. , Yamaguchi, K. , Uchida, N. ,Sato,K. ,Nomura, A. ,Shiratori,O. ,Takese, S. and Katagiri,K. (1976) *Journal of Medicinal Chemistry*,19,667 – 674.

25 Díaz-Rodríguez,A. ,Lavandera,I. ,Fernández, S. , Sanghvi, Y. S. , Ferrero, M. and Gotor, V. (2005)*Tetrahedron Letters*,46,5835 – 5838.

26 Herdewijn, P. , Balzarini, J. , Pauwels, R. , Janssen, G. , Van Aerschot, A. and De Clercq, E. (1989) *Nucleosides Nucleotides*, 8,1231 – 1257.

27 Lavandera, I. , Fernández, S. , Ferrero,

M. and Gotor, V. (2003) *Tetrahedron*, 59, 5449 – 5456.

28 Lavandera, I., Fernández, S., Ferrero, M. and Gotor, V. (2001) *Journal of Organic Chemistry*, 66, 4079 – 4082.

29 Lavandera, I., Fernández, S., Magdalena, J., Ferrero, M., Kazlauskas, R. J. and Gotor, V. (2005) *ChemBioChem*, 6, 1381 – 1390.

30 Lavandera, I., Fernández, S., Ferrero, M. and Gotor, V. (2004) *Journal of Organic Chemistry*, 69, 1748 – 1751.

31 Dehli, J. R. and Gotor, V. (2002) *Chemical Society Reviews*, 31, 365 – 370.

32 García, J., Fernández, S., Ferrero, M., Sanghvi, Y. S. and Gotor, V. (2004) *Organic Letters*, 6, 3759 – 3762.

33 García, J., Fernández, S., Ferrero, M., Sanghvi, Y. S. and Gotor, V. (2006) *Journal of Organic Chemistry*, 71, 9765 – 9771.

34 Santaniello, E., Ciuffreda, P. and Alessandrini, L. (2005) *Synthesis*, 4, 509 – 526.

35 Magire, M. -H. and Sim, M. K. (1971) *European Journal of Biochemistry*, 23, 22 – 29.

36 Cory, J. G. and Suhadolnik, R. J. (1965) *Biochemistry*, 4, 1729 – 1732.

37 Ciuffreda, P., Loseto, A. and Santaniello, E. (2002) *Tetrahedron*, 58, 5767 – 5771.

38 Ciuffreda, P., Casati, S. and Santaniello, E. (1999) *Bioorganic and Medicinal Chemistry Letters*, 9, 1577 – 1582.

39 Robins, M. J., Wilson, J. S. and Hansske, F. (1983) *Journal of the American Chemical Society*, 105, 4059 – 4065.

40 Moon, H. R., Ford, H. and Marquez, V. E. (2000) *Organic Letters*, 2, 3793 – 3796.

41 Vince, R. and Brownell, J. (1990) *Biochemical and Biophysical Research Communications*, 168, 912 – 916.

42 Pal, S. and Nair, V. (1997) *Biocatalysis and Biotransformation*, 15, 147 – 158.

43 Short, S. A., Amnstrong, S. R., Ealick, S. E. and Porter, D. J. (1996) *Journal of Biological Chemistry*, 271, 4978 – 4987.

44 Danzin, C. and Cardinaud, R. (1976) *European Journal of Biochemistry*, 62, 365 – 372.

45 Walter, M. R., Cook, W. J., Cole, L. B., Short, S. A., Koszalka, G. W., Krenitsky, T. A. and Ealick, S. E. (1990) *Journal of Biological Chemistry*, 265, 14016 – 14022.

46 Hene, W. J. and Wong, C. H. (1989) *Journal of Organic Chemistry*, 54, 4692 – 4695.

47 Shirae, H., Kobayashi, K., Shiragami, H., Irie, Y., Yasuda, N. and Yokozeki, K. (1989) *Applied and Environmental Microbiology*, 55, 419 – 424.

48 Yokozeki, K. and Tsuji, T. (2000) *Journal of Molecular Catalysis B: Enzymatic*, 10, 207 – 213.

11 一种棘孢曲霉果糖基转移酶在低聚果糖合成中的应用

Francisco J. Plou, Miguel Alcalde, Iraj Ghazi, Lucía Fernández-Arrojo, Antonio Ballesteros

11.1 引言

糖基转移酶（EC 2.4）能够催化从糖基供体转移糖基到糖基受体分子从而形成一个新的糖苷键，具有高的区域和（或）立体选择性[1,2]。糖基转移酶按照其糖基供体本身的性质主要分为三类：洛伊尔型糖基转移酶——这类酶需要糖核苷酸（如 UDP-糖基转移酶类）、非洛伊尔型糖基转移酶——利用 1-磷酸糖（如磷酸化酶）和转糖苷酶，这类酶能够利用非活性糖如蔗糖、乳糖、淀粉[3]。转糖苷酶和保留糖苷酶机理一样能完全保留其立体异头构型[4]。根据亨利萨特分类法[5]，这种分类法基于氨基酸序列对 2500 多种酶进行了比对和分类，转糖苷酶和糖苷酶（EC 3.2）都被划分到糖水解酶家族。尽管转糖苷酶的一般作用是从糖基供体转移一分子糖基残基到糖基受体（转移反应），它们也能利用水作为糖基-酶中间体的受体（水解反应），只有当一种酶的转糖基作用显著于水解作用时才被认为是转糖苷酶[6]。

果糖苷转移酶是一种转糖苷酶，它转移蔗糖的果糖基残基形成果糖低聚物（低聚果糖，FOS）和（或）聚合物（果聚糖，如菊粉或果聚糖）[7]。在多种高等植物（芦笋、洋姜、菊苣、洋葱等）和微生物（尤其是真菌[8~10]）中都发现了具有转糖苷作用的酶，根据亨利萨特分类法，这些酶归属于糖水解酶家族的 32 号和 68 号子家族[5]。准确区分一种特定的低聚果糖生产酶和糖基转移酶（EC 2.4.1.9）或 β-呋喃果糖苷酶（转化酶，EC 3.2.1.26）依然存在争议，应该基于它的转移和水解酶活性比率，尤其是在低底物浓度下[11]。

低聚果糖是一种末端有一个葡萄糖基团的果糖低聚物，在这个基团中有 2~4 个通过 $\beta(2 \to 1)$-糖苷键连接的呋喃果糖基残基[7,12]。商品化的低聚果糖主要有 1-蔗果三糖、蔗果四糖、1^F-果呋喃基耐斯糖（图式 11-1）[13]组成。它们是曲霉属和相关真菌（黑曲霉、米曲霉、出芽短梗霉等）的转糖基化酶类，利用蔗糖作为底物大规模生产得来[7-10,14]。新的具有更好性质的低聚果糖也非常有趣。在这个背景下，^{6}G-型低聚果糖（又称新-低聚果糖）主要由新-蔗果三糖（新-GF2）和新-蔗果四糖（新-GF3）组成，分别是由一分子的果糖基单元通过 β（2→6）键连接到蔗糖或1-蔗果三糖的葡萄糖残基上形成[15,16]。^{6}F-型低聚果糖（^{6}F-低聚果糖）在多种食品中被发现：它们是通过直链或支链 β-（2,6）相连而形成的低聚果糖（前者是6-蔗果三糖）[17,18]。目前，利用源自西方许旺酵母的 β-呋喃果糖苷酶特异性酶反应合成^{6}F-型低聚果糖已有报道[19]。低聚果糖是非-致龋的，其中40%~60%由蔗糖组成，更重要的是，其具有益生素的性质。

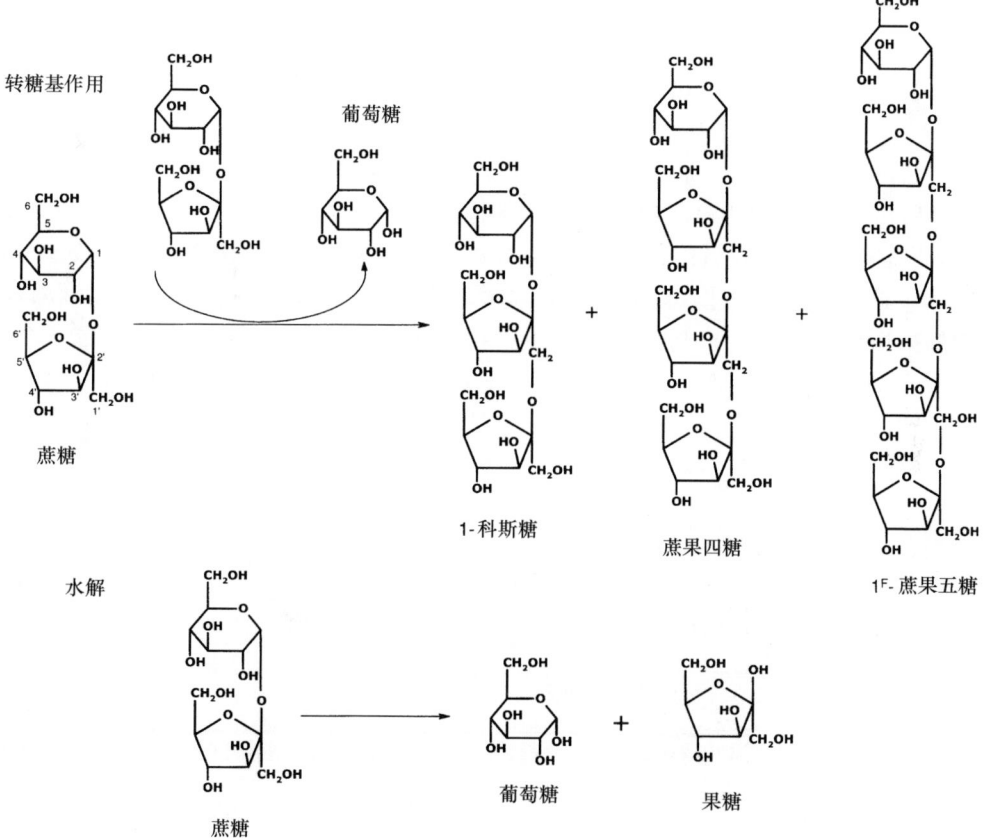

图式11-1 源自棘孢曲霉的果糖基转移酶催化的果糖基转移反应和水解反应

作为功能性食品，益生元是一种不可消化的食品成分，这种成分能有效地促进宿主的生长和（或）刺激其结肠内特定细菌的活性（主要是双歧杆菌属和乳杆菌属)[20,21]。益生元对人体的健康有积极的作用，如这些细菌通过代谢能释放不同的对人体健康有益的短链脂肪酸（醋酸盐、丙酸盐、丁酸盐）和 L‑乳酸盐[22,23]。这些物质能有效地抑制腐败病原体细菌，从而能有效地预防结肠直肠癌和肠感染疾病，且能提高基本矿物物质的生物利用度，或者能促进糖类和脂类的代谢[24,25]。除了低聚果糖[26]和低聚半乳糖（GOS）在美国和欧洲已经商品化外，日本也开发了一些新兴的益生元（低聚异麦芽糖、大豆低聚糖、乳果糖、龙胆低聚糖和低聚木糖等），市场将很快扩大[28]。

Pectinex Ultra SP‑L 是一种已经商品化的酶制剂，来源于棘孢曲霉（*Aspergillus aculeatus*），应用于食品工业，主要用来降低果汁的黏度。它含有多种果胶酶和纤维素酶[29]。另外，一些学者也发现 Pectinex Ultra SP‑L 具有果糖基转移酶酶活性[30-32]。近年来，我们研究了这种来源于棘孢曲霉的商品化酶制剂中果糖基转移酶的纯化、特性描述和应用[33]。

11.2　Pectinex Ultra SP‑L 中果糖基转移酶的纯化

Pectinex Ultra SP‑L 中果糖基转移酶通过 DEAE‑Sepharose、Mono‑Q HR 5/5 和 Sephacryl S‑100 柱结合的方法进行纯化[33]。发现在这种酶制剂中，果糖基转移酶是一中次要蛋白，仅占总蛋白含量的 0.4%（质量分数）。较之 Pectinex 粗酶，这种酶被纯化了 107 倍，回收酶活性约 37%。被纯化的酶先通过聚丙烯酰胺凝胶电泳（SDS‑PAGE），然后影印到聚偏二氟乙烯（PVDF）膜上，然后通过自动测序仪分析 N‑末端氨基酸。对肽链的前 20 个氨基酸序列进行了确认并与 BLASTP（http：//expasy.org/tools/blast）上已知蛋白质序列进行了比对。比对结果见表 11‑1。这种酶的氨基酸序列与源自黑曲霉（*A. niger*）ATCC（美国典型菌种保藏中心）20611 的 β‑呋喃果糖苷酶[34]和源自黑曲霉 B60[35]的转化酶的 N‑末端具有很高的同源性。

从变性和非变性聚丙烯酰胺凝胶电泳上相对电泳迁移率分析其二聚体结构是由两个约为 65 ku 的单体组成的（图 11‑1）。

表 11‑1　源自棘孢曲霉和黑曲霉的果糖基转移酶和转化酶的 N‑末端氨基酸序列比对

酶		N‑末端	
棘孢曲霉果糖基转移酶	1	LDTTAPPXFXLSTLPXXXLF	20
黑曲霉 ATCC20611 果糖基转移酶	3	LDTTAPPPTNLSTLPNNTLF	22
黑曲霉 B60 的转化酶	6	DYNVAPP‑NLSTLPNGSLF	23

这一点通过 Sephacryl S‑100 上对标准蛋白进行的凝胶过滤层析加以确认。从 Pectinex Ultra SP‑L 中纯化出来的果糖基转移酶是一种糖蛋白。糖基化程度

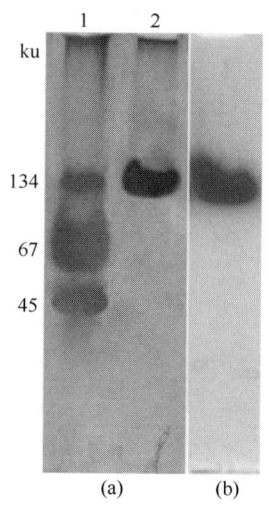

图 11-1 经纯化的果糖基转移酶天然聚丙烯酰胺凝胶 (5%) 电泳

(a) 泳道 1,标准分子质量样品 (45ku 卵清蛋白、67ku 牛血清白蛋白、134ku 牛血清白蛋白二聚体);泳道 2,纯果糖基转移酶 (b) 纯果糖基转移酶

通过比较其单体和用肽-N-糖基化酶 F (PNGase F) (52 ku,SDS-PAGE 估值) 去糖基化后的相对分子质量计算得出。通过糖基化程度发现,这种酶含有大约 20% (质量分数) 的碳水化合物。通过其变性后在 4% 聚丙烯酰胺凝胶电泳的相对迁移率,估计这种酶的等电点在 3.8~4.2。

不同来源的果糖基转移酶和 β-呋喃果糖苷酶在分子性质(亚基分子大小、等电点、去糖基化程度等)上有着实质的区别。

表 11-2 不同来源的果糖基转移酶和 β-呋喃果糖苷酶的分子性质

来源	亚基分子质量/ku^a	天然酶分子质量/ku^b	pI	参考文献
Arthrobacter sp. K1	52	52	4.3	[37]
Asparagus officinalis L.	64	64	—	[38]
A. aculeatus	65	134	4	[33]
Aspergillus foetidus	90	180	—	[39]
Aspergillus nidulans,S 型	78	185	~5	[40]
A. niger ATCC 20611	100	340	—	[41]
A. niger B60	115	230	—	[35]
A. niger IMI303386	125	125	~5	[42]
A. niger AS0023	125	250-750	—	[43]

续表

来源	亚基分子质量/ku^a	天然酶分子质量/ku^b	pI	参考文献
A. niger（来源于发霉柠檬）	47	95	—	[44]
A. oryzae ATCC 76080	87	87	—	[45]
Azotobacter chroococum ATCC 4412	57	59	—	[46]
Bacillus macerans	66	66	—	[47]
Bifidobacterium infantis ATCC 15697	70	70	4.3	[48]
Bifidibacterium infantis JCM 7007	75	232	—	[49]
C. utilis	150	300	—	[36]
Clostridium perfringens	37	37	—	[50]
Lactobacillus reuteri CRL 1100	58	58	—	[51]
S. cerevisae	60	120	—	[52]
Schizosaccharomyces pombe	205	205	—	[53]
Schwanniomyces occidentalis	77	150	—	[54]
	85	85	—	[19]

a 根据 SDS-PAGE 获得大致分子质量。
b 根据非变性电泳或者 SDS-PAGE 或凝胶过滤层析获得大致分子质量。

表 11-2 概述了来源于棘孢曲霉纯的果糖基转移酶和相关酶的一些特性。它们中的多数是二聚或多聚体酶：单体只在一些方面表现出酶活性，如西方许旺酵母（*S. occidentalis*）[19]或产朊假丝酵母（*Candida utilis*）[36]。

11.3 源自棘孢曲霉的果糖基转移酶酶学性质

11.3.1 底物特异性

源自棘孢曲霉的果糖基转移酶的底物特异性通过对大量的二糖、三糖和四糖在 100g/L 时实验考察。这种分析方法基于二硝基水杨酸法测还原糖[55]和适用于 96 孔板[56]。由于转糖苷作用和水解反应都能释放出还原糖（图 11-1），检测到的酶活性是这两个过程的综合。纯酶表现出的偏爱性是蔗糖＞棉籽糖＞1-蔗果三糖＞蔗果四糖（比例 100∶24∶10∶6）。也检测了其他糖类如松二糖、纤维二糖、蜜二糖、明串珠菌二糖、甲基-α-D-吡喃葡萄糖苷和水苏糖，但是酶活性可以忽略。因此，这种酶只识别在化学结构上含有蔗糖残基的糖类。三糖棉籽糖相当于在 C6 羟基位置被一分子蔗糖取代，而 1-蔗果三糖和蔗果四糖则是在 C1′位置上果糖基化的不同的蔗糖衍生物。相对活性随着低聚糖链的延长而减小，到四糖水苏糖时活性可以忽略不计，这表明这种酶的活性位点结合大分子物质有一定限制。

11.3.2 pH 和温度的影响

以蔗糖作为底物时，此酶的最适 pH 在 5.0~7.0，这与报道的其他果糖基转移酶相似[7,43,57]。当 pH 低于 3.5 或高于 9.5 时不表现出酶活性。关于 pH 稳定性，发现这种酶在有糖类存在的情况下更稳定，因为这种情况下模拟了低聚果糖合成过程中的操作条件。因此，在中等酸度、自然 pH（4.5~7.5）条件下接种 24h，在有糖类存在的情况下相对于初始酶活性，酶活性保持在 90% 以上，而没有糖存在时，酶活性低于初始酶活性的 50%[33]。最适的温度是 50~70℃，这比已报道的相关酶略微偏高[58]。酶在 60℃（$t_{1/2} > 24$ h）时很稳定，而当温度超过 65℃ 则能使酶失活。

11.3.3 化学物质的影响

源自棘孢曲霉的果糖基转移酶在不添加任何金属离子时都表现出酶活性，但是，发现它对一价和二价阳离子较为敏感[33]。例如，Mn^{2+}，K^+ 和 Co^{2+} 能提高酶活性 1.4~1.9 倍，而 Hg^{2+} 和 Zn^{2+} 则能抑制 35%~60% 的酶活性。同时发现，一些非离子和阴离子型表面活性剂也能略微地促进酶活性，如十二烷基硫酸钠（1.5 倍，10 mmol/L）、脱氧胆酸钠（1.4 倍，1 mmol/L）和曲通 X-100（1.4 倍，50g/L）。而且，这种酶能被低浓度（1~10 mmol/L）的还原性试剂抑制，如二硫苏糖醇和 β-巯基乙醇。

11.3.4 动力学行为

大多数的果糖基转移酶和 β-呋喃果糖苷酶（转化酶）在蔗糖存在的情况下都能催化低聚果糖的合成和蔗糖的水解。转移酶:水解酶比值决定了低聚果糖的最大得率，这主要依赖于两个参数：蔗糖浓度和酶本身的性质，这种性质就是酶结合亲和试剂（其果糖被转移）和从受体结合位点驱逐出 H_2O 的能力[11]。

为了更加详细地研究源自棘孢曲霉的果糖基转移酶的性质，我们测定了转移和水解作用的动力学参数（K_m 和 k_{cat}）。测定了反应速度（U/mg 蛋白）随着蔗糖浓度增至 1.75mol/L 的曲线（图 11-2）。通过高效液相色谱法（HPLC）来检测区分水解和转移酶活性。水解和转移作用的初始反应速度分别通过计算游离的和被转移的果糖数得出。转移酶的初使反应速度等于葡萄糖数减去游离果糖数。如图 11-2 所示，转移和水解作用各参数并不完全符合米-门动力学。但是，却大体上符合利用希尔转换校正过的米-门动力学方程 $[V = V_{max}[S]^h(K_m^h + [S]^h)^{-1}]$，其中 h 是希尔系数。在其他果糖基转移酶中也发现同样问题[59]。

图 11-2 分别给出了转移酶和水解活性的 K_m 和 k_{cat}。对于水解反应，其 K_m 值（27mmol/L）介于已报道的源于酿酒酵母（*Saccharomyces cerevisae*）（26mmol/

L)[60]、异常毕赤酵母（*Pichia anomala*）（16mmol/L）[61] 或 *Arxula adeninivorans* (41mmol/L)[62]的 β-呋喃果糖苷酶之间，而高于源于西方许旺酵母（4.9mmol/L）[19]或者产朊假丝酵母（1～2mmol/L）[63]的转化酶。然而，水解反应的 k_{cat}（775s^{-1}）却低于已报道的著名的转化酶类（如酿酒酵母的转化酶9430s^{-1}[60]）。尽管其转移酶的 K_m（535mmol/L）比已报道的酶高，表现出显著的果糖基转移酶活性（如源自黑曲霉的果糖基转移酶 K_m290mmol/L[41]），但棘孢曲霉的果糖基转移酶最主要的特点是其对于转移反应的高 k_{cat} 值（16 200s^{-1}）。这暗示，在高蔗糖浓度下（约1mol/L，342g/L），转移反应速度是水解反应速度的近20倍，这就解释了用这个酶反应 HPLC 分析，体系中低的游离果糖浓度。

11.3.5 低聚果糖的生产

对于一个特定的酶其低聚果糖最大生产量基本上决定于其转移反应和水解反应的相对速度[42]。利用棘孢曲霉的果糖基转移酶纯酶生产低聚果糖。在蔗糖

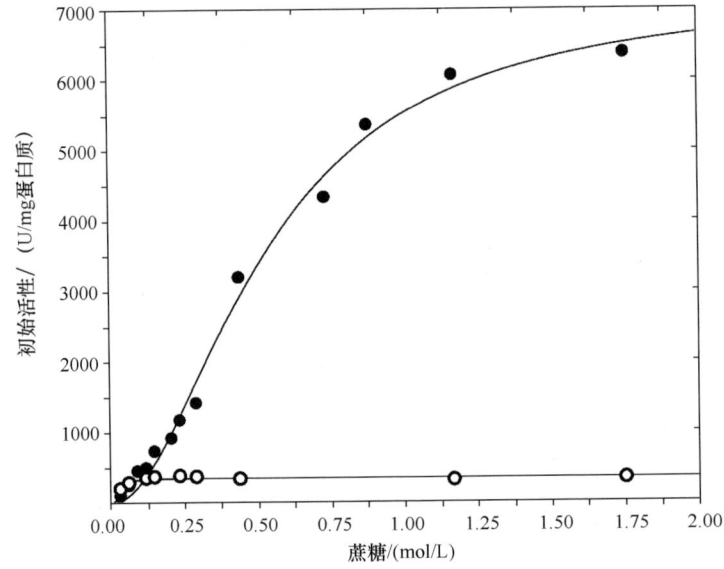

反应	K_m/ (mmol/L)	k_{cat} /s^{-1}	h	k_{cat}/K_m /(mmol/L/s^{-1})
转糖苷反应	535 ± 45	16 200 ± 900	1.9 ± 0.1	30 ± 4
水解反应	27 ± 3	775 ± 25	2.3 ± 0.8	29 ± 4

图 11-2　棘孢曲霉果糖基转移酶动力学（初始反应速度－蔗糖浓度）
转移酶活性（●）和水解酶活性○
反应条件：0.2mol/L 乙酸钠缓冲，60℃。以估计此酶分子质量 135 ku 计算动力学
参数。见参考文献［33］

浓度 600g/L，60℃时接入纯酶 5 U/mL，转糖基产物用 HPLC 进行分析。形成

一系列低聚果糖（1-蔗果三糖，蔗果四糖和1^F-果呋喃基耐斯糖）[56]。分析显示，低聚果糖的总产量达反应混合物中总糖的60.7%（质量分数）。剩余糖类有果糖（少量）、葡萄糖和残余的蔗糖。这些数据与已报道的在相同条件下利用 Pectinex Ultra SP-L 粗酶[32,56]和其他曲霉属糖基转移酶[8,10,64,65]反应相符。

11.4 棘孢曲霉果糖基转移酶的固定化

11.4.1 Sepabeads EC-EP 作为固定化载体

对于工业化应用的对糖类有作用的酶，一种有效的固定化方法能保证连续反应和生物催化剂的复用[66,67]。对于这点，考虑到这些反应在水相中进行，利用载体共价结合固定化能有效地减小酶从载体上泄露。Sepabeads EC-EP 是一种聚甲基丙烯酸酯型载体，有高密度的能共价结合蛋白的环氧化基团。与其他丙烯酸环氧酯聚合物相比，Sepabeads EC-EP 有较好的机械性和渗透性、低压缩性且在水中不膨胀等性能。此外，制备这种载体的原材料在欧盟规定允许用于食品行业的树脂清单上。

两种环氧化型载体，Sepabeads EC-EP3 和 EC-EP5（图11-3）被用于棘

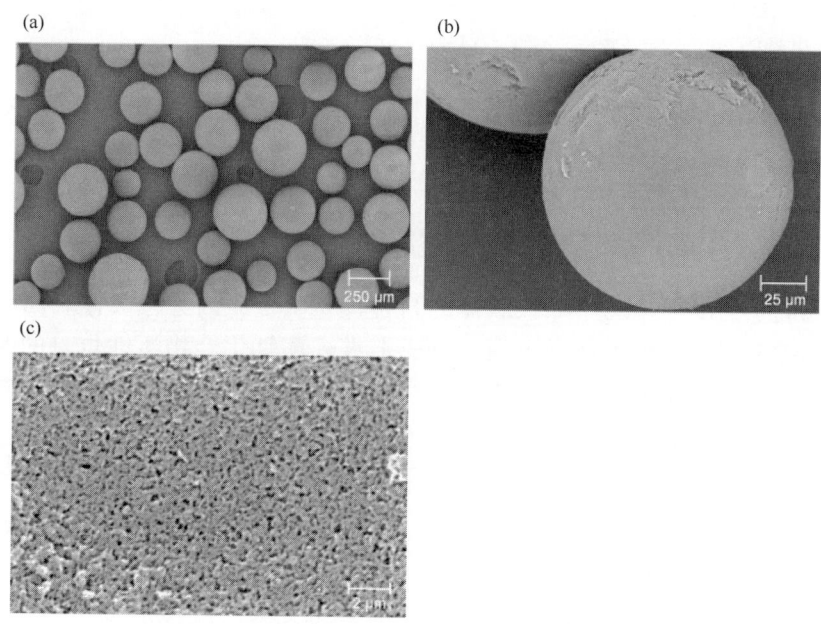

图11-3 Sepabeads EC-EP05 的扫描电子显微镜图
(a) 60× (b) 500× (c) 8000×

孢曲霉果糖基转移酶的固定化。结合氮吸附等温线和压汞法，测定了两种载体的结构性能（表11-3）。数据显示，两种载体都是大孔吸附树脂，而且，Sepabeads EC-EP5（1.67cm^3/g）的总孔隙容积远大于 Sepabeads EC-EP3（1.19cm^3/g）。两种载体的平均孔径大小也不同：从粒径分布曲线上看，Sepabeads EC-EP5 的最大孔径是 800nm，而 Sepabeads EC-EP3 是 130nm。

表11-3　　　　　Sepabeads EC-EP 载体的主要性质

性质	EC-EP3	EC-EP5
环氧基团含量/（μmol/g）^{a}	106	23
颗粒平均大小/μm^b	77	139
S_{BET}/（m^2/g）^{c}	43	9
环氧基团浓度/（μmol/m^2）	2.5	2.4
载孔体积/（cm^3/g）^{d}	1.19	1.67
平均载孔体积/nm	130	800
水含量/%^{e}	60	65

a 由供应商提供。
b 由水银孔隙计测定，表征颗粒大小的对称分布。
c 氮气吸附法测定的比表面积。
d 结合氮气测定和水银孔隙计测定。
e 由 Karl-Fisher 滴定法测定。

11.4.2　pH 和离子强度对固定化的影响

在高离子强度下，酶与环氧载体的结合较易发生，因为，载体表面与高分子物质的盐-诱导连接增加了蛋白质分子上靠近环氧化合物活性位点的亲核基团的有效浓度，从而强化了固定化工程[68,69]。然而，固定化一种酶所需的盐浓度主要决定于生物催化剂的本身[69]。

因此，研究了 pH 和离子强度对棘孢曲霉果糖基转移酶在 Sepabeads EC-EP 上固定化的影响。尽管这个酶在 Pectinex Ultra SP-L 中只占总蛋白含量的很小的百分比（0.4%，质量分数），但工业上为了过程简单，易于放大，直接应用商品化的酶制剂（不纯化）。人们认为，虽然 Pectinex Ultra SP-L 中的其他蛋白质也会被 Sepabeads EC-EP 固定化，但在试验中并不干扰低聚果糖的合成。

为了使酶利用不同的功能基团结合到载体上，固定化条件设定在两个不同的 pH（5.5 和 9.0）下，分别用磷酸钾和碳酸钠对商品化的 Pectinex Ultra SP-L 进行 pH 校正。在 pH 5.5 时，蛋白上的活性基团是天冬氨酸和谷氨酸侧链上的羧基头，也就是 C-末端的 α-羧基[70]。在 pH 9.0 时，蛋白上的氨基和硫醇基结合到载体上。缓冲液浓度 0.2~1.0mol/L。30mg 蛋白与 1g 载体混合。图 11-4 显示了缓冲液浓度 0.3mol/L 和 0.5mol/L，混合 24h 时蛋白的回收量。出人意料的是，在低离子强度下，结合到载体上的蛋白多。在 Sepabeads EC-EP3 和 EC-EP5 上的最大载量分别是提供总蛋白的 34% 和 58%。总之，Sepabeads EC-EP5 有可能是因为其较高的孔隙率，在相同的实验条件下，较 EC-EP3 保留蛋白多。研究了载体孔隙率对酶固定化的影响：当酶固定化后，Sepabeads EC-EP3 的孔隙容积略微减小（约 4%）。在 pH 9.0 时，总蛋白结合量较 pH 5.5 时大。

值得注意的是，两种载体在低的缓冲液浓度下也能表现出高的活性[56]。用 Sepabeads EC-EP5 进行固定化时，在 0.3mol/L 的碳酸钠（pH 9.0）缓冲液中得到催化剂最高酶活性（15.2 U/g）。利用 Sepabeads EC-EP3 固定化酶时，在弱酸环境 pH 5.5，低缓冲液浓度（0.3 mol/L）下得催化剂最高酶活性（4.2 U/g）。考察固定化时间：增加固定化时间 24h 到 72h 时，催化剂活性没有明显提高。

基于以上结果，在低离子强度下，利用 Sepabeads EC-EP 直接对 Pectinex Ultra SP-L 进行固定化，其 pH 为 4.8，不添加缓冲液和盐对 pH 和离子强度进行调节。每克载体的蛋白载量（mg）从 60/L~200/L 不等。有趣的是，利用 Sepabeads EC-EP5 和 EC-EP3 固定化时，催化剂活性分别达到 25.9 U/g 和 18.8 U/g[56]。

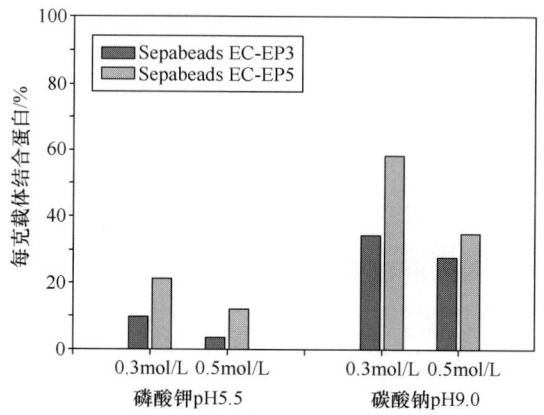

图 11-4　缓冲液浓度对用 Sepabeads EC-EP 固定化 Pectinex Ultra SP-L 糖基转移酶活性

固定化条件：每克载体加入 30mg 蛋白，24h，室温滚动震荡。见参考文献 [56]

尽管糖基转移酶可以通过其他技术固定化如吸附[71]、诱捕[72]或共价交联[73]，每单位质量催化剂的活性却没有完全报道。然而，蒋等[74]利用甲基丙烯酰胺型聚合物颗粒共价交联固定化黑曲霉β-呋喃果糖基酶最大酶活性达到 77 U/g。最近，有报道利用 Eupergit C 共价固定化 Pectinex Ultra SP-L 中的棘孢曲霉果糖基转移酶[75]：虽然回收酶活性高，但每克催化剂的酶活性却没有报道。

11.4.3 应用固定化催化剂合成低聚果糖

研究了以蔗糖为底物，分别用 Sepabeads EC-EP3 和 EC-EP5 固定化酶催化的糖基转移反应。以高底物浓度（630g/L）来验证糖基转移酶活性。利用 Sepabeads EC-EP3 固定化酶催化反应过程见图 11-5。低聚果糖的浓度在反应 36h 时达到最大值 387g/L，其中 1-蔗果三糖/蔗果四糖/1^F-呋喃果糖基耐斯糖的质量比为 62/37/1。此时，固态中的低聚果糖占混合物中总糖的 61.5%。150h 后，糖类的种类分布为 57%~58% 的低聚果糖，29%~31% 的葡萄糖，9.5%~10.5% 的蔗糖和 2%~3% 的果糖。也有报道显示利用其他固定化果糖基转移酶能得到相似的低聚果糖产率[74,75]。

11.5 利用甜菜浆和糖蜜生产低聚果糖

11.5.1 甜菜浆和糖蜜作为低聚果糖合成的低成本原料

甜菜浆是甜菜汁经蒸发结晶出蔗糖后残余的部分。糖蜜是制糖工业的主要副产物。这两种原料都远比用纯蔗糖来生产低聚果糖便宜很多。Shin 等利用糖蜜来合成低聚果糖仅仅是利用其来培养 *A. pullulans* 细胞[9]。甜菜浆和糖蜜是黏稠的溶液，富含蔗糖和其他糖类（图 11-6）。糖蜜也含有更多的不确定成分和一些微粒物质（尤其是碳酸盐）。在这里，糖浆和糖蜜分别含有 620g/L 和 570 g/L 蔗糖。

糖浆和糖蜜的 pH 分别为 7.5 和 8.9。利用糖浆和糖蜜生产低聚果糖时，调节其初始 pH 至 5.5 时（添加冰醋酸），产量有很大的提高。

11.5.2 低聚果糖的分批生产

为了减小原料的黏度及与物料均匀混合，向原料糖浆和糖蜜中加入蒸馏水以稀释，并且调节 pH 至 5.5。每毫升原料加入 0.2mL 水，分析了低聚果糖分批生产的动力学。表 11-4 概述了低聚果糖的总浓度。利用糖浆时，低聚果糖的浓度在 30h 时达到最大值 387g/L（229g/L 1-蔗果三糖、149g/L 蔗果四糖和 9g/L 1^F-呋喃果糖基耐斯糖）。此时，低聚果糖占混合物总糖的 56.0%。利用糖

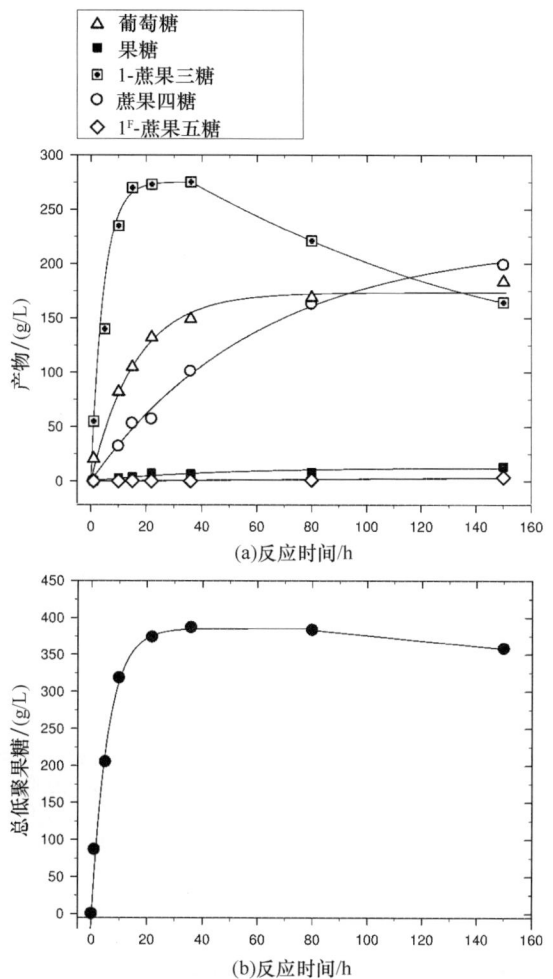

图 11-5 用 Sepabeads EC-EP3 固定化 Pectinex Ultra SP-L 催化分批合成低聚果糖
(a) 产物 (b) 总低聚果糖。实验条件：蔗糖 630g/L，0.3U/mL（DNS 法），
50mmol/L 醋酸钠溶液，60℃。见参考文献 [56]

蜜时，低聚果糖的浓度在 56h 时达到最大，为 235g/L（62g/L 1-蔗果三糖、143g/L 蔗果四糖和 30g/L 1^F-呋喃果糖基耐斯糖），占总糖的 49.2%。140h 后，反应达到平衡，利用糖浆和糖蜜，低聚果糖的含量分别达 49% 和 42%。结果可与利用溶液和固定化 Pectinex Ultra SP-L 以纯蔗糖为底物时相比[56]。

由于糖浆和糖蜜都有颜色，而且作为人类营养品的低聚果糖在这一点上规格限制很严，因此，利用以上所提到的方法生产的低聚果糖可作为动物饲料。众所周知，在动物饲料中添加低聚果糖能提高饲养效率、减小腹泻和粪便的气味[76]。要将低聚果糖作为动物饲料添加剂，必须降低其生产成本。

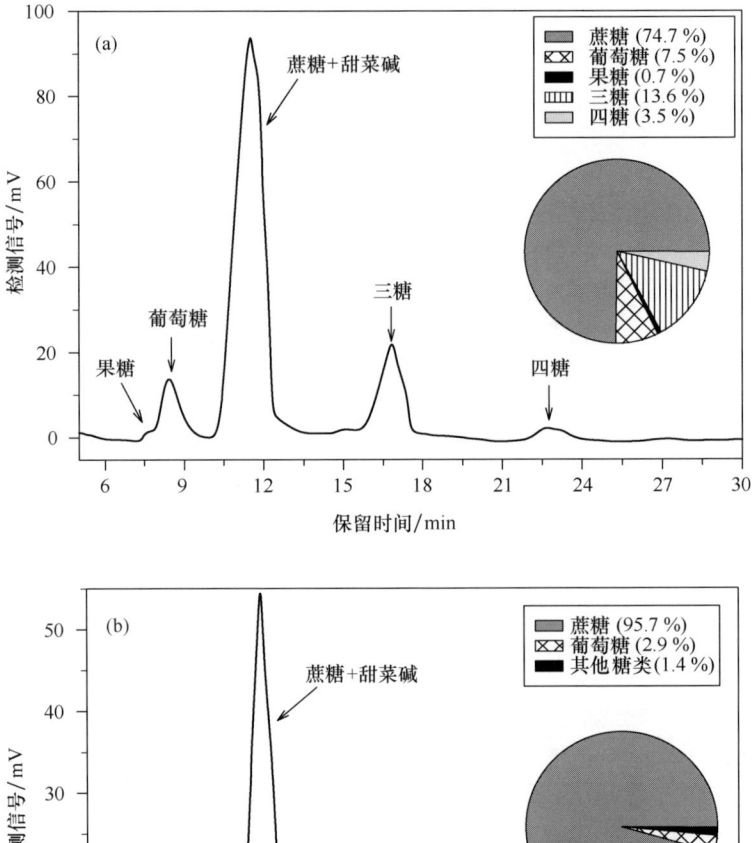

图 11-6 此实验的（a）甜菜浆和（b）糖蜜的 HPLC 图谱
插图：糖种类分布（质量）

甜菜浆和糖蜜是便宜、易得的原料，适合作为用于动物饲料级别的低聚果糖的生产原料。

表 11-4 　　　　　利用甜菜浆和糖蜜生产低聚果糖

反应时间/h	果聚糖	
	甜菜浆/（g/L）（%）	糖蜜（g/L）（%）
7	253.1（36.6%）	96.2（20.1%）
24	382.9（55.3%）	190.1（39.8%）
30	387.6（56.0%）	223.7（46.8%）
65	357.9（51.7%）	235.5（49.3%）
115	347.8（50.2%）	223.2（46.7%）
140	341.7（49.3%）	202.2（42.3%）

反应条件：pH5.5，5.0U/mL（DNS 法测定标准），60℃。1mL 底物用 0.2mL 水稀释。数据改编自参考文献 [32]。

低聚果糖百分数是指混合物中碳水化合物的总量。

11.6 结论

从商品化制剂 Pectinex Ultra SP-L 中分离出来的果糖基转移酶对 pH、温度和化学物质都十分稳定。棘孢曲霉果糖基转移酶有着很高的转移酶：水解酶比值，用于低聚糖的合成有很大的潜力。这种酶能轻易地被环氧基活化载体固定化，而且表现更好。以后的研究应注重于这种果糖基转移酶的动力学机理。

致谢

作者十分感谢 Moreno Daminati 和 Paolo Caimi（Resindion S. R. LMilan，意大利）给我们提供了聚合物 Sepabeads EC-EP 和技术支持。同时，作者也要感谢 Ramiro Martínez（Novozymes A/S，西班牙）提供 Pectinex Ultra SP-L。感谢西班牙教育与科学部项目（BIO2004-03773-C04-01）和国家促进基因组和蛋白组基金对本研究的支持，作者也要诚挚感谢西班牙国际合作署。

参考文献

1　Seibel, J., Jordening, H. J. and Buchholz, K. (2006) *Biocatalysis and Biotransformation*, 24, 311-342.

2　Planas, A. and Faijes, M. (2002) *Afinidad*, 59, 295-313.

3　Plou, F. J., Martin, M. T., Gomez de Segura,

A. Alcalde, M. and Ballesteros, A. (2002) *Canadian Journal of Chemistry*, 80, 743 – 752.

4 MacGregor, E. A. (2005) *Biologia*, 60, 5 – 12.

5 Coutinho, P. M. and Henrissat, B. (1999) Carbohydrate-active enzymes: an integrated database approach, in *Recent Advances in Carbohydrate Bioengineering* (eds H. J. Gilbert, G. Davies, B. Henrissat, B. Svensson), The Royal Society of Chemistry, Cambridge, pp. 3 – 12.

6 Feng, H. Y., Drone, J., Hoffmann, L., Tran, V., Tellier, C., Rabiller, C. and Dion, M. (2005) *The Journal of Biological Chemistry*, 280, 37088 – 37097.

7 Antosova, M. and Polakovic, M. (2001) *Chemical Papers - Chemicke Zvesti*, 55, 350 – 358.

8 Sangeetha, P. T., Ramesh, M. N. and Prapulla, S. G. (2005) *Process Biochemistry*, 40, 1085 – 1088.

9 Shin, H. T., Baig, S. Y., Lee, S. W., Suh, D. S., Kwon, S. T., Lim, Y. B. and Lee, J. H. (2004) *Bioresource Technology*, 93, 59 – 62.

10 Fernandez, R. C., Maresma, B. G., Juarez, A. and Martinez, J. (2004) *Journal of Chemical Technology and Biotechnology*, 79, 268 – 272.

11 Ballesteros, A., Plou, F. J., Alcalde, M., Ferrer, M., Garcia – Arellano, H., Reyes - Duarte, D. and Ghazi, I. (2006) Enzymatic synthesis of sugar esters and oligosaccharides from renewable resources, in *Biocatalysis in the Pharmaceutical and Biotechnological Industries* (ed. R. Patel), CRC Press, pp. 465 – 490.

12 Yun, J. W. (1996) *Enzyme and Microbial Technology*, 19, 107 – 117.

13 Crittenden, R. G. and Playne, M. J. (1996) *Trends in Food Science and Technology*, 7, 353 – 361.

14 Velasco, J. and Adrio, J. L. (2002) Microbial enzymes for food-grade oligosaccharide biosynthesis, in *Microorganisms for Health Care, Food and Enzyme Production* (ed. J. L. Barredo), Research Signpost, Kerala, India.

15 Park, M. C., Lim, J. S., Kim, J. C., Park, S. W. and Kim, S. W. (2005) *Biotechnology Letters*, 27, 127 – 130.

16 Grizard, D. and Barthomeuf, C. (1999) *Food Biotechnology*, 13, 93 – 105.

17 Marx, S. P., Winkler, S. and Hartmeier, W. (2000) *FEMS Microbiology Letters*, 182, 163 – 169.

18 Katapodis, P. and Christakopoulos, P. (2004) *World Journal of Microbiology and Biotechnology*, 20, 667 – 672.

19 Alvaro – Benito, M., de Abreu, M., Fernandez - Arrojo, L., Plou, F. J., Jimenez -Barbero, J., Ballesteros, A., Polaina, J. and Fernandez – Lobato, M. (2007) *Journal of Biotechnology*, 132, 75 – 81.

20 Roberfroid, M. B. (2001) *The American Journal of Clinical Nutrition*, 73, 406S – 409S.

21 Gibson, G. R. and Ottaway, R. A. (2000) Prebiotics: *New Developments in Functional Foods*, Chandos Publishing, Oxford.

22 Probert, H. M. and Gibson, G. R. (2002) *Letters in Applied Microbiology*, 35, 473 – 480.

23 Roberfroid, M. (2002) *Digestive and Liver Disease*, 34, S 105 – 110.

24 Tuohy, K. M., Rouzaud, G. C. M., Bruck, W. M. and Gibson, G. R. (2005) *Current Pharmaceutical Design*, 11, 75 – 90.

25 Grizard, D. and Barthomeuf, C. (1999) *Reproduction, Nutrition, Development*, 39, 563 – 588.

26 Tungland, B. C. (2003) Fructooligosaccharides and other fructans: structures and occurrence, production, regulatory aspects, food applications, and nutritional health significance, in

Oligosaccharides in Food and Agriculture (eds G. Eggleston and G. L. Coté), The American Chemical Society, Washington, pp. 135 – 152.

27 Cruz, R., Cruz, V. D., Belote, J. G., Khenayfes, M. D., Dorta, C., Oliveira, L. H. D., Ardiles, E. and Galli, A. (1999) *Bioresource Technology*, 70, 165 – 171.

28 Rastall, R. A. and Hotchkiss, A. T. Jr (2003) Potential for the development of prebiotic oligosaccharides from biomass, in *Oligosaccharides, in Food and Agriculture* (eds G. Eggleston and G. L. Coté), The American Chemical Society, Washington, pp. 44 – 53.

29 Okai, A. A. E. and Gierschner, K. (1991) *Zeitschrift Fur Lebensmittel - Untersuchung Und-Forschung*, 192, 244 – 248.

30 Hang, Y. D. and Woodams, E. E. (1995) *Biotechnology Letters*, 17, 741 – 745.

31 Tanriseven, A. and Gokmen, F. (1999) *Biotechnology Techniques*, 13, 207 – 210.

32 Ghazi, I., Fernandez – Arrojo, L., Gomez de Segura, A., Alcalde, M., Plou, F. J. and Ballesteros, A. (2006) *Journal of Agricultural and Food Chemistry*, 54, 2964 – 2968.

33 Ghazi, I., Fernandez - Arrojo, L., Garcia - Arellano, H., Ferrer, M., Ballesteros, A. and Plou, F. J. (2007) *Journal of Biotechnology*, 128, 204 – 211.

34 Yanai, K., Nakane, A., Kawate, A. and Hirayama, M. (2001) *Bioscience Biotechnology and Biochemistry*, 65, 766 – 773.

35 Boddy, L. M., Berges, T., Barreau, C., Vainstein, M. H., Dobson, M. J., Ballance, D. J. and Peberdy, J. F. (1993) *Current Genetics*, 24, 60 – 66.

36 Chavez, F. P., Pons, T., Delgado, J. M. and Rodriguez, L. (1998) *Yeast*, 14, 1223 – 1232.

37 Fujita, K., Hara, K., Hashimoto, H. and Kitahata, S. (1990) *Agricultural and Biological Chemistry*, 54, 913 – 919.

38 Shiomi, N. (1982) *Carbohydrate Research*, 99, 157 – 169.

39 Rehm, J., Willmitzer, L. and Heyer, A. G. (1998) *Journal of Bacteriology*, 180, 1305 – 1310.

40 Chen, J. S., Saxton, J., Hemming, F. W. and Peberdy, J. F. (1996) *Biochimica et Biophysica Acta - Protein Structure and Molecular Enzymology*. 1296, 207 – 218.

41 Hirayama, M., Sumi, N. and Hidaka, H. (1989) *Agricultural and Biological Chemistry*, 53, 667 – 673.

42 Nguyen, Q. D., Rezessy – Szabo, J. M., Bhat, M. K. and Hoschke, A. (2005) *Process Biochemistry*, 40, 2461 – 2466.

43 Hocine, L. L., Wang, Z., Jiang, B. and Xu, S. Y. (2000) *Journal of Biotechnology*, 81, 73 – 84.

44 Rubio, M. C. and Maldonado, M. C. (1995) *Current Microbiology*, 31, 80 – 83.

45 Chang, C. T., Lin, Y. Y., Tang, M. S. and Lin, C. F. (1994) *Biochemistry and Molecular Biology International*, 32, 269 – 277.

46 Cejudo, M. G., de la Vega, F. J. and Paneque, A. (1991) *Enzyme and Microbial Technology*, 13, 267 – 271.

47 Park, J. P., Oh, T. K. and Yun, J. W. (2001) *Process Biochemistry*, 37, 471 – 476.

48 Warchol, M., Perrin, S., Grill, J. P. and Schneider, F. (2002) *Letters in Applied Microbiology*, 35, 462 – 467.

49 Imamura, L., Hisamitsu, K. and Kobashi, K. (1994) *Biological and Pharmaceutical Bulletin*, 17, 596 – 602.

50 Ishimoto, M. and Nakamura, A. (1997) *Bioscience Biotechnology and Biochemistry*, 61, 599 – 603.

51 de Gines, S. C., Maldonaldo, M. C. and de Valdez, G. F. (2000) *Current Microbiology*,

40,181-184.

52 Taussig, R. and Carlson, M. (1983) *Nucleic Acids Research*, 11, 1943-1954.

53 Moreno, S., Sanchez, Y. and Rodriguez, L. (1990) *The Biochemical Journal*, 267, 697-702.

54 Klein, R. D., Deibel, M. R., Sarcich, J. L., Zurcherneely, H. A., Reardon, I. M. and Heinrikson, R. L. (1989) *Preparative Biochemistry*, 19, 293-319.

55 Sumner, J. B. and Howell, S. F. (1935) *The Journal of Biological Chemistry*, 108, 51-54.

56 Ghazi, I., Gómez de Segura, A., Fernández-Arrojo, L., Alcalde, M., Yates, M., Rojas-Cervantes, M. L., Plou, F. J. and Ballesteros, A. (2005) *Journal of Molecular Catalysis B: Enzymatic*, 35, 19-27.

57 Fujishima, M., Sakai, H., Ueno, K., Takahashi, N., Onodera, S., Benkeblia, N. and Shiomi, N. (2005) *The New Phytologist*, 165, 513-524.

58 Fernandez, R. C., Ottoni, C. A., Matsubara, E. S., da Silva, R. M. S., Carter, J. M., Magossi, L. R., Wada, M. A. A., Rodrigues, M. F. D., Maresma, B. G. and Maiorano, A. E. (2007) *Applied Microbiology and Biotechnology*, 75, 87-93.

59 van Hijum, S. A. F. T., Szalowska, E., van der Maarel, M. J. E. C. and Dijkhuizen, L. (2004) *Microbiology-SGM*, 150, 621-630.

60 Reddy, A. and Maley, F. (1996) *The Journal of Biological Chemistry*, 271, 13953-13958.

61 Rodriguez, J., Perez, J. A., Ruiz, T. and Rodriguez, L. (1995) *The Biochemical Journal*, 306, 235-239.

62 Boer, E., Wartmann, T., Luther, B., Manteuffel, R., Bode, R., Gellissen, G. and Kunze, G. (2004) *Antonie van Leeuwenhoek International Journal of General and Molecular Microbiology*, 86, 121-134.

63 Belcarz, A., Ginalska, G., Lobarzewski, J. and Penel, C. (2002) *Biochimica et Biophysica Acta – Protein Structure and Molecular Enzymology*, 1594, 40-53.

64 Vannieuwenburgh, C., Guibert, A. and Combes, D. (2002) *Bioprocess and Biosystems Engineering*, 25, 13-20.

65 Ouarne, F. and Guibert, A. (1995) *Zuckerindustrie*. 120, 793-798.

66 Gomez de Segura, A., Alcalde, M., Plou, F. J., Remaud-Simeon, M., Monsan, P. and Ballesteros, A. (2003) *Biocatalysis and Biotransformation*, 21, 325-331.

67 Martin, M. T., Plou, F. J., Alcalde, M. and Ballesteros, A. (2003) *Journal of Molecular Catalysis B: Enzymatic*, 21, 299-308.

68 Mateo, C., Abian, O., Fernandez-Lorente, G., Pedroche, J., Fernandez-Lafuente, R. and Guisan, J. M. (2002) *Biotechnology Progress*, 18, 629-634.

69 Wheatley, J. B. and Schmidt, D. E. (1999) *Journal of Chromatography*, 849, 1-12. A

70 Gómez de Segura, A., Alcalde, M., Yates, M., Rojas-Cervantes, M. L., Lopez-Cortes, N., Ballesteros, A. and Plou, F. J. (2004) *Biotechnology Progress*, 20, 1414-1420.

71 Platkova, Z., Polakovic, M., Stefuca, V., Vandakova, M. and Antosova, M. (2006) *Chemical Papers - Chemicke Zvesti* 60, 469-472.

72 Hayashi, S., Tubouchi, M., Takasaki, Y. and Imada, K. (1994) *Biotechnology Letters*, 16, 227-228.

73 Hayashi, S., Hayashi, T., Kinoshita, J., Takasaki, Y. and Imada, K. (1992) *Journal of Industrial Microbiology*, 9, 247-250.

74 Chiang, C. J., Lee, W. C., Sheu, D. C. and Duan, K. J. (1997) *Biotechnology Progress*, 13, 577-582.

75 Tanriseven, A. and Aslan, Y. (2005) *Enzyme and Microbial Technology*, 36, 550 – 554.

76 Spiegel, J. E., Rose, R., Karabell, P., Frankos, V. H. and Schmitt, D. F. (1994) *Food Technology*, 85 – 89.

12 乙内酰脲消旋酶：制备光学纯 α-氨基酸的关键酶

Francisco Javier Las Heras - Vázquez, Josefa María Clemente - Jiménez, Sergio Martínez - Rodríguez and Felipe Rodríguez - Vico

12.1 引言

光学纯 α-氨基酸是制备半合成抗生素、杀虫剂和其他医药、食品及农用化学品的重要中间体[1,2]。这些化合物称为非天然氨基酸，并日益受到人们的关注。典型的 D-氨基酸例子有用于制备半合成青霉素和头孢菌素等抗生素的中间体苯基 D-甘氨酸或带取代基的苯基 D-甘氨酸，用于合成杀虫剂弗瓦尼列的 D-缬氨酸，用于制备饮食甜味剂阿力甜的 D-丙氨酸，以及用作黄体化激素释放激素（LH-RH）对抗剂的 D-瓜氨酸和 D-高瓜氨酸。

D-氨基酸的制备主要有两种途径：化学合成和酶催化。对于传统的化学合成，除非利用不对称的起始化合物或催化剂，否则只能获得 D-和 L-对映体的等比例的混合物。在这种情况下，消旋混合物不具有光学活性，而两种对映体必须加以拆分。通过双立体异构盐的经典结晶法拆分对映体是制备过程中成本最高的一步，并且无论如何这种方法获得目的对映体的产率只有 50%[3]。酶促合成可以解决上述问题，获得产率达到 100% 的光学纯 D-氨基酸，同时具有反应条件温和、环境友好等优势。

"乙内酰脲酶途径"是酶法制备 D-氨基酸过程中广泛使用的方法之一[4]。这一过程的显著优势在于，从 D,L-5-单取代乙内酰脲衍生物底物谱出发几乎可以获得任何一种光学纯 D-氨基酸，而这些出发底物可以通过化学合成方法方便地获得[5]。在这一级联反应中，化学合成的 D,L-5-单取代乙内酰脲环首先通过一种立体选择性乙内酰脲酶（D-专一性乙内酰脲酶）水解。产物 N-氨基甲酰 D-氨基酸进一步通过一种高度选择性的 N-氨基甲酰 D-氨基酸酰胺水解酶（D-型甲氨酰化酶）水解为游离的 D-氨基酸。在乙内酰脲酶催化水解 D-型 5-单取代乙内酰脲的同时，L-对映体通过化学法和（或）酶法而被消旋化。

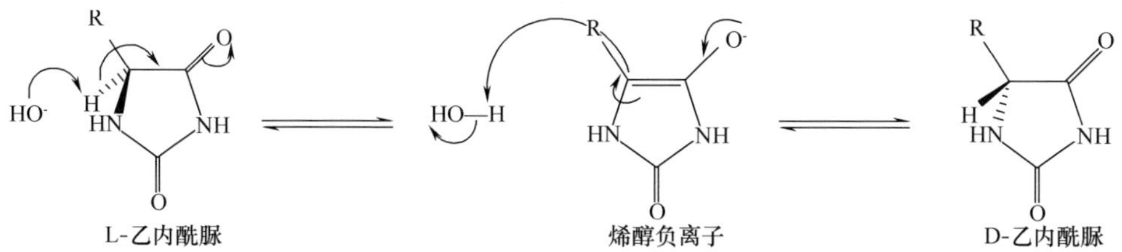

图 12-1 碱性条件下 5-单取代乙内酰脲的酮-烯醇式变构反应机制

表 12-1 不同乙内酰脲的消旋速率常数（k_{rac}）和相应的半衰期（$t_{1/2,rac}$）[7]

5-取代乙内酰脲	相应的氨基酸	k_{rac}/h^{-1}	$t_{1/2,rac}$/h
p-羟基苯乙内酰脲	p-羟基苯甘氨酸	2.26	0.12
苯乙内酰脲	苯甘氨酸	2.59	0.27
羟基甲内酰脲	丝氨酸	0.43	1.60
苯乙基内酰脲	高-苯丙氨酸	0.144	4.8
苄基乙内酰脲	苯丙氨酸	0.14	5.00
甲基硫代乙基乙内酰脲	蛋氨酸	0.12	5.85
新戊基乙内酰脲	γγ-甲基亮氨酸	0.11	6.4
1-羟乙基乙内酰脲	别-异亮氨酸	0.067	6.41
三甲基硅烷基甲内酰胺	L-3-三甲基硅基-丙氨酸	0.049	10.4
3'-脲丙基乙内酰脲	瓜氨酸	0.044	14.26
1'-甲乙基乙内酰脲	别-异亮氨酸	0.043	15.84
咪唑基甲内酰胺	组氨酸	0.032	16.09
异丁基乙内酰脲	亮氨酸	0.020	21.42
甲内酰胺	丙氨酸	0.012	33.98
乙基乙内酰脲	2-氨基丁酸	0.018	38.51
异丙基乙内酰脲	缬氨酸	0.0108	55.90

　　5-单取代乙内酰脲的化学消旋通过碱性条件下的酮-烯醇式变构反应而得以实现，如图 12-1 所示[6]。消旋反应速率在很大程度上依赖于 5-位上取代基的大小和电子因素（表 12-1），并且该反应通常在很低的速率水平上进行[7]。由于 5-位取代基的谐振稳定作用，只有 D，L-5-苯基乙内酰脲和 D，L-5-对羟基苯基乙内酰脲的化学消旋反应速率较高，而其他乙内酰脲需要数个小时才能消旋化[8]。最终，尽管利用乙内酰脲酶途径可以获得 100% 的 D-苯基甘氨酸和 D-对羟基苯基甘氨酸[9]，但是只有 50% 的 D，L-5-单取代乙内酰脲转化为相应的 D-氨基酸，而另外 50% 为 L-乙内酰脲，不能被 D-专一性乙内酰

脲酶水解。对于这些乙内酰脲，通过 D-乙内酰脲酶和 D-甲氨酰化酶耦联乙内酰脲消旋酶驱动酶促反应平衡可以实现更快的消旋化反应（图12-2）。研究发现那些化学消旋反应速率低的 D, L-5-单取代乙内酰脲的酶促消旋在一些微生物中能够实现完全转化并获得产率100%的光学纯 D-氨基酸[10~12]，这一现象说明乙内酰脲消旋酶在底物的快速消旋化中起着作用。利用这个途径，实现了完全快速的消旋化反应，提高了水解速率，避免了一种对映体（L-乙内酰脲）的积累（图12-3）。

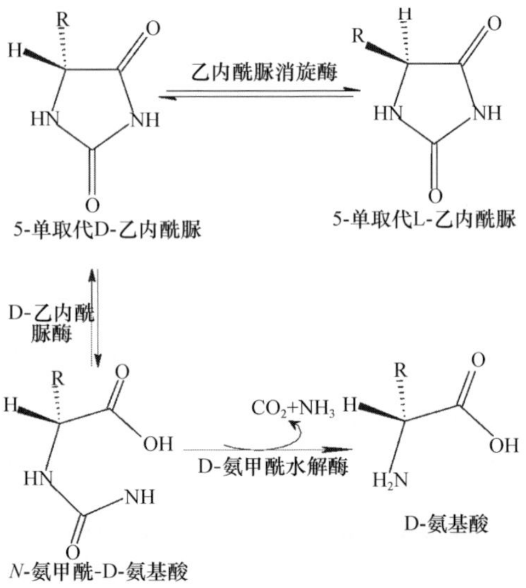

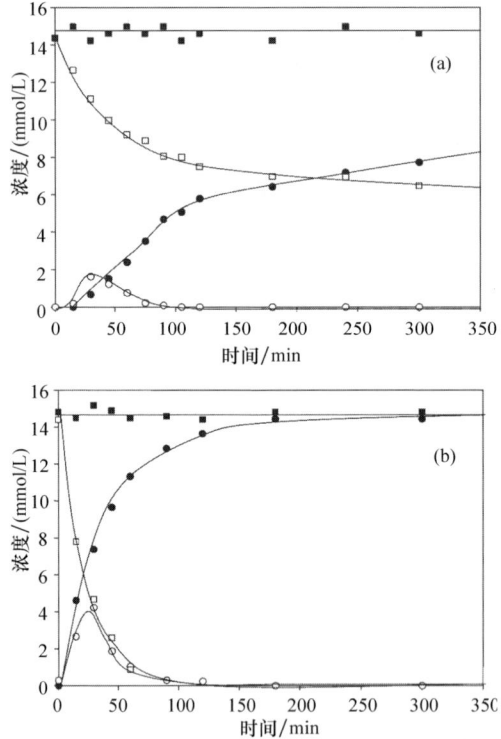

图 12-2　水解 D, L-5-单取代乙内酰脲衍生物为相应 D-氨基酸的反应路线

图 12-3　利用（a）D-乙内酰脲酶和 D-甲氨酰化酶双酶系统及（b）添加乙内酰脲消旋酶的三酶系统催化转化 D, L-甲硫乙基乙内酰脲（D, L-MTEH）为 D-甲硫氨酸的反应过程

●—D-甲硫氨酸；○—N-氨基甲酰-D-甲硫氨酸；□—D, L-甲硫乙基乙内酰脲；
■—上述三者总和

12.2 新型乙内酰脲消旋酶的发现与分子特性

基于乙内酰脲消旋酶在光学纯 D – 氨基酸制备中的重要作用，为了使 5 – 单取代乙内酰脲的消旋化反应在非生理性的化学反应条件下得以发生，我们研究室开始在不同来源中筛选乙内酰脲消旋酶。对乙内酰脲消旋酶的生化、生理和热动力学性质的认知使我们可以更好地设计生物催化剂，如固定化酶或全细胞催化剂的设计与制备。前期工作已经从分子和生化角度研究了两种乙内酰脲消旋酶，但这些酶仅用于生产 L – 氨基酸[13~16]。对于光学纯 D – 氨基酸制备中的乙内酰脲消旋酶的发现，一种假定的乙内酰脲消旋酶与 D – 乙内酰脲酶和 D – 甲氨酰化酶发现共存于 *Agrobacterium* sp. IP – I 671 的一段 DNA 片段中[17]。然而，从生化和酶的角度，仍未获得有关 D – 氨基酸制备中乙内酰脲消旋酶的信息。

在 2001 年，已报道了根瘤农杆菌（*Agrobacterium tumefaciens*）C58 和苜蓿中华根瘤菌（*Sinorhizobium meliloti*）两种不同基因组序列[18~20]。在每个基因组的线性染色体中，伴随着其他的蛋白编码基因，我们实验室发现了两种与前期已报道乙内酰脲消旋酶具有高序列同源性的假定乙内酰脲消旋酶。通过聚合酶链式反应扩增了四个片段并克隆于表达质粒中。来源于 *A. tumefaciens* 的两段基因在重组细胞中表达出乙内酰脲消旋酶活性，而来源于 *S. meliloti* 的基因片段只有一个表达出活性。近来一种乙内酰脲消旋酶从液化微杆菌（*Microbacterium liquefaciens*）AJ 3912 中分离纯化而获得[21]。

目前只有六种乙内酰脲消旋酶通过分离而获得并进行了相关的研究，这些酶彼此之间保持着较高的氨基酸序列同源性（图 12 – 4），其同源性达到 40% 以上。其中，来源于 *A. tumefaciens* C58 的乙内酰脲消旋酶 1（AtHyuA1）[9,22]与 *S. meliloti* CECT 4114 乙内酰脲消旋酶（SmeHyuA）[23]或来源于金黄节杆菌（*Arthrobacter aurescens*）DSM 3747 和 *M. liquefaciens* AJ 3912 的乙内酰脲消旋酶（AauHyuA，MliHyuA）[15,24]的同源性达到 80%。这六种乙内酰脲消旋酶的氨基酸序列长度在 236~247。通过比较乙内酰脲消旋酶的完整氨基酸序列的进化树分析发现它们之间存在三个分支（图 12 – 5）：AtHyuA1 和 SmeHyuA 属于一个分支，第二个分支包括 AauHyuA、MliHyuA 和来源于假单胞杆菌（*Pseudomonas* sp.）NS671 乙内酰脲消旋酶（PspHyuE）[13]，而第三个分支只有 *A. tumefaciens* C58 的乙内酰脲消旋酶 2（AtHyuA2）[25]。

包括乙内酰脲消旋酶（hyuA）、乙内酰脲酶（hyuH）和 N – 甲氨酰化酶（hyuC）参与乙内酰脲酶生物过程（hyu）的酶基因组成已有报道。这些基因有两种分布，其分布状态取决于 hyu 基因簇是否参与 L – 氨基酸或 D – 氨基酸的生成（图 12 – 6）。因此，三种 L – 专一性 hyu 基因簇中对应于 *A. aurescens* DSM 3747[26]和 *M. liquefaciens* AJ 3912[24]的两种非常相似。这两种 hyu 基因簇和来源于 *Pseudomonas* sp. NS671 的基因簇[13]具有相同的转录方向,这说明它们组成了一套操纵子,带有乙内酰脲消旋酶基因、L-N-甲氨酰化酶基因、L-乙内酰脲酶基因和一种假定乙内酰脲转运子基因。另外,来源于 Pseudomonas sp. NS671 的非选择性乙内酰脲酶含有两个亚基,hyuA 和 hyuB。这与属于 ATP 依赖型环酰胺酶总科的 N-甲基乙内酰脲酶的情况相似[27]。然而,在 D-专一性 hyu 基因簇中,D-N-甲氨酰化酶和 D-乙内酰脲酶基因通过相反方向的通用内顺反子启动区域而获得转录[17]。

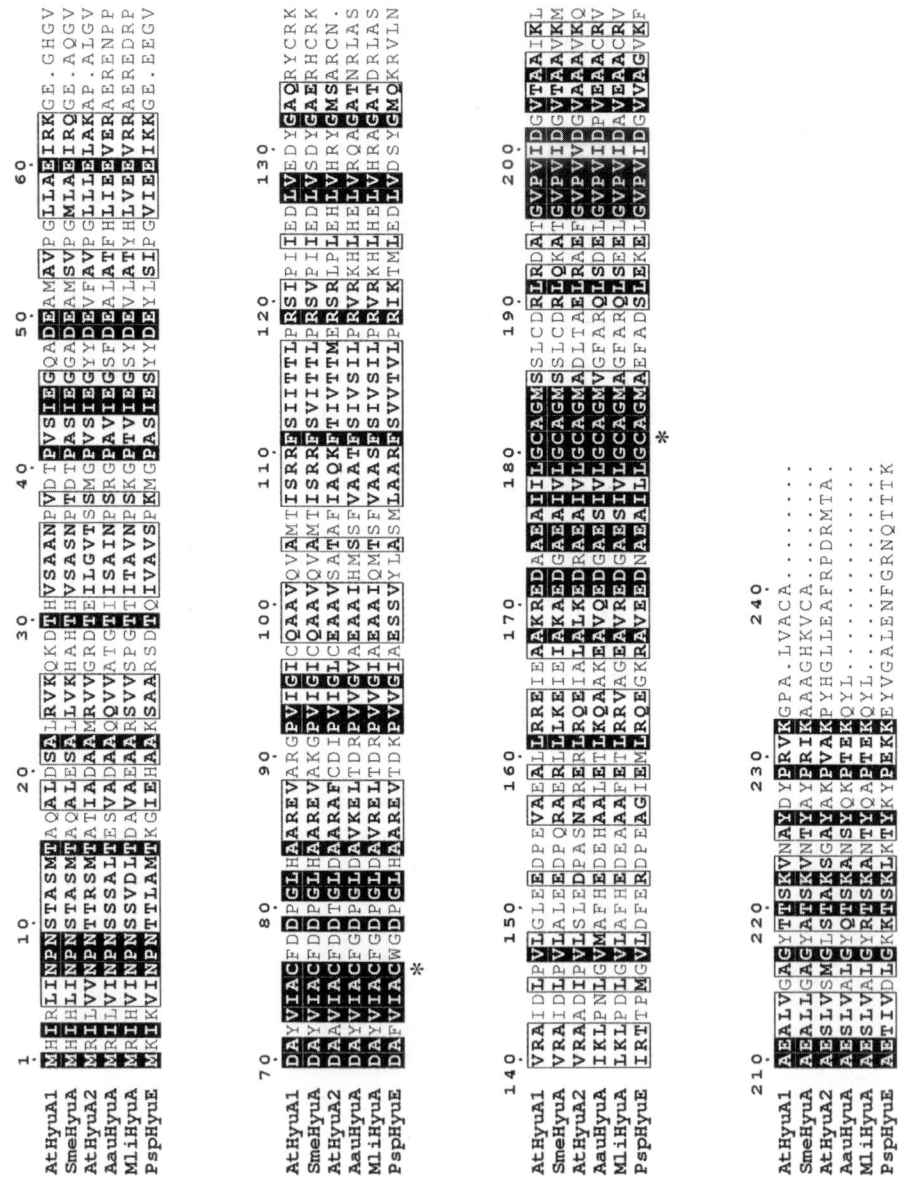

图 12-4 乙内酰脲消旋酶氨基酸序列比对

来源于根瘤农杆菌（A. tumefaciens）C58 的乙内酰脲消旋酶 1（AtHyuA1），GenBank 登录号：AY436503；来源于苜蓿中华根瘤菌（S. meliloti）CECT 4114 的乙内酰脲消旋酶（SmeHyuA），GenBank 登录号：AY393697；来源于 A. tumefaciens C58 的乙内酰脲消旋酶 2（AtHyuA2），GenBank 登录号：AY436504；来源于金黄节杆菌（A. aurescens DSM）3747 的乙内酰脲消旋酶（AauHyuA），GenBank 登录号：AF146701；来源于液化微杆菌（M. liquefaciens）AJ 3912 的乙内酰脲消旋酶（MliHyuA），GenBank 登录号：BD181023；来源于假单胞杆菌（Pseudomonas sp.）NS671 的乙内酰脲消旋酶（PspHyuE），GenBank 登录号：M84731。

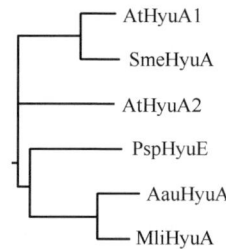

图 12-5　乙内酰脲消旋酶氨基酸序列进化树分析

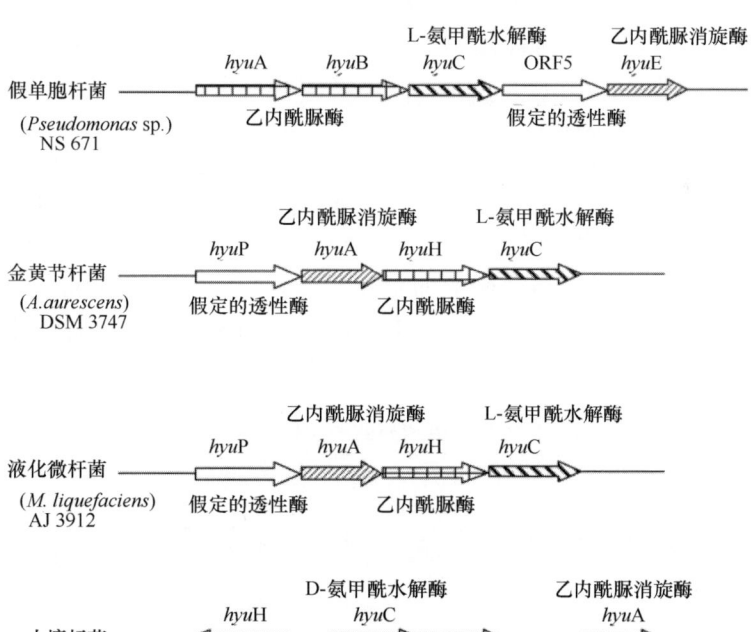

图 12-6　来源于 Pseudomonas sp. NS671、
A. aurescens DSM 3747、M. liquefaciens AJ 3912、
A. tumefaciens IPI-671 的 hyu 基因簇组成
基因及其转录方向如箭头所示，基因编码蛋白以特定方式的箭头表示

12.3 乙内酰脲消旋酶的生化特性

不同乙内酰脲消旋酶的亚基表观分子质量都很相近（表12-2），略大于计算分子质量，在25000~27000u。这些差异可以解释为一种"熔球"的过渡状态，酶蛋白在十二烷基磺酸钠聚丙烯酰胺凝胶电泳（SDS-PAGE）中为压缩的变性结构，但具有近于自然的二级结构，三级结构明显减少，疏水表面增大。在SDS-PAGE中，这些部分变性的乙内酰脲消旋酶比其完全变性迁移得更慢。天然酶的分子质量通过分子筛色谱（高效液相HPLC）测定，约为100000u，而 *Pseudomonas* sp. 乙内酰脲消旋酶（190000u）和 *A. aurescens* DSM 3747 乙内酰脲消旋酶（175000u）为例外。因此，来源于 *Agrobacterium*、*Sinorhizobium*、*Microbacterium* 的乙内酰脲消旋酶可以推断为四聚体结构，而 *Pseudomonas* sp. 乙内酰脲消旋酶为六聚体结构，而 *A. aurescens* DSM 3747 乙内酰脲消旋酶为六聚体、七聚体或八聚体结构（表12-2）。

尽管乙内酰脲消旋酶整体上体现出较高的温度稳定性，在55℃具有最适酶活性（表12-2），而来源于 *Pseudomonas* 和 *Sinorhizobium* 的乙内酰脲消旋酶的最适温度分别为45℃和40℃。该酶的最适pH一般高于8，除了来源于 *Agrobacterium* 的两种乙内酰脲消旋酶。这种弱碱性pH条件可以避免化学消旋反应。因此，在工业过程中D-5-单取代乙内酰脲和L-5-单取代乙内酰脲的消旋化只能通过酶法来实现。

为了研究乙内酰脲消旋酶是否为金属酶，纯化的乙内酰脲消旋酶在不同金属离子、金属螯合剂EDTA、还原剂二硫苏糖醇的条件下进行酶活性测定。大多数金属离子对于酶活性没有显著影响，只有 Cu^{2+}、Hg^{2+}、Pb^{2+}、Zn^{2+} 对于酶活性有一定的抑制作用。二硫苏糖醇通常对酶没有影响，只有 *Arthrobacter* 酶活性受该化合物激发。此外，金属螯合剂EDTA也对乙内酰脲消旋酶活性没有明显影响，说明该种酶不是金属酶。

表 12-2　　乙内酰脲消旋酶的生化特性

来源菌株	手性	分子质量/ku	亚基数量	最适pH	最适温度/℃
假单胞杆菌 NS671	L	32	6	9.5	45
金黄节杆菌 DSM 3747	L	32.1	6，7和8	8.5	55
根瘤农杆菌 C58 1	D	32	4	7.5	55
根瘤农杆菌 C58 2	D	27	4	7.5	55
液化微杆菌 AJ 3912	L	27	4	8.2	55
苜蓿中华根瘤菌 CECT 4114	D	31	4	8.5	40

12.4 乙内酰脲消旋酶的底物对映选择性和动力学分析

尽管乙内酰脲消旋酶的天然底物仍不明确，但出于工业目的，对于难以进行化学消旋的 5 - 单取代乙内酰脲，人们已经开始研究这些酶催化不同 5 - 单取代乙内酰脲消旋化的能力（图 12 - 7）。在六种乙内酰脲消旋酶中，只有 *Arthrobacter* 酶对于芳香族取代的乙内酰脲具有较好的消旋化作用，而 *Microbacterium* 酶只针对一种底物进行研究，其他酶催化脂肪族底物反应更迅速（见图 12 - 8 中 AtHyuA1 的例子）。对于 *Agrobacterium* 的两种乙内酰脲消旋酶 1 和 2，其催化脂肪族取代乙内酰脲的取代基链长和动力学活性之间存在一种互为相反的关系。最高消旋化反应速率对应于具有最短链长取代基的底物。而 AtHyuA2 催化 D - 乙内酰脲和 L - 乙内酰脲消旋化的反应速率比 AtHyuA1 更慢。AtHyuA1 催化更快的消旋化反应也通过动力学参数的考察得以证实，该酶比 AtHyuA2 具有更低的 K_m 和更高的 k_{cat}（表 12 - 3）。

对于 *Sinorhizobium* 乙内酰脲消旋酶，发现了 5 - 单取代乙内酰脲的一种异常的抑制作用。在标准条件下，潜在底物 5 - 乙基乙内酰脲的 D - 异构体没有被消旋化，而 L - 异构体（L - 5 - 乙基乙内酰脲）却表现出最快的消旋化速率。此外，*Sinorhizobium* 乙内酰脲消旋酶对于 5 - 甲基硫代乙基乙内酰脲的 D - 异构体和 L - 异构体均不具有消旋化作用（图 12 - 9）。这些未表现出酶活性的底物作为乙内酰脲消旋酶的潜在抑制剂用于研究。对于 L - 5 - 乙基乙内酰脲，D - 5 - 乙基乙内酰脲没有表现出抑制作用。然而，D - 5 - 甲基硫代乙基乙内酰脲和 L - 5 - 甲基硫代乙基乙内酰脲的抑制作用通过不同浓度 L - 5 - 乙基乙内酰脲的反应而得以考察。双对数曲线表明 D - 5 - 甲基硫代乙基乙内酰脲和 L - 5 - 甲基硫代乙基乙内酰脲均为 L - 5 - 乙基乙内酰脲的竞争性抑制剂（图 12 - 10）。对于 *Pseudomonas* sp. NS671 和 *A. aurescens* DSM 3747 乙内酰脲消旋酶，底物抑制作用也同样存在，即使在低的底物浓度条件下。但对于 *Agrobacterium* 乙内酰脲消旋酶，却没有发现这种现象。正如已报道的 *Pseudomonas* sp. NS671 乙内酰脲消旋酶对 5 - 异丙基乙内酰脲没有活性，*Sinorhizobium* 乙内酰脲消旋酶对于 D - 5 - 甲基硫代乙基乙内酰脲和 L - 5 - 甲基硫代乙基乙内酰脲底物也不具有活性。而在这种情况下酶不能催化消旋化的底物已用作乙内酰脲消旋酶的抑制剂进行研究。

这些参数是在 40℃、pH7.5 反应 15min 后测定的。k_{cat} 定义为 40℃ 下，每秒每毫摩尔酶使得 D，L - 5 - 单取代乙内酰脲发生消旋反应的毫摩尔量。

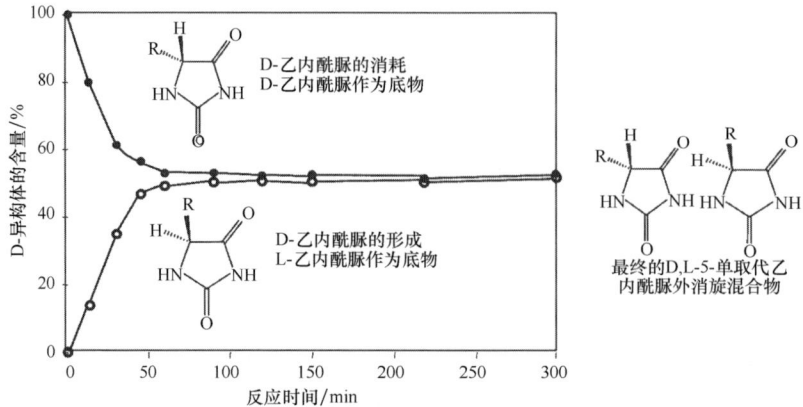

图12-7　通过手性HPLC分析的乙内酰脲消旋酶催化D-5-单取代乙内酰脲和L-5-单取代乙内酰脲消旋化的反应过程（方法见参考文献［28］）

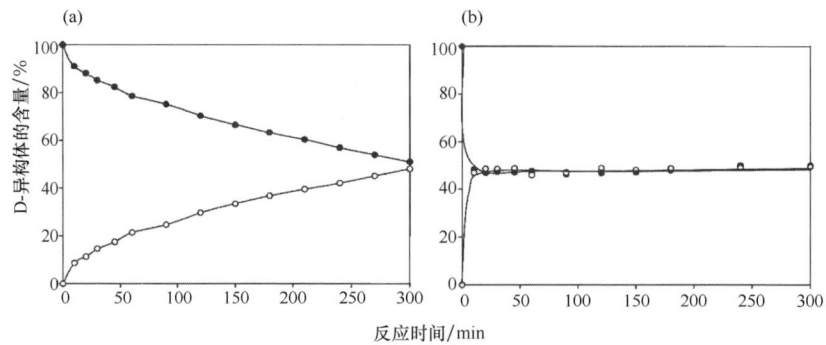

图12-8　根瘤农杆菌（A. tumefaciens）C58的乙内酰脲消旋酶1（AtHyuA1）催化5-苯基乙内酰脲（a）和5-乙基乙内酰脲（b）的D-型异构体（●）和L-型异构体（○）的消旋化反应

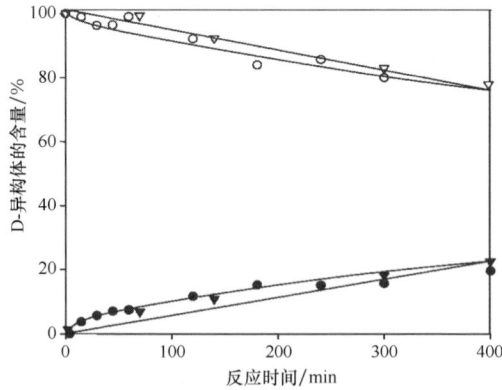

图12-9　苜蓿中华根瘤菌（S. meliloti）CECT 4114乙内酰脲消旋酶催化5-甲基硫代乙基乙内酰脲D-异构体（●）和L-异构体（○）的消旋化
在同样的反应间隔点，同时考察底物的D-异构体（▼）和L-异构体（▽）的化学消旋反应

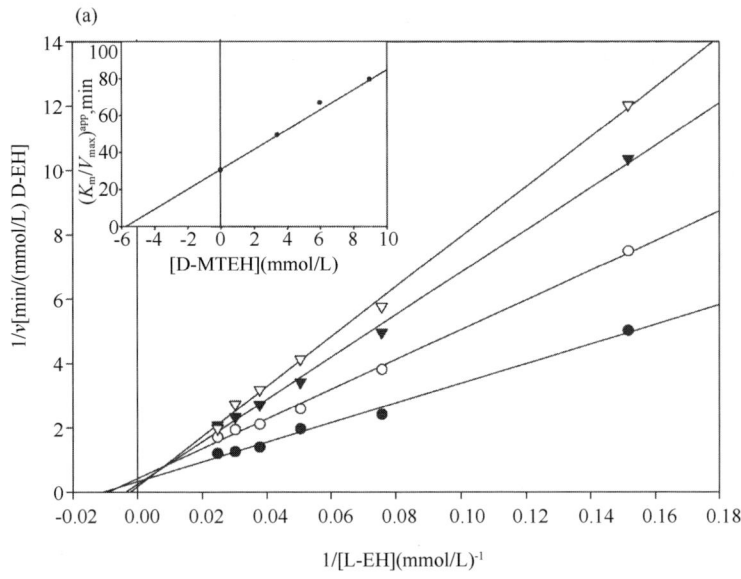

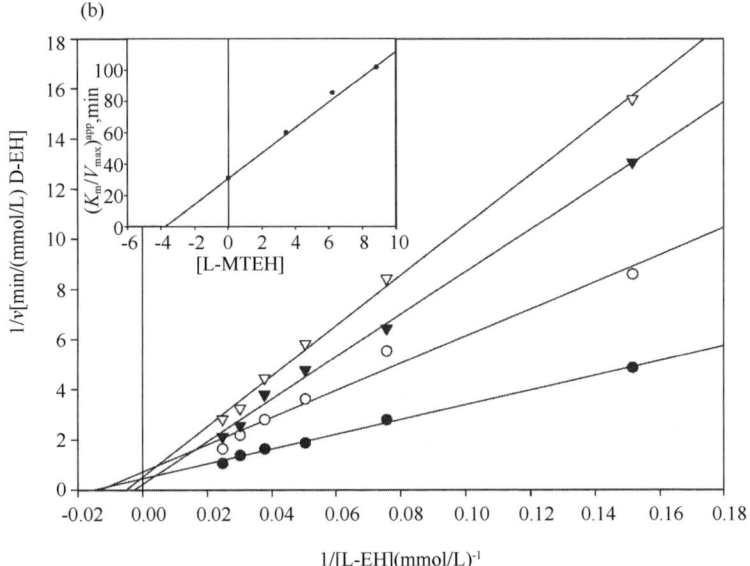

图 12 - 10 （a） D - 5 - 甲基硫代乙基乙内酰脲
（D - MTEH） 和 （b） L - 5 - 甲基硫代乙基乙内酰脲（L - MTEH）
对可变底物 L - 5 - 乙基乙内酰脲（L - EH） 的抑制方式

当有恒定浓度 L - EH 时，D - MTEH 和 L - MTEH 的浓度存在差异：（●）未添加 MTEH，（○） 3 mmol/L MTEH，（▼） 6 mmol/L MTEH 和（▽） 9 mmol/L MTEH。在 40 ℃、pH8.5 处理 15min 后检测苜蓿中华根瘤菌乙内酰脲消旋酶酶活性。插图显示的是表观常数 K_m/V_{max} [$(K_m/V_{max})^{app}$] 对抑制剂（D - MTEH 或 L - MTEH）浓度的关系图，已知（a）和（b）的 K_i 值分别为 5.75mmol/L 和 3.76 mmol/L。反应平行操作 3 次，动力学常数的平均标准误差小于 10%

表12-3 根瘤农杆菌（*A. tumefaciens*）C58的乙内酰脲消旋酶1和2（AtHyuA1和AtHyuA2）催化反应动力学参数

基质	酶	K_m/mmol/L	K_{cat}/s^{-1}	K_{cat}/K_m / [s^{-1}·(mmol/L)$^{-1}$]
L-EH	AtHyuA1	4.45 ± 0.060	13.64 ± 1.53	3.06 ± 0.63
	AtHyuA2	19.42 ± 2.34	1.81 ± 0.01	0.09 ± 0.01
D-EH	AtHyuA1	4.26 ± 0.70	16.47 ± 1.47	3.87 ± 0.59
	AtHyuA2	12.54 ± 1.81	1.80 ± 0.10	0.14 ± 0.03
L-BH	AtHyuA1	5.56 ± 1.45	1.07 ± 0.23	0.19 ± 0.04
	AtHyuA2	18.42 ± 4.80	0.18 ± 0.02	0.01 ± 0.00
D-BH	AtHyuA1	4.71 ± 0.62	2.36 ± 0.43	0.50 ± 0.10
	AtHyuA2	20.77 ± 5.47	0.46 ± 0.07	0.02 ± 0.00
L-MTEH	AtHyuA1	5.41 ± 1.06	1.57 ± 0.37	0.35 ± 0.08
	AtHyuA2	1.90 ± 1.48	0.78 ± 0.07	0.07 ± 0.01
D-MTEH	AtHyuA1	4.47 ± 0.96	2.03 ± 0.45	0.45 ± 0.12
	AtHyuA2	6.31 ± 0.31	0.5 ± 0.01	0.08 ± 0.01
D-IBH	AtHyuA1	1.23 ± 0.20	2.05 ± 0.53	1.66 ± 0.13
	AtHyuA2	3.02 ± 0.78	0.48 ± 0.02	0.16 ± 0.05
D-IBH	AtHyuA1	4.58 ± 0.51	4.16 ± 0.67	0.90 ± 0.08
	AtHyuA2	6.79 ± 0.60	0.83 ± 0.03	0.12 ± 0.01

a D-和L-EH：D-和L-5-乙基乙内酰脲；D-和L-BH：D-和L-5-苯基乙内酰脲；D-和L-MTEH：D-和L-5-甲基硫代乙基乙内酰脲；D-和L-IBH：D-和L-5-异丁基乙内酰脲。

12.5 乙内酰脲消旋酶的反应机理

已知乙内酰脲消旋酶的氨基酸序列在75和180位点附近具有两个高度保守的半胱氨酸（图12-4星号）。催化不同底物的消旋化/异构化的酶，如谷氨酸消旋酶和二氨基庚二酸异构酶，在催化中心也具有两个半胱氨酸。为了证实这些半胱氨酸在酶催化中的作用，我们研究组已开展了结构、动力学和底物复合研究，发现了这些位点在乙内酰脲消旋酶的底物识别和催化消旋化反应中的重要作用[29,30]。选择来源于 S. meliloti 的乙内酰脲消旋酶作为研究对象进行相关研究。

SmeHyuA 的氨基酸序列与已知活性的天冬氨酸或谷氨酸消旋酶的序列比较表明二者之间的相似度较低。然而，两个完全保守的半胱氨酸残基作为活性位点参与谷氨酸和天冬氨酸消旋酶催化的消旋化反应。为了研究乙内酰脲消旋酶的两个半胱氨酸在催化反应中的作用，我们研究室对 S. meliloti 的乙内酰脲消旋酶的这些半胱氨酸位点进行了突变研究。76 位半胱氨酸和 181 位半胱氨酸突变为丝氨酸和丙氨酸，从而获得四个突变体（C76S、C76A、C181S 和 C181A）。活性分析表明突变体的酶活性发生了明显的下降，说明 76 位和 181 位的两个半胱氨酸对于催化作用必不可少。利用能够传递质子的氨基酸残基（丝氨酸）取代可以获得少量的酶活性，但丙氨酸取代却未发现酶活性，这些结果说明在该位点存在质子供体基团对于酶的催化作用是很关键的。类似的现象在其他具有双碱基机制的酶中也有发现。

为了进一步发现每个位点的作用，研究考察了 SmeHyuA 的活性位点突变体 C76A 和 C181A（丙氨酸取代突变）的底物结合亲和性。上述底物与突变体酶的结合通过等温滴定热量测定表明位于底物 5-位而非侧链上的质子是底物正确结合的关键因素。突变体 C76A 与 D-异丙基乙内酰脲和 L-异丙基乙内酰脲及 L-乙基乙内酰脲（D-乙基乙内酰脲为一种抑制剂）结合的荧光分析试验表明该突变体酶不能结合底物的 D-异构体。对 C181A 进行的相同试验证实该突变体酶不能结合 L-异构体。这些结果意味着 76 位的半胱氨酸起着识别 5-单取代乙内酰脲 D-异构体的作用，而 181 位半胱氨酸负责识别 L-异构体。

为了进一步证实这些结果，我们还以盐酸胍为变性剂通过结构伸展研究分析突变体酶的稳定性。在含有盐酸胍的环境中，突变体酶 C76A 加入 D-异丙基乙内酰脲或突变体酶 C181A 加入 L-异丙基乙内酰脲均会增加突变体酶的稳定性。这些研究再次说明 76 位半胱氨酸是识别 5-单取代乙内酰脲 D-异构体的关键氨基酸残基，而 181 位半胱氨酸是识别 L-异构体的必需氨基酸残基。为了确定这两个半胱氨酸残基在催化活性中心的分布状态，以其他已知结构的消旋酶如 Pyrococcus 天冬氨酸消旋酶和 Aquifex 谷氨酸消旋酶结构为模板，将 SmeHyuA 进行三维结构同源模拟（图 12-11）[30]。这一结构模型支持前面的假设，即 76 位半胱氨酸和 181 位半胱氨酸在空间上位于相对的位置，进而证实了 SmeHyuA 符合"双碱基机制"。而且，这个催化规律也可由 A. aurescens 乙内酰脲消旋酶的前期研究结果推断而来[15]，将反应在重水 D_2O 中进行核磁共振分析表明，不论哪种对映体作为底物，溶剂中的同位素都有效结合到产物对映体中，而不是底物对映体。

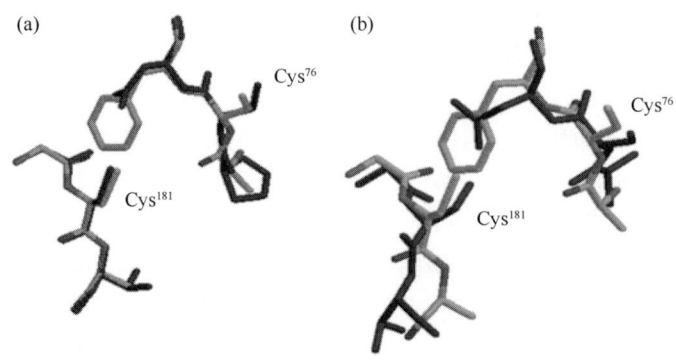

图 12-11　不同蛋白的活性位点重叠。
SmeHyuA 模型（灰色）的活性位点与（a）火球菌 *Pyrococcus horikoshii*
天冬氨酸消旋酶（1FJLA，黑色）和（b）嗜火液菌 *Aquifex pyrophilus*
谷氨酸消旋酶（1B73A，黑色）的比较

基于上述结果，该反应模型遵循双碱基机制（图 12-12）。在这个反应模型中，当以 5-单取代乙内酰脲的 D-异构体为底物时，76 位半胱氨酸（以硫醇盐

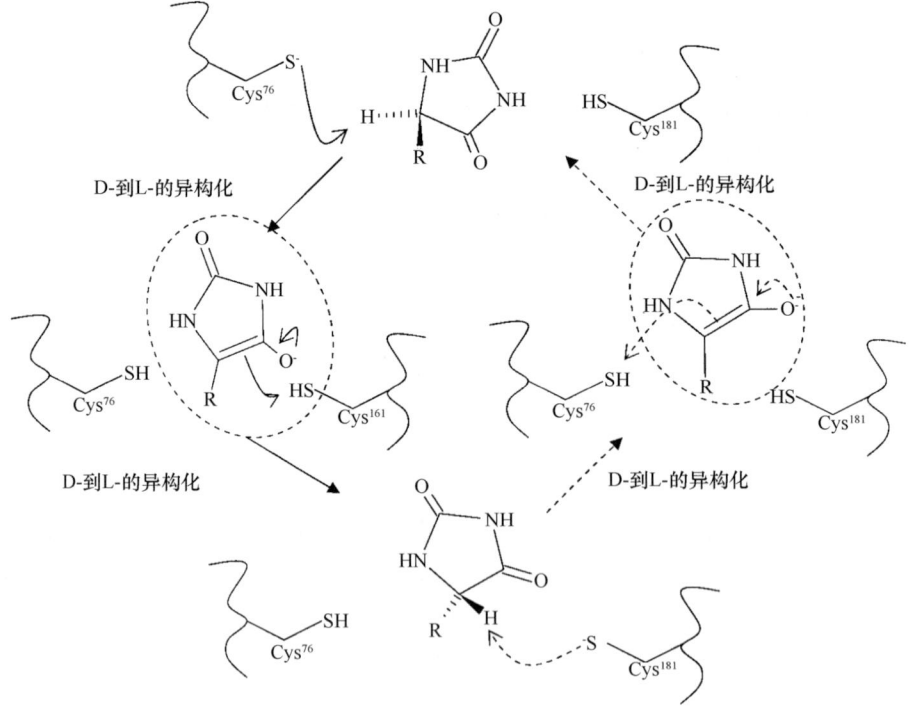

图 12-12　乙内酰脲消旋酶的双碱基消旋化反应机制
带有虚线框的为假定的中间体结构

形式)将作为一个碱基接受质子。随后底物的镜面中间体将会形成,正如乙内酰脲化学消旋反应[8]和谷氨酸消旋酶催化的 D-谷氨酸和 L-谷氨酸的消旋化反应的情况。然后 181 位半胱氨酸将作为酸向底物的反面加上一个质子,并由此形成 L-5-单取代乙内酰脲。另一方面,181 位半胱氨酸上的结合及质子的获得将促使底物的 L-异构体的异构化。在这种情况下,181 位半胱氨酸将作为碱基而 76 位半胱氨酸将为形成的假定中间体提供质子。

12.6 用于光学纯 D-氨基酸合成的乙内酰脲消旋酶等重组生物催化剂的设计

人们已对某些乙内酰脲消旋酶及其酶学特性开展了研究,这些酶与参与乙内酰脲酶催化过程的其他酶被分析用于制备光学活性 D-氨基酸。我们研究组通过在大肠杆菌中分别表达 D-乙内酰脲酶、D-甲氨酰化酶和 *Agrobacterium* 乙内酰脲消旋酶[9]构建了重组菌全细胞生物催化剂,并开发了一种三步法酶促制备 D-氨基酸的反应工程。然而,酶法生产过程需要三次单独的培养过程和反应中间体在重组细胞间的运输过程,这可能会形成一种限制性的因素。而另一种方法就是将三种酶共表达于一个宿主细胞中并直接用作生物催化剂。第一个在大肠杆菌中共表达三个基因的重组系统已用于合成 L-氨基酸,该系统克隆了来源于 *A. aurescens* 的乙内酰脲消旋酶、L-乙内酰脲酶和 L-甲氨酰化酶[16]。最近,来源于 *Flavobacterium sp.* 的 D-乙内酰脲酶和 D-甲氨酰化酶与来源于 *M. liquefaciens* 的乙内酰脲消旋酶已共表达于大肠杆菌中[31]。这两个系统在带有不同抗生素抗性基因的质粒载体中克隆并共表达了三个基因。这个策略需要在培养基中添加几种抗生素,从而在高选择压力下获得重组细胞。此外,由于 D-甲氨酰化酶的活性较低,这两个系统都会形成中间体积累,而这也恰恰是整个转化过程的一个限制性因素[32]。

为了克服这两个问题,我们研究组设计了一种生物催化剂用于从 D,L-5-单取代乙内酰脲合成光学纯 D-氨基酸,该催化剂通过在一个质粒中共表达三个基因形成多顺反子结构[33]。两个全细胞重组系统都含有两个通用基因,即 *A. tumefaciens* BQL9 的 D-乙内酰脲酶和 D-甲氨酰化酶。第一个系统的第三个基因为乙内酰脲消旋酶 1(AthyuA1)[22],第二个系统的第三个基因为乙内酰脲消旋酶 2(AthyuA2)[25],这两个基因都来自于 *A. tumefaciens* C58。研究优化了多顺反子结构的诱导条件并针对重组质粒分析了不同的大肠杆菌宿主。两个构建的重组系统在 34℃ 培养并诱导 8h 后达到最高酶活性。但是,最适诱导物浓度不同,系统 1 的异丙基 -β- D - 硫代半乳糖苷(IPTG)浓度为 0.1mmol/L,系统 2 的 IPTG 浓度为 0.2mmol/L。四种大肠杆菌(DH5α、JM109、TOP10F、BL21)作为宿主细胞用于构建重组系统,大肠杆菌 *E. coli* BL21 为最佳表达系统。重组质粒在表达宿主细胞中的稳定性研究表明重组细胞在初始培养后在没有青霉素压力的条件下至少生长 90 代。

两种全细胞系统的最适温度约为 55℃，在 pH8 的条件下从 D，L - 甲基硫代乙基乙内酰脲转化为 D - 甲硫氨酸的转化率达到 100%。系统 1 能够水解 D，L - 甲基硫代乙基乙内酰脲的全部底物并在大约 100min 内实现完全转化获得光学纯 D - 蛋氨酸 [图 12 - 13（a）]。系统 2 反应较慢，需要 200min 获得从底物到产物的 100% 转化 [图 12 - 13（b）]。其他的乙内酰脲，包括在 C5 位带有脂肪

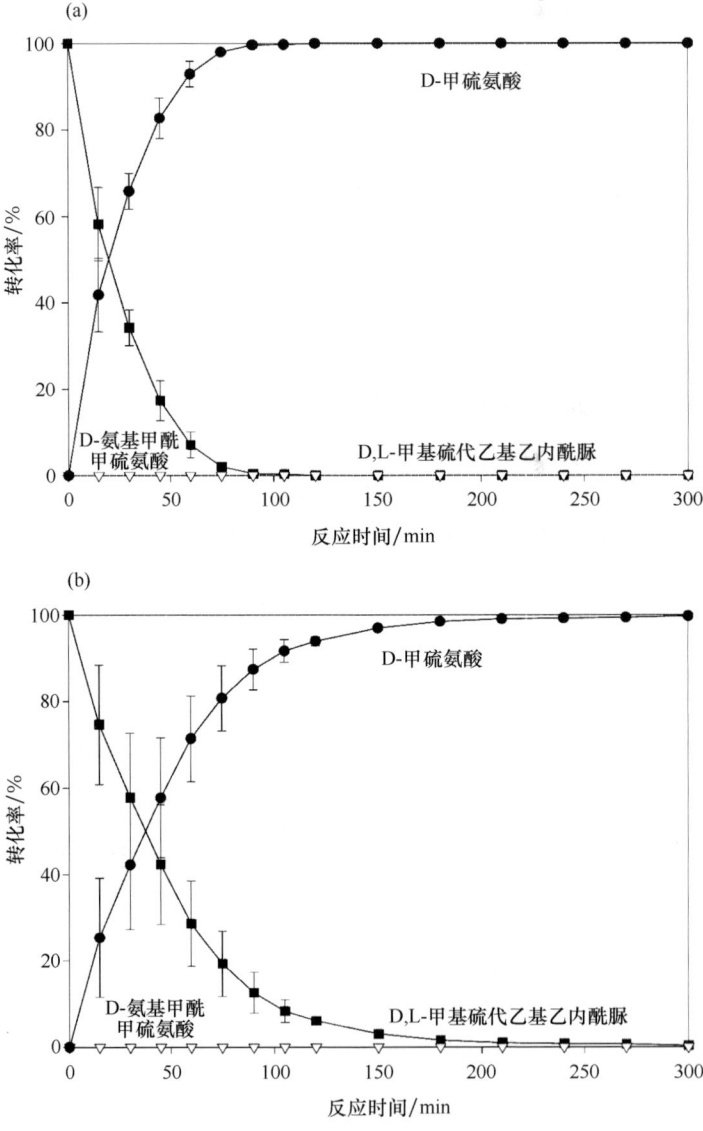

图 12 - 13　利用（a）系统 1 和（b）系统 2 催化 15mmol/L D，L - 甲基硫代乙基乙内酰脲（D，L - MTEH）合成 D - 甲硫氨酸的反应过程比较
反应过程中无 D - 氨基甲酰甲硫氨酸积累

族和芳香族取代的衍生物，均水解为相应的光学纯 D-氨基酸（图 12-14）。无论化学消旋化反应速度快或者慢，所有研究底物都可以通过这两个系统转化为相应的 D-氨基酸产物而没有中间体 N-氨基甲酰-D-氨基酸的积累。这是首次突破该反应的瓶颈问题。由于 D-甲氨酰化酶比转化过程中其他两种酶有更高的表达量，整个反应不会形成底物抑制。两个系统催化转化脂肪族氨基酸比芳香族氨基酸均表现出更高的反应速率。

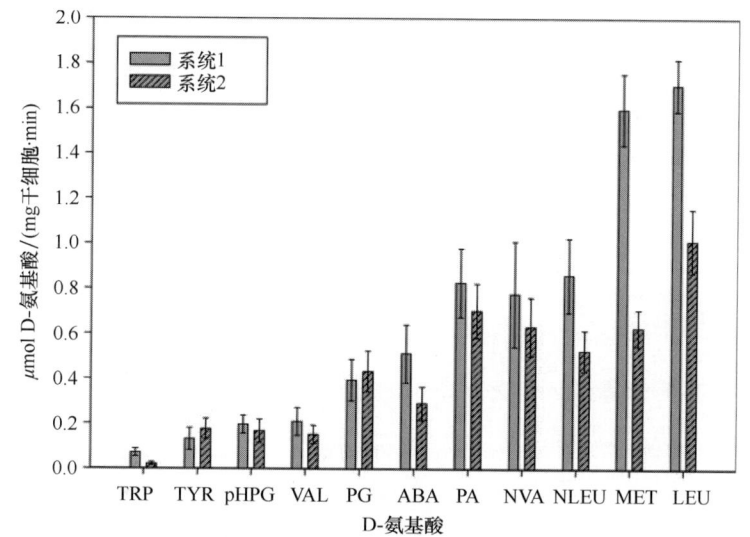

图 12-14 利用系统 1 和 2 催化转化 5-单取代乙内酰脲合成
不同光学纯 D-氨基酸的初始反应速率

TRP, D-色氨酸；TYR, D-酪氨酸；pHPG, D-p-羟苯基甘氨酸；VAL, D-缬氨酸；
PG, D-苯基甘氨酸；ABA, D-氨基丁酸；PA, D-苯丙氨酸；NVA, D-正缬氨酸；NLEU,
D-正亮氨酸；MET, D-甲硫氨酸；LEU, D-亮氨酸。反应进行三次平行操作，误差为
平均标准误差

对于几乎所有研究的 D-氨基酸，系统 1 比系统 2 水解 5-单取代乙内酰脲的速率更快。而对于合成芳香族氨基酸 D-酪氨酸和 D-苯甘氨酸，系统 1 比系统 2 的反应速率略慢。这个发现与前期研究结果一致，即酶 AtHyuA1（系统 1）比酶 AtHyuA2（系统 2）更适于工业应用，基于其更高的底物亲和性和消旋化反应速率[25]。

将重组生物催化剂用于大规模转化具有可观的经济效益。基于这个原因，D-甲硫氨酸从 300mmol/L D,L-甲基硫代乙基乙内酰脲（52.3g/L）制备获得，其反应规模相当于实验室规模（300mL）的 300 倍。在最适条件下，利用系统 1 可以使 D-蛋氨酸的产率在 6h 内达到 100%，而没有 D-氨基甲酰蛋氨酸的积累 [图 12-15（a）]。但是，如果不添加诱导物 IPTG，该系统活性降低，完

成整个转化需要约 32h [图 12 - 15 (b)]。

这一由 D, L - 5 - 单取代乙内酰脲合成 D - 氨基酸的多酶系统的开发不仅可以用于乙内酰脲酶催化制备 D - 苯基甘氨酸和 D - 对羟基苯基甘氨酸（如本章开始所述）等氨基酸，也可用于合成其他作为医药前体的非天然 D - 氨基酸。

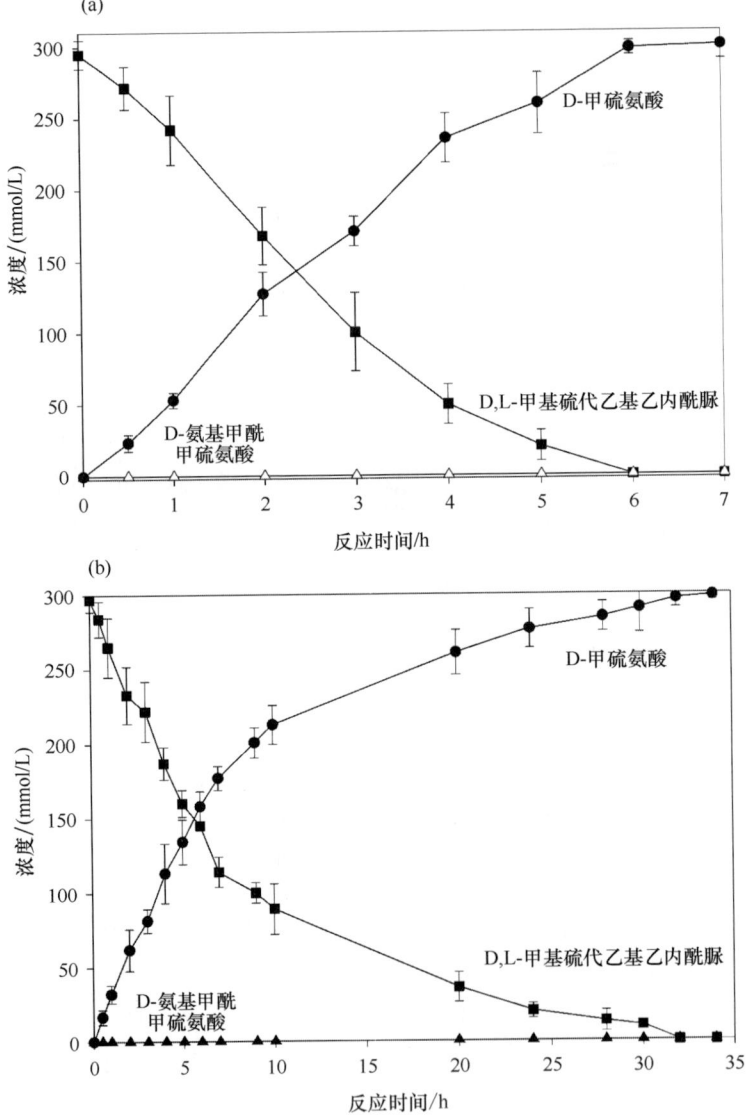

图 12 - 15 利用系统 1（a）0.1mmol/L IPTG 诱导和（b）无诱导在 300mL 大规模反应体系中催化 300mmol/L D, L - 甲基硫代乙基乙内酰脲合成 D - 甲硫氨酸的反应过程

反应过程中无 D - 氨基甲酰蛋氨酸积累。反应测定进行三次重复平行实验，误差为测定值与平均值的标准偏差

参考文献

1 Syldatk, C., Läufer, A., Müller, R. and Höke, H. (1990) *Advances in Biochemical Engineering/Biotechnology*, 41, 29 – 75.

2 Bommarius, A. S., Schwarm, M. and Drauz, K. (1998) *Journal of Molecular Catalysis B: Enzymatic*, 5, 1 – 11.

3 May, O., Verseck, S., Bommarius, A. and Drauz, K. (2002) *Organic Process Research & Development*, 6, 452 – 457.

4 Altenbuchner, J., Siemann-Herzberg, M. and Syldatk, C. (2001) *Current Opinion in Biotechnology*, 12, 559 – 563.

5 Breuer, M., Ditrich, K., Habicher, T., Hauer, B., Kebeler, M., Stürmer, R. and Zelinski, T. (2004) *Angewandte Chemie (International Edition in English)*, 43, 788 – 824.

6 Ware, E. (1950) *Chemical Reviews*, 46, 403 – 470.

7 Pietzsch, M. and Syldatk, C. (2002) In *Enzyme Catalysis in Organic Synthesis* (eds K. Drauz and H. Waldmann), Wiley-VCH Verlag GmbH, Weinheim, pp. 761 – 799.

8 Lazarus, R. A. (1990) *The Journal of Organic Chemistry*, 55, 4755 – 4757.

9 Martinez-Rodriguez, S., Las Heras-Vazquez, F. J., Clemente-Jimenez, J. M., Mingorance-Cazorla, L. and Rodriguez-Vico, F. (2002) *Biotechnology Progress*, 18, 1201 – 1206.

10 Möller, A., Syldatk, C., Schulze, M. and Wagner, F. (1988) *Enzyme and Microbial Technology*, 10, 618 – 625.

11 Battilotti, M. and Barberini, U. (1988) *Journal of Molecular Catalysis*, 43, 343 – 352.

12 Hils, M., Müch, P., Altenbuchner, J., Syldatk, C. and Mattes, R. (2001) *Applied Microbiology and Biotechnology*, 57, 680 – 688.

13 Watabe, K., Ishikawa, T., Mukohara, Y. and Nakamura, H. (1992) *Journal of Bacteriology*, 74, 3461 – 3466.

14 Watabe, K., Ishikawa, T., Mukohara, Y. and Nakamura, H. (1992) *Journal of Bacteriology*, 74, 7989 – 7995.

15 Wiese, A., Pietzsch, M., Syldatk, C., Mattes, R. and Altenbuchner, J. (2000) *Journal of Biotechnology*, 80, 217 – 230.

16 Wilms, B., Wiese, A., Syldatk, C., Mattes, R. and Altenbuchner, J. (2001) *Journal of Biotechnology*, 86, 19 – 30.

17 Hils, M., Müch, P., Altenbuchner, J., Syldatk, C. and Mattes, R. (2001) *Applied Microbiology and Biotechnology*, 57, 680 – 688.

18 Goodner, B., Hinkle, G., Gattung, S., Miller, N., Blanchard, M., Qurollo, B., Goldman, B. S., Cao, Y., Askenazi, M., Halling, C., Mullin, L., Houmiel, K., Gordon, J., Vaudin, M., Iartchouk, O., Epp, A., Liu, F., Wollam, C., Allinger, M., References 193 Doughty, D., Scott, C., Lappas, C., Markelz, B., Flanagan, C., Crowell, C., Gurson, J., Lomo, C., Sear, C., Strub, G., Cielo, C. and Slater, S. (2001) *Science*, 294, 2323 – 2328.

19 Wood, D. W., Setubal, J. C., Kaul, R., Monks, D., Chen, L., Wood, G. E., Chen, Y., Woo, L., Kitajima, J. P., Okura, V. K., Almeida, N. F., Jr, Zhou, Y., Bovee, D., Sr, Chapman, P., Clendenning, J., Deatherage, G., Gillet, W., Grant, C., Guenthner, D., Kutyavin, T., Levy, R., Li,

M., McClelland, E., Palmieri, A., Raymond, C., Rouse, G., Saenphimmachak, C., Wu, Z., Gordon, D., Eisen, J. A., Paulsen, I., Karp, P., Romero, P., Zhang, S., Yoo, H., Tao, Y., Biddle, P., Jung, M., Krespan, W., Perry, M., Gordon-Kamm, B., Liao, L., Kim, S., Hendrick, C., Zhao, Z., Dolan, M., Tingey, S. V., Tomb, J., Gordon, M. P., Olson, M. V. and Nester, E. W. (2001) *Science*, 294, 2317–2323.

20 Galibert, F., Finan, T. M., Long, S. R., Puhler, A., Abola, P., Ampe, F., Barloy-Hubler, F., Barnett, M. J., Becker, A., Boistard, P., Bothe, G., Boutry, M., Bowser, L., Buhrmester, J., Cadieu, E., Capela, D., Chain, P., Cowie, A., Davis, R. W., Dreano, S., Federspiel, N. A., Fisher, R. F., Gloux, S., Godrie, T., Goffeau, A., Golding, B., Gouzy, J., Gurjal, M., Hernandez-Lucas, I., Hong, A., Huizar, L., Hyman, R. W., Jones, T., Kahn, D., Kahn, M. L., Kalman, S., Keating, D. H., Kiss, E., Komp, C., Lelaure, V., Masuy, D., Palm, C., Peck, M. C., Pohl, T. M., Portetelle, D., Purnelle, B., Ramsperger, U., Surzycki, R., Thebault, P., Vandenbol, M., Vorholter, F. J., Weidner, S., Wells, D. H., Wong, K., Yeh, K. C. and Batut, J. (2001) *Science*, 293, 668–672.

21 Suzuki, S., Onishi, N. and Yokozeki, K. (2005) *Bioscience, Biotechnology, and Biochemistry*, 69, 530–836.

22 Las Heras-Vazquez, F. J., Martinez-Rodriguez, S., Mingorance-Cazorla, L., Clemente-Jimenez, J. M. and Rodriguez-Vico, F. (2003) *Biochemical and Biophysical Research Communications*, 303, 541–547.

23 Martinez-Rodriguez, S., Las Heras-Vazquez, F. J., Mingorance-Cazorla, L., Clemente-Jimenez, J. M. and Rodriguez-Vico, F. (2004) *Applied and Environmental Microbiology*, 70, 625–630.

24 Suzuki, S., Takenaka, Y., Onishi, N. and Yokozeki, K. (2005) *Bioscience, Biotechnology, and Biochemistry*, 69, 1473–1482.

25 Martinez-Rodriguez, S., Las Heras-Vazquez, F. J., Clemente-Jimenez, J. M. and Rodriguez-Vico, F. (2004) *Biochimie*, 86, 77–81.

26 Wiese, A., Syldatk, C., Mattes, R. and Altenbuchner, J. (2001) *Archives of Microbiology*, 176, 187–196.

27 May, O., Habenicht, A., Mattes, R., Syldatk, C. and Siemann, M. (1998) *Biological Chemistry*, 379, 7743–7747.

28 Martinez-Rodriguez, S., Clemente-Jimenez, J. M., Rodriguez-Vico, F. and Las Heras-Vazquez, F. J. (2007) *D-Amino Acids: A New Frontier in Amino Acid and Protein Research* (eds R. Konno, H. Brückner, A. D'Aniello, G. Fisher, N. Fuji and H. Homma), Nova Science Inc, New York, pp. 573–577.

29 Andujar-Sanchez, M., Martinez-Rodriguez, S., Las Heras-Vazquez, F. J., Clemente-Jimenez, J. M., Rodriguez-Vico, F. and Jara-Perez, V. (2006) *Biochimica et Biophysica Acta*, 1764, 292–298.

30 Martinez-Rodriguez, S., Andujar-Sanchez, M., Neira, J. L., Clemente-Jimenez, J. M., Jara-Perez, V., Rodriguez-Vico, F. and Las Heras-Vazquez, F. J. (2006) *Protein Science*, 15, 2729–2738.

31 Nozaki, H., Takenaka, Y., Kira, I., Watanabe, K. and Yokozeki, K. (2005) *Journal of Molecular Catalysis B: Enzymatic*, 32, 213–218.

32 Park, J. H., Kim, G. J. and Kim, H. S. (2000) *Biotechnology Progress*, 16, 564–570.

33 Martinez-Gomez, A. I., Martinez-Rodriguez, S., Clemente-Jimenez, J. M., Pozo-Dengra, J., Rodriguez-Vico, F. and Las Heras-Vazquez, F. J. (2007) *Applied and Environmental Microbiology*, 73, 1525–1531.

13 化学-酶法去消旋化

Davide Tessaro, Gianluca Molla, Loredano Pollegioni,
Stefano Servi

13.1 引言

近年来,去消旋化的概念对于制备单一对映体手性化合物技术来说越来越重要。去消旋化特指从外消旋的底物获得单一对映体的过程[1]。

为了达到这样的目的,研究者通常采用两条策略:通过立体异构反应实现去消旋化或通过动态动力学(DFK)拆分实现去消旋化(图式13-1)。

在立体异构反应的去消旋化过程中,含有 R_f 和 S_f 的外消旋底物中的一种构型 S_f 被光学选择性地转化为中间产物 S_i,接着这个中间体又被转化为构型相反的 R_f。立体异构法的典型例子就是外消旋仲醇类底物中的一个构型的对映体被选择性地氧化为对应的酮类化合物,进而在具有相反立体选择性的催化剂作用下发生还原反应[2]。

动态动力学(DFK)法的去消旋化过程中同时存在动力学拆分过程与不发生反应的单一对映异构体的原位消旋化反应。在此过程中,外消旋底物中某个构型的底物 R_s 发生化学反应生成产物 R_p,与此同时,另一构型的底物以类似的速率发生消旋化反应生成外消旋混合物(R_s 和 S_s)。产物(R_p)在相同的条件下不会发生自消旋反应。常见的普通动力学拆分理论产率为50%,而利用动态动力学法产率可以达到100%。尽管大部分具有工业应用价值的手性化合物目前主要还是通过动力学拆分的方法进行制备,但工业化酶制剂以及自消旋化过程的高速发展不断促进新的动态动力学法化学或生物催化体系的出现和工业应用。在过去的10年中,Bäckvall等人对建立和促进基于一锅法或两步法的拆分自消旋过程做出了重要贡献[3]。

在仲醇、胺类等手性化合物的制备中,动态动力学法是最具有普遍适用性的。该方法包括由脂肪酶催化的不可逆酰化反应,同时不参与反应的对映异构体在含量占总量2%[物质的量(mol)比]的钌等催化剂的作用下发生自消旋反应。两步法动态动力学反应通常发生在相同的反应相中,通常为有机溶剂相中。

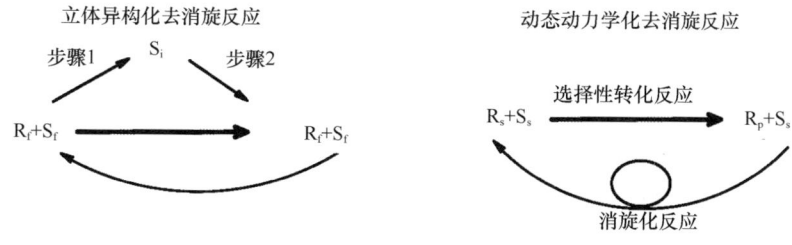

图式13-1 利用立体异构反应或动态动力学（DFK）拆分实现去消旋化

另外许多研究者还报道了基于双酶系统或者酶促拆分/碱催化自消旋化反应的去消旋化方法。通常认为这些方法可以减少环境影响，而且在自消旋化反应过程中不需要过渡态金属催化剂[4]。

与动力学拆分过程能够同时获得同一个物质的两个立体构型不同的对映异构体不同，去消旋化反应的最终产品是外消旋底物中的一个光学纯手性化合物。而获得相反构型光学纯手性化合物的可能性主要取决于是否存在相关的酶。通常这些具有立体偏好性的酶很难获得。

这一章主要讨论利用去消旋化方法制备几种多功能的化合物（包括 α-羟基酸和 β-羟基酸、α-羟基腈和 α-氨基酸）。

13.2 α-羟基酸和 β-羟基酸的去消旋化方法

作为天然产物或者生物活性物质的重要组成的 α 或 β-羟基酸通常需要其两个构型的光学纯产品[5]。目前已经有很多该类物质生物不对称合成的报道[6]。由于通过传统的合成方法很容易获得外消旋底物，因此以它为底物运用去消旋化反应制备单一构型的对映体十分适宜。

13.2.1 利用动态动力学拆分法去消旋化制备羟基酸（水解酶+钌催化的自消旋化反应）

在仲醇动态动力学拆分法中常用的酶催化剂和过渡态金属催化剂偶联反应也被用于羟基酸（酯）的不对称合成。在其反应过程中以 p-氯代乙酸苯酯为酰基供体在来自假单胞杆菌（*Pseudomonas*）的脂肪酶（PS-C，天野公司）催化下发生立体选择性酰化反应，同时不发生酰化反应的对映体在钌类化合物的催化下发生自消旋化反应[7]。在这样的反应条件下，很多Ⅰ类 α 羟基酯去消旋化反应都能获得稳定的高产率和高光学选择性（图式13-2）。

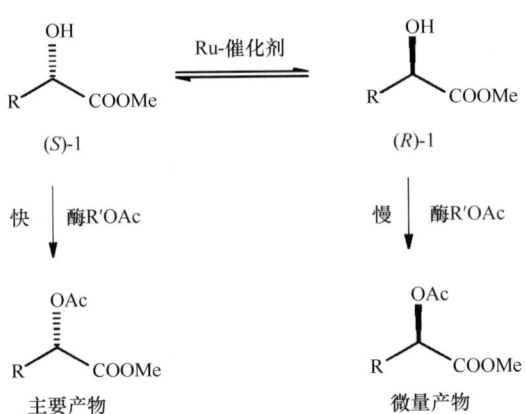

图式 13-2　动态动力学拆分实现 α-羟基酸去
消旋化（水解酶＋钌-碱消旋化反应催化剂）

R＝芳基，环己烷中环己基脂肪酶促酰化作用；2% 消旋化催化剂 Ru，产率达到 70%~80%；
光学纯度 99% e.e. 值

由于用钌催化剂不需要以碱为助催化剂更加具有优势。反应体系中存在碱容易使形成的醋酸酯通过烯醇化作用而发生自消旋反应。

在 β-羟基酯的动态动力学拆分法中也存在同样的反应。在近来的研究中，通过串联的醇醛缩合反应和通过固定化 *Candida antarctica* 脂肪酶和钌催化的动态动力学拆分获得 β-羟基酯的中和反应，从而实现手性 β-羟基酯的制备[8]。

而以醛为底物制备 β-醋酸酯（图式 13-3 中的产物 2），产物不仅具有很高光学纯度，其产率也可以达到 69%~75%。另外，在该反应过程中必须存在碱作为辅助催化剂以避免产物发生醇醛缩合反应的逆反应。该方法不仅仅对芳香族羟基酸有效，而且成功应用于很多非芳香族环己类化合物的去消旋化。

13.2.2　羟基酸的双酶法动态动力学拆分方法实现去消旋化

通过两个酶实现扁桃酸的去消旋化已经成功报道。首先外消旋扁桃酸底物在二异丙醚中由 *Pseudomonas* 脂肪酶催化发生酰化反应。反应体系中（R）-扁桃酸和（S）-扁桃酸乙酰化衍生物通过去除反应溶剂进行富集后在水相中由消旋化酶催化发生自消旋反应，在此条件下仅有不参与酰化反应的羟基酸被消旋化。当这样的反应循环四次以后，（S）-扁桃酸乙酰酯的分离产率超过 80%，而产物光学纯度大于 98%[9]。

这个经典的循环式拆分-消旋化反应的拆分方法也表明这种多步酶促反应受到如反应体系、反应剂或反应条件不能相互协调的限制。

作为目前研究可能最为透彻的自消旋化酶[10]，扁桃酸消旋酶酶活性与扁桃酸衍生物结构相关[11]。当在 α 位存在芳香基或者不饱和基团是消旋化酶产生活性的基本条件。

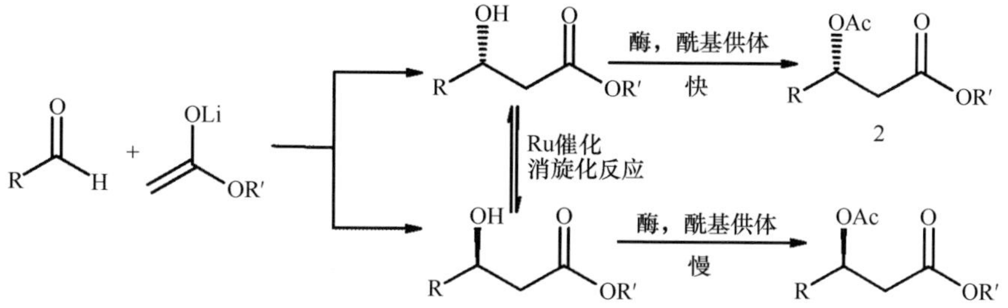

图式 13-3　脂肪酶催化立体选择性不可逆酰化反应与钌催化消旋化反应耦合原位合成 β-羟基酯（R = Ph, p-OMe-Ph, $PhCH_2$-）

为了将该方法的应用拓展到其他 2-羟基酸，人们从副干酪乳杆菌（*Lactobacillus paracasei*）中发现了具有更宽底物谱的消旋酶。从而实现了重要精细化学品中间体 2-羟基-4-苯丁酸和 3-苯乳酸的去消旋化制备。在此反应过程中需要动力学拆分和成功的自消旋化反应。通过两个反应循环，产物均为（S）-羟基酸的酰化物，其产率大约为 60%。而其相反构型的羟基酸可以通过催化该反应的脂肪酶酶促水解反应获得。要获得（R）-羟基酸酰化物产物则需要 R-型羟基酸的选择性酰化反应和（S）-羟基酸的自消旋化反应[12]。

13.2.3　利用立体异构反应实现羟基酸的去消旋化

（R）-α-羟基酸也可以通过外消旋乙酸类似物的立体异构反应实现去消旋化（图式 13-4）。这种去消旋化过程由 L-专一性羟基乙酸盐或酯氧化酶催化的氧化反应及 D-专一性羟基乙酸盐或酯脱氢酶催化的还原反应组成[13]。在该反应过程中需要通过甲酸脱氢酶和甲酸铵作用实现辅酶 NADH 的原位再生（图式 13-4）。

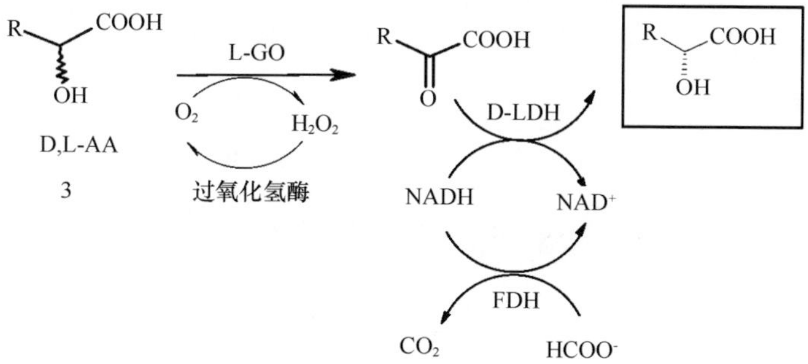

图式 13-4　立体异构化实现羟基酸的去消旋化
D-LDH：D-乳酸脱氢酶；L-GO：L-乙醇酸氧化酶；FDH：甲酸脱氢酶

这种方法与通过氨基酸氧化酶和氨基转移酶或氨基酸脱氢酶共同作用的 α-氨基酸的去消旋化相类似（见章节 13.4.1）。尽管在立体异构反应过程中已经解决了辅酶再生的问题,但能否获得更宽结构范围及不同构型光学纯的 α-羟基酸仍然取决于是否存在与此相关的关键酶[13]。

此外,利用两个不同微生物在一个反应器内实现一个"一锅法或者一步法"的去消旋化过程已经得到了证实。尽管目前类似的报道还很有限,而且即使"一锅法"过程也包含氧化反应和还原反应两个步骤。例如,利用多色假单胞菌(*Pseudomonas polycolor*)和弗氏微球菌(*Micrococcus freudenreichii*)两种微生物的全细胞催化的外消旋扁桃酸去消旋化反应便是这样的过程[14]。从单步反应看,多色假单胞菌催化氧化反应,而弗氏微球菌则催化相应的酮酸的还原反应。经过 24h 的去消旋化反应,(R)-扁桃酸的分离产率达到 60%,而产物光学纯度达到 99% e.e. 值[14]。

研究者还利用双酶反应系统实现生物转化 L-乳酸,其产率超过 97%。首先,L-乳酸通过乳酸脱氢酶的氧化作用生成丙酮酸。然后,酮酸在电化学反应体系中阴极被还原为外消旋的乳酸,同时辅酶 NADH 在阳极被氧化成 NAD^+。L-乳酸不断被循环氧化,而 D-乳酸则不断积累。通过这种去消旋化或者完全转化的方法制备手性 2-羟基酸需要高度专一性的醇脱氢酶[15](图式 13-5)。

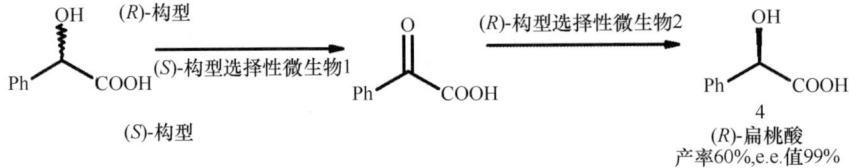

图式 13-5　全细胞催化立体异构反应实现去消旋化

在这种概念性的方法中,L-乳酸通过来自于 *Aerococcus viridans* 的商业化 L-乳酸氧化酶实现氧化反应,而丙酮酸则在相同的反应体系中通过 $NaBH_4$ 催化还原反应生成外消旋乳酸。这样一个循环式的反应过程能够以 R-乳酸为唯一产物并达到很好的光学纯度[16](图式 13-6)。这种相同的概念已经被应用到 α-氨基酸的去消旋化反应中[17]。

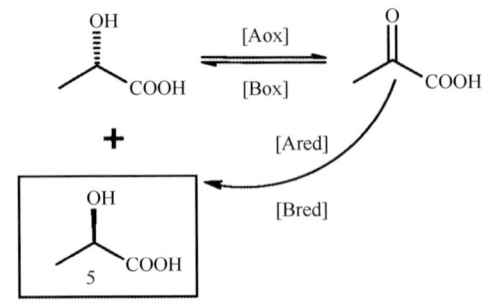

图式 13-6　乳酸化学-酶法去消旋化

系统 A:氧化酶 L-乳酸脱氢酶　还原系统:电化学还原

系统 B:氧化酶 L-乳酸氧化酶　还原系统:$NaBH_4$

13.2.4 微生物催化羟基酸立体异构反应实现去消旋化

微生物催化的立体异构反应特指应用一个微生物细胞实现立体异构反应中的一种对映异构体的两步立体反转反应，通常这种底物均含有一个仲醇基团。利用一个微生物的两个酶实现扁桃酸及其衍生物的去消旋化反应便是人们所熟知的一个成功例子[18]。

近年来，近平滑假丝酵母（*Candida parapsilosis*）经常被用来实现 α - 或者 β - 羟基酯的去消旋化反应。由近平滑假丝酵母全细胞催化的系列芳香基或者芳基取代 α - 羟基酯为底物去消旋化制备对应的光学纯（S）- 羟基酯，其产率高达 65%~85%，产物的光学纯度达到 90%~99%。这种去消旋化过程涉及两种不同的酶促反应：一种对映异构体被（R）- 氧化酶氧化为对应的酮类中间体，然后酮类中间体被 S 专一型还原酶还原为（S）- 羟基酯[19]（图式 13 - 7）。

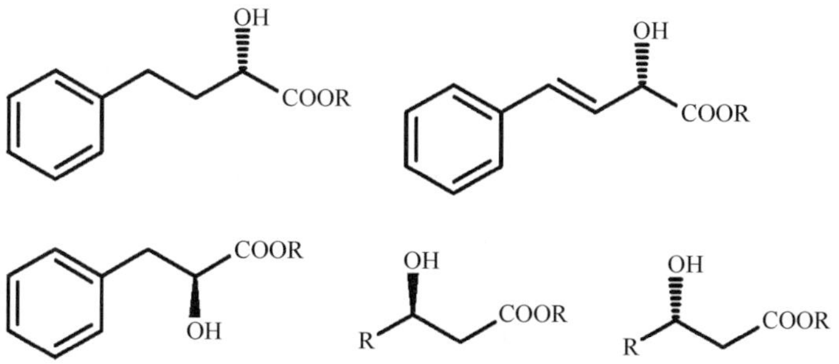

图式 13 - 7　微生物立体异构化制备羟基酸

为了仔细区分这些反应机理，在 3 - 氧 - 3 - 苯基丙酸乙酯的还原反应中发现，在 S 专一型还原酶存在的情况下，产物为 S 型对映体。而当我们将光学纯的 S 型对映体为底物来进行去消旋化反应时，产物依然保持 S 型构型，即没有发生任何光学纯度的变化。这说明 S 专一型还原酶的存在仅仅能够催化不对称还原反应，而不能氧化底物生成对应的酮酯。

通过以 3 - 羟基 - 3 - 苯基丙酸乙酯的不同取代衍生物为标准建立了该方法的一般过程。无论在标准物的邻位或对位存在给电子与吸电子基团时，都不会影响去消旋化反应。在制备规模上，500mg 外消旋底物与细胞共同培养，其最终产率接近 80%。

13.3　α - 羟基腈的去消旋化

氰醇是重要的有机合成手性砌块，用途广泛[20]。因此，如何光学选择性地合成光学纯产物成为重要的研究热点[21]。研究表明利用酶类特别是羟基腈水解酶是一条获得不同构型α-羟基腈的有效方法[22]。在这些研究中，利用脂肪酶和碱催化合成酰基反应实现人工设计的动态动力学拆分是一个有趣的方法[23]。该方法通过将包括碱催化2-甲基-2-羟基丙腈、丙酮、乙腈、乙醛的平衡反应和脂肪酶催化立体选择性羟基基团不可逆酰化等两步反应偶联。通过这种偶联方法可以获得相应的稳定产物腈酯。该方法于1991年首次报道，并被大量引用[23]。

但是，动态动力学拆分反应时间长，其产率受到多种反应条件的影响而下降。近来，在通过研究以外消旋醇为底物制备（S）-扁桃腈乙酯的改进研究中，通过硅藻土固定化的脂肪酶CLAB（来源于 *C. antarctica* B）的作用，其最佳产率和光学纯度分别达到97%和98%[24]（图式13-8）。

相类似的反应过程也被成功应用于含有杂环结构的氰醇的去消旋化。

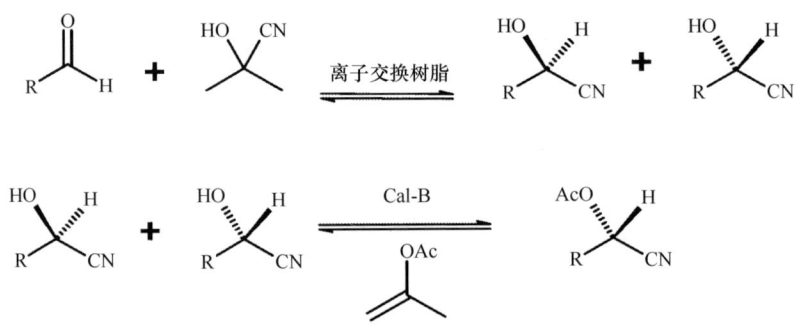

图式13-8　α-羟基腈的去消旋化（R=Ar，萘酚，呋喃基，环己基）

13.4　α-氨基酸的去消旋化

由于具备以下几个因素，α-氨基酸被认为是去消旋化反应的最适底物。
（1）在碱催化剂存在和一定的环境条件下，α-氨基酸很容易发生消旋化反应。
（2）自然条件下，在相关氨基酸消旋化酶的作用下，α-氨基酸发生消旋化反应。
（3）α-氨基酸也是通过氧化酶制备对应酮酸反应过程中转氨酶和氨基酸脱氢酶的底物。

目前已经成功实现了多个基于去消旋化反应或者拆分-消旋化两步法的L-氨基酸和D-氨基酸工业化制备的成功案例。

13.4.1　利用立体异构反应实现α-氨基酸的去消旋化

13.4.1.1　通过L-转氨酶和D-氨基酸氧化酶催化立体异构反应实现的去消旋化

D-氨基酸氧化酶是一种具有高度立体选择性的黄素酶，其具体特性在

13.5.1 中进行了详细的描述。对于 α-氨基酸制备或以氨基酸为底物制备相应的 α-酮酸，酶法是一条方便的途径。α-酮酸可在等化学当量其他氨基酸作为氨基供体时，在氨基酸转氨酶的作用下，等量合成氨基酸。而 α-氨基酸可以通过氨基酸脱氢酶的作用获得。两个反应在还原性氨化中大体相当。

利用立体异构反应实现的氨基酸去消旋化反应包含 D-氨基酸氧化酶和 L-转氨酶。其产物为 L-氨基酸。由转氨酶催化的转氨反应平衡常数接近于1，从而使得未发生转氨反应的底物与转氨反应的产物之间很难分离，混合物中至少含有作为氨基供体的氨基酸和产物氨基酸两种物质，这在实际工业生产中是不实用的。为了工业制备这个目标，我们必须强制将反应平衡的方向转向产物。在最近报道的一个基于双酶耦合制备 L-2-萘基-丙氨酸的例子（图式 13-9）[28]。该反应采用一锅法。D-氨基酸首先被来源于瘦弱红酵母（*Rhodotorula gracilis*）的转氨酶氧化，并同时在过氧化氢酶的作用下形成等量的过氧化氢。α-酮酸是天冬氨酸转氨酶的底物，以 L-半胱氨酸亚磺酸为电子供体实现转氨反应。

整个反应通过亚硫酰丙酮酸自发降解为丙酮酸和二氧化硫，从而使反应驱动方向指向产物。去消旋化作用完成后，产物 L-2-萘基-丙氨酸的产率和光学纯度分别达到95%和99.5%。但该反应在工业制备的重要性受到萘基-丙氨酸低水溶性而引起的低时空产率而降低。但总的来说，从理论上来说，固固两相之间的生物转化反应是可能的[28]。Fotheringham 等报道了类似的多酶耦合反应[29]。

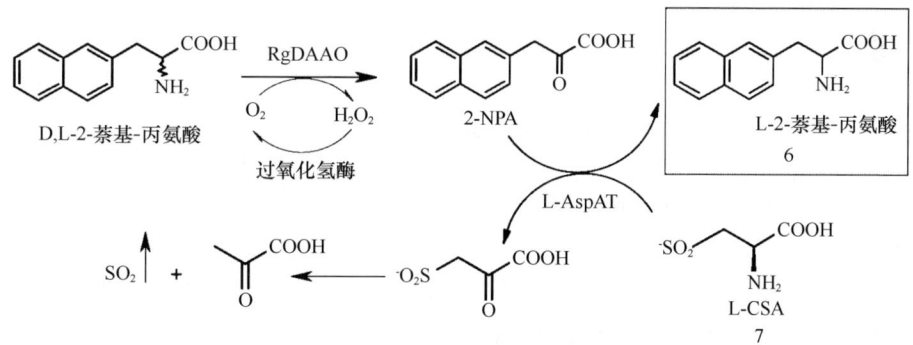

图式 13-9　利用三种不同的酶促催化平衡移动转氨反应

13.4.1.2　通过 D-氨基酸氧化酶和 L-亮氨酸脱氢酶构建双酶系统催化立体异构反应实现去消旋化

一些相关研究表明，D,L-甲硫氨酸在包含 D-氨基酸氧化酶、漆酶、亮氨酸脱氢酶以及甲酸脱氢酶在内的多酶体系中能够通过高效去消旋化反应制备 L-型对映体。反应中，由 D-对映体氧化生成的 α-酮酸 8 在氨水、亮氨酸脱氢酶以及等化学计量 NADH 的作用下生成 L-甲硫氨酸 9。而在这个过程中形成的 NAD⁺ 则在甲酸氨和甲酸脱氢酶的作用下循环再生[30]（图式 13-10）。

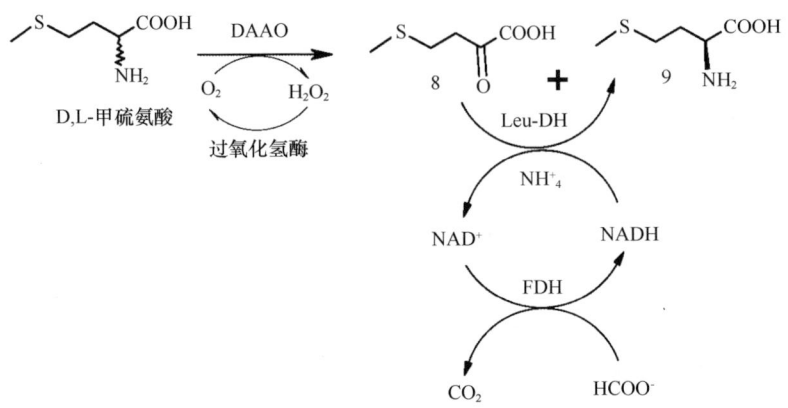

图式 13-10　通过立体异构反应实现甲硫氨酸的去消旋化

根据氨基酸脱氢酶所具有的广泛的底物转移性，这种双酶偶联的反应体系拥有更为广阔的应用前景[31]。目前已有很多具有 D-型氨基酸专一性的氨基酸脱氢酶被开发用于 α-酮酸的氨化还原制备 D-型氨基酸[32]。但对于外消旋氨基酸的去消旋化过程来说还需要相对比较稀少的 L-型氨基酸氧化酶参与。而 α-含氧酸可以直接利用的替代物往往需要非常复杂的化学过程才能被获得。

13.4.1.3　通过 L-氨基酸氧化酶、D-转氨酶和氨基酸消旋酶三酶体系催化立体异构反应实现的去消旋化过程

前面涉及的 D-型氨基酸三酶系统制备方法需要具有相反立体选择性的酶以及合适的氨基酸作为供体。D-型氨基酸氧化酶在自然界中主要与 D-型氨基酸的去除相关，L-型氨基酸氧化酶通常在蛇等攻击性的动物中发现。细菌中 L-型氨基酸氧化酶通常酶活性较低，不适合作为制备用酶制剂[33]。而 D-型氨基酸转氨酶不如 L-型氨基酸转氨酶常见，且其需要较为昂贵的 D-型氨基酸作为氨基供体。

为了克服这些困难，科研工作者创造性地发现了一些反应过程来改进和提高这种多步酶促去消旋化制备氨基酸的工业特性。如通过 L-型氨基酸在氨基酸消旋酶的作用下原位合成 D-型氨基酸从而解决昂贵的 D-型氨基酸作为氨基供体的缺陷。

图式 13-11 所示的过程描述了一个氨基酸在 L-型专一性氨基酸氧化酶催化下的氧化反应、利用 D-天冬氨酸 10 为氨基供体 D-型专一性转氨酶催化的转氨作用以及以 L-天冬氨酸 11 为底物天冬氨酸消旋酶催化的消旋反应。反应中的氧化酶是来自于 *Proteus myxofaciens* 的黄素蛋白，是一种 D-型氨基酸脱氢酶[34]。转氨反应平衡方向由于草酰乙酸 12 通过脱羧基作用生成丙酮酸和 CO_2 而

向产物形成方向移动。

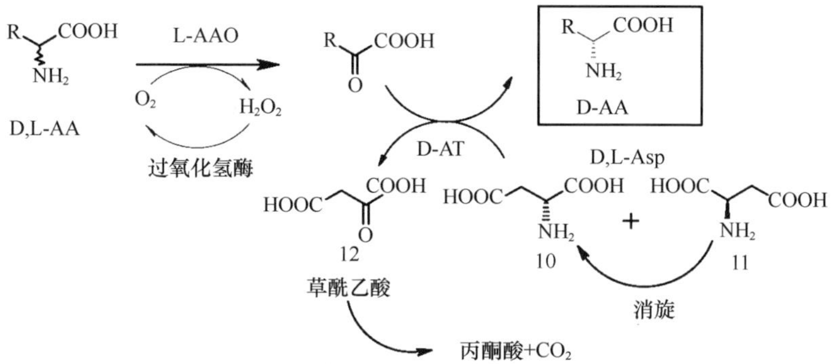

图式 13-11　通过立体异构反应实现 D-型氨基酸的去消旋化制备

13.4.2　通过动态动力学拆分法实现 α-氨基酸的去消旋化

在某些反应过程中，我们发现在相同的条件下，其起始底物很容易发生消旋化反应，而生成的产物结构十分稳定，这种情况为成功实现动态动力学拆分法制备 α-氨基酸提供了良好的基础。针对很多有重要工业应用价值的氨基酸，许多研究者开始致力于研究针对常见的拆分方法获得的无用对映体的高效消旋化作用[35]。但建立在高温或者极端酸碱条件下的消旋化反应不适合作为动态动力学拆分法中的原位消旋反应。因此，如果有酶参与反应，消旋化反应必然在常温常压等温和条件下进行，通过第二个具有催化功能的酶（消旋酶）或者碱的催化，利用产物与底物之间结构区别所形成的 α-次甲基碳的解离常数不同实现选择性消旋化作用。

许多因子能够有效降低氨基酸及其衍生物结构中 α 位碳原子中质子解离常数，而低解离常数是成功实现消旋化反应的要求。无论是在具有环状结构或者开环结构中发生的氨基转化为酰胺键还是酯类、酰胺类或者硫代酯类化合物中含有羧基结构，都会对氨基酸及其衍生物的消旋化反应产生影响。在 β 位或者 γ 位存在烯键也会对消旋化反应产生强烈的影响。为了使酶在最适 pH 和温度等作用条件下获得高效的消旋化反应催化效率，底物的结构需要进行一系列的修饰。以 5 位单取代的乙内酰脲 13（含有一个激活酰胺键和一个额外的酰胺键），4 位取代的 2-苯基噁唑啉-5-酮 14（氨基氮以亚氨基的形式存在，而羧基以内酯键形式存在）和 N-保护氨基酸硫酯 15（氨基以酰胺键的形式存在，而羧基以硫酯的形式存在，R：芳香基团）为底物时，能够成功实现酶促动力学拆分与原位消旋化反应的耦合。酶促氨基酸酯动力学拆分也能与其在醛溶剂中原位消旋化反应耦合，N-乙酰氨基酸 16 的酶促动力学拆分也能够与 N-乙酰氨基酸消旋酶相耦合，从而完成系列氨基酸动态动力学拆分的高效去消旋化过程（图式 13-12）。

图式 13-12 中的化合物结构：13, 14, 15, 16

图式 13-12　13.4.2 中酶促动态动力学拆分底物

13.4.2.1　乙内酰脲酶与 N-氨甲酰-D-氨基酸酰胺水解酶系统中 D-氨基酸的合成

5 位单取代的乙内酰脲是 α-氨基酸在羧基和 α-氨基进行环状保护的产物。很容易通过醛和异氰酸盐制备获得，或者通过 Bucherer – Bergs 及其他类似方法进行制备。实际上，乙内酰脲的合成也是一种制备外消旋氨基酸的实用方法。来自于二氢嘧啶酶家族的酶水解乙内酰脲生成氨基甲酰氨基酸。后者在第二个酶（N-氨甲酰-D-氨基酸酰胺水解酶）的水解作用下生成氨基酸。两个酶都具有对映异构体的识别能力，如果这两个酶作用相互适应，那么无论是 D 型还是 L 型的对映异构体都可以通过这种方法制备获得（图式 13-10）[36]。该反应过程中最有趣的是，乙内酰脲环 5 位的质子（反应后成为 α-氨基酸的 α-氢）酸性强于转化后氨基酸酯或者氨基化合物中的质子，也远远强于氨基酸本身。这样，在弱碱性条件下，乙内酰脲酶与 N-氨甲酰-D-氨基酸酰胺水解酶具有较好的稳定性和催化活性，乙内酰脲很容易发生原位消旋化反应。如果这些条件满足，产物单一对映异构体的氨基酸产率能够达到 100%。在工业规模上，一株细菌被用于生产 D-对羟基-苯基甘氨酸和其他 D-氨基酸。

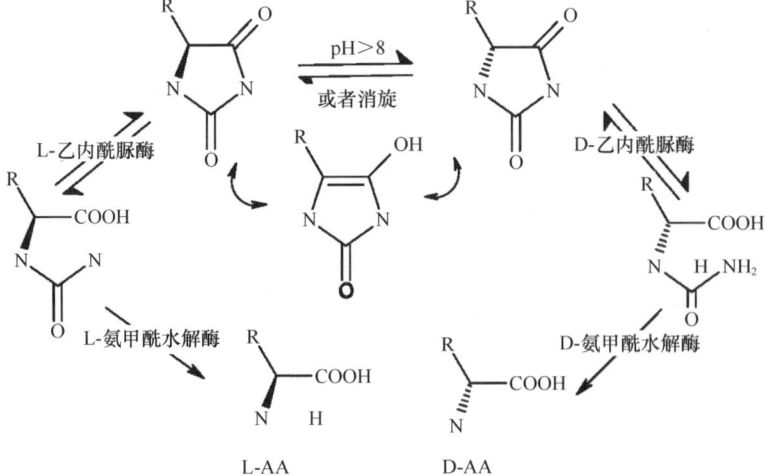

图式 13-13　乙内酰脲酶与 N-氨甲酰-D-氨基酸酰胺水解酶
系统中 L-氨基酸的合成

由于氨基甲酰水解过程中涉及的这两个酶的低稳定性和最佳酶活性对环境的需求不同,因此必须采用全细胞转化体系。第一步反应中产生的二氧化碳引起环境中 pH 轻微降低,有利于提高 N – 氨甲酰 – D – 氨基酸酰胺水解酶的活性。乙内酰脲酶与 N – 氨甲酰 – D – 氨基酸酰胺水解酶系统已经成功应用于大量 D – 氨基酸的制备[37](图式 13 – 13)。

13.4.2.2　乙内酰脲酶与 N – 氨甲酰 – D – 氨基酸酰胺水解酶系统中 L – 氨基酸的合成

尽管已经发现了一定数量的 L 型选择性乙内酰脲水解酶[38],但目前成功的乙内酰脲酶商业化应用依然主要集中在 D – 氨基酸的制备中。制备 L – 氨基酸的工业化途径主要受到低的时空产率以及昂贵的生物催化剂费用的限制。近来研究者又开发了一种基于定向改造重组全细胞生物催化剂的新一代工艺。利用在重组大肠杆菌细胞中同时过量表达来源于 *Arthrobacter* sp. DSM9771 的乙内酰脲酶、N – 氨甲酰 – D – 氨基酸酰胺水解酶以及乙内酰脲消旋酶能够有效地降低生物催化剂的费用。同时为了改善乙内酰脲的转化途径,三个酶按照各自不同的比活性进行平衡表达。这种反应体系已经在 L – 甲硫氨酸的生产中得到应用;但其时空产率依然比较低[39]。因此,外消旋 5 位单取代的乙内酰脲去消旋化制备 L – 氨基酸依然需要更多更好的 L 型选择性乙内酰脲水解酶。

13.4.2.3　酶促动力学拆分苯基噁唑烷酮偶联碱催化消旋化反应

苯基噁唑烷酮是氨基酸通过 N – 乙酰 – 氨基酸环化后获得的保护形式。它们的结构与乙内酰脲类似,区别在于前者羧基以内酯(– CO – O –)形式存在,而后者羧基以内酰胺(– CO – N –)的形式存在。众所周知,脂肪酶并不适合于酰胺类化合物的转化。因此,噁唑烷酮类化合物可以作为乙内酰脲修饰后的替代性底物以脂肪酶为拆分剂参与动态动力学拆分过程。在弱碱性条件下保持快速烯醇化活性是动态动力学拆分的基础和必要条件。噁唑烷酮类底物 17 是从苯丙酸出发获得的衍生物,也是猪胰脂肪酶和来源于黑曲霉的脂肪酶的适宜底物,但整个转化过程时间相对较长(20h)(图式 13 – 14)。这种方法的有趣之处在于反应过程中两个酶表现出对同一底物两种截然相反的立体选择性。

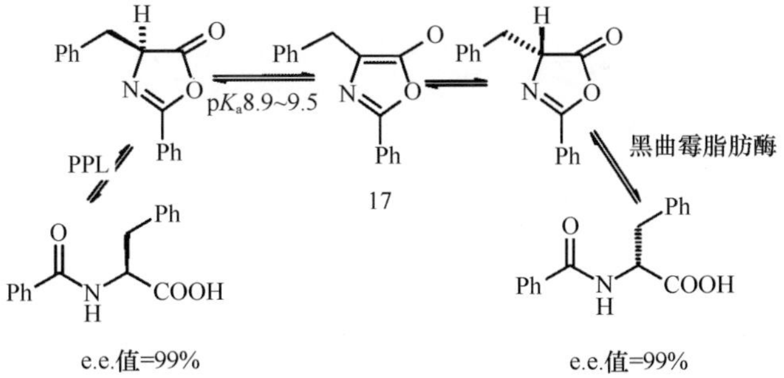

图式 13 – 14　酶促动力学拆分苯基噁唑烷酮偶联碱催化消旋化反应

尽管这种水解的方法在苯丙氨酸的制备中体现出良好的适应性[40]，但是在其他一些噁唑烷酮类化合物的转化过程中，其产物光学纯度非常低，反应时间也更长。

噁唑烷酮动态动力学拆分法的一个替代方法是在有机溶剂中进行醇解反应。来源于 *Pseudomonas cepacia* 的脂肪酶是其中一个成功的例子。在低水活度的有机溶剂中，非酶促的水解反应速度十分慢，而C4位质子的烯醇化反应速度却很快，因此底物转化为产物的理论产率能够达到100%。通过利用甲醇为亲核试剂，噁唑酮的甲醇醇解反应在适宜的反应速率下生成 N - 苯甲酰 - L - α - 氨基酸酯。产物的光学纯度在66%~98% e.e. 值变化。

以4 - 取代 - 2 - 苯基噁啉 - 5 - 酮为底物动态动力学方法已经被应用于大规模合成一种在生物仿生除虫剂中重要的非天然氨基酸中间体 N - 苯甲酰 - L - 叔亮氨酸丁酯19。其中4 - t - 丁基 - 2 - 苯基噁啉 - 5 - 酮18 的醇解反应是以丁醇为底物由来自于 *Mucor miehei* 的脂肪酶催化的（图式13 - 15）[42]。不参加反应的对映异构体在碱催化下发生消旋化反应。这个反应过程底物浓度能够达到200g/L，反应24h后产率达到90%，光学纯度超过95%。

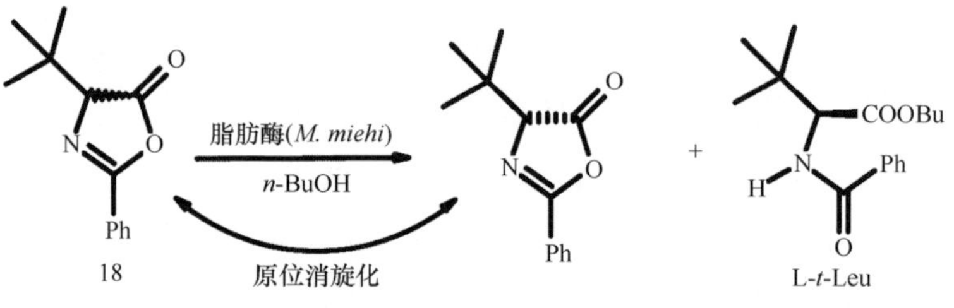

图式13 - 15　毛霉脂肪酶催化4 - 叔丁基 - 2 - 苯基噁啉 - 5 - 酮动态动力学拆分耦联原位消化

13.4.2.4　N - Boc - 氨基酸硫酯酶促动力学拆分偶联碱催化消旋化反应

最近研究者报道了一种制备L - 构型芳基甘氨酸的制备方法。该反应利用 N - Boc - 氨基酸硫酯15 为底物工业化制备枯草杆菌蛋白酶催化的水解反应（图式13 - 16）[43]。

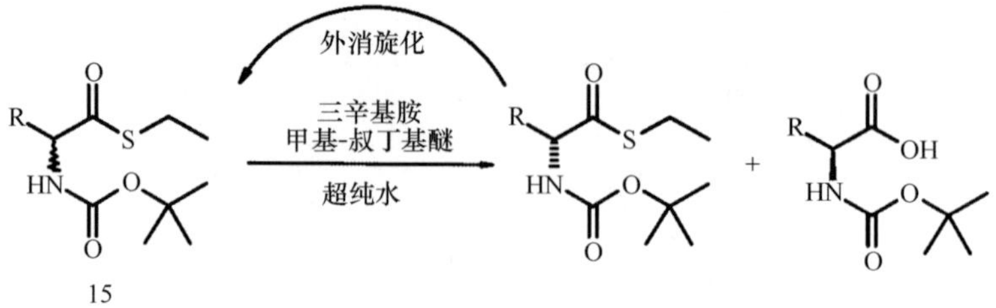

R=Ph,4-Cl-Ph,4-F-Ph,2-Cl-Ph,2-F-Ph,2-噻吩基

图式13 - 16　N - Boc - 氨基酸硫酯酶促动力学拆分偶联碱催化消旋化反应

在硫酯类化合物中，α 位置氢的酸性比氧代酯类化合物、酰胺类化合物、酸类化合物中氢的酸性更强。硫酯类底物酶促动态动力学法转化生成羧基类化合物的基础便是 α 位质子的高解离常数，在此条件下酶促反应体系能够抵抗底物消旋化反应所需要的碱性环境。这个概念已经成功应用到了 α-芳基硫酯的动态动力学拆分过程中。而在氨基酸化学中，研究者同样设计了新的外消旋底物来满足这种新应用的要求。此外，枯草杆菌蛋白酶 Carlsberg 蛋白对于 N-Boc-氨基酸盐衍生物比其他常见酯类化合物具有更好的催化活性。当有这类枯草杆菌蛋白酶参与时，反应通常在水和甲基叔丁基醚两相反应体系中进行。反应 24h 后，底物转化率达到 50%，此时反应液中酶促作用的底物 L-型对映异构体已经全部耗尽。

当向反应液中加入三辛胺作为碱催化剂催化消旋化反应生成 L-型对映异构体，并以此为底物继续进行酶促水解直至 24h 后反应完全。N-Boc-L-苯甘氨酸分离得率达到 95%，产物光学纯度超过 99% e.e. 值。在这类反应中，要求底物在 α 碳位置上存在一个芳基或乙烯基，硫原子上连接芳基基团，氮原子上连有羰基基团。除此之外，当用该反应制备 D 型对映异构体时还需要相反立体选择性的酶催化剂。

13.4.2.5 原位醛类外消旋化耦合酶法动力学拆分氨基酯

含有芳香醛基的氨基酸类衍生物的氨基可以通过可逆的反应形成亚胺类从而导致外消旋化。动态动力学拆分可以通过结合酶催化优先水解一种对映体而实现。应用磷酸吡哆醛或水杨醛对氨基酯进行动态动力学拆分都应用了这一原理。例如，在 2-甲基-2-丙醇和水为 19:1 的溶液，20% 物质的量分数的吡哆醛存在的情况下，用工业化的枯草杆菌蛋白酶处理酯类。在反应过程中，被水解的氨基酸不溶解而在反应介质中沉淀出来。剩余的酯类通过与磷酸吡哆醛生成亚胺而实现外消旋化。由于对于 α-质子的 pK_a 很高且低溶解性，氨基酸外消旋化的速度很小。L-对映体的产率能超过 90% 且光学纯度能达到 90% ~ 98% e.e. 值。通过这种方法，得到了苯丙氨酸、酪氨酸、亮氨酸、正缬氨酸和正亮氨酸的 L-构型。这种方法的缺点就是要求这种昂贵外消旋催化剂的合理用量（图式 13-17）[44]。应用了相似的概念，利用脂肪酶催化氨基水解对苯基甘氨酸酯进行动态动力学拆分[45]。

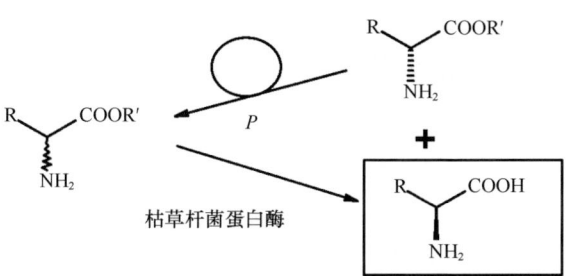

P = 磷酸吡哆醛　　R' = 苄基，n-丁基，丙基　　$RCHNH_2COOH$ = 苯丙氨酸，酪氨酸，亮氨酸，正缬氨酸，正亮氨酸

图式 13-17　氨基酸酯动力学拆分耦联吡哆醛磷酸盐原位消旋化

13.4.2.6　N-酰基氨基酸消旋酶耦合催化动力学拆分N-酰基氨基酸类

乙酰化酶是一类能水解N-乙酰氨基酸类衍生物的酶。它们需要羧基自由基来保持活性，常用于氨基酸的动力学拆分。未反应的对映体通过乙酸酐处理而达到消旋化。分离得到猪肾来源的L-特异性乙酰化酶和多种细菌来源的L-和D-特异性乙酰化酶并用于N-乙酰氨基酸的动力学拆分。工业上也建立了一系列生产L-甲硫氨酸、其他标准蛋白和非标准蛋白L-氨基酸，如L-缬氨酸、L-苯丙氨酸、L-正缬氨酸或L-酪氨酸的生产过程。目前，在酶膜反应器中利用这种酶催化转化反应生产L-甲硫氨酸年产量达几百吨[46]。

乙酰化酶反应的初始反应物是一种N-乙酰基氨基酸的消旋混合物20，这类混合物是在碱性缓冲液中利用乙酰氯或乙酰酐通过肖盾-鲍曼（Schotten-Baumann）反应对D, L-氨基酸进行乙酰化化学合成制得。而动力学拆分是利用源自于米根霉（*Aspergillus oryzae*）的特异性L-乙酰化酶拆分N-乙酰基-D, L-氨基酸制得，这种能特异性催化水解L-异构体生成相应的L-氨基酸、乙酸盐和N-乙酰基-D-氨基酸。通过结晶分离L-氨基酸后，剩余的N-乙酰基-D-氨基酸在剧烈的条件下通过热力学消旋化而得以回收（图式13-18）[47]。相似的，消旋的氨基酸酰胺可通过L-特异性酰胺酶拆分而另一种对映体则被消旋化。尽管在这种多步过程中L型的最终产率超过初始反应物的50%，但是整个过程的效率却比原位消旋化耦合的动态动力学拆分低很多。另外，对羧基自由基的结构要求限制了其对衍生物原位消旋化的识别，因此，这类消旋化过程需要应用特异性的酶。现在开发了一种全细胞系统，这种系统在 *E. coli* 中表达源自于 *Deinococcus radiodurans* N-乙酰氨基酸消旋酶和L-氨基酸乙酰化酶基因。这种系统被应用于D, L-N-乙酰基-苯基丁酸的去消旋化。当合理调控两个酶的表达时，L-氨基酸能获得定量产率。并且细胞在转化过程中可重复利用几次。

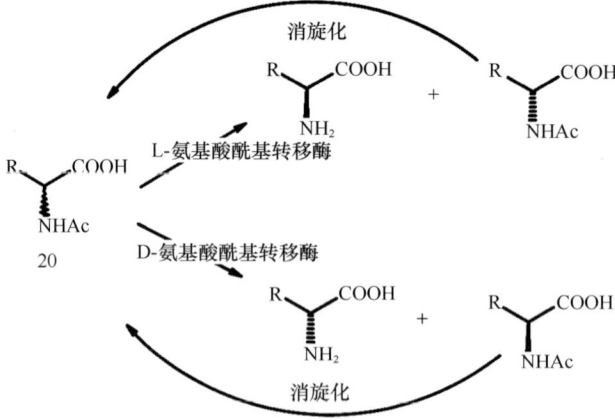

图式13-18　N-酰基转移酶催化N-酰基氨基酸动力学
拆分耦联消旋酶催化消旋化反应

13.4.2.7 氨基酸氧化酶和化学原位还原最初形成的亚胺类化合物

Soda 提出了一种简单而且有趣的 α - 氨基酸去消旋化的方法[48]，他耦合了氧化 D，L - 脯氨酸中的 D - 型异构体生产脱氢脯氨酸和同时化学还原生产的亚胺类 21，从而重建消旋混合物。如果第一步反应具有绝对的立体选择性，一个循环之后氨基酸的 e.e. 值是 50%。在连续的循环中重复反应从而将 e.e. 值提高到接近 100%（图式 13 - 19）。

图式 13 - 19　D - 氨基酸氧化酶和化学还原酶的化学酶促反应

相似的方法，应用 D，L - 六氢吡啶羧酸合成了 L - 六氢吡啶羧酸[49]。然而，用到的硼氢化钠在水溶液中慢慢分解，引起 pH 的显著上升，而 pH 影响到本反应中必要的循环次数应被严格控制。Turner 和 Fotheringham 利用更温和且在水中稳定的还原试剂[50]，利用任意 D - 或 L - 特异性氨基酸氧化酶延展了这种方法的应用。

因此，利用源自于 *P. myxofaciens* 的 L - 氨基酸氧化酶和多种硼胺类复合物或利用源自于猪肾的 D - 氨基酸氧化酶和腈硼化钠分别合成制备了多种自然或非自然光学纯的 D - 型氨基酸和 L - 型氨基酸[51]。最新报道，利用源自于 *Trigonopsis variabilis* 的 D - 氨基酸氧化酶和腈硼化钠或硼氢化钠实现了几种 β - 或 γ - 取代 α - 氨基酸的去消旋化[52]（图式 13 - 20）。

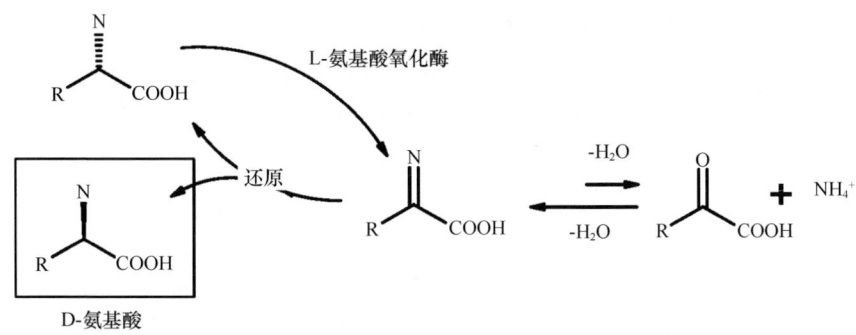

图式 13 - 20　L - 氨基酸氧化酶与化学还原耦联的化学酶法去消旋化反应

基于构建更加高效的全细胞催化剂，有报道利用 E. coli 表达一种源自于 Sinorhizobium meliloti ATCC 51124 的 L-氨基酸氨基转移酶实现了 4-氯苯丙氨酸的去消旋化。通过宿主细胞 E. coli 的 D-氨基酸还原酶和克隆的源自于 S. meliloti 的 L-氨基酸氨基转移酶的串联作用获得了光学纯度很高的光学纯 L-α-氨基酸[53]。

13.5 用于去消旋的有用的酶类

13.5.1 氨基酸氧化酶

本段中提到的这类酶是 D-氨基酸氧化酶和 L-氨基酸氧化酶，广泛地发现于多种生物体和组织中。最近才在细菌中发现且相关酶已被分离[54]。这类酶是黄素腺嘌呤二核苷酸结合的黄素蛋白，可催化氧化氨基酸的脱氨基作用（图式 13-21）。

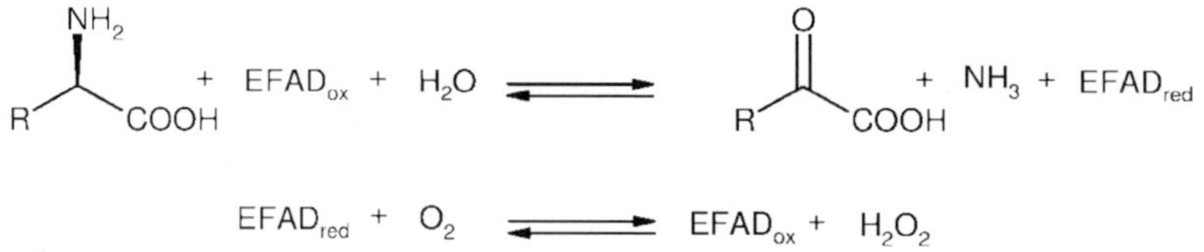

$$R-\underset{COOH}{\overset{NH_2}{CH}} + EFAD_{ox} + H_2O \rightleftharpoons R-\underset{COOH}{\overset{O}{C}} + NH_3 + EFAD_{red}$$

$$EFAD_{red} + O_2 \rightleftharpoons EFAD_{ox} + H_2O_2$$

图式 13-21　D-氨基酸氧化酶与 L-氨基酸氧化酶的催化反应

核黄素辅因子被还原，同时氨基酸被氧化成相应的亚氨基酸，这种亚氨基酸会自然水解为 α-酮酸和氨。核黄素辅因子则通过过氧化氢生产过程中的氧气进行复氧化。D-氨基酸氧化酶和 L-氨基酸氧化酶都能催化多种氨基酸的脱氨基作用，尤其是那些含有疏水侧链，但对酸性氨基酸（通过特定的谷氨酸和天冬氨酸氧化酶进行脱氨基）几乎没有活性和严格立体专一性的酶。

13.5.1.1　D-氨基酸氧化酶　（EC 1.4.3.3）

研究得最多的 D-氨基酸氧化酶是那些源自于酵母 R. gracilis 和 T. variabilis 和一种源自于猪肾的酶。在溶液中，D-氨基酸氧化酶是一种二聚体，每个单体含有 350~370 个氨基酸残基，并包含一分子非共价相连的 FAD 辅因子。哺乳类和真菌来源的 D-氨基酸氧化酶在对辅酶 FAD 的吸附力上有很大的差别，辅酶能更好地与微生物来源的酶类结合，同样在动力学效率上更好（25℃条件下，以 D-丙氨酸为底物，来源于 R. gracilis、T. variabilis 和猪肾的 D-氨基酸氧化酶的 V_{max} 值分别为 11060U/mg 蛋白和 9.5U/mg 蛋白）。酵母来源的 D-氨基酸氧化酶在 pH6.0~8.2 表现出高的稳定性，在更高的 pH 下稳定性下降，而猪肾来源的 D-氨基酸氧化酶却在 pH9.5 时稳定性最好而在酸性 pH 下稳定性下降。源自于 *Rhodotorula gracilis* 的 D-氨基酸氧化酶在温度不超过 35℃ 时稳定，源自于 *T. variabilis* 的 D-氨基酸氧化酶在温度不超过 40℃（65℃ 时完全失活）时稳定，源自于猪肾的 D-氨基酸氧化酶稳定性较源自于 *R. gracilis* 的好。不同来源的 D-氨基酸氧化酶有着不同的底物谱。已知的微生物来源 D-氨基酸氧化酶目前分为两类[55]：来源于 *Fusarium oxysporum*、*C. parapsilosis* 和 *Candida boidinii* 等微生物的 D-氨基酸氧化酶对 D-丙氨酸具有高度特异性，而源自于 *R. gracilis* 和 *T. variabilis* 的 D-氨基酸氧化酶则对 D-甲硫氨酸、D-色氨酸、D-缬氨酸和 D-苯丙氨酸表现出最大活性。D-氨基酸氧化酶催化 D-丙氨酸的动力学机理符合三元复合物（顺序）机理：反应的限速步骤是猪肾来源的 D-氨基酸氧化酶催化产物从氧化酶的释放速率常数和源自于 *R. gracilis* 的 D-氨基酸氧化酶催化核黄素的还原反应速率常数。

由于在 FAD 结合区域上结构和序列相似，D-氨基酸氧化酶被归类为谷胱甘肽还原酶家族的一员（GR_2 子家族）。每个 D-氨基酸氧化酶的单体可分为一个 FAD 结合域（基部）和一个二聚体域（顶部）[56]。基部含有典型的核苷酸结合域，而顶部则由一个假 β-筒结构构成，含有两个弯曲的 β-板：这个区域的氨基酸残基形成了活性位点的主要部分和整个二聚体的表面。对不同来源的 D-氨基酸氧化酶的结构和机理研究表明此酶催化反应是直接从底物 D-氨基酸到氧化态的核黄素的氢转移。D-氨基酸氧化酶最显著的特点是没有活性位点的氨基酸残基直接参与到化学催化过程［图 13-1（a）］。D-氨基酸侧链与活性位点的空洞接触，表示活性位点的上部分开，这里通常是疏水性的：这就提供了机理解释为什么源于 *R. gracilis* 的 D-氨基酸氧化酶趋于喜欢带有芳基或疏水侧链的氨基酸而不是极性氨基酸，且解释了其为什么能容纳大分子物质如抗体头孢菌素 C。这也解释了源于 *R. gracilis* 的 D-氨基酸氧化酶在作用于极性尤其是带电荷侧链的氨基酸时表现出阻碍作用。

蛋白质工程研究能调整 D-氨基酸氧化酶的寡聚化状态、稳定性（固定化形式显著提高）、FAD 结合和底物特异性（见综述［57］）。据报道，源自于 *R. gracilis* 的 D-氨基酸氧化酶的 213 位蛋氨酸残基是最重要的残基，它决定了酶的底物特异性。事实上，M213R 突变体能氧化酸性 D-氨基酸如 D-天冬氨酸。目前，源自于 *R. gracilis* 的 D-氨基酸氧化酶被用于 D,L-萘基氨基酸消旋混合物的拆分，突变体 M213G 则对 D-萘基丙氨酸和 D-萘基甘氨酸表现出较高的催化活性[28]。随后，通过对源自于 *R. gracilis* 的 D-氨基酸氧化酶进行定向进化选择了 5 种具有不同底物特异性的突变体：这些 D-氨基酸氧化酶的突变型对所有用到的底物都具有较好的催化活性[57]。

13.5.1.2 L-氨基酸氧化酶（EC 1.4.3.2）

L-氨基酸氧化酶是一类黄素酶，能催化氧化 L-氨基酸脱氨基作用。在哺

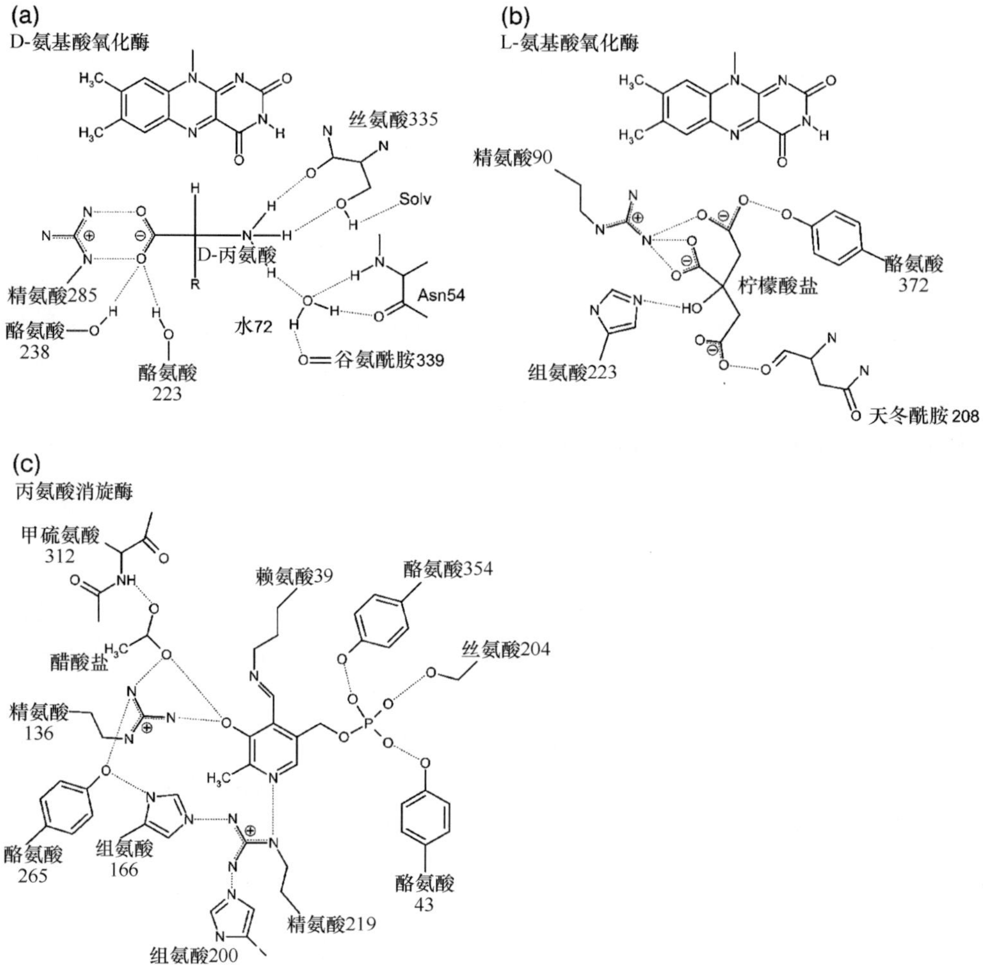

图 13-1 活性位点相互影响作用示意图
(a) *R. gracilis* 的 D-氨基酸氧化酶与 CF3-D-丙氨酸复合物（pdb 1COL）
(b) *C. rhodostoma* L-氨基酸氧化酶与柠檬酸复合物（pdb IF8R）
(c) *B. stearothermophilus* 丙氨酸消旋酶（pdb 1SFT）.

乳动物、鸟类、爬行动物、无脊椎动物、霉菌和细菌中均能检测到 L-氨基酸氧化酶活性[54]。由于每一亚基都含有一分子非共价键结合的 FAD 分子，L-氨基酸氧化酶有着典型的吸收峰（在 465nm 和 380nm 处最大），和 D-氨基酸一样，表现出像核黄素蛋白氧化酶的特性。据报道，从小鼠肝脏分离到的 L-氨基酸氧化酶利用黄素单核苷酸（FMN）作为辅酶，但是由于其对 L-羟基酸比对氨基酸的活性高，故将其归类为 L-羟基酸氧化酶。甚至，部分从火鸡肝脏分离的 L-氨基酸氧化酶以 FMN 作为辅因子。

蛇毒 L-氨基酸氧化酶是这类蛋白家族中研究得最好的成员，但它们的功能依然存在争论：它们的作用包括导致细胞死亡和感染血小板，被视为毒素。细菌、真菌和植物来源的 L-氨基酸氧化酶则涉及氮源的利用。蛇毒 L-氨基酸氧化酶通常是单二聚体核黄苷蛋白，分子质量为 110~150ku；分子质量的波动是由于糖含量不同。蛇毒 L-氨基酸氧化酶通常表现出不同的等电点（4.4~8.1）且常常含有不止一种酶。蛇毒 L-氨基酸氧化酶在 FAD 结合位点基因序列和人单胺氧化酶、微生物来源 L-氨基酸氧化酶和老鼠白介素 4 诱导的 Fig 1-蛋白相似，而与 D-氨基酸氧化酶没有相似性。

蛇类 L-氨基酸氧化酶的最适底物是芳香氨基酸或一般是疏水性氨基酸，极性和基础氨基酸则显示出非常低的反应速率：谷氨酸、天冬氨酸和脯氨酸则不能被 L-氨基酸氧化酶氧化。L-氨基酸氧化酶对环状取代的芳基氨基酸和硒基半胱氨酰衍生物同样表现出活性。底物特异性取决于酶的来源（例如，源自于 *Ophiophagus hannah* 的 L-氨基酸氧化酶也能氧化赖氨酸和鸟氨酸）和 pH。在 pH8.5 条件下，源自于 *Crotalus adamanteus* 的 L-氨基酸氧化酶对 L-精氨酸和 L-亮氨酸最大反应速率分别约为 12U/mg 蛋白和 6U/mg 蛋白，然而源自于 *O. hannah* 的 L-氨基酸氧化酶在催化 L-组氨酸时表现出更高的活性（约为 60U/mg蛋白）。源自于 *C. adamanteus* 的 L-氨基酸氧化酶的动力学机理遵从图式 13-13 所示，且和报道的 D-氨基酸氧化酶大体上相似[54]。在高 pH 和低氧浓度（<10^{-4}mol/L）下遵从乒乓机制，而在低 pH 和高氧浓度（>5×10^{-3}mol/L）下则遵从顺序机制。L-氨基酸氧化酶催化反应中的核黄素还原机理与 D-氨基酸氧化酶相似。

L-氨基酸氧化酶有两种可逆失活机制：一是提高 pH 从 5.5 到 7.5 且温度从 25℃提高到 38℃，而另一种方法则是在 -60~-5℃下保藏，且取决于 pH（最好为酸性 pH）和存储缓冲液的离子组成。以上两种情况下，都可以将酶置于 pH 5，38℃保持 1h 而活化。蛇毒 L-氨基酸氧化酶需要置于 4℃，中性 pH 缓冲液中避光保藏以免失活。

X-光晶体结构显示源自于 *Calloselasma rhodostoma* 的 L-氨基酸氧化酶在功能上是一个二聚体，每个亚基都由三个域组成：一个 FAD 结合域、一个底物结合域和一个螺旋型域[58]。后两者的表面形成一个漏斗形状，促使底物进入活性位点。因此，L-氨基酸氧化酶底物结合［图 13-1（b）］和进入的模式与 D-氨基酸氧化酶有很大的不同。

目前，检测到 L-氨基酸脱氨酶（EC 1.4.3.X）的酶活性，尤其是在变形杆菌属[59]中。这个酶大约由 370 个氨基酸残基组成，是一种含 FAD 的 L-氨基酸氧化酶核黄蛋白，它能利用分子态的氧转化 L-氨基酸生产相应的 α-酮酸和氨而不生产过氧化氢。L-氨基酸脱氨酶喜欢带有脂肪族、芳香基和硫基侧链的氨基酸（最适底物是 L-亮氨酸、L-苯丙氨酸和 L-色氨酸），因其低 V_{max} 值

(≤2U/mg 蛋白），其动力学常数通常较低。

13.5.2 氨基酸消旋酶

多种氨基酸消旋酶已经在细菌、古细菌及真核细胞中被鉴定出来。它们分成两类：5′-磷酸吡哆醛依赖型（PLP）和非5′-磷酸吡哆醛依赖型。因此，去消旋化反应可通过两个途径获得：通过一个手性的不稳定的席夫碱中间体，以芳香醛作为 PLP 因子 ［图式 13 - 22 (a)］，和通过没有辅助因子的双碱的途径 ［图式 13 - 22 (b)］。

13.5.2.1 PLP 依赖型消旋酶

丙氨酸消旋酶（**EC 5.1.1.1**）。丙氨酸消旋酶是一个专一性催化 L - 丙氨酸和 D - 丙氨酸外消旋化作用的 PLP 依赖型细菌酶。来自沙门菌的酶是个例外，因为它也可以 L - 丝氨酸、L - 同源丝氨酸、L - 甲硫氨酸为底物。丙氨酸消旋酶作为被研究最多的 PLP 依赖型消旋酶，其通过提供用于肽聚糖组装及交联的 D - 丙氨酸而在细菌的生长过程中扮演着主要的角色。丙氨酸消旋酶被纯化及克隆出来以构成各种酶源。有趣的是，两个完全不同的基因从很多基因组序列中被鉴定，例如，大肠杆菌、枯草芽孢杆菌（*Bacillus subtilis*）、绿脓假单胞菌（*Pseudomonas oienlginosa*）等。

来自嗜热杆菌 ［图 13 - 1 (c)］[61] 的丙氨酸消旋酶的定点突变实验及 X 光结晶表明，这个酶使用两个催化端点，即酪氨酸 265 及 PLP 结合点赖氨酸 39。从 D - 丙氨酸中抽取 α - 氢得到赖氨酸 39，并添加 α - 氢到中间体上以形成 D - 丙氨酸：酪氨酸 265 代替了 L - 丙氨酸相应的催化残基。这个途径需要从底物中抽取 α - 氢，并在赖氨酸 39 和酪氨酸 265 之间实现转移，否则，经过单一的一次循环后，此酶反应将会停止。第二个途径也被推导出来了：底物的羟基参与催化以调节两个催化残基之间的 α - 氢的转移。此外，丙氨酸消旋酶是具有两种不同功能的一种酶：除了去消旋化作用外，还可在低 pH（≤6）下催化转氨作用。

丙氨酸消旋酶属于同型二聚体酶，其表观质量约为 76ku，包含两个分子的 PLP 作为辅酶[61]：已知的来自不同来源的酶具有高度的同源性。关于动力学特性，在 30℃下测定绿脓假单胞菌丙氨酸消旋酶对 D - 丙氨酸和 L - 丙氨酸的 K_m 值，它们的浓度分别约为 12mmol/L 和 19mmol/L，而且，去消旋化反应的 V_{max} 值分别约为 1200U/mg 蛋白和 2200U/mg 蛋白。来自嗜热脂肪芽孢杆菌的嗜热丙氨酸消旋酶对热处理相对稳定（75℃保温 1h），然而，同样的处理条件下，来自枯草芽孢杆菌的嗜温丙氨酸消旋酶在 55℃下是稳定的。

丝氨酸消旋酶（**EC 5.1.1.16**）。丝氨酸消旋酶在细菌和真核细胞中均有发现[60,62]。

在后者中，催化 L - 丝氨酸向 D - 丝氨酸转化的丝氨酸消旋酶首次在家蚕细

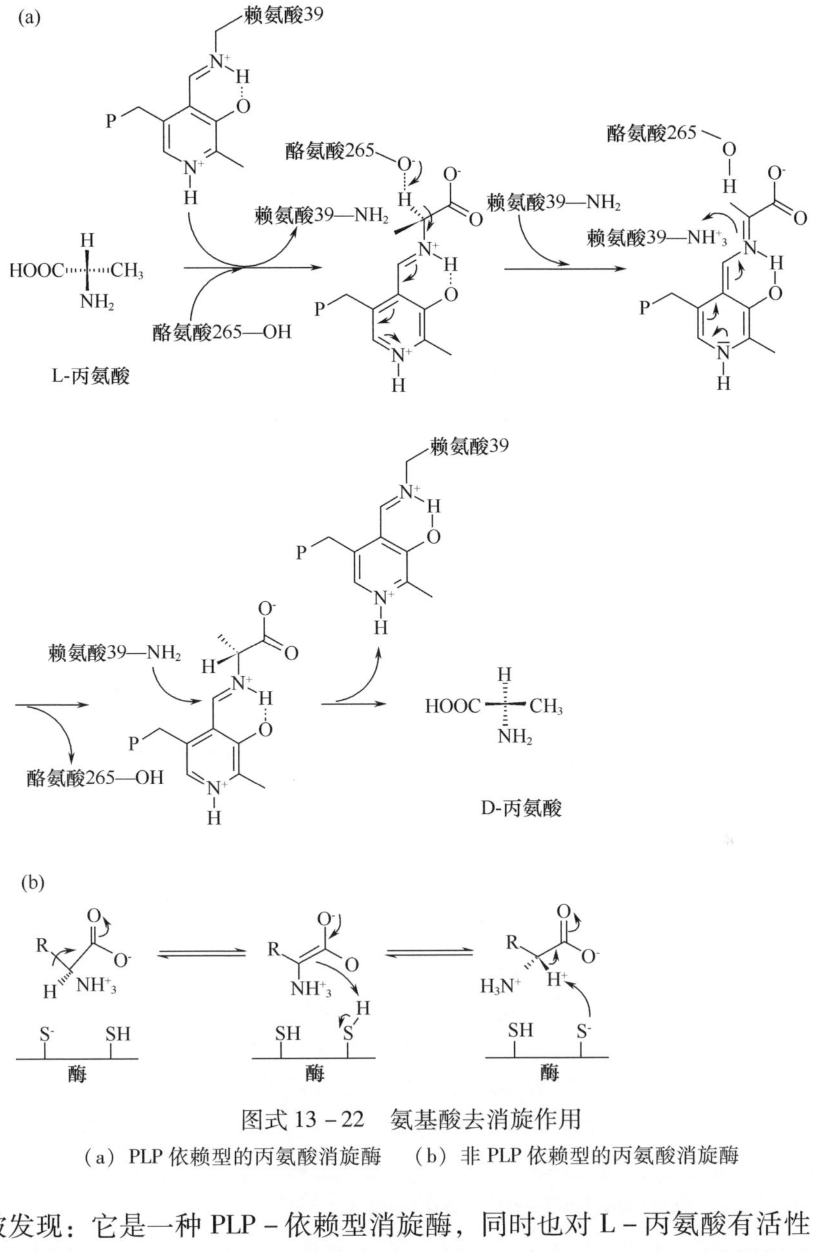

图式 13-22 氨基酸去消旋作用
(a) PLP 依赖型的丙氨酸消旋酶 (b) 非 PLP 依赖型的丙氨酸消旋酶

胞中被发现：它是一种 PLP-依赖型消旋酶，同时也对 L-丙氨酸有活性（约为 L-丝氨酸的 6%）。一种丝氨酸消旋酶也从大鼠的脑细胞中被纯化出来（同时一种丝氨酸消旋酶 cDNA 也从鼠脑细胞中被克隆了），哺乳动物的丝氨酸消旋酶表现出与来自不同来源的 L-苏氨酸脱水酶的序列相似性：后者所有的残基活性位点都在鼠丝氨酸消旋酶中保留了。哺乳动物丝氨酸消旋酶是折叠类型 II 的 PLP 酶的一个成员（与苏氨酸脱水酶、D-丝氨酸脱水酶等相似）。鼠丝氨酸消旋酶显示出了低的动力学效能：对 L-丝氨酸和 D-丝氨酸的 K_m 值分别为 10mmol/L 和 60mmol/L。对 L-丝氨酸和 D-丝氨酸的 V_{max} 值分别为 0.08U/mg、0.37U/mg（相比丙氨酸消旋酶，这些值低于 0.1%，见上面）。

另一方面，来自鹑鸡肠球菌（VanT）的细菌丝氨酸消旋酶和丙氨酸消旋酶具有同源性。它由 698 个氨基酸组成，N 端包含 10 个可预测的跨膜片段，C 端结构域显示了与来自嗜热脂肪芽孢杆菌（*B. stearothermophylus*）的丙氨酸消旋酶 31% 的序列相似性。丙氨酸消旋酶的活性位点残基也在 VanT 中被保留了：这个发现表明 VanT 催化的反应可能是通过双碱途径而实现的，这与丙氨酸消旋酶是相似的。有趣的是，它的生理角色是与万古霉素抗性相关的。

13.5.2.2　PLP 非依赖型消旋酶

这一类型的酶成员都遵循着涉及两个甲硫氨酸残基的双碱途径，从氨基酸中抽取 α-氢以作为共轭反应的酸和碱。

谷氨酸盐消旋酶（EC 5.1.1.14）。谷氨酸盐消旋酶基因已经从很多细菌中被克隆[60]。谷氨酸盐消旋酶是分子质量为 28~30ku 的单体酶。来自戊糖片球菌的谷氨酸盐消旋酶对谷氨酸盐是绝对专一的，而来自大肠杆菌的消旋酶被 UDP-*N*-酰基-胞壁酰-L-丙氨酸（一种细胞壁肽聚糖层的初期形式）所激活。大肠杆菌酶 N 末端的一个由 21 个氨基酸组成的区域负责这一激活反应。每个谷氨酸盐消旋酶分子包含两个半胱氨酸活性位点，它们中的一个是催化反应所必须的：来自半胱氨酸的硫醇盐从底物中抽取 α-氢，而另外一个半胱氨酸硫醇传递一个质子到负碳离子中间体的相反的部位。X-射线衍射研究及来自嗜火液菌（*Aquifex pyrophilus*）的谷氨酸盐消旋酶的定点突变实验表明 Cys73 是 D-谷氨酸质子化形成的原因，Cys184 是 L-谷氨酸盐质子化形成的原因。由于氨基酸（~21）的 α-氢的 pK_a 值和硫醇的 α-氢的 pK_a 值存在较大差异，一种为质子提取便捷化的非识别的系统是必需的。来自发酵乳酸菌（*Lactobacillus fermenti*）谷氨酸盐消旋酶的 Asp10 和 His186 已经被提议，它们可以分别促进 Cys73 和 Cys184 的功能。然而，嗜火液菌谷氨酸盐消旋酶的晶体结构的数据表明组氨酸距离第二个半胱氨酸很远，以至于不能发生直接的接触作用。关于发酵乳杆菌消旋酶的动力学特性，V_{max} 值约为 $70s^{-1}$（~130U/mg 蛋白），而且对于 L-谷氨酸和 D-谷氨酸的 K_m 值均为 0.3mmol/L[63]。最大动力学效能在 pH8~8.5。

天冬氨酸消旋酶（EC 5.1.1.13）。天冬氨酸消旋酶从 L-异构体生产 D-天冬氨酸，以用于细菌细胞壁肽聚糖层的生物合成。这种酶已从多种乳杆菌和链球菌以及古细菌，如运动硫还原球菌（*Desul furococcus*）、高温球菌属（*Thermococcus*）中被鉴别出来[60]。同谷氨酸盐消旋酶类似，链球菌 *Streptococcus thermophylus* 天冬氨酸消旋酶不需要辅酶，而且包含必要的半胱氨酸，这表明双碱途径同样在天冬氨酸消旋酶中起作用。来自 *Pyrococcus horikosii* 的天冬氨酸消旋酶的 X-射线衍射分析表明 Cys82 和 Cys194 位于两个蛋白结构域之间的一个裂缝的两边，这些结构域可能扮演着接触反应的酸和碱的角色。有趣的是，最近，PLP 依赖型的天冬氨酸消旋酶已经被报道了，并与嗜酸热源体及 *Scarpharca broughtonii* 的消旋酶不同。

额外消旋酶活性。更多有用的氨基酸消旋酶还有[62]：唯一一个需要 ATP 去激活底物的苯丙氨酸消旋酶（EC 5.1.1.11），来自梭菌属 *Clostridium stricklandii* 的脯氨酸消旋酶（EC 5.1.1.4）及来自恶臭假单胞菌（*Pseudomonas putida*）的氨基酸消旋酶（EC 5.1.1.10）。它显示了由 D-丙氨酸、D-苯丙氨酸、D-精氨酸、D-天冬氨酸、L-非亮氨酸、L-丝氨酸、L-蛋氨酸及 L-鸟氨酸组成的底物的宽泛的特异性。精氨酸消旋酶（EC 5.1.1.9）是对 L-赖氨酸、L-精氨酸、L-鸟氨酸等有活性的，以及对 α-氨基酸衍生物有活性的消旋酶，如对 α-氨基内酰胺有活性的（EC 5.1.1.15）及对 α-酰基氨基酸（NAAR）有活性的酶。

13.5.2.3　扁桃酸盐消旋酶（EC 5.1.2.2）

扁桃酸盐消旋酶是一种 PLP 非依赖型且很好描述其特征的消旋酶[62,64]。由于其异常的稳定性及宽底物特异性，扁桃酸消旋酶已被认为是一种用于外消旋反应的理想的选择。编码 *P. putida* 的扁桃酸盐消旋酶的基因已被克隆，它的三维结构也被揭示了：它是一种由 39ku 的亚基组成的八聚体酶，每个亚基包含由八个平行的 β-折叠组成的环形结构。具有接触反应活性的 Mg^{2+} 位于活性位点，并通过一系列的天冬氨酸、谷氨酸和赖氨酸残基而相互作用。除了它的天然底物扁桃酸盐外，它也可催化相应氨基化合物的衍生物的去消旋作用。此外，扁桃酸盐的芳基系统可能被扩展到萘基系统，扁桃酸盐类似物及乙醇酸乙烯酯也可被这类酶所接受。宽泛的底物耐受性主要取决于活性位点内部的疏水结合口袋结构异常的可塑性。一种用于扁桃酸盐消旋酶的可预见的底物模型已经被提出了。

根据上面对谷氨酸盐消旋酶的规定，在扁桃酸盐对映体的互变过程中的主要的障碍是用于相应手性烯醇化物中间体的 α-氢（$pK_a \sim 29$）提取。凭借着一个氢键和盐桥键组成的紧凑的网状结构，这一步骤由于两个对映体在活性位点的结合而快捷了，这其中涉及的残基有 Glu317、Lys164 和 Mg^{2+}。

13.5.3　转氨酶

氨基转移酶催化 PLP 依赖型的氨基酸供体和酮酸接受体的一个氨基和酮基可逆转移，并根据图式 13-23 的等式以获得新的氨基酸和酮酸产物。

当氨基供体有 L-构型，并且使用 L-氨基酸转移酶时，氨基酸产物将拥有 L-构型；当氨基供体有 D-构型，并且使用 D-氨基转移酶时，氨基酸产物将拥有 D-构型。反应的平衡常数有代表性地接近于整数。

由于 L-氨基转移酶参与大多数天然氨基酸的生物合成，它们在自然界中普遍存在。另一方面，D-氨基转移酶活性已经在细菌中被发现，大部分在芽孢杆菌菌株里，并且涉及细胞壁肽聚糖层的 D-氨基酸的合成。吡哆醛和吡哆胺形成时的 PLP 穿梭运动，氨基酸和酮酸底物对之间的氨基和酮基的可逆转移，此机理已被很好地证明了。此反应遵循乒乓动力学。

转氨酶具有有效催化剂的很多特点，例如高的转换数及不需要辅酶的外部循环。由于很多氨基转移酶宽泛的底物耐受性，例如来自大肠杆菌的酪氨酸转移酶及支链氨基转移酶，这些酶已经被大规模应用于非蛋白原氨基酸的立体选择性制备，包括直链烷基、二酸、支链芳香及双功能氨基酸[65]。

图式 13-23　氨基转移酶催化反应

13.5.3.1　L-氨基转移酶（EC 2.6.1.x）

最常用的用于 L-氨基酸合成的 L-氨基转移酶是来自大肠杆菌的一个酶，它可被用于全细胞或固定化体系。它们包括：首先，天冬氨酸氨基转移酶（EC 2.6.1.1），命名为 aspC 的大肠杆菌基因，可以编码一个 88ku 的蛋白，它在同型二聚体时表现出活性。来自大肠杆菌的支链氨基转移酶（EC 2.6.1.42），是个由同一个 34ku 的亚基组成的六聚体，并且它拥有的三维空间结构也被揭示了。酪氨酸转移酶（EC 2.6.1.5）：大肠杆菌中的 tyrB 基因编码的这一蛋白涉及酪氨酸生物合成的最后一步，即用 L-谷氨酸作为氨基供体实现对羟基苯丙酮酸盐的转氨作用以生成赖氨酸。L-鸟氨酸 δ-氨基转移酶（EC 2.6.1.13）：它可催化 δ-氨基可逆转氨作用，通过 L-鸟氨酸到 α-酮戊二酸盐的转化以生产 L-谷氨酸盐-γ-半醛及 L-谷氨酸。这种活性已经在很多细菌中被鉴定出，其中大部分属于芽孢杆菌菌株。枯草芽孢杆菌 rocD 基因可编码一个 44ku 的蛋白。很多其他的氨基转移酶也被鉴定出来了：4-氨基-丁酸-2-酮戊二酸盐转移酶（EC 2.6.1.19）被用于制备灭草剂 L-草胺膦，来自施氏假单胞菌的 D-苯甘氨酸氨基转移酶表现出较窄的底物耐受性，并使得转氨的氨基酸的立体性倒置（它利用 α-酮戊二酸盐作为氨基供体，催化 D-苯丙氨酸的转氨作用以形成 L-谷氨酸）[66]。

13.5.3.2　D-氨基转移酶（EC 2.6.1.21）

在 D-氨基转移酶中，来自 Bacillus sp. YM1 的酶已经被广泛研究了：基因已被克隆，蛋白也被纯化出来，它的三维空间结构也被揭示了[67]。这种酶是个二聚体，整个分子质量为 65ku，每个单体需要一个 PLP 分子作为辅酶。它与 L

-氨基转移酶没有序列一致性。D-氨基转移酶的折叠是与其他任何已知的利用PLP的酶完全不同的。然而，在D-氨基转移酶和相应的催化L-氨基酸转氨化的酶（如L-天冬氨酸转移酶）的活性位点上有些显著的相似性。最近，来自 *Staphylococcus haemolyticus*、*Bacillus licheniformis* 及 *Bacillus sphaericus* 的 D-氨基转移酶已经被研究了。由于它们宽泛的底物特异性，D-氨基转移酶在D-氨基酸的生产中很有用，尤其是当使用耐热酶时。

13.6 总结与展望

去消旋方法是一种从外消旋混合物中获得手性化合物的有效途径。完整的酶法实现氨基酸去消旋化是由多个酶催化的反应组成的，包括氨基酸氧化酶和氨基酸转移酶（见章节13.4.1）。此方法的限制来自于氧化酶的可用性，包括其立体化学偏好性及在热力学平衡条件下，通过氨基转移酶催化的反应及酶的立体化学偏好性。当酶法拆分过程偶联一个去消旋步骤，一种专一性的外消旋酶是需要的。此过程的优点是可通过单一一步反应实现，且条件温和（见章节13.2.1 和 13.4.1.3）。然而，大体上消旋酶都是脆弱的，而且底物特异性较窄（见章节13.5.2）。当在去消旋条件下，一种水解酶偶联一个碱时可获得理想的结果。除了工业中用5-取代乙内酰脲动力学拆分生成D-氨基酸的乙内酰脲酶/氨基甲酰酶体系外，其他依赖于碱催化的去消旋反应，如噁唑酮和硫酯水解，其大规模应用是很有希望的。它的限制也在于具有相反立体选择性水解酶的可用性。这些方法可比得上众所周知的基于过渡金属元素的催化过程。

参考文献

1 (a) Pamies, O. and Bäckvall, J.-E. (2003) *Chemical Reviews*, 103, 3247–3262.

(b) Faber, K. (2001) *Chemistry-European Journal*, 7, 5004–5010.

(c) Huerta, F. F., Minidis, A. B. E. and Backvall, J. E. (2001) *Chemical Society Reviews*, 30, 321–331.

(d) Strauss, U. T, Felfer, U. and Faber, K. (1999) *Tetrahedron, Asymmetry*, 10, 107–117.

(e) Azerad, R. and Buisson, D. (2000) *Current Opinion in Biotechnology*, 11, 565–571.

(f) El Gihani, M. T. and Williams, J. M. J. (1999) *Current Opinion in Chemical Biology*, 3, 11–15.

(g) Stecher, H. and Faber, K. (1997) *Synthesis*, 1, 1–16.

(h) Caddick, S. and Jenkins, K. (1996) *Chemical Society Reviews*, 25, 447–456.

(i) Ward, R. S. (1995) *Tetrahedron Asymmetry*, 6, 1475–1490.

(j) Noyori, R., Tokunaga, M. and Kitamura, M. (1995) *Bulletin of the Chemical Society of Japan*, 68, 36–55.

2 Gruber, C., Lavandera, I., Faber, K. and Kroutil, W. (2006) *Advanced Synthesis & Catalysis*, 348, 1789–1805.

3 (a) Larsson, A. L. E. and Persson, B. A. (1997) *Angewandte Chemie (International Edition in English)*, 36, 1211–1212.

(b) Norinder, J., Bogar, K., Kanupp, L. and Backvall, J. E. (2007) *Organic Letters*, 9, 5095–5098.

4 Arosio, D., Caligiuri, A., D'Arrigo, P., Pedrocchi-Fantoni, G., Rossi, C., Saraceno, C., Servi, S. and Tessaro, D. (2007) *Advanced Synthesis & Catalysis*, 349, 1345–1348.

5 (a) Ström, K., Sjögren, J., Broberg, A. and Schnürer, J. (2002) *Applied and Environmental Microbiology*, 68, 4322–4327.

(b) Dieuleveux, V., van der Pyl, D., Chataud, J. and Gueguen, M. (1998) *Applied and Environmental Microbiology*, 64, 800–803.

(c) Valls, N., Lopez-Canet, M., Vallribera, M. and Bonjoch, J. (2001) *Chemistry European Journal*, 7, 3446–3460.

(d) Valls, N., Vallribera, M., Carmeli, S. and Bonjoch, J. (2003) *Organic Letters*, 5, 447–450.

(e) Ishida, K., Okita, Y., Matsuda, H., Okino, H. T. and Murakami, M. (1999) *Tetrahedron*, 55, 10971–10988.

(f) Valls, N., Vallribera, M., Lopez-Canet, M. and Bonjoch, J. (2002) *The Journal of Organic Chemistry*, 67, 4945–4950.

(g) Tao, J. and McGee, K. (2002) *Organic Process Research & Development*, 6, 520–524.

(h) Dragovich, P. S., Prins, T. J., Zhou, R., Brown, E. L., Maldonado, F. C., Fuhrman, S. A., Zalman, L. S., Tuntland, T., Lee, C. A., Patick, A. K., Matthews, D. A., Hendrickson, T. F., Kosa, M. B., Liu, B., Batugo, M. R., Gleeson, J.-P. R., Sakata, S. K., Chen, L., Guzman, M. C., Meador, J. W., Ferre, R. A. and Worland, S. T. (2002) *Journal of Medicinal Chemistry*, 45, 1607–1623.

(i) Sheldon, R. A. (1993) *Chirotechnology*, Marcel Dekker, New York, pp. 362–367.

(j) Sheldon, R. A., Zeegers, H. J. M., Houbiers, J. P. M. and Hulshof, L. A. (1991) *Chimica Oggi*, 9, 35–36.

6 (a) Schmidt, E., Blaser, H. U., Fauquex, P. F., Sedelmeier, G. and Spindler, F. (1992) *Microbial Reagents in Organic Synthesis*, NATO ASI Series C, Vol. 381 (ed. S. Servi), Kluwer Academic, Dordrecht, pp. 377–386.

(b) Azerad, R. and Buisson, D. (1992) *Microbial Reagents in Organic Synthesis*, NATO ASI Series C; Vol. 381 (ed. S. Servi), Kluwer Academic, Dordrecht, pp. 421–430.

7 Huerta, F. F., Laxmi, Y. R. S. and Bäckvall, J.-E. (2000) *Organic Letters*, 2, 1037–1040.

8 Huerta, F. F. and Bäckvall, J.-E. (2001) *Organic Letters*, 3, 1209–1212.

9 Strauss, U. T. and Faber, K. (1999) *Tetrahedron, Asymmetry*, 10, 4079–4081.

10 (a) Fee, J. A., Hegeman, G. D. and Kenyon, G. I. (1974) *Biochemistry*, 13, 2528–2532.

(b) Neidhart, D. J., Howell, P. L., Petsko, G. A., Powers, V. M., Li, R., Kenyon, G. L. and Gerlt, J. A. (1991) *Biochemistry*, 30, 9264–9273.

(c) Kenyon, G. L., Gerlt, J. A., Petsko, G. A. and Kozarich, J. W. (1995) *Accounts of Chemical Research*, 28, 178–186.

(d) Gerlt, J. A., Kozarich, J. W., Kenyon, G. L. and Gassman, P. G. (1991) *Journal of the American Chemical Society*, 113, 9667–9669.

(e) Gerlt, J. A., Kenyon, G. L., Kozarich, J. W., Neidhart, D. J., Petsko, G. A. and Powers, V. M. (1992) *Current Opinion in Structural Biology*, 2, 736 – 742.

11 Felfer, U., Goriup, M., Koegl, M. F., Wagner, U., Larissegger-Schnell, B., Faber, K. and Kroutil, W. (2005) *Advanced Synthesis & Catalysis*, 347, 951 – 961.

12 Larissegger-Schnell, B., Glueck, S. M., Kroutil, W. and Faber, K. (2006) *Tetrahedron*, 62, 2912 – 2916.

13 (a) Adam, W., Lazarus, M., Boss, B., Saha-Möller, C. R., Humpf, H. U. and Schreier, P. (1997) *The Journal of Organic Chemistry*, 62, 7841 – 7843.

(b) Adam, W., Lazarus, M., Saha-Möller, C. R. and Schreier, P. (1998) *Tetrahedron: Asymmetry*, 9, 351 – 355.

14 Takahashi, E., Nakamichi, K. and Furui, M. (1995) *Journal of Fermentation and Bioengineering*, 80, 247 – 250.

15 Biade, A. E., Bourdillon, C., Laval, J. M., Mairesse, G. and Moiroux, J. (1992) *Journal of the American Chemical Society*, 114, 893 – 897.

16 Oikawa, T., Mukoyama, S. and Soda, K. (2001) *Biotechnology and Bioengineering*, 73, 80 – 82.

17 Soda, K., Oikawa, T. and Yokoigawa, K. (2001) *Journal of Molecular Catalysis B: Enzymatic*, 11, 149 – 153.

18 (a) Takahashi, E., Nakamichi, K. and Furui, M. (1995) *Journal of Fermentation and Bioengineering*, 80, 247 – 250.

(b) Xie, S. X., Ogawa, J. and Shimizu, S. (1999) *Bioscience Biotechnology and Biochemistry*, 63, 1721 – 1729.

(c) Nakamura, K., Inoue, Y., Matsuda, T. and Ohno, A. (1995) *Tetrahedron Letters*, 36, 6263 – 6266.

(d) Nakamura, K., Fujii, M. and Ida, Y. (2001) *Tetrahedron: Asymmetry*, 12, 3147 – 3153.

(e) Allan, G. R. and Carnell, A. J. (2001) *The Journal of Organic Chemistry*, 66, 6495 – 6497.

(f) Takemoto, M., Matsuoka, Y., Achiwa, K. and Kutney, J. P. (2000) *Tetrahedron Letters*, 41, 499 – 502.

(g) Page, P. C., Carnell, A. and McKenzie, M. J. (1998) *Synlett*, 7, 774 – 776.

(h) Hasegawa, J., Ogura, M., Tsuda, S., Maemoto, S., Kut-suki, H. and Ohashi, T. (1990) *Agricultural And Biological Chemistry*, 54, 1819 – 1827.

19 (a) Chadha, A. and Baskar, B. (2002) *Tetrahedron, Asymmetry*, 13, 1461 – 1464.

(b) Padhi, S. K. and Chadha, A. (2005) *Tetrahedron, Asymmetry*, 16, 2790 – 2798.

(c) Baskar, B., Pandian, N. G., Priya, K. and Chadha, A. (2005) *Tetrahedron*, 61, 12296 – 12306.

(d) Padhi, S. K., Pandian, N. G. and Chadha, A. (2004) *Journal of Molecular Catalysis B: Enzymatic*, 29, 25 – 29.

20 (a) Gregory, R. J. H. (1999) *Chemical Reviews*, 99, 3649 – 3682.

(b) Johnson, D. V., Zabelinskaja-Mackova, A. A. and Griengl, H. (2000) *Current Opinion in Chemical Biology*, 4, 103 – 109.

(c) Effenberger, F., Förster, S. and Wajant, H. (2000) *Current Opinion in Biotechnology*, 11, 532 – 539.

21 (a) Gröger, H. (2001) *Chemistry-European Journal*, 7, 5247 – 5251.

(b) Brussee, J. and van der Gen, A. (2000) *Stereoselective Biocatalysis* (ed.

R. N. Patel), Marcel Dekker, New York, pp. 289-320.

22 Purkarthofer, T., Skranc, W., Schuster, C. and Griengl, H. (2007) Applied *Microbiology and Biotechnology*, 76, 309-320.

23 (a) Inagaki, M., Hiratake, J., Nishioka, T. and Oda, J. (1991) *Journal of the American Chemical Society*, 113, 9360-9361.
(b) Inagaki, M., Hiratake, J., Nishioka, T. and Oda, J. (1992) *The Journal of Organic Chemistry*, 57, 5643-5649.
(c) Inagaki, M., Hatanaka, A., Mimura, M., Hiratake, J., Nishioka, T. and Oda, J. (1992) *Bulletin of the Chemical Society of Japan*, 65, 111-120.

24 (a) Veum, L. and Hanefeldt, U. (2004) *Tetrahedron, Asymmetry*, 15, 3707-3709.
(b) Li, Y.-X., Straathof, A. J. J. and Hanefeld, U. (2002) *Tetrahedron, Asymmetry*, 13, 739-743.

25 (a) Kanerva, L. T., Rahiala, K. and Sundholm, O. (1994) *Biocatalysis*, 10, 169-180.
(b) Paizs, C., Tosa, M., Majdik, C., Tähtinen, P., Irimie, F. D. and Kanerva, L. T. (2003) *Tetrahedron, Asymmetry*, 14, 619-627.
(c) Paizs, C., Tähtinen, P., Lundell, K., Poppe, L., Irimie, F. D. and Kanerva, L. T. (2003) *Tetrahedron, Asymmetry*, 14, 1895-1904.

26 Bommarius, A. S., Kottenhahn, M., Klenk, H. and Drauz, K. (1992) *Microbial Reagents in Organic Synthesis*, NATO ASI Series (ed. S. Servi), Kluwer Academic Publisher, Dordrecht, pp. 161-170.

27 Bommarius, A. S., Drauz, K., Klenk, H. and Wandrey, C. (1992) *Annals of the New York Academy of Sciences*, 672, 126-136.

28 Caligiuri, A., D'Arrigo, P., Gefflaut, T., Molla, G., Pollegioni, L., Rosini, E., Rossi, C. and Servi, S. (2006) *Biocatalysis and Biotransformation*, 24, 409-413.

29 (a) Taylor, P. P., Pantaleone, D. P., Senkpeil, R. F. and Fotheringham, I. G. (1998) *Trends in Biotechnology*, 16, 412-418.
(b) Li, T., Kootstra, A. B. and Fotheringham, I. G. (2002) *Organic Process Research & Development*, 6, 533-538.

30 Nakajima, N., Esaki, N. and Soda, K. (1990) *Journal of the Chemical Society D: Chemical Communications*, 947-948.

31 Krix, G., Bommarius, A. S., Drauz, K., Kottenham, M., Schwarm, M. and Kula, M. R. (1997) *Journal of Biotechnology*, 53, 29-39.

32 Peters, K. V., Gunawardana, M., Rozzell, J. D. and Novick, S. J. (2006) *Journal of the American Chemical Society*, 128, 10923-10929.

33 Mortarino, M., Negri, A., Tedeschi, G., Simonic, T., Duga, S., Gassen, H. G. and Ronchi, S. (1996) *European Journal of Biochemistry*, 239, 418-426.

34 Fotheringham, I. G., Taylor, P. P. and Ton, J. L. (1998) US Patent, 5, 728, 555.

35 (a) Ebbers, E. J., Ariaans, G. J. A., Houbiers, J. P. M., Bruggink, A. and Zwanenburg, B. (1997) *Tetrahedron*, 53, 9417-9476.
(b) Valcarce, R. and Smith, G. G. (1992) *Chemometrics and Intelligent Laboratory Systems*, 16, 61-68.
(c) Smith, G. G., Khatib, A. and Reddy, G. S. (1983) *Journal of the American Chemical Society*, 105, 293-295.
(d) Smith, G. G. and Reddy, G. S. (1989) *The Journal of Organic Chemistry*, 54, 4529-4535.

36 (a) Pietzsch, M. and Syldatk, C. (2002) *Enzyme Catalysis in Organic Synthesis*, Vol. II (eds K. Drauz and H. Waldmann), Wiley-VCH Verlag GmbH, Weinheim, pp. 761–784.
(b) Ogawa, J., Soong, C.-L., Kishino, S., Li, Q.-S., Horinouchi, N. and Shimizu, S. (2004) *Tetrahedron, Asymmetry*, 70, 574–578.

37 Olivieri, R., Fascetti, F., Angelini, L. and Degen, L. (1981) *Biotechnology and Bioengineering*, 23, 2173–2183.

38 (a) Gross, C., Syldatk, C. and Wagner, F. (1987) *Biotechnology Techniques*, 1, 85–90.
(b) Nishida, Y., Nakamichi, K., Nabe, K. and Tosa, T. (1987) *Enzyme and Microbial Technology*, 9, 721–725.
(c) Cotoras, D. and Wagner, F. (1984) III European Congress on Biotechnology, *Poster Abstracts*, 1, 351–356.

39 May, O., Verseck, S., Bommarius A. and Drauz, K. (2002) *Organic Process Research & Development*, 6, 452–457.

40 Gu, R. L., Lee, I. S. and Sih, C. J. (1992) *Tetrahedron Letters*, 33, 1953–1956.

41 (a) Chen, S., Fujimoto, Y., Girdaukas, G. and Sih, C. J. (1982) *Journal of the American Chemical Society*, 104, 7294–7299.
(b) Crich, J. Z., Brieva, R., Marquart, P., Gu, R. L., Flemming, S. and Sih, C. J. (1983) *The Journal of Organic Chemistry*, 58, 3252–3258.
(c) Bevinakatti, H. S., Newadkar, R. V. and Banerji, A. A. (1990) *Journal of The Chemical Society D: Chemical Communications*, 1091–1092.
(d) Bevinakatti, H. S., Banerji, A. A., Newadkar, R. V. and Mokashi, A. A. (1992) *Tetrahedron, Asymmetry*, 3, 1505–1508.

42 (a) Turner, N. J., Winterman, J. R., McCague, R., Parrat, J. S. and Taylor, S. J. C. (1995) *Tetrahedron Letters*, 36, 1113–1146.
(b) Brown, S. A., Parker, M. C. and Turner, N. J. (2000) *Tetrahedron, Asymmetry*, 11, 1687–1690.

43 Arosio, D., Caligiuri, A., D'Arrigo, P., Pedrocchi-Fantoni, G., Rossi, C., Saraceno, C., Servi, S. and Tessaro, D. (2007) *Advanced Synthesis & Catalysis*, 349, 1345–1348.

44 (a) Clark, J. C., Phillips, G. H. and Steer, M. R. (1976) *Journal of The Chemical Society-Perkin Transactions* 1, 475–481.
(b) Honnoraty, A. M., Mion, L., Collet, H., Teissedre, R. and Commeyras, A. (1995) *Bulletin de la Societe Chimique de France*, 132, 709–720.

45 Wegman, M. A., Rops, M. A. P. J., Hacking, J., Pereira, P., van Rantwijk, F. and Sheldon, R. A. (1999) *Tetrahedron, Asymmetry*, 10, 1739–1750.

46 Liese, A., Seelbach, K. and Wandrey, C. (2000) *Industrial Biotransformations*, Wiley-VCH Verlag GmbH, Weinheim.

47 May, O., Verseck, S., Bommarius A. and Drauz, K. (2002) *Organic Process Research & Development*, 6, 452–457.

48 (a) Soda, K., Oikawa, T. and Yokoigawa, K. (2001) *Journal of Molecular Catalysis B: Enzymatic*, 11, 149–153.
(b) Huh, J. W., Yokoigawa, K., Esaki, N. and Soda, K. (1992) *Journal of Fermentation And Bioengineering*, 74, 189–190.

49 Huh, J. W., Yokoigawa, K., Esaki, N. and Soda, K. (1992) *Bioscience Biotechnology and Biochemistry*, 56, 2081–2082.

50 (a) Fotheringham, I., Archer, I., Carr, R., Speight, R. and Turner, N. J. (2006) *Biochemical Society Transactions*, 34, 287–

290.

(b) Turner, N. J. (2004) *Current Opinion in Chemical Biology*, 8, 114–119.

51 (a) Alexandre, F. R., Pantaleone, D. P., Taylor, P. P., Fotheringham, I. G., Ager, D. J. and Turner, N. J. (2002) *Tetrahedron Letters*, 43, 707–710.

(b) Beard, T. M. and Turner, N. J. (2002) *Journal of the Chemical Society D: Chemical Communications*, 246–247.

52 Enright, A., Alexandre, F. R., Roff, G., Fotheringham, I. G., Dawson, M. J. and Turner, N. J. (2003) *Journal of the Chemical Society D: Chemical Communications*, 2636–2637.

53 Kato, D. I., Miyamoto, K. and Ohta, H. (2005) *Biocatalysis and Biotransformation*, 23, 375–379.

54 (a) Curti, B., Ronchi, S. and Pilone, M. S. (1992) *Chemistry and Biochemistry of Flavoenzymes*, Vol. 3 (ed. F. Müller), CRC Press, Boca Raton, pp. 69–94.

(b) Du, X-Y. and Clemetson, K. J. (2002) *Toxicon*, 40, 659–665.

(c) Pollegioni, L., Piubelli, L., Sacchi, S., Pilone, M. S. and Molla, G. (2007) *Cellular and Molecular Life Sciences*, 64, 1373–1394.

55 Tishkov, V. I. and Khoronenkova, S. V. (2005) *Biochemistry (Moscow)*, 70, 40–54.

56 (a) Umhau, S., Pollegioni, L., Molla, G., Diederich, K., Welte, W., Pilone, M. S. and Ghisla, S. (2000) *Proceedings of the National Academy of Sciences of the United States of America*, 97, 12463–12468.

(b) Pollegioni, L., Diederichs, K., Molla, G., Umhau, S., Welte, W., Ghisla, S. and Pilone, M. S. (2002) *Journal of Molecular Biology*, 324, 535–546.

57 Pollegioni, L., Sacchi, S., Caldinelli, L., Boselli, A., Pilone, M. S. and Molla, G. (2007) *Current Protein & Peptide Science*, 8, 600–618.

58 Pawelek, P. D., Cheah, J., Coulombe, R., Macheroux, P., Ghisla, S. and Vrielink, A. (2000) *EMBO Journal*, 19, 4204–4215.

59 Pantaleone, D. P., Geller, A. M. and Taylor, P. P. (2001) *Journal of Molecular Catalysis B: Enzymatic*, 11, 795–803.

60 (a) Shaw, J. P., Petsko, G. A. and Ringe, D. (1997) *Biochemistry*, 36, 1329–1342.

(b) Morollo, A. A., Petsko, G. A. and Ringe, D. (1999) *Biochemistry*, 38, 3293–3301.

(c) Yoshimura, T. and Esaki, N. J. (2003) *Journal of Bioscience and Bioengineering*, 2, 103–109.

(d) Yohda, M., Endo, I., Abe, Y., Ohta, T., Iida, T., Maruyama, T. and Kagawa, Y. (1996) *The Journal of Biological Chemistry*, 271, 22017–22021.

(e) Matsumoto, M., Long, H., Homma, Z., Imai, K., Iida, T., Maruyama, T., Aikawa, Y., Endo, I. and Yohda, M. (1999) *Journal of Bacteriology*, 181, 6560–6563.

61 Yokoigawa, K., Okubo, Y., Kawai, H., Esaki, N. and Soda, K. (2001) *Journal of Molecular Catalysis B-Enzymatic*, 12, 27–35.

62 (a) Schnell, B., Faber, K. and Kroutil, W. (2003) *Advanced Synthesis & Catalysis*, 345, 653–666.

(b) Fukumura, T. (1977) *Agricultural and Biological Chemistry*, 41, 1509–1510.

(c) Ahmed, S. A., Esaki, N., Tanaka, H. and Soda, K. (1983) *Agricultural and Biological Chemistry*, 47, 1149–1150.

(d) Ahmed, S. A, Esaki, N., Tanaka, H. and Soda, K. (1984) *FEBS Letters*, 174,

76–79.

(e) Yamada, M. and Kurahashi, K. (1969) *Journal of Biochemistry*, 66, 529–540.

(f) Takashashi, H., Sato, E. and Kurahashi, K. (1971) *Journal of Biochemistry*, 69, 973–976.

(g) Yorifuji, T. and Ogata, K. (1971) *The Journal of Biological Chemistry*, 246, 5085–5092.

(h) Palmer, D. R. J., Garrett, J. B., Sharma, V., Meganathan, R., Babbitt, P. C. and Gerlt, J. A. (1999) *Biochemistry*, 38, 4252–4258.

(i) Tokuyama, S. (2001) *Journal of Molecular Catalysis B: Enzymatic*, 12, 3–14.

63 Glavas, S. and Tanner, M. E. (1999) *Biochemistry*, 38, 4106–4113.

64 (a) Felfer, U., Goriup, M., Koegl, M. F., Wagner, U., Larissegger-Schnell, B., Faber, K. and Kroutil, W. (2005) *Advanced Synthesis & Catalysis*, 347, 951–961.

(b) Tsou, A. J., Ransom, S. C. and Gerlt, J. A. (1990) *Biochemistry*, 29, 9856–9862.

(c) Fewson, C. A. (1988) *FEMS Microbiology Reviews*, 54, 85–110.

(d) Kenyon, G. L. and Hegeman, G. D. (1979) *Advances in Enzymology and Related Areas of Molecular Biology*, 50, 325–360.

(e) Neidhart, D. J., Howell, P. L., Petsko, G. A., Powers, V. M., Li, R., Kenyon, G. L. and Gerlt, J. A. (1991) *Biochemistry*, 30, 9264–9273.

(f) Kenyon, G. L., Gerlt, J. A., Petsko, G. A. and Kozarich, J. W. (1995) *Accounts of Chemical Research*, 28, 178–186.

(g) Gerlt, J. A., Kenyon, G. L., Kozarich, J. W., Neidhart, D. J., Petsko, G. A. and Powers, W. M. (1992) *Current Opinion in Structural Biology*, 2, 736–742.

(h) Stecher, H., Felfer, U. and Faber, K. (1997) *Journal of Biotechnology*, 56, 33–40.

(i) Tsou, A. Y., Ransom, S. C., Gerlt, J. A., Powers, V. M. and Kenyon, G. L. (1989) *Biochemistry*, 28, 969–975.

65 (a) Li, T., Kootstra, A. B. and Fotheringham, I. G. (2002) *Organic Process Research & Development*, 6, 533–538.

(b) Taylor, P. P., Pantaleone, D. P., Senkpeil, R. F. and Fotheringham, I. G. (1998) *Trends in Biotechnology*, 16, 412–418.

66 (a) Schulz, A., Taggeselle, P., Tripier, D. and Bartsch, K. (1990) *Applied and Environmental Microbiology*, 56, 1–6.

(b) Dichmann, K., Bartsch, R., Schmitt, P., Uhlmann, E. and Schulz, A. (1990) *Applied and Environmental Microbiology*, 56, 7–12.

(c) Wiyakrutta, S. and Meevootisom, V. (1997) *Journal of Biotechnology*, 55, 193–203.

67 Sugio, S., Petsko, G. A., Manning, J. M., Soda, K. and Ringe, D. (1995) *Biochemistry*, 34, 9661–9669.

14 丝状真菌来源的腈水解酶

Ludmila Martínková, Vojtěch Vejvoda, Ondřej Kaplan,
Vladimír Křen, Karel Bezouška 和 Maria Cantarella

14.1 引言

腈水解酶是腈水解酶超家族构成分支之一,腈水解酶超家族包括作用于各种非肽碳-氮键的酶[1,2]。在已测序的微生物基因组中搜索腈水解酶基因显示,在微生物中很难发现腈水解酶[3]。不过,富集培养技术已经可以分离得到具有腈水解酶活性的微生物。此外,通过宏基因组学的方法开发未培养环境下的样品,提供了超过 200 个特定腈水解酶的序列,并测定了其中 137 的底物特异性和对映选择性[4]。

最近综述中所罗列的了解较为清楚的腈水解酶[5~9]绝大多数来自于细菌。目前很少有真核腈水解酶被纯化和鉴定。其中,一些在蛋白质和基因水平上研究较多的酶都属于植物腈水解酶,主要来自拟南芥(*Arabidopsis thaliana*)中的 AtNIT1-4 酶[2,6]。至今真菌腈水解酶的相关知识非常有限。数据库中大约只有 40 个真菌腈水解酶或氰化物水合酶序列,其中主要是通过基因组测序发现的假定蛋白质。两个镰刀霉属的腈水解酶被纯化后进行性质研究,但其氨基酸序列尚未见报道[10,11]。最近,我们的研究丰富了我们对真菌腈水解酶的认识,特别是来自黑曲霉(*Aspergillus niger*)和腐皮镰刀菌(*Fusarium solani*)的真菌腈水解酶。

在序列数据和生化特性的基础上,本章将从结构和酶学性质方面比较丝状真菌中的腈水解酶与原核和植物腈水解酶以及其他相关的酶,如氰化物水合酶和氰化物二水合酶,并对真菌腈水解酶潜在的生物技术价值进行评估。

14.2 真菌腈水解酶的分布及进化关系

14.2.1 分子遗传分析

来自于黑曲霉 *A. niger* K10[12]和 *F. solani* O1[13]的酶是生化特性最早被研究

的真菌腈水解酶，其部分氨基酸序列已经报道[14,15]。在 A. niger K10 中腈水解酶被纯化和研究性质期间，已测序相应的基因并翻译成氨基酸序列（图 14-1）。使用蛋白 BLAST 程序对相关蛋白进行搜索显示：黑曲霉 A. niger 中纯化的腈水解酶与黑曲霉 A. niger、费希新萨托菌（Neosartorya fischeri）、烟曲霉（Aspergillus fumigatus）、土曲霉（Aspergillus terreus）、棒曲霉（Aspergillus clavatus）和构巢曲霉（Aspergillus nidulans）中编码的假定氰化物水合酶/腈水解酶有很高的相似性（≥85%的一致度和≥92%的相似度）。在这些蛋白质中，来源于 A. niger CBS 513.88（XP_001389844）的假定腈水解酶与纯化的蛋白相似性最高（98.8%）。

F. solani O1 中纯化的腈水解酶通过 N-末端测序及质谱分析发现：四条肽片段与串珠状赤霉 Gibberella moniliformis（无性串珠镰刀菌 Fusarium verticillioides）中的假定腈水解酶是一致的[15]。在玉米赤霉（Gibberella zeae）中也发现了一个高度同源的基因（85%的一致度和91%的相似度）。

图 14-1 和图 14-2 分别为真菌腈水解酶及相关酶［原核腈水解酶和氰化物（二）水合酶］的多序列比对和这些蛋白的同源性水平。真菌腈水解酶之间平均相似度为51%，但中值只有35%。如预期的一样，在所有的蛋白质中都发现了保守序列，而 N- 或 C- 末端序列表明所有被检测的酶的相似度较低。

```
                  10        20        30        40        50        60        70        80        90
                  ....|....|....|....|....|....|....|....|....|....|....|....|....|....|....|....|....|....|
A nig        1    -----MAPVLKKYKAAAVNAEPGWFNLEESVRRTIHWIDEAGKAGCKFIAFPELWIPGYPYWMWKVNYQESLP-LLKKYRENSLPSDSDE  84
A nig K10    1    -----MAPVLKKYKAAAVNAEPGWFNLEESVRRTIHWIDEAGKAGCKFIAFPELWIPGYPYWMWKVNYQESLP-LLKKYRENSLPSDSDE  85
A fum1       1    --------MT.-VRVG..Q....V.ND..QG...AK...KL.K....EK.INVLG....V.....LWS..TNSPIDNVQ-..HE.MA...VRN.P  80
A fum2       1    ................................................................A.........................
G mon        1    --------MS.SL.V...IQ....V.ND..QGG.NKS.GL.Q...A.E.ANV.GY...VF.....WSI.ANSPT.NA.-WINE.FK...MEKE.P.  81
G zeae       1    --------MS.TL.V...IQ....V.QD..QGG.NKS.RL.QD.ASN.ANV.GY...VF.....WSI.ANSPT.NAA-WINE.FK...ERE.P.  81
A fac        1    MVS-----YNS.FL..T.Q.....V.LDADATIDKS.GI.E...AQK.AS....VF.........LN.AA-.LGDVKY...S-FTSR.H...ELGD.R  84
R rh K22     1    MSSNPELKYTG.V.V.T.Q.....V.GGDATIDKA.FE.A.NA.E.L............A............IA....IA..A-.L.HI.VDKWAVSDFIP..H....TLGD.R  90
R rh J1      1    MVE-----YTNTF.V...Q..Q.V..DAAKT.DK.VSI.A..ARN..ELV....VF.........HI.VDSPLAGMAKFAVR.H....TM..PH  85
F lat        1    --------IT......TS......D..GG..K..DF.N....F.....E.....V.........T.LQ.....-...M..R...MAV...E.  82
F sol        1    -------P--IT......TS......D..GG..K..DF.N....F.....E.....V.........T.LQ.....-...M..R...MAV...E.  82
G sor        1    --------P--IN....V.TS..V.E..GG.VK..EF.N....F....E...............LQ.....-...M..A.....IAM..S.  82
B pum        1    --------TSIYP.FR....Q.A.IYL....AT..QKSCEL....ASN.A.LV.....AFL.........WFAFIGHPEYTRK--FYHELYK..AVEIP.LA  84

                          100       110       120       130       140       150       160       170       180
                  ....|....|....|....|....|....|....|....|....|....|....|....|....|....|....|....|....|....|
A nig       85    MRRIRNAARANKIYVSLGYSEVDLASLYTTQVMISPSGDILN--HRRKIRATHVERLVFGDGTGDTTESVIQTDIGRVGHLNCWENMNPF 172
A nig K10   86    ................................................................................................ 173
A fum1      81    .DA..A.V.EAG.FIV.....R.AG.I.MA.SF..E.E.VH----.....LKP.....SIW..SQA.SLKT.VDSPF.KI.G.....HLQ.L 168
A fum2          ......T.........................................-........................T.E............... 172
G mon       82    .DQ..A.V.EAGVF.V.....RYRGT...IA.SF.DET.T.VL---...KP......AIY....Q.ESLTN.AD.KF....AG......HTQTL 169
G zeae      82    .DQ..A.V.EAGVF.V.....RYRGT...IA.SF.DET.T.VL---...KP......AIY....Q.ESLNN....TF.K.AG......HTQ.L 169
A fac       85    ...LQL..R...ALVM......REAG.R.LS..F.DER.E.VA---N....LKP.....TIY.E.N.TDFL-THDFAF.......G......HFQ.L 171
R rh K22    91    ...LQL....Q.N.ALVM......K.G..R.LS..F.DQN....VA---N....LKP.....TIY.E.N.TDFL-THDFG.........HFQTL 177
R rh J1     86    VQ..LLD...DHN.A.VV..I..RGG....M....LV.DAD.QLVA--R....LKP.....TIY.E.N.SDIS-.VDM..........AHFQTL 172
F lat       83    ......R...D.Q.F.....F...I.H.T....LS...L.G.D.ARHQPPPQDQAPLMLRSSFTVM.PVTPSCL..RLR-LAAS.Q........ 171
F sol       83    ......R...D.Q.......F...I.H.T....L....L.G.D.SVV.--.......KP....K.Y..P....FM..SE..........Q.... 170
G sor       83    ......A...D.Q......I.V..I.H.T....L....L..VI--...KP....K.Y..S....SF.P.T.E.L.Q..................... 170
B pum       85    IQK.SE...KR.ET....CISC...K.GG....LA.LWFN.N..LIG--KH...M...SVA.......IW....S-SMMP.F..E...NL.G.M..HQV.L 171

                          190       200       210       220       230       240       250       260       270
                  ....|....|....|....|....|....|....|....|....|....|....|....|....|....|....|....|....|....|
A nig      173    MKSYAASLGEQVHVAAWPLYPGKETLKYPDPFTNVAEANADLVTPAYAIETGTYTLAPWQTITAEGIKLNTPPGKDLE-DPHIYNGHGRI 261
A nig K10  174    ..A........................................................................................ 262
A fum1     169    LRY.EYEQ.V.I...S...AMFPMTKSVP---WGFCATGDGSK.ASQFM.....GQ.FV..CT..IL.K..NLAKQNLVE--EGIIQVPGG.FAM 254
A fum2     173    ...A.........................................F.....................L..........E.............. 254
G mon      170    LRY.EYXQDVDI...SS..SIFPNVPE---WPYHITPECCKAFSHVVSM.GACFV.LAS.IM..E.NH.KANVD.--YDYTKKSGG.FSM 261
G zeae     170    LRY.EY.QDVDI...SS..SIFPENSDQ---WPYHITPNCCKAFSHIVSM.GACFVILSS.IL...NFEKANVK.--FDYTKNGGG.FTM 254
A fac      172    S.FMMY...............AMSPLQPDV----FQLSIEANAT..T.RS.....GQ.FV..CST.V.GPSA.ETFCLND-EQRALLPQGC.WA. 255
R rh K22   178    S.YMMY..N..I...S...AMFALTPDV-----HQLSVEAN.T..RS.....GQ.FV..STHV.GKATQD.FAGDDDAKRALLPLGQ.WA. 262
R rh J1    181    T.YAMY.MH.......N..PAFGVDQAQLTA.RM..LV...QDYQLTR.P..AHEFFCDND-EQRKLIGRGG.FA.. 256
F lat      172    L.LNV.A..........V..RSARFT.TLLPTMPIQPLTWLLLSMLSRLARGL..L.SSVSRL..I..L..VEP.T..SV.....A.. 254
F sol      171    ALNV.A..I....V..R.RQVA.....A..Y.DPAS..........AW....F.RLSV..L.K....E.VEP.T..SV.....A.. 254
G sor      171    L..L.VAR......I......V..DLSKQVH......A..Y.DPAS..............WV...F.RSV..L.RH....VEP.T..ATP.. 260
B pum      172    DLMAMNAQN........S..G.FDD..ISS.............A..Y.DPAS.......--RY...A.Q.FV.MTSSIY.E.MKEMICLTQEQRDYFETFKS..TC.. 244
```

```
                280        290        300        310        320        330        340        350        360
                ....|....|....|....|....|....|....|....|....|....|....|....|....|....|....|....|....|....|
A nig      262  FGPDGQNLVPHPDKDFEGLLFVDIDLDECHLSKSLADFGGHYMRPDLIRLLVDTNRKDLVVREDR-VNGGVEYTRTVDRVGLSTPLDIAN 350
A nig K10  263  ................................................................-.-------................ 351
A fum1     255  ....SP..EA.PPGV.CV.QA.....QNIDYA.AI..PV...S....LQ.R.NKTAAKC..DME------------------------- 318
A fum2     262  ................Q....L....P.A...........................H......-----A...............A..AM. 350
G mon      255  ....S.F.EE..KPLAPNE..I.YA..N.E.KYKA.QNL.IV...S....QLS.R.NKHAAKP.FFANDL------------------- 320
G zeae     255  .S.F.KE..KAL.PGV..IVYA.....EDKYKA.QNL.IV....A....ALS.R.NRHPAKP.FFANDL------------------- 320
A fac      256  Y...SE.AKPLAE.A..I.YAE....EQIL.A.AG..PV....VLSVQF.PRNHTP.H.IGIDGRLD.NTRSR.ENFR.RQAAEGP-- 344
R rh K22   263  Y....KS.AEPLPE.A.....YAEL..EQII.A.AA..PA..S....VLS.KI..RNHTP.QYITADGRTSLNSNSR.ENYR.HQLA.E- 351
R rh J1    257  I....RD.ATPLAE..I.YA...SAIT.A.QA..PV....S..VLS.NFNQRHTP.N--TAISTIHATH.LVPQSGA.DGVRELNG 344
F lat      262  YR..--S..VK.E..D...........N...T.V...A..............R..K.ITEA.--PV.SIATYS.RQ.L..DSLFRRRR 348
F sol      261  YR..--S..VK...D............N.T..V...A..............R..E.ITEA.--PV.TIATYT.RH.L..DK..GEK 347
G sor      261  .R..--S.YAK.AV..D..MY......N.S.T.A.................R..E..TEVGGGD...IQSYS.MA.L..DR..EEED 349
B pum      245  Y.....EPISDMVPAET..IAYA...VERVIDY.YYI.PA...SNQS-LSMNFNQQPTPV.KQLNDNK.EVLT.EAIQYQN.MLEEKV--- 330

                370        380        390
                ....|....|....|....|....|....|..
A nig      351  TG-ESEN------------------- 356
A nig K10  352  .V-D.-------------------- 357
A fum1     318  ------------------------- 318
A fum2     351  Q.P.D.K------------------- 357
G mon      320  ------------------------- 320
G zeae     320  ------------------------- 320
A fac      345  RQASKRLGTKLFEQSLLAEEPVP----AK--- 369
R rh K22   352  KYENA.AATLPLDAPAPAPAPEPKSGRAKAEA 383
R rh J1    345  ADEQRALPSTHSDETDRATASI--------- 366
F lat      349  EMRQLTCSE----------------- 357
F sol      348  KEK.ATKGRDSEAEEL---------- 363
G sor      350  YRQGTDAGETEKASSNGHA------- 368
B pum      330  ------------------------- 330
```

图 14-1 真菌腈水解酶及相关蛋白氨基酸序列比对（利用 ClustalW 软件）

A nig, *A. niger* CBS 513.88（假定腈水解酶，XP_ 001389844）；A nig K10, *A. niger* K10（芳香族腈水解酶，ABX75546）；A fum1, *A. fumigatus* Af293（假定氰化物水解酶/氰化酶，XP_ 747028）；A fum2, *A. fumigatus* Af293（假定腈水解酶，XP_ 756085）；G mon, *G. moniliformis*（假定腈水解酶，ABF83489）；G zeae, *G. zeae* PH-1（假定蛋白，XP_ 386656）；A fac, *Acidovorax facilis* 72W（腈水解酶，ABD98457）；R rh K22, *R. rhodochrous* K22（脂肪族腈水解酶，BAA02127）；R rh J1, *R. rhodochrous* J1（脂肪族腈水解酶，Q03217）；F lat, *F. lateritium*（氰化物水合酶，AAA33336）；F sol, *F. solani*（氰化物水合酶，CAC69666）；G sor, *G. sorghi*（氰化物水合酶，P32964）；B pum, *B. pumilus* C1（氰化物二水合酶，AAN77003）。

	A nig	A nig K10	A fum1	A fum2	G mon	G zeae	R rh K22	R rh J1	A fac 72W	F lat	F sol	G sorghi	B pum
A niger CBS 513.88		99,1%	34,7%	92,4%	30,7%	31,0%	33,9%	34,1%	31,2%	51,1%	62,1%	60,3%	29,3%
A niger K10	99,1%		34,7%	92,1%	30,7%	31,0%	33,9%	34,1%	31,2%	50,8%	62,1%	60,1%	29,3%
A fumigatus Af 293 (1)	34,7%	34,7%		35,1%	55,1%	55,7%	36,1%	35,4%	36,8%	28,0%	32,6%	33,5%	29,3%
A fumigatus Af 293 (2)	92,4%	92,1%	35,1%		30,9%	30,6%	33,9%	34,1%	31,4%	51,6%	63,2%	61,7%	29,8%
G moniliformis	30,7%	30,7%	55,1%	30,9%		85,0%	34,9%	31,8%	35,5%	25,9%	29,4%	30,2%	29,7%
G zeae PH-1	31,0%	31,0%	55,7%	30,6%	85,0%		34,4%	31,3%	35,0%	25,1%	29,4%	29,1%	30,9%
R rhodochrous K22	33,9%	33,9%	36,1%	33,9%	34,9%	34,4%		69,1%	52,0%	27,8%	34,5%	35,6%	30,2%
R rhodochrous J1	34,1%	34,1%	35,4%	34,1%	31,8%	31,3%	69,1%		47,6%	27,5%	34,3%	35,1%	28,6%
A facilis 72W	31,2%	31,2%	36,8%	31,4%	35,5%	35,0%	52,0%	47,6%		28,2%	33,4%	33,9%	31,3%
F lateritium	51,1%	50,8%	28,0%	51,6%	25,9%	25,1%	27,8%	27,5%	28,2%		67,3%	58,1%	22,5%
F solani	62,1%	62,1%	32,6%	63,2%	29,4%	29,4%	34,5%	34,3%	33,4%	67,3%		73,9%	26,0%
G sorghi	60,3%	60,1%	33,5%	61,7%	30,2%	29,1%	35,6%	35,1%	33,9%	58,1%	73,9%		29,3%
B pumilus C1	29,3%	29,3%	29,3%	29,8%	29,7%	30,9%	30,2%	28,6%	31,3%	22,5%	26,0%	29,3%	

图 14-2 使用 BioEdit 软件分析真菌腈水解酶及相关蛋白氨基酸序列（图 14-1）的同源性

值得注意的是，*F. solani* O1（可能与 *G. moniliformis* 和 *G. zeae* 中的腈水解酶高度同源）中得到的新腈水解酶与 *A. niger* K10 中的腈水解酶在进化上相对较远（只有大约 36% 的同源性）。另一方面可以发现：K10 菌株中的腈水解酶与高粱胶尾孢菌（*Gloeocercospora sorghi*）[16,17]、茄病镰刀菌（*F. solani*）[18]、砖红镰刀菌（*Fusarium lateritium*）[19] 和油菜黑胫病菌（*Leptosphaeria maculans*）[20] 中的氰化物水合酶具有较高的同源性，可达 53%~69%。氰化物水合酶对氢氰酸

（HCN）具有高特异性，可以将其转化为甲酰胺。不过，*F. lateritium* 和尖孢镰刀菌（*Fusarium oxysporum*）中得到的酶对有机腈有少量的酶活性，分别为 0.02%~0.4% 的 HCN 酶活性和 0.05% 的 HCN 的酶活性。据报道氰化物水合酶为丝状真菌所特有，并且形成一个比腈水解酶密切相关得多的酶家族[6]。

氰化物二水合酶对 HCN 也具有特异性，但反应机理不同，将其转化为甲酸。它们的系统发育分布也不同：这些酶存在于细菌中，例如从短小芽孢杆菌（*Bacillus pumilus*）[21] 或施氏假单胞菌（*Pseudomonas stutzeri*）[22] 中可纯化得到。与来源于 *A. niger* 的腈水解酶相比，它们比氰化物水合酶表现出更低的同源性（例如对来源于 *B. pumilus* 的酶大约为 29%）。

真菌腈水解酶与植物腈水解酶或秀丽隐杆线虫（*Caenorhabditis elegans*）NitFHit 融合蛋白（腈水解酶超家族中的结晶蛋白之一）的 Nit 结构域相比，其相似度低于 30%，但其催化三联体（Glu–Lys–Cys）残基侧翼序列却表现出较高的相似性（图 14–3）。

```
A nig         GCKFIAFPELWIPGYP      GDILNHRRKIRAT        GRVGHLNCWENMNPFMK
A nig K10     ................      .............        .................
A fum1        .INVLG...V.....L      .E.VH....LKP.        .KI.G.....HLQ.LLR
A fum2        ................      ...P.........        .................
G mon         .ANV.GY..VF.....      .T.VL......KP.       ...AG.....HTQTLLR
G zeae        .ANV.GY..VF.....      .T.VL......KP.       .K.AG.....HTQ.LLR
A fac         .ASL.....VF.....      .E.VAN....LKP.       .........HFQ.LS.
P fluo        .ASLV.....A.L...      .RVVAT....LKP.       .L.A.C.A.HIQ.LS.
R rh K22      .AE.L....V......      ...VAN....LKP.       .........HFQ.LS.
R rh J1       ..ELV....VF.....      .QLVAR....LKP.       A.L.A....HFQTLT.
K oza         .AQLV...........      .ITKIR....LKP.       ......A..LQSLN.
F lat         ....V...........      .ARHQPPPQDQ.P        AAS.Q.........L.
F sol         E..LV....V......      .SVV......KP.        .........L.
G sor         ....L....V......      .VI.......KP.        ..L.Q.........L.
B pum         .A.LV....AFL....      ..LIGKH..M..S        NL.G.M...HQV.LDL
S cer^a       DT.LVVL..CFNSP.S      .KLIDKH...VHLF       .KF.VGI.YDMRF.ELA
At nit1       .AELVL...GF.G...      .QF.GKH...LMP.       .KL.AAI....RM.LYR
At nit2       .SELVV...AF.G...      .QF.GKH...LMP.       .KL.AAI....RM.LYR
At nit3       .A.LVL...AF.G...      .QF.GKH...VMP.       .KI.AAI....RM.LYR
At nit4       .SQLVV...AF.G...      .LF.GKH...LMP.       .KI.AAI....RM.SLR
C ele^a       .AELVL...AF.G...      .-Y.GKH...LLP.       .KI.SAI....YM.LYR
A sp^a        .AN..V....ALTTFF      .K.VGKY....HLP       AKM.MFI.NDRRW.EAW
H pyl^a       .VEL.I....YSTQ.LN     .K.ILKY....LFPW      SKLAVCI.HDG.I.ELA
P hor^a       .A.LVVL...FDT..N      .-YIGKY...HLF        AK..VMI.FDWFF.ESA
```

图 14–3　催化三联体 Cys–Glu–Lys 侧翼序列比对（ClustalW 软件）

A nig, A nig K10, A fum1, A fum2, G mon, G zeae, A fac, R rh K22, R rh J1, F lat, F sol, G sor 和 B pum 见图 14–1。P fluo, *P. fluorescens*（腈水解酶，Q5EG61）；K oza–*Klebsiella pneumoniae* subsp. *ozaenae*（腈水解酶，P10045）；S cer, *Saccharomyces cerevisiae*（可能的水解酶 NIT3，P49954）；At nit1, *Arabidopsis thaliana*（腈水解酶 1，P32961）；At nit2, *A. thaliana*（腈水解酶 2，NP_190016）；At nit3, *A. thaliana*（腈水解酶 3，NP_190018）；At nit4, *A. thaliana*（腈水解酶 4，NP_197622）；C ele, *C. elegans*（假定蛋白/CN 水解酶，CAA84681）；A sp–*Agrobacterium* sp. KNK712（*N*–氨基甲酰–D–氨基酸水解酶（D–*N*–alpha–氨甲酰酶），P60327）；H pyl, *Helicobacter pylori* J99（犬尿氨酸甲酰胺酶，Q9ZJY8）；P hor, *Pyrococcus horikoshii* OT3（假定蛋白 PH0642，NP_142600）。

a. 已测定蛋白质的晶体结构。

原核酶中，与 *A. niger* 和 *G. moniliformis* 中腈水解酶具有最高序列相似性的酶存在于 *Rhodococcus rhodochrous* J1 和 *Acidovorax facilis* 72W（34.1% 和 35.5%）中。上述结果表明：真菌腈水解酶与其他来源的腈水解酶以及相互之间都存在结构差异性。这激励着科学家们从丝状真菌中去发现新的更有利的生物催化特性的酶。

14.2.2 腈水解酶活性的选择和筛选

大部分定性的腈水解酶主要来源于细菌，通过筛选以腈类为唯一氮源的培养基上生长的阳性菌得到。同样的方法可以分离得到腈水解类真菌，这属于镰刀菌属，其中 *F. solani* O1 来源于环境样品。用 3-氰基吡啶作为唯一氮源，而孟加拉红会抑制细菌杂菌的生长[23]。

从采集的丝状真菌中，菌丝生长可利用 3-氰基吡啶，也是用于鉴定腈水解酶生产菌株的标准。在约 100 株菌中，其中 13 株属于曲霉属、镰刀菌、青霉菌、踝节菌[24]，它们都能在该培养基上生长，但仅在一株黑曲霉（*A. niger*）、两株尖孢镰刀菌（*F. oxysporum*）和一株多彩青霉菌（*Penicillium multicolor*）中发现了相当的腈水解酶活性[25]。

腈水解酶的表达量可以进一步提高，因此需要选择适当的腈水解酶诱导剂以利于筛选其活性。例如在三株真菌菌株中，添加 2-氰基吡啶可以使腈水解酶活性提高 2~3 个数量级。因此，似乎该腈水解酶诱导剂效率很高且在丝状真菌中有广泛应用[25]。

另一研究提出腈水解酶（至少部分腈水解酶）在不同种属的丝状真菌中广泛分布[26]，其主要目的是考察醛肟还原酶在微生物中的分布，包括 37 个属的 102 株真菌。由于腈水解酶与醛肟还原酶同时表达，因此尽管大部分水平较低，但还是在 31 株和 8 株菌株中分别检测出对 2-苯乙腈和 3-氰基吡啶具有水解活性。显然，筛选的结果取决于底物。在所有阳性菌株中，分别有 8 株和 4 株菌株属于镰刀菌属和曲霉属，但在一些腈水解酶和腈水合酶基因没有被测序的裂褶菌、根霉、踝节菌、被孢霉、金针菇、红孔菌、角质线菌、毛霉、鬼伞菌、小克银汉霉和须霉中发现腈水解酶。

14.3 结构特性

一般而言，腈水解酶含有单一类型亚基，在大量的纯化酶中其分子质量多在 32~45ku[5,6]。*A. niger* K10、*F. solani* O1 和 *F. oxysporum* f. sp. *melonis* 中得到的真菌腈水解酶的亚基都在这个范围之内（表 14-1）。在这种背景下，报道的 *F. solani* IMI196840[30] 中腈水解酶亚基大小为 76ku 是较为特殊的[10]。

通常，天然腈水解酶是由 2~16 个相同亚基组成的寡聚物，而活性单体很罕见[5,6]。腈水解酶中分子最大的是真菌酶（表 14-1），其中 *F. oxysporum* f.

sp. *melonis*、*F. solani* IMI196840、*F. solani* O1 和 *A. niger* K10 的分子质量分别为 550ku、620ku、580ku 和 >650ku。较小的寡聚物也可能保留活性，如 *F. oxysporum* f. sp. *melonis* 中的酶表明，通过非变性聚丙烯酰胺凝胶电泳回收活性条带，分子质量为 170~880ku，其间增量为 70ku，这是由 4~26 个亚基构成的蛋白质[11]。

曾在荧光假单胞菌（*Pseudomonas fluorescens*）DSM 7155[31] 和 *B. pallidus* Dac521[32] 中观察到腈水解酶与伴侣蛋白共纯化，最近对 *A. niger* K10[14] 中的腈水解酶也有报道。根据 N-末端氨基酸序列分析，*P. fluorescens* 和 *B. pallidus* 中与腈水解酶共纯化的蛋白分别与 Cpn60 和 GroEL 蛋白具有很高的同源性。与 *A. niger* 中腈水解酶共纯化的蛋白可能是真核等效蛋白，其 N-末端氨基酸序列与热休克蛋白 60（HSP60）分子伴侣多肽具有高度相似性。该伴侣蛋白可能在组装亚基成多聚体或蛋白质的稳定性方面发挥重要作用。

表 14-1　　丝状真菌腈水解酶亚基和全酶分子质量：
与选定的原核腈水解酶、氰化物水合酶和氰化物二水合酶的比较

酶	菌株	分子质量/ku			参考文献
		亚基	预测	全酶	
腈水解酶	*A. niger* K10	38.5	40.2	>650	[14]
	A. niger CBS 513.88[a]	—	40.0	—	
	F. oxysporum f. sp. *melonis*	37	—	550（170~880[d]）	[11]
	F. solani IMI196840	76	—	620	[10]
	F. solani O1	40	—	580	[15]
	G. moniliformis[a,b]	nd	36.0	—	—
	R. rhodochrous J1	40	40.2	480[e]	[27]
	R. rhodochrous K22	41	42.3	650	[28]
氰化物水合酶	*G. sorghi*	45	40.9	>300	[16]
	F. solani	45	40.8	>300	[18]
氰化物二水合酶	*B. pumilus* C1	37	37.3	417	[21]

注：没有输入表示无数据可用。
a. 假定腈水解酶。
b. 与茄病镰刀菌弧菌中酶[15]高度同源。
c. BioEdit 软件计算。
d. 非变性电泳得到的不同大小的寡聚物[11]。
e. 80ku 的二聚体无活性[29]。

几种腈水解酶和氰化物二水合酶全酶都具有组装超分子物质的能力，呈丝状螺旋结构（图 14-4）。选择电子显微镜作为高分子质量全酶的研究方法可以揭开这种独特的性质。*F. solani* 中腈水解酶会形成长达 500nm 的螺旋杆状或聚集在一起（图 14-4 A 和 B）。在黑曲霉 *A. niger* 腈水解酶的样品中也观察到了

长杆状,但是结构和长度(长达 250 nm)都与 F. solani 中不同[15]。此外,黑曲霉中的酶似乎不形成聚集(图 14-4 C 和 D)。来源于 B. pumilus 的氰化物二水合酶在 pH5.4 时形成左手螺旋杆状,在 pH8.0 时形成短螺旋状[33]。在 R. rhodochrous J1 的细菌腈水解酶样品中也发现长螺旋状[29]。这种酶在天然形态下(480ku)形成"C"状颗粒,但经过一个月 4℃ 储存,C-末端大约 39 个氨基酸发生断裂,从而导致形成了分子质量大于 1500ku 的活性簇,在电子显微镜下观察到不同长度的左手螺旋杆状。在 C-末端缺失的突变株中检测到同样的形式。C-末端氨基酸序列似乎起着抑制这一腈水解酶形成丝状螺旋的作用。

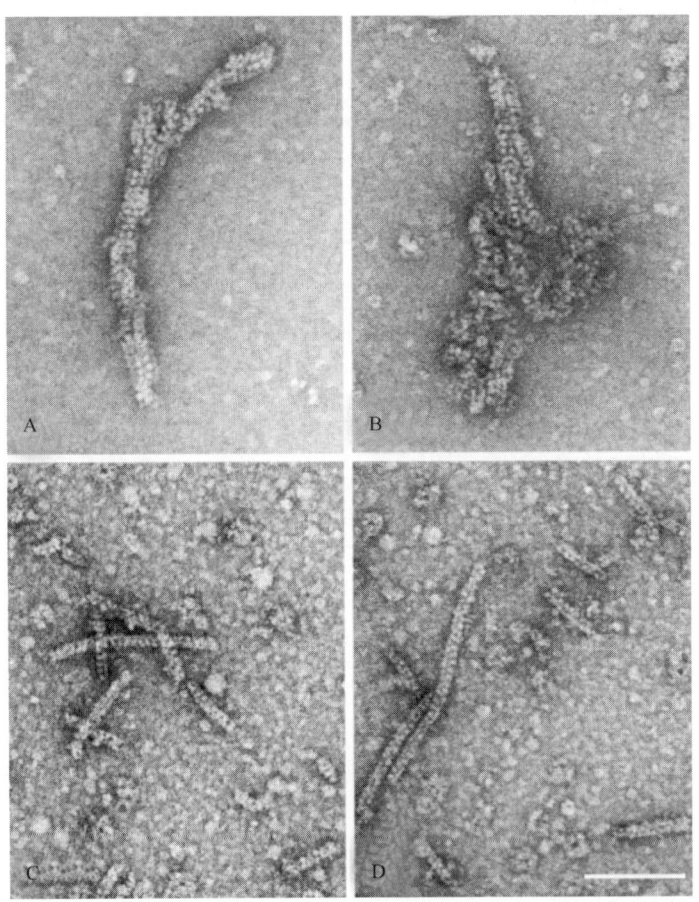

图 14-4 来自 F. solani O1 (A 和 B) 和 A. niger K10 (C 和 D) 的腈水解酶负染色电子显微镜照片 (图中标尺为 100nm [15])

结晶学数据的缺乏阻碍了对腈水解酶结构和功能的进一步深入认识,但这些酶和蛋白质的活性位点间相当程度的同源性和已揭示的结构(图 14-3)对腈水解酶模型的建立是有帮助的,如 R. rhodochrous J1 中得到的酶[29]。腈水解酶超家族成员是典型的 α/β 蛋白，具有四层 αββα 三明治结构。这些结构元件与幽门螺旋杆菌（*Helicobacter pylori*）犬尿氨酸甲酰胺酶[34]的六聚体、*C. elegans* 中 NitFhit 蛋白的四聚体[35]、*Agrobacterium* sp. 菌株 KNK712 中的 *N* - 氨甲酰 - D - 氨基酸酰胺水解酶[36]、*Pyrococcus horikoshii* OT3 中假定蛋白二聚体[37]以及酿酒酵母中的腈水解酶[38]存在着联系。

14.4 催化特性

14.4.1 反应机理

腈水解酶假设的催化机理基于之前的机制[6]，近来对该机制进行了改进，对两个可能终产物的形成有了更多的理解[39]，这一机理将在第 16 章中进行讨论。根据普遍接受的假说，催化机制包括保守半胱氨酸的巯基亲核攻击氰基碳，导致共价的酶 - 硫代亚胺酯复合物水解产生四面体中间物。中间体分解的两条途径涉及氨或酶作为离去基团，从而分别释放出酰基酶或酰胺（图 16 - 10）。细菌和植物腈水解酶实验数据显示了底物带电或空间效应的重要性，具有电子吸收或大取代基的腈更适合形成酰胺[40~45]，真菌腈水解酶催化的反应支持这一观点（表 14 - 2）。来自 *A. niger* K10 的腈水解酶属于非常倾向形成酰胺的酶，它使具有电子吸收杂环或取代基的腈形成高酰胺/酸摩尔比率（对于 2 - 氰基吡啶高达约 5∶1）[14]。来自 *F. solani* O1 的腈水解酶仅形成少量的酰胺副产物（≤3% 总产物）[15]。这与 *F. oxysporum* 腈水解酶的酰胺产物相一致，其从一些腈类物质中能产生 4% ~6% 的酰胺[11]。由于酶的检验基于氨的检测，因此从镰刀霉属中纯化的第三个腈水解酶的化学选择性仍未知[10]。

表 14 - 2　不同微生物来源的腈水解酶产生的酰胺∶酸比率

微生物	酰胺∶酸（底物）[a]	参考文献
A. thaliana[b]	19（3 - 硝基丙烯腈）	[41]
	13.3（3 - 氰基丙烯腈）	—
	≈4.5 ~5.7（α - 氟芳基乙腈）	—
A. thaliana[c]	≈1.5（β - 氰基 - L - 丙氨酸）	[42]
A. niger K10	5.2（2 - 氰基吡啶）	[14]
	1.1（对氯苯腈）	—
	0.5（4 - 氰基吡啶）	—
	0.4（1, 4 - 间苯二腈）	—
F. oxysporum f. sp. *melonis*	0.04 ~0.06（氰苯，苯腈，丙烯腈）	[11]

续表

微生物	酰胺：酸（底物）[a]	参考文献
F. solani O1	0.03（3-氰基吡啶，4-氰基吡啶）	[15]
	0.02（氰苯）	—
Pseudomonas sp.	≈0.1（*N*-甲基-3-氰基-4-甲氧基-2-吡啶酮）	[43]
P. fluorescens EBC 191	10［(*R, S*)-2-氯代-2-苯乙腈］	[39，44]
	1.7［(*S*)-*O*-乙酰基扁桃腈[d]］	—
	1.25［(*S*)-苯乙醇腈[d]］	—
	0.5［(*R*)-*O*-乙酰基扁桃腈[d]］	—
	0.12［(*R*)-苯乙醇腈[d]］	—
Rhodococcus sp. ATCC 39484	0.02（2-苯乙腈）	[45]

注：a 对每个酶只显示产生最大酰胺数的底物。
　　b AtNIT1 酶。
　　c AtNIT4 酶。
　　d 在 pH6（酰胺：酸依据 pH 而定）。

14.4.2 底物特异性

所有已知的真菌腈水解酶对氰苯及其 *m* 位与 *p* 位的取代衍生物都有较高的相对活性。因此根据腈水解酶分类[46]，它们属于芳香族腈水解酶。尽管速率相对较低，但是几乎所有的真菌腈水解酶也水解脂肪族腈类化合物。

对四种生化性质全部确定的真菌腈水解酶和两种来自红球菌（*rhodococci*）的酶（一个芳香族和一个脂肪族腈水解酶）的底物特异性进行了比较，见表 14-3。经检验只有少数腈类物质可以作为这些酶的底物。此外，因为对不同的酶采用了不同的活性检测方法，因此底物特异性比较在某些方面较为困难。例如，氨测定法检测活性不能反映潜在的酰胺形成。然而，对芳香族腈水解酶的底物倾向性可以发现一般的模式。

表 14-3 纯化的丝状真菌腈水解酶的底物特异性（与原核腈水解酶比较）

底物[a]	相对速率[b]					
	A. niger K10[c]	*F. oxysporum* f. sp. *melonis*[c]	*F. solani* IMI196840[d]	*F. solani* O1[c]	*R. rhodochrous* J1[c]	*R. rhodochrous* K22[c]
卞腈	100	100	100	100	100	27.1
间羟基苯腈	5.8	0	21.0	80	22.2	—
3-氟苯腈	—	—	74.3	—	24.8	—
4-氟苯腈	—	—	150.2	—	26.2	—

续表

底物[a]	相对速率[b]					
	A. niger K10[c]	F. oxysporum f. sp. melonis[c]	F. solani IMI196840[d]	F. solani O1[c]	R. rhodochrous J1[c]	R. rhodochrous K22[c]
3-氯苯腈	41.0	—	40.4	87	137	—
4-氯苯腈	29.8	—	85.6	40	114	—
间溴苯腈	—	—	34.4	—	26.3	—
对溴苯腈	—	—	37.6	—	23.6	—
3-硝基苯甲腈	—	—	7.0	—	74.2	74.5
4-硝基苯甲腈	—	—	27.6	—	74.2	—
3-苯乙腈	5.5	0	17.9	33	99.6	—
4-苯乙腈	3.4	9.0	9.9	16	116	—
对苯二腈	79.5	—	213.3	—	—	—
3-氰基吡啶	32.4	25	31.0	28	22.1	7.3
4-氰基吡啶	410.7	—	124.7	130	25.6	9.7
2-丙乙腈	10.8	8	0	—	1.8	27.3
丁烯腈	—	17	—	—	1.7/11.5[e]	100
乙腈	0	0.3	—	—	—	28.3
丙腈	6.9	20	—	18	—	12.7
丁腈	17.6	33	—	20	—	18
异丁腈	0	15	—	4	—	271
戊腈	19.6	—	—	26	—	40.8
己腈	—	24	—	—	—	—
己二腈	—	11	—	—	—	110[f]
丙烯腈	—	35	—	—	0/58.8[e]	348
甲基丙烯腈	—	19	—	14	—	143
烯丙基腈	—	34	—	—	—	—
2-萘基乙腈	56.1	—	—	—	10.7	73.5[g]

注：没有输入表示无数据可用。

a 本表只显示由至少一种腈水解酶以≥20%参照底物（对于 R. rhodochrous K22 为丁烯腈，对其他微生物为氰苯）反应速率转化的底物。

b 来源于 F. oxysporum f. sp. Melonis、F. solani IMI196840、R rhodochrous J1 和 R. rhodochrous K22 的酶的相对活性来自以前的文献[6]，而来源于 A. niger K10 和 F. solani O1 的酶的相对活性分别来自文献[14]和[15]。

c 给定底物浓度的相对速率是与氰苯比较而言。

d 最大反应速度（v_{max}）是与氰苯比较而言。

e 对丁烯腈和丙烯腈的活性回收利用10%饱和硫酸铵亚基聚集得到。

f 该酶也水解其他二腈，即戊二腈、丁二腈、丁烯二腈、丙二腈与癸二腈，相对速率分别为345%、271%、27.4%、45.1%和15.7%。

g 该酶也水解3-噻吩乙腈，相对速率为66.6%。

一般而言，苯环的取代会降低化合物的反应性，当然也有少数例外。卤代苯基氰化合物由于其取代基强电子吸收效应，因此有利于氰基团酶的亲核攻击，通常成为最好的底物。另一方面，具有电子供体基团的衍生物（3-羟基氰苯和甲苯腈）大部分水解速率相对较低，只有少数例外。例如 F. solani O1[15] 和 R. rhodochrous J1[27] 的腈水解酶分别对 3-羟基氰苯和甲苯腈有较高的相对活性。

间位和对位异构体之间的活性差异也反映了氰基上的电子密度[14]。例如，与 1,3-苯二腈相比可推测 1,4-苯二腈的氰基具有较低的电子密度，而反应性却强得多，这与预期一致。

腈水解酶对于在邻位的取代或杂环原子所产生的空间位阻大部分非常敏感，2-取代的氰苯或 2-氰基吡啶几乎不被水解。对所有考察的腈水解酶来说，4-氰基吡啶是一种比 3-氰基吡啶更好的底物。这两个化合物之间的反应性差异，也可解释为 4-氰基吡啶氰基上的电子密度较低。2,4-二氰基吡啶和 2,6-二氰基吡啶也可以作为来自 A. niger K10 和 F. solani O1 腈水解酶的底物，主要产物为相应的氰基羧酸[47]。

脂肪腈中，芳香腈水解酶对中等链长的直链饱和或不饱和化合物（如丙腈、丁腈、己腈和丙烯腈）的相对水解速率最高（为苯基腈的 20%~35%）。一般支链腈不适合作为这些酶的底物，但也有例外，如异丁腈是 R. rhodochrous K22 脂肪腈水解酶的最佳底物之一[28]。

14.4.3 活性和稳定性

在三种来自镰刀霉属的纯化的腈水解酶中，有两个酶对苯基腈具有很高的比活性（143U/mg 蛋白和 156U/mg 蛋白），来自 F. solani IMI196840 的腈水解酶不仅亚基大小较为特殊（见章节 14.3），而且其比活性低了两个数量级（表 14-4）。可能低估了黑曲霉腈水解酶的比活性（91.6 U/mg 蛋白），该酶尚未被纯化。真菌氰化物水合酶也具有高比活性，可能比真菌腈水解酶高一个数量级[17]，而且一般情况下也明显高于细菌来源的氰化物二水合酶（表 14-4）。细菌腈水解酶的比活性普遍低于真菌腈水解酶，表 14-4 中两个红球菌的酶可作为例子来证明。

在腈水解酶对于苯基腈的 K_m 值方面，F. solani IMI196840 的腈水解酶 (0.039mmol/L) 也不同于其他真菌腈水解酶[10]，明显低于其他真菌腈水解酶 (0.2~1.5mmol/L)[11,14,15]。通常，对于氰化物水合酶/二水合酶，更高的 K_m 值也已测定到，如野生型酶其 K_m 值范围为 2.6~12mmol/L，6 个 His 标记的酶其 K_m 值在 5.9~90mmol/L 范围内[17]。

除了来自 R. rhodochrous K22 的脂肪族腈水解酶最适 pH 为弱酸性[5]（表 14-4），通常在中性或弱碱性条件下腈水解酶活性最高。然而考察真菌腈水解酶的活性特征发现，在这些酶中存在一些差异。在 pH 6~11 范围内，F.

oxysporum f. sp. *melonis* 的腈水解酶具有很高的活性，而且不受 pH 影响；而 *F. solani* O1 和 *A. niger* K10 中的腈水解酶则不同，它们需要相对狭窄的中性和弱碱性 pH 范围。一般而言，类似的条件有利于腈水解酶的稳定（表 14-4）。

真菌腈水解酶的最适温度（表 14-4）与细菌腈水解酶相似，除了极少数中度嗜热微生物[5]的腈水解酶和 *Pyrococcus abyssi* 的高度热稳定性腈水解酶[48]外，大多在 40~50℃具有较高活性。虽然由于操作不同不可能进行精确的比较，但在这方面真菌腈水解酶之间不存在显著性差异。*A. niger* K10 的酶在 30℃时相当稳定，半衰期为 11h，但在 35℃和 40℃时稳定性急剧下降，其半衰期分别仅为 6.2h 和 2.8h[14]。纯化的 *F. solani* O1 腈水解酶半衰期在 35℃和 45℃时分别为 20h 和 11h，这表明该酶具有较高的稳定性（结果未发表）。

为了评估这些新的腈水解酶在生物催化过程中的潜在应用价值，我们需要其操作稳定性的数据。为此，对固相载体固定化的或保留在搅拌超滤膜反应器中的来自 *F. solani* 和 *A. niger* 的酶以连续反应的方式进行了动力学研究。

表 14-4 丝状真菌来源的纯腈水解酶的比活性，最适反应条件和稳定性：与原核腈水解酶、氰化物水合酶和氰化物二水合酶的比较

酶	微生物	比活性 /（U/mg 蛋白）	最优值		稳定性		参考文献
			pH	T/℃	pH	T/℃	
芳香族腈水解酶	*A. niger* K10	91.6（卞腈）	8	45	7.2~9.0	≤30	[14]
	F. solani f. sp. *melonis*	143（卞腈）	6~11	40	6~11	≤40	[11]
	F. solani IMI196840	1.66（卞腈）	7.8~9.1	50	—	—	[10]
	F. solani O1	156.0（卞腈）	7~9	40~50	6~8[a]	≤35[a]	[15]
	R. rhodochrous J1	15.9（卞腈）	7.6	45	—	≤45	[27]
脂肪族腈水解酶	*R. rhodochrous* K22	0.737（丁烯腈）	5.5	50	6~8	≤40	[28]
氰化物水合酶	*G. sorghi*	555（KCN）	7.8	—		23	[16, 17]
氰化物二水合酶	*B. pumilus* C1	50.9（KCN）	7.8~8.0	37	—	—	[17, 21]

注：没有输入表示无数据可用。
a 未发表的结果。

将腈水解酶固定在疏水载体上（如丁基琼脂糖），填充于层析柱中，其活性回收率在 70%~95%[49~51]。该固定化方法简单、快速，并且有可能通过新酶重新装柱来弥补催化剂的失活。另一方面，高浓度的盐（例如，0.8mol/L 硫酸铵盐）对于酶结合到载体上是必需的，但这增加了反应产物纯化的复杂性。使用离子交换（如 Sepharose Q）作为固相载体可以避免这一情况[49]，但这并不适用于高浓度底物，因为相应产物（酸）阻碍了酶的结合。

柱固定化的真菌腈水解酶已应用于芳香杂环腈，如 3-氰基吡啶和 4-氰基

吡啶的连续生物转化，其产品分别为烟酸和异烟酸，具有商业前景。来自 *F. solani* 的酶在 35℃时比 *A. niger* 的酶具有更高的稳定性。前者在 24h 内几乎完全转化 3 - 氰基吡啶[50]，而后者在 15h 内就降低了 30%[49]。在 4 - 氰基吡啶的转化过程中，可以观察到操作稳定性上的类似差异。酶的稳定性取决于底物，这两种腈水解酶在转化 4 - 氰基吡啶时都比转化 3 - 氰基吡啶更为稳定。

在基于腈水合酶和酰胺酶催化反应的连续生物催化过程的实验室规模研究中，已经证明连续搅拌膜反应器是有效的（第 17 章）。保留在超滤膜反应器上的酶可被视为一种特殊的固定化类型，由于避免了酶与载体间的相互作用而具有很多优点。温度低于最适反应温度时，来自 *F. solani* 和 *A. niger* 的两个酶在超滤膜反应器中长时间运行，都有相当好的稳定性。但是与上述实验类似，前者更为稳定。在 50mmol/L 4 - 氰基吡啶的转化过程中，30℃下黑曲霉的半衰期为 50h（结果未发表），在 35℃下茄病镰刀菌的半衰期为 227h[15]。然而由于极少量的酶（<0.05mg 蛋白）用于反应装料，因此可能产生机械应力。因此需要通过增加酶量进一步确定反应参数。显然，底物对腈水解酶有稳定作用，因为其操作稳定性高于存储稳定性。如报道所言，有可能底物（3 - 氰基吡啶或 4 - 氰基吡啶）支持酶的多聚结构对于来自 *R. rhodochrous* J1 的腈水解酶，当存在苯基腈时，其亚基联接成为活性形式[52]。

14.5 结论与展望

丝状真菌似乎是一个丰富但至今尚未发掘的腈水解酶资源。从数据库中搜索得到的大量假定腈水解酶基因与数量有限的生化定性的腈水解酶之间存在明显差异。此外，筛选保藏的菌株表明虽然其序列仍然未知，真菌腈水解酶存在广泛的系统发育分布。

真菌腈水解酶间相对较低的同源性可能意味着不同的酶学特性。这种判断部分被来自 *A. niger*、*F. solani* 和 *F. oxysporum* 的酶的生化性质所证实，特别是其化学选择性存在显著的差异。一方面序列数据库的挖掘，另一方面酶活性菌株的筛选，对于从丝状真菌中发现新的腈水解酶是有效且互补的方法。

已经建立了一种在野生菌株中有效诱导真菌腈水解酶的方法，在该酶家族中似乎可以广泛应用。然而为了方便这些酶在工业生物技术中的应用，仍然需要解决真菌腈水解酶的外源表达。这些酶的突变对所希望的特性（广泛的底物特异性、热稳定性、化学选择性和对映选择性）能改善到什么程度，也需进行考察。

致谢

ESF/COST（Action D25）、捷克科学基金会（project 203/05/2267）、捷克科

学院基金会（project IAA 500200708）和公共研究计划 AV0Z50200510（微生物研究所）支持了本项工作。

参考文献

1 Pace, H. C. and Brenner, C. (2001) *Genome Biology*, 2, 0001.1 – 0001.9.
2 Brenner, C. (2002) *Current Opinion in Structural Biology*, 12, 775 – 782.
3 Podar, M., Eads, J. R. and Richardson, T. H. (2005) *BMC Evolutionary Biology*, 5, 42 – 54.
4 Robertson, D. E., Chaplin, J. A., DeSantis, G., Podar, M., Madden, M., Chi, E., Richardson, T., Milan, A., Miller, M., Weiner, D. P., Wong, K., McQuaid, J., Farwell, B., Preston, L. A., Tan, X., Snead, M. A., Keller, M., Mathur, E., Kretz, P. L., Burk, M. J. and Short, J. M. (2004) *Applied and Environmental Microbiology*, 70, 2429 – 2436.
5 Banerjee, A., Sharma, R. and Banerjee, U. C. (2002) *Applied Microbiology and Biotechnology*, 60, 33 – 44.
6 O'Reilly, C. and Turner, P. D. (2003) *Journal of Applied Microbiology*, 95, 1161 – 1174.
7 Martínková, L. and Mylerová, V. (2003) *Current Organic Chemistry*, 7, 1279 – 1295.
8 Martínková, L. and Kren, V. (2002) *Biocatalysis and Biotransformation*, 20, 73 – 93.
9 Singh, R., Sharma, R., Tewari, N., Geetanjali and Rawat, D. S. (2006) *Chemistry and Biodiversity*, 3, 1279 – 1287.
10 Harper, D. B. (1977) *The Biochemical Journal*, 167, 685 – 692.
11 Goldlust, A. and Bohak, Z. (1989) *Biotechnology and Applied Biochemistry*, 11, 581 – 601.
12 Deposited in the Culture Collection of Fungi of the Charles University Prague (accession number CCF 3411).
13 Deposited in the Culture Collection of Fungi of the Charles University Prague (accession number CCF3635).
14 Kaplan, O., Vejvoda, V., Plíhal, O., Pompach, P., Kavan, D., Bojarová, P., Bezouška, K., Macková, M., Cantarella, M., Jirků, V., Kren, V. and Martínková, L. (2006) *Journal of Applied Microbiology and Biotechnology*, 73, 567 – 575.
15 Vejvoda, V., Kaplan, O., Bezouška, K., Pompach, P., Šulc, M., Cantarella, M., Benada, O., Uhnáková, B., Rinágelová, A., Lutz-Wahl, S., Fischer, L., Kren, V. and Martínková, L. (2008) *Journal of Molecular Catalysis B-Enzymatic*, 50, 99 – 106.
16 Wang, P., Matthews, D. E. and VanEtten, H. D. (1992) *Archives of Biochemistry and Biophysics*, 298, 569 – 575.
17 Jandhyala, D. M., Willson, R. C., Sewell, B. T. and Benedik, M. J. (2005) *Applied Microbiology and Biotechnology*, 68, 327 – 335.
18 Barclay, M., Day, J. C., Thompson, I. P., Knowles, C. J. and Bailey, M. J. (2002) *Environmental Microbiology*, 4, 183 – 189.
19 Cluness, M. J., Turner, P. D., Clements, E., Brown, D. T. and O'Reilly, C. (1993) *Journal of General Microbiology*, 139, 1807 – 1815.

20 Sexton, A. C. and Howlett, B. J. (2000) *Molecular & General Genetics*, 263, 463–470.

21 Meyers, P. R., Rawlings, D. E., Woods, D. R. and Lindsey, G. G. (1993) *Journal of Bacteriology*, 175, 6105–6112.

22 Sewell, T., Berman, M. N., Meyers, P. R., Jandhyala, D. and Benedik, M. J. (2003) *Structure*, 11, 1413–1422.

23 Kaplan, O., Nikolaou, K., Pišvejcová, A. and Martínková, L. (2006) *Enzyme and Microbial Technology*, 38, 260–264.

24 Šnajdrová, R., Kristová-Mylerová, V., Crestia, D., Nikolaou, K., Kuzma, M., Lemaire, M., Gallienne, E., Bolte, J., Bezouška, K., Kren, V. and Martínková, L. (2004) *Journal of Molecular Catalysis B-Enzymatic*, 29, 227–232.

25 Kaplan, O., Vejvoda, V., Charvátová-Pišvejcová, A. and Martínková, L. (2006) *Journal of Industrial Microbiology & Biotechnology*, 33, 891–896.

26 Kato, Y., Ooi, R. and Asano, Y. (2000) *Applied and Environmental Microbiology*, 66, 2290–2296.

27 Kobayashi, M., Nagasawa, T. and Yamada, H. (1989) *European Journal of Biochemistry*, 182, 349–356.

28 Kobayashi, M., Yanaka, N., Nagasawa, T. and Yamada, H. (1990) *Journal of Bacteriology*, 72, 4807–4815.

29 Thuku, R. N., Weber, B. W., Varsani, A. and Sewell, B. T. (2007) *FEBS Journal*, 274, 2099–2108.

30 Deposited in the International Mycological Institute, Egham, Surrey, UK.

31 Layh, N., Parratt, J. and Willetts, A. (1998) *Journal of Molecular Catalysis B: Enzymatic*, 5, 467–474.

32 Almatawah, Q. A., Cramp, R. and Cowan, D. A. (1999) *Extremophiles*, 3, 283–291.

33 Jandhyala, D., Berman, M., Meyers, P. R., Sewell, B. T., Wilson, R. C. and Benedik, M. J. (2003) *Applied and Environmental Microbiology*, 69, 4794–4805.

34 Hung, C.-L., Liu, J.-H., Chiu, W.-C., Huang, S.-W., Hwang, J.-K. and Wang, W.-C. (2007) *Journal of Biological Chemistry*, 282, 12220–12229.

35 Pace, H. C., Hodawadekar, S. C., Draganescu, A., Huang, J., Bieganowski, P., Pekarsky, Y., Croce, C. M. and Brenner, C. (2000) *Current Biology*, 10, 907–917.

36 Nakai, T., Hasegawa, T., Yamashita, E., Yamamoto, M., Kumasaka, T., Ueki, T., Nanba, H., Ikenaka, Y., Takahashi, S., Sato, M. and Tsukihara, T. (2000) *Structure*, 8, 729–737.

37 Sakai, N., Tajika, Y., Yao, M., Watanabe, N. and Tanaka, I. (2004) *Proteins*, 57, 869–873.

38 Kumaran, D., Eswaramoorthy, S., Gerchman, S. E., Kycia, H., Studier, F. W. and Swaminathan, S. (2003) *Proteins*, 52, 283–291.

39 Fernandes, B. C. M., Mateo, C., Kiziak, C., Chmura, A., Wacker, J., van Rantwijk, F., Stolz, A. and Sheldon, R. A. (2006) *Advanced Synthesis & Catalysis*, 348, 2597–2603.

40 Effenberger, F. and Oßwald, S. (2001) *Tetrahedron: Asymmetry*, 12, 279–285.

41 Oßwald, S., Wajant, H. and Effenberger, F. (2002) *European Journal of Biochemistry*, 269, 680–687.

42 Piotrowski, M., Schönfelder, S. and Weiler, E. W. (2001) *Journal of Biological Chemistry*, 276, 2616–2621.

43 Hook, R. H. and Robinson, W. G. (1964)

Journal of Biological Chemistry, 239, 4263 – 4267.

44 Kiziak, C., Conradt, D., Stolz, A., Mattes, R. and Klein, J. (2005) *Microbiology*, 151, 3639 – 3648.

45 Stevenson, D. E., Feng, R., Dumas, F., Groleau, D., Mihoc, A. and Storer, A. C. (1992) *Biotechnology and Applied Biochemistry*, 15, 283 – 302.

46 Kobayashi, M. and Shimizu, S. (1994) *FEMS Microbiology Letters*, 120, 217 – 223.

47 Vejvoda, V., Šveda, O., Kaplan, O., Prikrylová, V., Elišáková, V., Himl, M., Kubáč, D., Pelantová, H., Kuzma, M. and Martínková, L. (2007) *Biotechnology Letters*, 29, 1119 – 1124.

48 Müller, P., Egorova, K., Vorgias, C. E., Boutou, E., Trauthwein, H., Verseck, S. and Antranikian, G. (2006) *Protein Expression and Purification*, 47, 672 – 681.

49 Vejvoda, V., Kaplan, O., Bezouška, K. and Martínková, L. (2006) *Journal of Molecular Catalysis B-Enzymatic*, 39, 55 – 58.

50 Vejvoda, V., Kaplan, O., Klozová, J., Masák, J., Cejková, A., Jirků, V., Stloukal, R. and Martínková, L. (2006) *Folia Microbiologica*, 51, 251 – 256.

51 Vejvoda, V., Kaplan, O., Kubáč, D., Kren, V. and Martínková, L. (2006) *Biocatalysis and Biotransformation*, 24, 414 – 418.

52 Nagasawa, T., Wieser, M., Nakamura, T., Iwahara, N., Yoshida, T. and Gekko, K. (2000) *European Journal of Biochemistry*, 267, 138 – 144.

15 腈水解酶和腈水合酶催化对映选择性制备非蛋白氨基酸

Norbert Klempier, Margit Winkler

15.1 引言

腈类化合物是羧酸类化合物的多功能前体物质。腈类化合物的非酶化学合成通常可在合成过程中的任何阶段在分子中直接引入功能性的羧酸基团。由于腈类化合物的非酶水解有时要求苛刻的反应条件，酶法合成已作为有效手段广泛地建立起来。而更为重要的是酶促对映选择性腈水解所带来的优势。用于制备腈水解的酶包括腈水合酶（EC 4.2.1.84）、酰胺酶（EC 3.5.1.4）和腈水解酶（EC 3.5.5.1），通常在全细胞系统中得以使用，但也有些研究人员以纯酶的形式进行应用。腈水合酶/酰胺酶途径中的酶基于其彼此之间的相对活性可以使反应积累的胺得以分离。与此相对，腈水解酶可以直接转化腈为酸，而不从催化位点释放中间体水解产物（胺）。然而，腈水解酶反应的最新研究发现胺可作为产物分离出来，表明上述结果并不是一定的。对于有机化学家而言，利用全细胞催化的一个不便之处在于细胞的培养。近来，腈水解酶已作为商业酶用于催化，大大简化了反应的方案和步骤。

基于其抗生素[1]、抗真菌[2]、细胞毒素[3]及其他重要药理特性[4]，对映选择性纯的非蛋白氨基酸近来已受到了广泛的关注。同时，光学纯的非蛋白氨基酸也与天然产物相关联，如多肽、酯肽和其他大环化合物。其他的重要用途是作为模块化合物用于不对称合成。其中，一类特别重要的是环 β-氨基酸和 γ-氨基酸，本章将对此专题进行详细阐述。

我们对于酶（微生物）法合成 β-氨基酸的新近论著综述于本章的后续部分（见章节 15.2）。这些 β-氨基酸可作为许多天然产物的重要组分[4]以及许多天然多肽的关键组分[6]：最典型的例子是（2R，3S）-苯基异丝氨酸，潜在抗癌药物紫杉醇（Taxol®）及其类似物（Taxotere®）必需成分[5]。这些 β-氨基酸本身也具有药理特性，如（1R，2S）-2-氨基环戊烷基羧酸（-）-2c，抗真菌的抗生素（1R，2S）-2-氨基环戊烷基甲酸（图 15.1）[7]。在生物活性

多肽中用 β - 氨基酸取代 α - 氨基酸能够显著改变其二级结构组成，从而改变非天然类似物的生理特性[8]。目前，β - 氨基酸寡肽链的合成引起了广泛的关注，原因在于它们能够折叠成特定的三维结构[9]。近期的几篇综述已经反映出人们在合成这些化合物光学纯对映体的研究中所做出的努力[4,10,11]。此外，某些杂环非蛋白氨基酸，如 β - 脯氨酸 [吡咯烷 - 3 - 羧酸（-）- 10c，图 15.1 所示]、哌啶酸（哌啶 - 2 - 羧酸）和哌啶 - 3 - 羧酸，在天然和合成生物活性化合物中具有通用结构并由于其广泛的用途而受到日益关注[12]。人们已开始尝试用化学法合成这些酸的对映体，但这些方法通常都含有多个步骤[13]。近来人们开始使用生物催化剂引入不对称中心，如通过微生物 Baeyer - Villiger 氧化反应合成 β - 脯氨酸的两种对映体[14]，利用 (R) - 羟基腈裂解酶合成 (S) - 哌啶酸[15]，利用全细胞立体专一性酰胺酶[16]和酰基转移酶合成胺[17]。

　　酶法合成碳环 γ - 氨基酸的内容在本章 15.3 节进行阐述，主要描述其在专一受体位点方面模拟 γ - 氨基丁酸（GABA）结构的相关潜在作用。GABA 是哺乳动物中央神经系统（CNS）主要的抑制神经传递素[18]。作为一种高度的可塑分子，该化合物可以参与许多低能构型结合过程。近来，构型限定的 GABA 模拟物，特别是含有刚性碳骨架的环状化合物[19]，已用于深入研究 GABA 作为神经受体的功能[20]。例如，3 - 氨基环戊烷基羧酸异构体已公认作为有效的立体异构体探针用于 GABA 结合位点拓扑学研究。而 3 - 氨基环己烷基羧酸已被发现可选择性地用作 GABA 摄取抑制剂[21]。而且，其类似物作为部分 CNS 紊乱症的治疗剂已投入研究[22]。所有这些都表明详细研究光学纯环状 GABA 类似物合成路线方法的重要性。

　　令人奇怪的是，制备 3 - 氨基环戊烷基羧酸和 3 - 氨基环己烷基羧酸的合成方法鲜有报道。顺式 - 3 - 氨基环己烷基羧酸的对映体通过经典的双立体异构 L - 鸟氨酸和二甲马钱子碱盐分步结晶的方法制备获得[23]。在几步转化获得顺式和反式 - 3 - 氨基环戊烷基羧酸对映体之后，3 - 氧基环戊烷基羧酸的对映体通过拆分其二甲马钱子碱加合物而获得[24]。顺式对映异构体也通过拆分其 (-) - 1 - 苯基乙基铵盐而制备获得[25]。顺式 - (-) - 3 - 氨基环戊烷基羧酸 (-) - 13c（图 15 - 1）作为降解产物从抗病毒抗生素胨霉素 (-) - 17c（图 15 - 8）分离而得到[26,27]。除了这些长期建立的方法，合成顺式 - 3 - 氨基环戊烷基羧酸的方法还包括多步不对称合成的方法[28~30]。事实上，很少采用生物催化的方法。只有顺式 - 3 - 氨基环戊烷基羧酸的对映体通过酯酶和脂肪酶催化内消旋顺式 - 1，3 - 环戊烷基二羧酸酯的去对称化方法[27,31]及内酰胺酶催化二环内酰胺的动力学拆分方法[32]获得。而对映选择性合成反式 - 3 - 氨基环戊烷基羧酸以及顺式和反式 - 3 - 氨基环己烷基羧酸的生物催化方法还未能有效地建立起来。

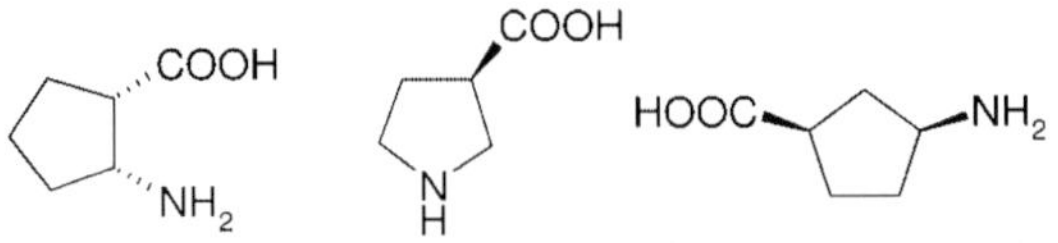

(-)-2c　　　　　(-)-10c　　　　(-)-13c

图 15-1　（1R, 2S）-2-氨基环戊烷基羧酸（顺戊霉素），（R）-吡咯烷-3-羧酸（β-脯氨酸），和（1R, 3S）-3-氨基环戊烷基羧酸

15.2　腈水合酶/酰胺酶催化生物转化

15.2.1　氨基腈的保护基团

无保护氨基腈的转化可以在水相缓冲液中直接进行，但要考虑底物在水中的溶解度。然而，反应监测的局限性严重阻碍了整体研究的进行，特别是筛选规模，其原因在于薄层色谱（TLC）和反相高效液相色谱（RP-HPLC）上低的紫外（UV）灵敏度，以及强极性反应产物如胺和羧酸在 TLC 上缺乏准确的区分。

另一个问题是碳环胺和酸的高度水溶性，给通过有机溶剂萃取进行的产物分离带来了困难。

适当的氨基保护基团能够解决其中的问题，尽管所有的要求无法通过单一基团保护而得到满足。我们的研究发现 N-甲苯磺酸胺能够满足上述提到的大部分要求，如极好的萃取性和 UV 灵敏度。而更重要的是，它们不会发生研究菌株催化的不需要的酶水解反应。此外，氨基甲酸丁酯比甲苯磺酸基团更容易脱保护，但它们的 UV 灵敏度都较差。

15.2.2　β-氨基腈的对映选择性水解

在我们对生物水解腈类化合物的长期研究中，我们发现含有腈水合酶/酰胺酶系统的某种红球菌 *Rhodococci* 全细胞，如 *R. erythropolis* A4（以前为 *R. equi* A4）、*R.* sp. R312 和 *R. erythropolis* NCIMB 11540，能够有效催化 N-保护碳环 β-氨基腈（±）-1a-（±）-4a 的立体选择性水解分别获得 β-氨基酸 1c-4c 和胺 1b-4b（图式 15-1）[33,34]。

用于对映选择性水解的 N-甲苯磺酸化的氨基腈如图 15-2 所示。表 15-1 至表 15-3 列举了全细胞转化并进行萃取和色谱纯化后产物的产率。括号里列出了产物的光学纯度对映体过量值（e.e. 值）。全部转化反应在标准条件下（单位质量底物的湿细胞量、底物浓度等）进行并在 24h 后终止反应以比较特征

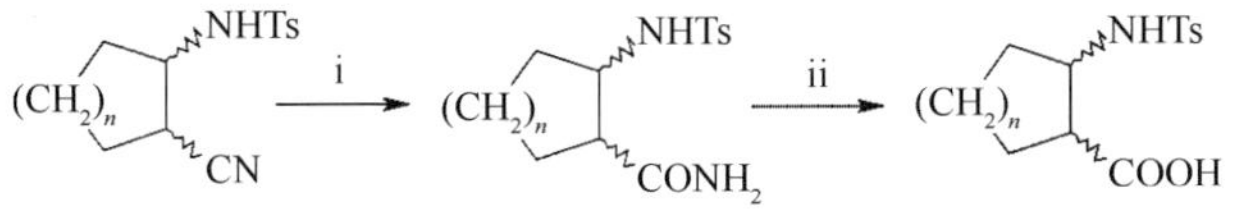

图式 15-1　红球菌 Rhodococcus 腈水合酶 (i) -酰胺酶 (ii) 全细胞转化脂环
腈 (±) -1a-(±) -4a 合成胺 1b-4b 和羧酸 1c-4c

$n = 1, 2$

产物的分布[34]。一般来说，五碳环氨基腈比六碳环底物反应明显迅速。值得注意的是，碳环取代的相对构型对于全细胞转化的产物选择性有明显影响：反式-2-氨基环戊烷基羧酸和反式-2-氨基环己烷基羧酸能够分别从氨基腈反式-(±)-1a 和反式-(±)-3a 合成获得。而反式-2-氨基腈反应为酸和胺，并随反应时间的进行积累酸，顺式-氨基腈 (±) -2a 和 (±) -4a 反应为胺的速率更慢。类似的非对映异构差异现象对于结构类似的碳环 β-羟基腈也有所发现。

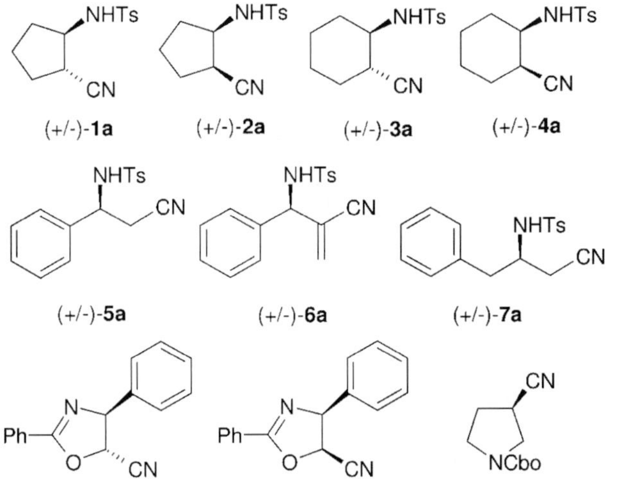

图 15-2　红球菌 (Rhodococci) 全细胞转化 β-氨基腈（仅为单一对映体）

令人奇怪的是，通过森田-贝利斯-希尔曼（Aza-Baylis-Hillman）反应制备的无环脂肪族联乙烯氨基腈 (±) -6a 只能反应为相应的 α-亚甲基-β-氨基胺[34]。与此一致，近期研究报道利用 Rhodococcus sp. AJ270 细胞催化相关的氧基类似物获得产物胺[35]。

2-苯基异丝氨酸衍生物的对映选择性合成可以通过多种方式制备紫杉醇他克唑的侧链，如利用酰基转移酶[36]、脂肪酶[37]和贝克酵母羰基还原酶[38]（见章节 15.1）。非腈转化酶也进行了相应的研究。2-羟基-3-氨基-3-苯基丙腈

（一种氰醇）在水溶液中的化学不稳定性可用于制备环化保护产物反-（±）-8a 和顺-（±）-9a（图 15-2）。

Rhodococcus sp. R312 全细胞可产生（50% 产率）胺反式-8b，光学纯度 98% e.e. 值，无痕量酸生产，而顺式-腈不发生反应[34]。

无环脂肪族氨基腈（±）-5a 和（±）-7a 反应迟缓并且没有形成优势产物的趋势，因此其结果在此忽略。β-脯氨酸的一种前体，*N*-苯甲氧甲酰化的吡咯烷-3-腈是五元环化合物中反应最快的。底物在数分钟内完全消耗并生成对映体纯度低的 β-脯氨酸[39]。

研究中将顺式-2-NHTs-环戊烷基腈（±）-2a 水解反应时间延长以考察其是否在胺生成阶段后形成酸 2c，一种顺戊霉素的衍生物。（±）-2a 的反应时间进程如图 15-3 所示，表明在反应 206h 后酸 2c 积累至 34%[34]。

与非立体选择性相似，对映选择性与 1，2-取代基的相对立体化学及氨基腈（±）-1a-（±）-4a 环的大小显著相关：反式-环戊烷基腈生成高度对映体纯的胺，而反式-环己烷基腈会形成高度对映体纯的酸，但转化率较低。而顺式化合物的 e.e. 值都比较低[34]。

因此，反式-氨基环己烷基羧酸 3c 可通过全部三种微生物制备获得并具有高光学纯度 e.e. 值（87%~99%），而形成的中间体胺具有一般的 e.e. 值。与此相反，五元环反式-胺 1b 产物具有很高的对映体纯度，而酸却没有这种情况[34]。基于转化的程度（38% 和 24%），反应保留的反式-腈 1a 和 3a 可获得非常显著的高对映体纯度。这一结果可归功于报道的 *R. erythropolis* A4 腈水合酶催化转化（±）-1a 为 1b 的高对映选择性[40]。

顺式-2-NHTs-环戊烷基腈（±）-2a 转化为胺 2b 和酸 2c 的转化率与产物 e.e. 值呈相反的变化趋势，如图 15-4 所示。在 206h 的整个反应过程中进行监测。反应过程曲线表明典型的对映体纯度与转化率的相互关系符合动力学拆分的模式。这个现象与表 15-1 至表 15-3 的结果相反，即在反应 24h 内没有酸生成；在 206h 后生成 33% 的酸，其光学纯度为 34% e.e. 值[34]。遗憾的是，即使在低转化率的情况下，酸的 e.e. 值也不超过 56%。其原因仍不清楚。

表 15-1　　红串红球菌（*Rhodococcus erythropolis*）A4 全细胞生物水解：分离的产物

	（±）-1a	（±）-2a	（±）-3a	（±）-4a	（±）-6a	（±）-10a
腈[a]	40（47）	71（5）	26（78）	47（8）	84（0）	5[b]
胺[a]	14（>99）	14（65）	54（65）	48（6）	10（11）	0
酸[a]	44（2）	0	13（>99）	0	0	95[b]

a 图中显示值为色谱纯化后的分离产率（%），括号中为 e.e. 值（%）。
b e.e. 值未检测到。

表 15 - 2　　　　　　　红串红球菌（*Rhodococcus erythropolis*）
NCIMB 11540 全细胞生物水解：分离的产物

	(±) -1a	(±) -2a	(±) -3a	(±) -4a	(±) -6a	(±) -10a
腈[a]	0	50 (16)	24 (98)	50 (10)	91 (1)	0
胺[a]	13 (>99)	49 (15)	56 (59)	41 (8)	2 (32)	0
酸[a]	86 (5)	0	15 (97)	0	0	100

a 图中显示值为色谱纯化的分离产率（%），括号中的数值为 e.e. 值（%）。

表 15 - 3　　　　　　　红球菌（*Rhodococcus* sp.）
R312 全细胞生物水解：分离的产物

	(±) -1a	(±) -2a	(±) -3a	(±) -4a	(±) -6a	(±) -10a
腈[a]	46 (30)	11 (51)	33 (47)	44 (10)	73 (0)	9[b]
胺[a]	10 (>99)	75 (7)	42 (77)	43 (4)	25 (6)	8[b]
酸[a]	34 (14)	0	16 (87)	0	0	83[b]

a 为色谱纯化后的分离产率（%），括号中的数值为 e.e. 值（%）。
b e.e. 值未检测到。

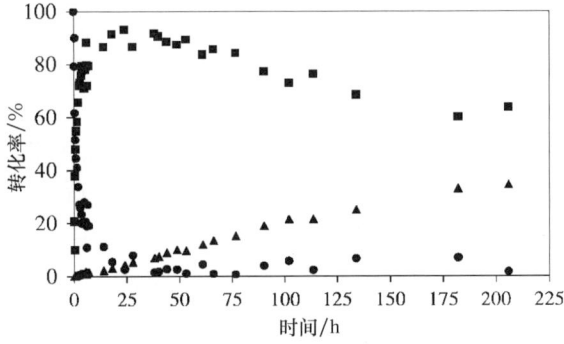

图 15 - 3　红串红球菌（*R. erythropolis*）A4 催化转化（±）-2a 的反应时间过程
●腈　■胺　▲酸

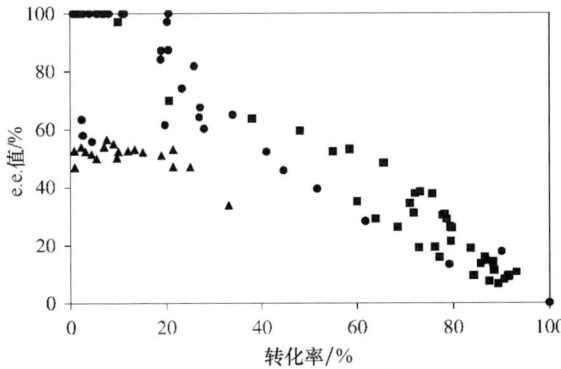

图 15 - 4　红串红球菌（*R. erythropolis*）A4 催化转化 2a 到 2c 的对映体过量值
●腈　■胺　▲酸

15.3 腈水解酶催化生物转化

15.3.1 β-氨基腈的对映选择性水解

腈水解酶[41]以其全细胞生物催化系统操作简便高效的优势可充分简化反应方案并促进针对新型底物的酶的筛选。而令人奇怪的是，图15-2中所列的碳环β-氨基腈（±）-1a~（±）-4a均不能作为该酶的底物[39]。而当碳环中含有氮原子时，这一情况便发生了改变，如图15-5所示N-杂环腈（±）-10a~（±）-12a，可作为该酶的有效底物。其转化结果如表15-4所示[42]。

根据底物环的大小，腈水解酶会表现出明显不同的酶活性。在较短的反应时间内（最多24h），五元环吡咯烷-3-腈可生成并接近理论产率，而六元环吡咯烷-3-腈和六元环吡咯烷4-腈则需要长至数日的反应时间。而且，在这个反应时间阶段内酶活性保持基本不变。与已有文献相比，3-哌啶甲酸11c可通过转化制备分离获得93% e.e. 值的产物，同时建立起一条杂环氨基酸的有效的对映选择性合成路线[42]（见章节15.1）。N-甲苯磺酸基团保护的酸比N-苯甲氧甲酰化的衍生物更能有效地生成对映体纯产物，而对于碳环γ-氨基酸，这一情况也同样会发生。

虽然利用NIT-106酶催化转化（±）-12a可获得产物，但2-哌啶甲酸12c不能以满足制备要求的方式合成，其原因在于形成的胺是反应产生的酸的两倍。杂环氨基腈（±）-10a~（±）-12a与碳环β-氨基腈（±）-1a~（±）-4a的结构比较为我们提供了一个腈水解酶与腈水合酶对于这些底物所表现出不同活性的解释。碳环底物（±）-1a~（±）-4a和2-哌啶腈（±）-12a均不与腈水解酶发生反应。其原因可能在于碳环和哌啶-2-腈（±）-12a的1，2-取代方式形成空间位阻，杂环氮原子的保护基团占据了1，2-碳环取代基的类似位置，从而阻碍了酶与底物的接触。另一方面，腈（±）-10a和（±）-11a在结构上与γ-氨基腈（±）-13a~（±）-16a（见章节15.3.2，图15-6）紧密关联，连接杂环氮原子的保护基团代表了碳环3-位的环外氨基取代的方式。碳环γ-氨基腈（±）-13a~（±）-16a能与腈水解酶以极好的方式发生反应（见章节15.3.2，图15-6）。

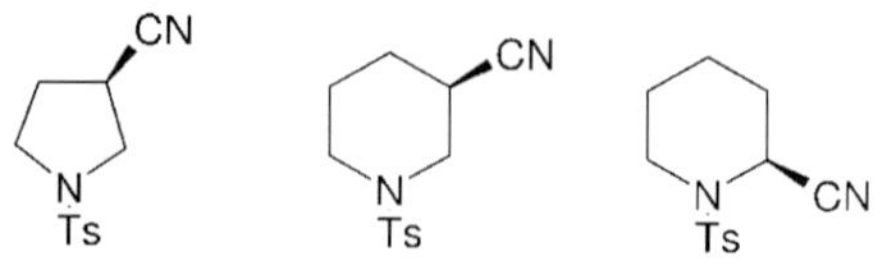

(+/-)-**10a**　　(+/-)-**11a**　　(+/-)-**12a**

图15-5　用于酶转化的杂环氨基腈（单一对映体）

并不意外的是，一些腈水解酶反应都伴随有相应胺的生成，如 2 - 哌啶胺 12b（最高 10%）和吡咯烷 - 3 - 氨甲酰 10b（见 15.3.3 关于腈水解酶的腈水合酶活性的讨论）。

表 15 - 4　　　　腈水解酶催化水解合成杂环氨基酸 10c ~ 12c

	(±) - 10c[a]	(±) - 11c[a]	(±) - 12c[a]
NIT - 101	56[b]	—	—
NIT - 104	—	15（75）	—
NIT - 105	44（73）	—	—
NIT - 106	44（76）	—	5[b]
NIT - 107	—	50（93）	—

a　转化率（%）通过 HPLC 确定，括号内为 e.e. 值（%）。
b　e.e. 值未检测到。

15.3.2　γ - 氨基腈的对映选择性水解

在关于酶促转化腈的研究中，筛选了多种具有结构多样性的氨基腈，其中碳环 γ - 氨基腈适于腈水解酶催化的水解反应。而在前面所述的内容中，其类似物碳环 β - 氨基腈却严格不能作为腈水解酶的底物。

基于引言（见章节 15.1）中已经提到的原因，我们对于对映选择性合成环化 γ - 氨基酸用作神经受体研究中 GABA 构型模拟物具有特别的兴趣。氨基腈（±） - 13a - （±） - 16a 的结构如图 15 - 6 所示[43]。

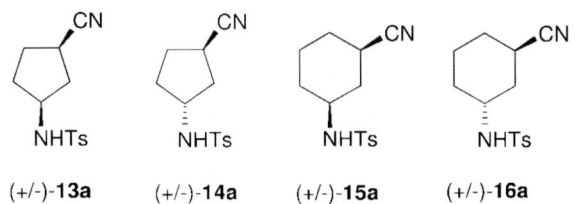

图 15 - 6　用于酶转化合成 γ - 氨基羧酸对映体的新型（±） - γ - 氨基腈（仅为单一对映体）

所有通过筛选[43]获得的具有一定活性的腈水解酶[41]对于底物环大小和 1,3 - 取代基相关构型的变化都比较敏感。制备转化的结果如表 15 - 5 所示。一般而言，环戊烷基腈比环己烷基腈反应更快。转化生成的顺式酸（+） - 或（-） - 13c 和（+） - 或（-） - 15c 产物有极好的 e.e. 值（分别为 97% 和 99%），但相应的反式酸 14c 和 16c 却得不到相应的结果[43]。

表 15 – 5 　　由（±）-γ-氨基腈合成 γ-氨基羧酸对映体 13c~16c

	（±）-13c[a]	（±）-14c[a]	（±）-15c[a]	（±）-16c[a]
NIT – 106	45（97）	36（55）	29（99）	—
NIT – 107	—	—	—	46（86）

a 色谱纯化的分离产率（%）以及括号内的 e.e. 值（%）通过 HPLC 确定。

腈水解酶 NIT – 106 和 NIT – 107 为最有效的催化剂，而 NIT – 101 和 NIT – 105 却不适于合成 γ-氨基酸。顺式-3-氨基环戊烷基羧酸（+）-13c 可由 NIT – 104 催化得到，而（-）-13c 通过 NIT – 106 催化对映选择性互补生成，产物具有高 e.e. 值（97%），产率接近于动力学拆分的理论值。同样的酶催化转化反式-异构体（-）-14c 的光学纯度只有 55% e.e. 值。其他腈水解酶也不能改善这个结果。酶 NIT – 106 在转化六元环氨基腈顺式-（±）-15a 为（-）-15c 的反应中具有类似的突出的选择性，产物光学纯度很高（>99% e.e. 值），分离产率 29%[43]。

图 15 – 7 为（±）-13a 转化为 13c 的反应时间过程，表明该底物的动力学拆分过程在 2h 内基本完成。

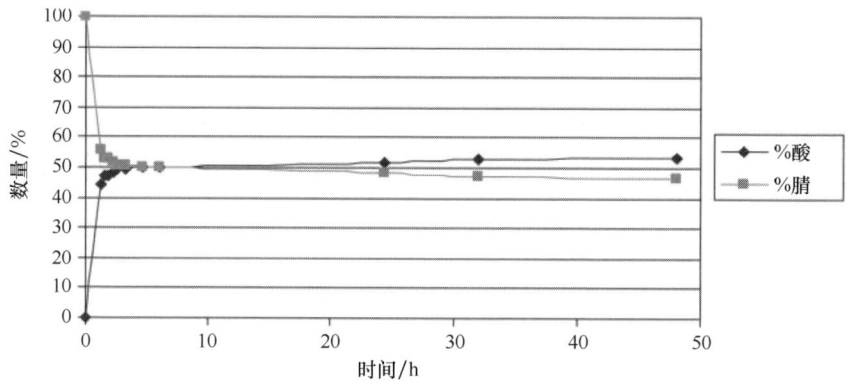

图 15 – 7　NIT – 106 催化反式 – NHTs – 环戊烷基腈 [（±）-13a] 水解的反应时间曲线

满足酶的高催化活性和高对映选择性的先决条件可以通过 1,3 – 双中线位置的取代而得以实现，如顺式-（±）-13a 和顺式-（±）-15a 的结构所示（图 15 – 6）。值得注意的是，反应保留的腈类化合物也可回收至最高 98% e.e. 值。相反，反式异构体 14c 和 16c 可以通过 NIT – 107 催化获得高产率，但 e.e. 值较低（分别为 86% 和 74%）。在这种情况下，腈水解酶 NIT – 106 完全无法完成催化转化反式-（±）-16a。

通过参考顺式-（1R,3S）-3-ACPA 在 HPLC 的出峰顺序，顺式-13c

的绝对构型为（1R，3S），这与天然胨霉素的构型一致（图15-8）。顺式-15c 的绝对构型也通过类似方法判定。对于反式氨基酸 14c 和 16c，尽管伴随着腈的水解，反式腈可被碱催化化学差向异构化为热力学更加稳定的 1，3-顺式-异构体，并重新符合 HPLC 的出峰规律。

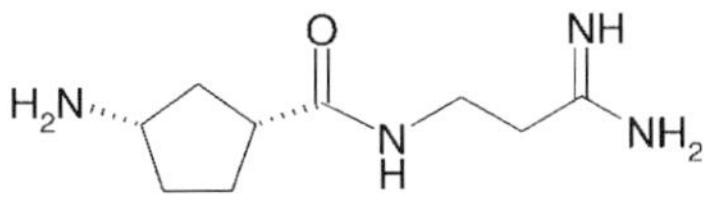

图 15-8　胨霉素（-）-17c 的结构式

有趣的是，NIT-106 具有高的 R-专一性，这与本研究涉及的其他腈水解酶相反，其他酶对于 $C-1$ 上的环碳为 S-专一性。

15.3.3　腈水解酶的腈水合酶活性

在腈水解酶反应中形成胺最早发现于 1964 年[44]。然而，更多先进分析技术的发展促使人们在近期对该问题进行充分的讨论。这一来自腈水解酶的"腈水合酶活性"通常在底物腈基 α-位被激活时而产生[45,46]。最近，对该问题的一项研究表明了胺形成的一个基本原理[47]。

纵观本章关于氨基腈的研究，我们发现胺的形成与上述提到的结构特性规律是一致的。因此，仅对腈水解酶 NIT-106 适用的底物 α-位激活的腈（±）-12a（图 15-5）转化为 2-哌啶胺 12b（主要产物的最高产率 10%），而底物（±）-10a（图 15-6）出乎意料地转化为吡咯烷-3-腈 10b，其产率依据所用的腈水解酶最高达到 31%（利用 NIT-104 酶可达到 31% 产率），其腈官能团不符合 α-位激活规律[42]。此外，没有哌啶-3-氨甲酰生成。基团保护的 α-羟基激活的氨基腈（±）-反式-8a 和（±）-顺式-9a（图 15-2）转化生成胺 8b 和 9b 为唯一产物[48]。与上述发现一致，不论碳环 β-氨基胺还是 γ-氨基胺都不会在腈水解酶转化的任何阶段生成。

参考文献

1　Garner, P. and Ramakanth, S. (1986) The Journal of Organic Chemistry, 51, 2609-2612.

2　Davies, S. G., Ichihara, O., Lenoir, I. and Walters, I. A. S. (1994) Journal of the Chemical Society-Perkin Transactions, 1, 1411-1415.

3　Sone, H., Nemoto, T., Ishiwata, H., Ojika, M. and Yamada, K. (1993) Tetrahedron Letters, 34, 8449-8452.

4　Juaristi, E. (ed.) (1997) Enantioselective Synthesis of β-Amino Acids, Wiley-VCH Verlag GmbH, Weinheim.

5　Denis, J. N., Correa, A. and Greene, A. E.

(1990) *The Journal of Organic Chemistry*, 55, 1957 – 1959.

6 Cardillo, G. and Tomasini, C. (1996) *Chemical Society Reviews*, 25, 117 – 128.

7 Konishi, M., Nishio, M., Saitoh, K., Miyaki, T., Oki, T. and Kawaguchi, H. (1989) *Journal of Antibiotics*, 42, 1749 – 1755.

8 Gellman, S. H. (1998) *Accounts of Chemical Research*, 31, 173 – 180.

9 Cheng, R. P., Gellman, S. H. and DeGrado, W. F. (2001) *Chemistry Reviews*, 101, 3219 – 3232.

10 Juaristi, E., Quintana, D. and Escalante, J. (1994) *Aldrichimica Acta*, 27, 3 – 11.

11 Cole, D. C. (1994) *Tetrahedron*, 50, 9517 – 9582.

12 see references 1 – 3 in [42]

13 see references 4 in [42]

14 Mazzini, C., Lebreton, J., Alphand, V. and Furstoss, R. (1997) *The Journal of Organic Chemistry*, 62, 5215 – 5218.

15 Nazabadioko, S., Pérez, R. J., Brieva, R. and Gotor, V. (1998) *Tetrahedron: Asymmetry*, 9, 1597 – 1604 and references therein.

16 Eichhorn, E., Roduit, J. – P., Shaw, N., Heinzmann, K. and Kiener, A. (1997) *Tetrahedron: Asymmetry*, 8, 2533 – 2536 and references therein.

17 Sánchez-Sancho, F. and Herradón, B. (1998) *Tetrahedron: Asymmetry*, 9, 1951 – 1965.

18 Andersen, K. E., Sorensen, J. L., Lau, J., Lundt, B. F., Petersen, H., Huusfeldt, P. O., Suzdak, P. D. and Swedberg, M. D. (2001) *Journal of Medicinal Chemistry*, 44, 2152 – 2163 and references therein.

19 Simonyi, M. (1996) *Enantiomer*, 1, 403 – 414.

20 Chebib, M. and Johnston, G. A. R. (1999) *Clinical and Experimental Pharmacology & Physiology*, 26, 937 – 940.

21 Krogsgaard-Larsen, P., Froelund, B. and Frydenvang, K. (2000) *Current Pharmaceutical Design*, 6, 1193 – 1209.

22 Chebib, M., Duke, R. K., Allan, R. D. and Johnston, G. A. R. (2001) *European Journal of Pharmacology*, 430, 185 – 192.

23 Allan, R. D., Johnston, G. A. R. and Twitchin, B. (1981) *Australian Journal of Chemistry*, 34, 2231 – 2236.

24 Allan, R. D., Johnston, G. A. R. and Twitchin, B. (1979) *Australian Journal of Chemistry*, 32, 2517 – 2521.

25 Milewska, M. J. and Polonski, T. (1994) *Tetrahedron: Asymmetry*, 5, 359 – 362.

26 Nakamura, S., Karasawa, K., Yonehara, H., Tanaka, N. and Umezawa, H. (1961) *The Journal of Antibiotics*, 14 (Ser. A), 103 – 106.

27 Chênevert, R., Lavoie, M., Courchesne, G. and Martin, R. (1994) *Chemistry Letters*, 23 (1), 93 – 96.

28 Bergmeier, S. C., Cobás, A. A. and Rapoport, H. J. (1993) *Bioorganic Chemistry*, 58, 2369 – 2376.

29 Trost, B. M., Stenkamp, D. and Pulley, S. R. (1995) *Chemistry-European Journal*, 1, 568 – 572.

30 Sung, S. -Y. and Frahm, A. W. (1996) *Archiv der Pharmazie*, 329, 291 – 300.

31 Chênevert, R. and Martin, R. (1992) *Tetrahedron: Asymmetry*, 3, 199 – 200.

32 Evans, C., McCague, R., Roberts, S. M. and Sutherland, A. G. (1991) *Journal of the Chemical Society-Perkin Transactions*, 1, 656 – 657.

33 Preiml, M., Hillmayer, K. and Klempier, N. (2003) *Tetrahedron Letters*, 44, 5057 – 5059.

34 Winkler, M., Martínková, L., Knall, A. C.,

Krahulec, S. and Klempier, N. (2005) *Tetrahedron*, 61, 4249–4260.

35 Wang, M. -X. and Wu, Y. (2003) *Organic & Biomolecular Chemistry*, 1, 535–540.

36 Soloshonok, V. A. (1997) Biocatalytic entry to enantiomerically pure β-amino acids, in *Enantioselective Synthesis of β-Amino Acids* (ed. E. Juaristi), Wiley-VCH Verlag GmbH, Weinheim, pp. 443–464.

37 Sih, C. J. (1997) Chemoenzymatic synthesis of the side chain of taxol, in *Enantioselective Synthesis of-Amino Acids* (ed. E. Juaristi), Wiley-VCH Verlag GmbH, Weinheim, pp. 433–442.

38 Feske, B. D., Kaluzna, I. A. and Steward, J. D. (2005) *The Journal of Organic Chemistry*, 70, 9654–9657.

39 Knall, A. C. (2005) TU Graz, Diploma Thesis.

40 Prepechalová, I., Martínková, L., Stolz, A., Ovesná, M., Bezouska, K., Kopecky, J. and Kren, V. (2001) *Applied Microbiology and Biotechnology*, 55, 150–156.

41 *Nitrilase NIT – 101 – NIT – 108*, Codexis Inc., Pasadena, CA.

42 Winkler, M., Meischler, D. and Klempier, N. (2007) *Advanced Synthesis & Catalysis*, 349, 1475–1480.

43 Winkler, M., Knall, A. C., Kulterer, M. R. and Klempier, N. (2007) *The Journal of Organic Chemistry*, 72, 7423–7426.

44 Hook, R. and Robinson, W. (1964) *The Journal of Biological Chemistry*, 239, 4263–4267.

45 Effenberger, F. and Osswald, S. (2001) *Tetrahedron: Asymmetry*, 12, 279–285.

46 Osswald, S., Wajan, H. and Effenberger, F. (2002) *European Journal of Biochemistry*, 269, 680–687.

47 Fernandes, B. C. M., Mateo, C., Kiziak, C., Chmura, A., Wacker, J., van Rantwijk, F., Stolz, A. and Sheldon, R. A. (2006) *Advanced Synthesis & Catalysis*, 348, 2597–2603.

48 Winkler, M., Glieder, A. and Klempier, N. (2006) *Chemical Communications*, 12, 1298–1300.

16 腈水解酶不对称合成 α-羟基酸

Fred van Rantwijk, Cesar Mateo, Andrzej Chmura,
Bruno C. M. Fernandes, Roger A. Sheldon

16.1 光学纯 α-羟基酸的形成途径

相对于通过酶不对称转换合成光学纯 2-羟基酸，有两种途径最近已经越来越引起人们的关注，第一种途径是基于存在一个醇腈（醛化）酶（醇腈酶，EC 4.1.2.10）时对相应的醛进行对映选择性氢氰化作用，这会产生相应的光学纯氰醇，紧接着当强酸存在时发生化学水解（图 16-1，路线 A）。最后一步产生的大量的盐会与敏感的功能组别不兼容，这是一个严重的限制因素。

除此之外，当存在一个不对称腈水解酶（EC 3.5.5.1）时，可以通过动态动力学拆分（化学合成）氰醇来获得光学纯 2-羟基酸（图 16-1，路线 B）。在 pH 7.0 或以上时更容易通过可逆的去氢氰化作用发生氰醇的外消旋作用。该方法[1]由于温和的反应条件而备受关注，被工业应用于 (R)-扁桃酸的多重比例合成[2]。

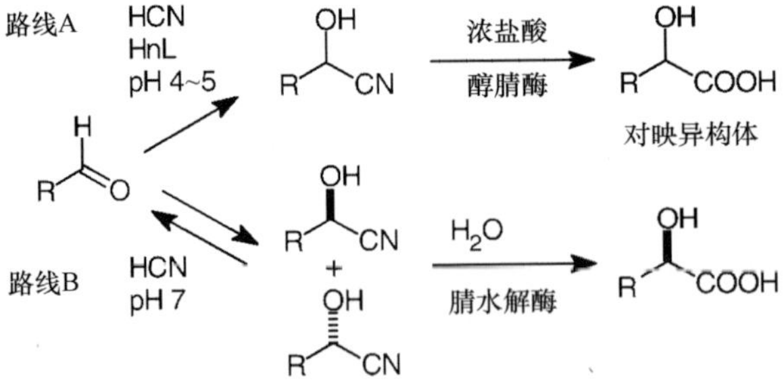

图 16-1 光学纯 2-羟基酸的合成路线，通过醇腈醛化酶（醇腈酶）
催化的不对称氢氰化作用（路线 A）和 (R)-腈水解酶（腈水解酶）
介导的动态动力学拆分（路线 B）

这种腈水解酶的动态动力学拆分（DKR）的方法取决于高效的对映选择性生物催化剂的效率，它可使生成的酰胺的产量降到最低。过去关于酰胺产生的问题看似微不足道而长期被忽视，只有极少量的文章在早期的腈水解酶酶学中提到，直到最近，人们才对该问题进行了更严格的验证[3~5]，及对腈的立体关系进行了论证[3,5]。因此，我们开始着手在具有代表性的一组氰醇水解反应中调查了腈水解酶的水解作用和化学对映选择性作用。

表 16 – 1 　　　　腈水解酶选择性水解 2 – 羟基乙腈[a]

羟腈	腈基[b]	初始速率/ [mmol/ (mg·min)]	e. e. 值$_{acid}$ (3,%R)	酰胺 (4,%)
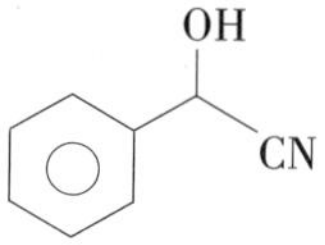 1a	NIT – 104	0.2	98	<0.5
	NIT – 106	0.5	91	3
	NIT – 107	0.014	95	<0.5
	PfNL 酶	4.3	40	15
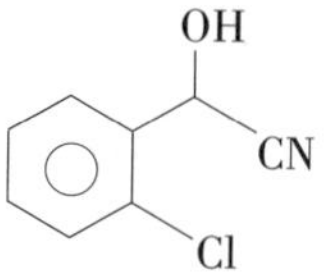 1b	NIT – 104	0.03	n. d.	12
	NIT – 106	1.8	91	3
	NIT – 107	0.023	n. d.	9
	PfNL 酶	3.3	22	8
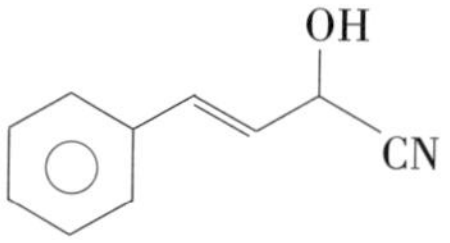 1c	NIT – 102	1×10^{-3}	n. d.	<0.5
	NIT – 104	18×10^{-3}	92	3
	NIT – 105	0.035×10^{-3}	n. d.	14
	NIT – 106	0.54×10^{-3}	n. d.	54
	NIT – 107	15×10^{-3}	88	4
	PfNL 酶	0.15×10^{-3}		14

a 在 pH 7 和 20℃ 条件下反应。
b 腈水解酶 NIT – 102 至 NIT – 107 来自 BioCatalytics 公司（如今的 Codexis 公司）。

16.2　腈水解酶介导的氰醇的水解作用

三氰醇（1a ~ 1c）（表 16 – 1）在大量的腈水解酶存在的条件下被水解（图 16 – 2）。反应物包括标准底物苯乙醇腈（1a）和其邻氯衍生物（1b），其中（R） - 酸是一种抗血栓剂氯吡咯雷的重要底物[6]。此外，我们对 4 - 苯基 – 2 - 羟基 – （E） – 异 – 3 – 烯腈（1c）的酶水解反应和肉桂醛的氰化氢加成反应也进行了研究，发现后者乙醛的酶氢氰化作用较缓慢，不容易完全反应彻底[7,8]，因此 1c 的 DKR 可能是一个具有吸引力的选择。

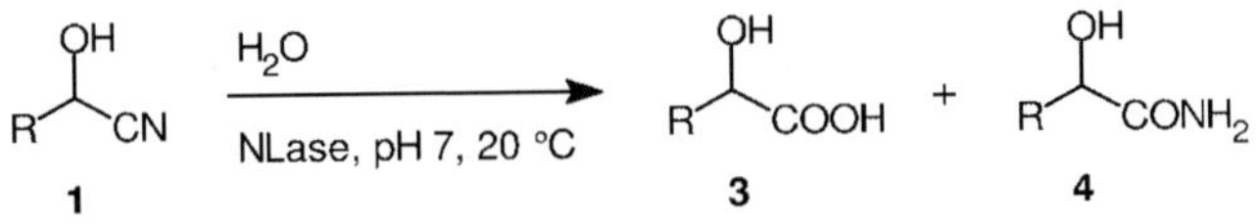

$$\underset{1}{\underset{|}{R-\overset{OH}{\underset{CN}{C}}H}} \xrightarrow[\text{NLase, pH 7, 20 °C}]{H_2O} \underset{3}{\underset{|}{R-\overset{OH}{\underset{COOH}{C}}H}} + \underset{4}{\underset{|}{R-\overset{OH}{\underset{CONH_2}{C}}H}}$$

图 16-2 腈水解酶介导的 1a~1c 水解反应

(a) R = C_6H_5
(b) R = 2—Cl—C_6H_5
(c) R = 反式—C_6H_5—CH = CH

我们所采用的生物催化剂（表 16-1）包括一系列重组腈水解酶均购自 Biocatalytics 公司（如今的 Codexis 公司），该腈水解酶来自于荧光假单胞菌 EBC 191（PfNL 酶）[3,9]。我们将这些生物催化剂的活性、选择性（酸与氨）和对映选择性进行了比较，只有少数腈水解酶，如 NIT-104、NIT-106、NIT-107 和 PfNL 酶，转化 1a~1c 在有效的转化率以内。在比较了 1a 和 1b 水解反应后我们发现 1b 反应的邻氯取代降低了 NIT-104 的活性近一个数量级，但与此相反，产生了对 NIT-106 和 NIT-107 的小激活效应。在 NIT-104 存在条件下，腈 1c 被证实是非常难反应的底物，比 1a 慢十倍，只能反应产生 NIT-104 和 NIT-107。PfNL 酶水解 1c 只有一分钟有效率（比 1a 慢 30×10^3 倍）。

酰胺生产规模由于所用的腈和生物催化剂的不同而各不相同。除了 PfNL 酶作为生物催化剂的情况，其他时候 1a 的水解反应都是可以忽略不计的[3,5]。在 1b 中的邻氯取代反应造成 NIT-104 和 NIT-107 产生大量的氨基化合物。在 1a 和 1b 的水解反应时会选择性地产生 NIT-106，而它又能缓慢地介导 1c 水解成酸和酰胺的等摩尔混合物。总而言之，酸/酰胺选择性决定了腈水解酶选择的好坏。

在众多生物催化剂中，腈水解酶属于（R）选择性酶类且选择性大小可以检测，但程度往往有所不同。相反的，PfNL 酶对这些腈几乎没有对映体偏好性。值得注意的是，在最近的一项调查中大多数的腈水解酶水解 1a 时偏好（R）型对映体[10]。

从这些结果中我们得出结论，对于选择性水解 1a、1b 和 1c 产生（R）酸的最佳生物催化剂依次是 NIT-104、NIT-106 和 NIT-104，尽管 1b 和 1c 水解的立体选择性并不如预期的好。因此，在预备实验中，NIT-104 转化 1a（起始浓度为 0.1mol/L）生成（R）-扁桃酸（转化率 98%，e.e. 值 98%），证明在目前的状况下，腈的反应速度比水解速度快很多。在 NIT-106 存在时 1b 水解后完全转化成（R）-酸但是有不完全的对映选择性。因此，1a 在 DKR 的条件下水解能够得到光学纯的（R）-扁桃酸，但是 1b 和 1c 并不是完全意义上的选择性生物催化剂。

16.3 双酶法得到光学纯 2 – 羟基酸

腈水解酶介导的 DKR 途径得到光学纯 2 – 羟基酸的方法常被（R）– 对映异构体所限制，因为在以氰醇为底物时普遍存在着对（S）型没有选择性的腈水解酶[11]。我们认为（S）– 酸形成的一个完整的酶学途径应该是通过在双酶偶联中组合具有（S）选择性的醇腈醛化酶［醇腈酶，EC 4.1.2.10,（S）– 醇腈酶］和没有选择性的腈水解酶来实现的（图 16 – 3）。合并后的酶的优点除了比化学水解更环保之外，温和的反应条件将能使其与大量的水解酶类相互兼容。

虽然这个方法看起来简洁又直接，但是还必须考虑到反应介质的 pH 和解决潜在的不兼容的问题。醇腈酶介导的氢氰化作用最好是在 pH < 5 下进行，进而压制与其竞争的非催化的氢氰化作用[12]。这个背景反应通常会通过利用两相，水相 – 有机相[12]或微 – 水反应介质[13,14]，来进一步得到降低。这种条件非常适合从木薯（MeHnL）中得到（S）– 选择性的醇腈酶[12,15]。相反的是腈水解酶优先在 pH 接近 7 时被利用，而且很容易在有机溶剂存在时失效。腈水解酶与酶的氢氰化作用的环境相互兼容存在的一个明显的问题在于该方法论的成功点在哪里，而适当的固定化可能可以解决这个问题。因此我们打算利用交联酶聚合法（CLEA）的方法[16]来处理腈水解酶。

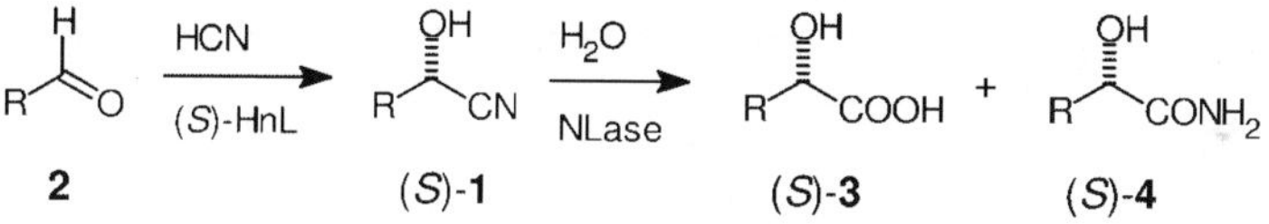

$$R-CHO \xrightarrow[(S)-HnL]{HCN} R-CH(OH)-CN \xrightarrow[NLase]{H_2O} R-CH(OH)-COOH + R-CH(OH)-CONH_2$$

$$\quad 2 \qquad\qquad\qquad (S)-1 \qquad\qquad\qquad (S)-3 \qquad\qquad (S)-4$$

图 16 – 3 双酶偶联过程利用（S）– 特异羟基乙腈裂解酶和
非特异性腈水解酶串联合成（S）– 2 – 羟基羧酸
(a) $R = C_6H_5$

16.4 交联酶聚合法固定化腈水解酶

交联酶聚合法包括沉淀和聚集两个步骤，利用一种沉淀剂进行沉淀，然后使用一种双功能试剂通常都是利用戊二醛进行交联[16]。但是运用这一标准的方法时腈水解酶没有发挥积极的作用[17]。我们推测，戊二醛作用于酶表面的赖氨酸残基，可以很容易地穿透到活性中心并与赖氨酸发生催化反应[11]，造成酶活性的损失。

该解决方案是采用一个高分子质量的交叉偶联试剂，阻止活性部位被反应。事实上，我们发现，在与葡聚糖（分子质量 100ku）交联时，回收的原始活性达到 50% ~ 60%。

交联作用之后，席夫碱通过硼氢化还原作用被永久固定[18]。该方法已经被 NIT-104、NIT-106 和 PfNL 酶所证实[16]。因此我们认为它普遍适用于腈水解酶。

16.5 双酶偶联中的氢氰化作用和水解作用

如上所述，酶氢氰化作用的最适 pH < 5，可以抑制背景非酶促反应，因为普通腈水解酶的最适 pH 是 7。我们为了选择一个折中的 pH，需要评估 pH 对 MeHnL-苯甲醛介导的氢氰化作用（2a，见图 16-3）在两水相-二异丙醚（DIPE）介质中的影响。在 pH 5.5 时对映选择性最佳，这是我们根据双酶促反应得出的折中的 pH，使用前提是水相缓冲液占反应总体积必须小于 10%。PfNL 酶在第二步反应中的作用十分显而易见，它在 pH5.5 时发挥作用转化 (S)-1a 和 (R)-1a 达到一定的比率。

因此，我们在实验中将 MeHnL 和 PfNL 酶在二异丙醚-缓冲液以 90∶10 的比例，pH 为 5.5 的介质中串联形成交联聚合体[19]。该反应进行到几乎完全被转化 [见图 16-4（a）]，产物的 e.e. 值为 94%。将两种酶结合形成一种双酶催化剂 [结合-CLEA 的，图 16-4（b）] 能够进一步提高效率得到 98% 光学纯的 (S)-3a。这似乎是腈中间体在结合双酶催化剂颗粒作用下被立即水解，从而抑制其扩散进入水相。伴随着 (S)-3a 的生成，(S)-扁桃酰胺的总量 [(S)-4a，见图16-3 和图 16-4，约 40%] 超过了表 16-1 的预期值，因此我们有必要将 PfNL 酶对酸/酰胺机械转换的立体效应进行进一步的讨论。

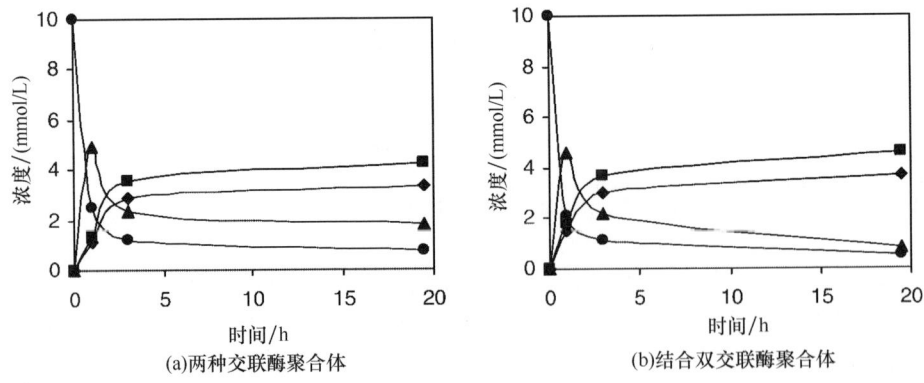

图 16-4　以苯甲醛（10mmol/L）和 HCN（50mmol/L）双酶偶联合成 (S)-扁桃酸，MeHnL 和 PfNL 酶比例为 90∶10，二异丙醚-缓冲液的 pH 为 5.5[19]。

1c：▲　2c：●　3c：■　4c：◆

我们根据近光学纯（S）- 3a 的形成得出结论，双酶学的方法基本上是完善的，完全不会生成中间的氰醇。氢氰酸的起始浓度从 0.25mol/L 提高到 0.75mol/L 可以使转化效果更彻底，而一些对映选择性的损失可能是随着反应的进行 pH 略有上升造成的。

当没有合适的不对称腈水解酶时，上文所述的双酶法也可以应用于合成（R）- 2 - 羟基羧酸（图 16 - 5）。例如水解 1b 时的最适立体选择性是 92% 的 e.e. 值。从杏仁（PaHnL）中得到的醇腈酶对合成 1b 的立体选择性也不是十分理想[13]，但我们发现，PaHnL 和 NIT - 106 合成的结合双交联酶聚合体定量转换成 2b（0.1mol/L 的起始浓度）形成 3b 时会伴随形成非常少量（>3%）的氨基化合物，e.e. 值 > 99%（反应条件 90:10 的二异丙醚 - 缓冲液，pH 为 5.5）。

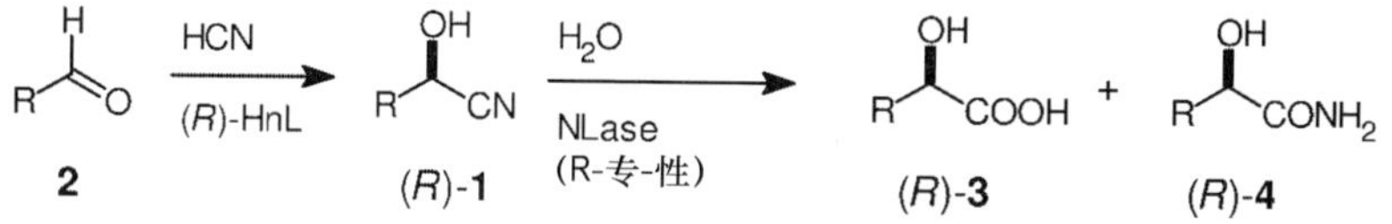

$$R-CHO \xrightarrow[(R)-HnL]{HCN} R-\overset{OH}{\underset{CN}{C}}H \xrightarrow[\text{NLase}]{H_2O} R-\overset{OH}{\underset{COOH}{C}}H + R-\overset{OH}{\underset{CONH_2}{C}}H$$

2　　　　　　　　(R)-1　(R-专一性)　　(R)-3　　　　(R)-4

图 16 - 5　合成（R）- 2 - 羟基羧酸 3b 和 3c
(b) R = 2 - Cl—C_6H_5　　(c) R = 反式—C_6H_5—CH=CH

此外，我们认为，肉桂醛（2a）的氢氰化作用一直处在一个不利的平衡[7,8]和中等的立体选择性中[7]，但是我们可以通过仔细的优化使 e.e. 值 > 96%[8]。我们的理由是通过原位水解去除氰醇 1c 使得反应的平衡得到提高。此外，这种双酶偶联的方法还可以排除氰醇的 e.e. 值趋于平衡时对方法明显减弱的干扰[15]。综上所述这个方法我们所选择的腈水解酶是 NIT - 104。事实上，我们发现，在一个合理的范围以内 2c 可以转化为 3c（96% 的 e.e. 值）（图 16 - 6）。正如表 16 - 1 所预期的结果一样，只需微量就能产生酰胺化合物（4c）。

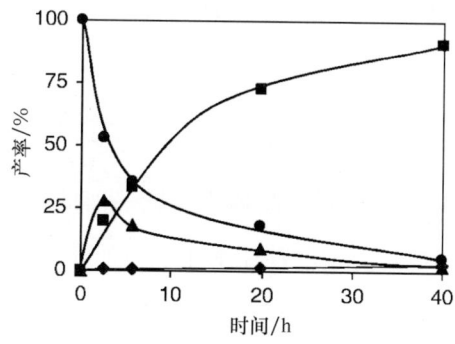

图 16 - 6　PaHnL 和 NIT - 104 形成的结合双交联聚合酶通过 Bienzymatic 合成作用将肉桂醛（0.1mol/L）和 HCN（0.5mol/L）转化形成（R）- 4 - 苯基 - 2 - 羟基 -（E）- 3 - 癸烯酸在 50:50 的比例的二异丙醚 - 缓冲液，pH5.5。图例：1c：▲　2c：●　3c：■　4c：◆

总之，醛和 HCN 经双酶转化形成光学纯 2-羟基酸是可行的。化学立体选择性的转换既可以通过醇腈酶也可以通过结合形成的双酶来得到，而且氢氰化作用平衡也不再是一个问题，因为它可以得到完全的转化。大量的酰胺形成，特别是 (S)-4a 的产生，会略微降低该方法直接的实际价值。关于避免不必要的副作用的方法将在后面进行讨论。

16.6 与腈水合酶作用相似的腈水解酶

早在 20 世纪 60 年代，人们就已经注意到腈水解酶能催化产生极少量的酰胺[20~22]。该过程（图 16-7）不是普遍被接受的腈水解酶的机制[21]，而直到最近才逐渐受到关注。例如，过去在重组表达和从拟南芥中提纯腈水解酶时腈的水合作用都是腈的主要途径，尤其是在电子传导不足时[23~25]。

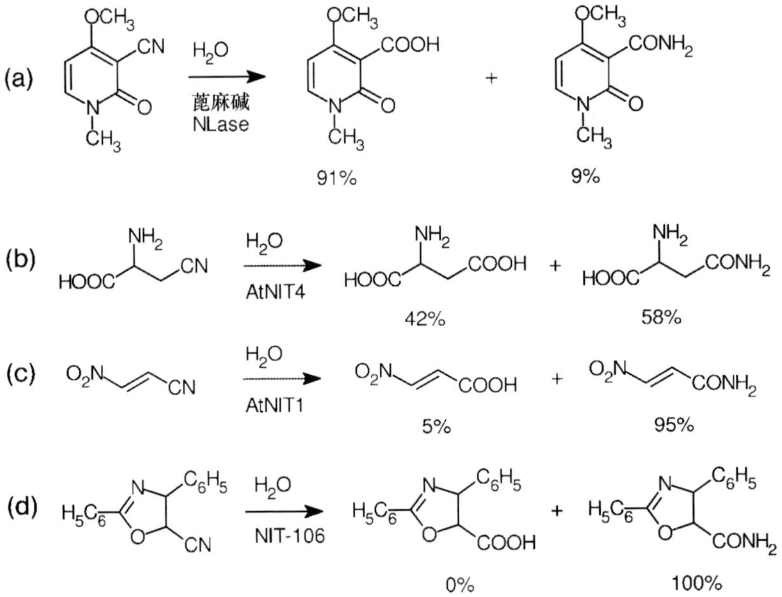

图 16-7 关于腈水解酶存在条件下的酰胺形成过程

在腈水解酶 PfNL 酶的存在条件下，腈的水合作用同样也受到电子效应的影响。2-苯基丙腈在后一种酶为主但存在水化途径的作用下，几乎没有任何酰胺形成 (1d)，而缺电子 2-氯-2-苯乙腈的形成 (1e) 却正好与此相反。1a 中酰胺的形成范围在这两个极端之间（图 16-8）。此外，水解途径偏向 (R)-酸，而 (S)-酰胺主要是作为水化产物[3,5]。Effenberger 的团队提出了一个非常相似的观点，即关于 AtNIT 催化水解 2-氟-2-苯乙腈[25]。

为了深入了解酰胺的形成我们尝试研究光学纯氰醇的水解过程。腈 1e 消旋

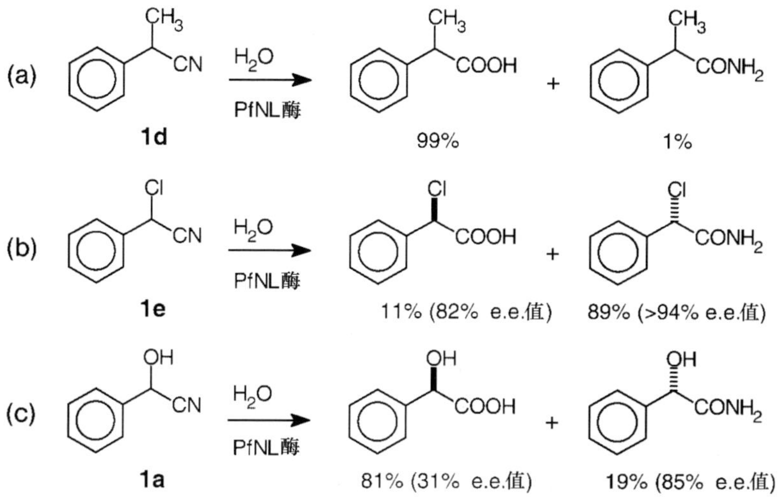

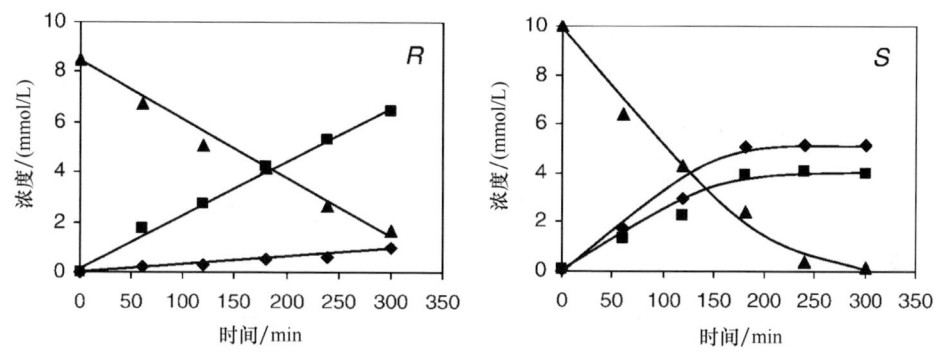

图 16-8 底物对 PfNL 酶作用下形成酰胺程度的影响

图 16-9 在 pH 6, 0℃ 的条件下，荧光假单胞菌腈水解酶对 (R) - 苯乙醇腈和 (S) - 苯乙醇腈的水解反应
1a: ▲; 3a: ■; 4a: ◆ （数据来自参考文献 [19]）

很容易获得，不过 (R) - 和 (S) - 1a 立体完整性需要通过仔细调整反应条件 (pH 为 6, 0℃) 来维持。因此，具有立体选择性的纯 (R) - 和 (S) - 1a 需要在 PfNL 酶存在下发生水解反应来获得（图 16-9）[5]。显而易见，(R) - 1a 只能形成 11% 的酰胺，然而在其他条件都相同的情况下，(S) - 1a 可以水解产生 55% 的酰胺和 45% 的酸（图 16-9）。正如预期的一样，在该反应条件下立体的完整性得到了充分的反应，3a 和 4a 均彻底地反应形成。

总的来说，腈水化的途径与腈水解酶关系密切，应该进行系统的归纳。普遍认为腈水解酶含有一个由半胱氨酸 - 谷氨酸 - 赖氨酸组成的活性位点[26]，通过一个硫代亚胺酯中间体而发生反应（图16-10中的I）[20,21,27]。通过接受来自于反应物中稳定的谷氨酸残基的氮原子正电荷而形成的酰基酶中间体Ⅲ来除去四面体中间体的氨（途径A）。相反，如果反应物不存在正电荷，例如，假如含有赖氨酸残基（四面体中间体Ⅱb），我们认为巯基的消除作用将会起主导作用（途径B）。例如，当R基团动摇反应物N的正电荷而形成电子时，这种反应路径的改变是必须的。因此，空间相互会使N原子离开稳定的谷氨酸（见图16-10，途径B）。总的来说，正如最初胡克和罗宾逊猜想的那样，腈水解酶作用机制的两个分支途径是腈水解酶介导腈水解成羧酸，与酰胺类发生水合[20]。值得关注的是，根据以上作用机制，酰胺一旦形成就不会再进一步水解了，因此活性位点在任何时候都不具有结合酰胺的活性。

正如上文提到的那样，经腈水解酶形成的酰胺会稍微降低醇腈酶的综合价值，即基于对 (S) -3a 的双酶反应。显然，为了避免或修复酰胺的形成需要通过筛选和诱变获得一种具有更强选择性的腈水解酶。另外，需要一种合适的酰胺酶来水解任意酰胺形成想要的酸。事实上，在 MeHnL，PfNL 酶和青霉素G 酰胺酶都存在的时候，通过2a的氢氰化作用几乎能产生一定量的 (S) -3a。由于青霉素酰胺酶具有严格令人不悦的底物特异性，因此，本反应只适用于扁桃酸及其类似衍生物。我们现在扩大这三种酶对非特异性酰胺酶的方法学研究，比如，一种来自 *Rhodococcus erythopolis* MP50 的酰胺酶。

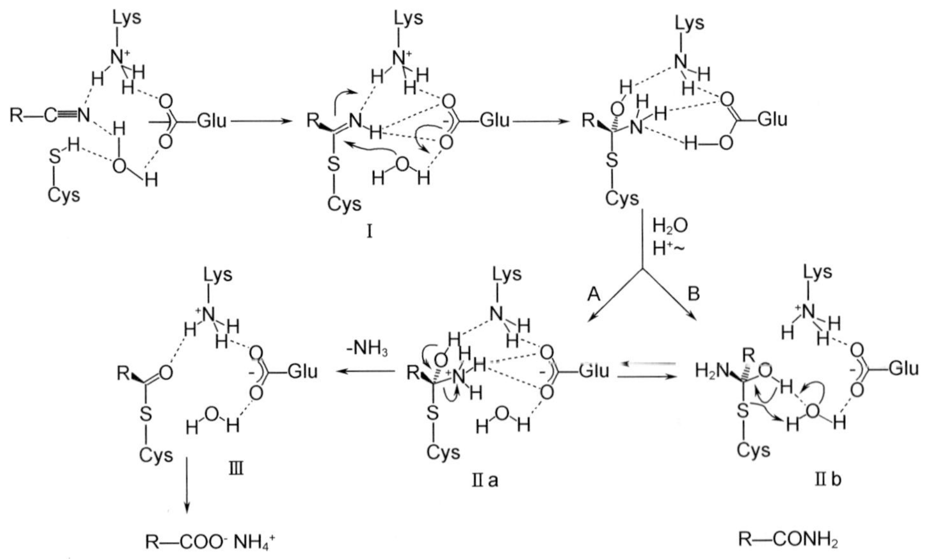

图16-10 设想的腈水解酶作用生成酸（a）和酰胺（b）的形成机制[5]

16.7 结论

通常情况下腈水解酶水解出来的可用的氰醇，对于右旋对映体具有温和并且良好的选择性。当有酰胺副产物形成时，因为酶的反应以及腈的位阻效应，一旦这些反应不是一个独立的单边反应时，大量的副反应将在氰醇水解的这几分钟内发生。

醛的生物酶转变，氢氰酸在富氧腈水解酶中起到的作用以及就腈水解酶本身对于整个合成的路线是一个非常有用的补充，这些都保证了酰胺之间的缔合可以被避免。

参考文献

1. (a) Yamamoto, K., Oishi, K., Fujimatsu, I. and Komatsu, K. - I. (1991) *Applied and Environmental Microbiology*, 57, 3028 – 3032.
   (b) Endo, T. and Tamura, K. (1991) (Nitto Chem. Ind.), EP 449648, [*Chem. Abstr.* 1992, 116, 5338].

2. (a) Yamaguchi, Y., Ushigome, M. and Kato, T. (1997) (Nitto Chem. Ind.), EP 773297, [*Chem. Abstr.* 1997, 127, 4190].
   (b) Ress-Löschke, M., Friedrich, T., Hauer, B., Mattes, R. and Engels, D. (2000) (BASF AG), DE 19848129, [*Chem. Abstr.* 2000, 132, 292813].

3. Kiziak, C., Conradt, D., Stolz, A., Mattes, R. and Klein, J. (2005) *Microbiology*, 151, 3639 – 3648.

4. Winkler, M., Glieder, A. and Klempier, N. (2006) *Chemical Communications*, 1298 – 1300.

5. Fernandes, B. C. M., Mateo, C., Kiziak, C., Chmura, A., Wacker, J., Van Rantwijk, F., Stolz, A. and Sheldon, R. A. (2006) *Advanced Synthesis Catalysis*, 348, 2597 – 2603.

6. Bousquet, A. and Musolino, A. (1999) PCT Int. Appl. WO 9918110, [*Chem. Abstr.* 1999, 130, 296510e].

7. Warmerdam, E. G. J. C., Van den Nieuwendijk, A. M. C. H., Kruse, C. G., Brussee, J. and Van der Gen, A. (1996) *Recueil des Travaux Chimiques des Pays-Bas*, 115, 20 – 24.

8. Gerrits, P. -J., Willeman, W. F., Straathof, A. J. J., Heijnen, J. J., Brussee, J. and Van der Gen, A. (2001) *Journal of Molecular Catalysis B: Enzymatic*, 15, 111 – 121.

9. Layh, N., Parratt, J. and Willets, A. (1998) *Journal of Molecular Catalysis B: Enzymatic*, 5, 467 – 474.

10. Robertson, D. E., Chaplin, J. A., DeSantis, G., Podar, M., Madden, M., Chi, E., Richardson, T., Milan, A., Miller, M., Weiner, D. P., Wong, K., McQuaid, J., Farwell, B., Preston, L. A., Tan, X., Snead, M. A., Keller, M., Mathur, E., Kretz, P. L., Burk, M. J. and Short, J. M. (2004) *Applied and Environmental Microbiology*, 70, 2429 – 2436.

11. Pace, H. C., Hodawadekar, S. C., Draganescu,

A., Huang, J., Bieganowski, P., Pekarsky, Y. and Brenner, C. (2000) *Current Biology*, 10, 907–917.

12 Schmidt, M. and Griengl, H. (1999) *Topics in Current Chemistry*, 200, 193–226.

13 Han, S., Lin, G. and Li, Z. (1998) *Tetrahedron: Asymmetry*, 9, 1835–1838.

14 Van Langen, L. M., Van Rantwijk, F. and Sheldon, R. A. (2003) *Organic Process Research and Development*, 7, 828–831.

15 Chmura, A., Van der Kraan, G. M., Kielar, F., Van Langen, L. M., Van Rantwijk, F. and Sheldon, R. A. (2006) *Advanced Synthesis Catalysis*, 348, 1655–1661.

16 (a) Cao, L., van Rantwijk, F. and Sheldon, R. A. (2000) *Organic Letters*, 2, 1361–1364.

(b) Mateo, C., Palomo, J. M., van Langen, L. M., van Rantwijk, F. and Sheldon, R. A. (2004) *Biotechnology and Bioengineering*, 86, 273–276.

(c) Van Langen, L. M., Selassa, R. P., Van Rantwijk, F. and Sheldon, R. A. (2005) *Organic Letters*, 7, 327–329.

17 Mateo, C., Palomo, J. M., Van Langen, L. M., Van Rantwijk, F. and Sheldon, R. A. (2004) *Biotechnology and Bioengineering*, 86, 273–276.

18 Fernández-Lafuente, R., Rodriguez, V., Mateo, C., Penzol, G., Hernández-Justiz, O., Irazoqui, G., Villarino, A., Ovsejevi, K., Batista, F. and Guisán, J. M. (1999) *Journal of Molecular Catalysis B: Enzymatic*, 7, 181–189.

19 Mateo, C., Chmura, A., Rustler, S., Van Rantwijk, F., Stolz, A. and Sheldon, R. A. (2006) *Tetrahedron: Asymmetry*, 17, 320–323.

20 Hook, R. H. and Robinson, W. G. (1964) *The Journal of Biological Chemistry*, 239, 4263–4267.

21 Goldlust, A. and Bohak, Z. (1989) *Biotechnology and Applied Biochemistry*, 11, 581–601.

22 Stevenson, D. E., Feng, R., Dumas, F., Groleau, D., Mihoc, A. and Storer, A. C. (1992) *Biotechnology and Applied Biochemistry*, 15, 283–302.

23 Piotrowski, M., Schönfelder, S. and Weiler, E. W. (2001) *The Journal of Biological Chemistry*, 276, 2616–2621.

24 Osswald, S., Wajant, H. and Effenberger, F. (2002) *European Journal of Biochemistry*, 269, 680–687.

25 Effenberger, F. and OBwald, S. (2001) *Tetrahedron: Asymmetry*, 12, 279–285.

26 Brenner, C. (2002) *Current Opinion in Structural Biology*, 12, 775–782.

27 Harper, D. B. (1977) *The Biochemical Journal*, 165, 309–319.

28 Trott, S., Bürger, S., Calaminus, C. and Stolz, A. (2002) *Applied and Environmental Microbiology*, 68, 3279–3286.

17 腈水解－酰胺酶催化反应在超滤膜反应器中的动力学特征

Maria Cantarella, Alberto Gallifuoco, Agata Spera,
Laura Cantarella, Ondřej Kaplan, Ludmila Martínková

17.1 引言

腈类物质的生物降解可通过多种微生物进行。其降解过程通常包括两种不同的酶促反应途径：一种途径是由腈水解酶（EC 3.5.5.1）一步反应水解去除羧基和氨基[1-3]；另一种是两步途径，首先由腈水合酶（EC 4.2.2.84）催化合成一种氨基化合物中间体，再由酰胺酶分解为酸和氨[4,5]。

两步反应途径往往过程复杂多样，节菌属[2,6~8]、杆菌[9,10]、短杆菌[11]、丛毛单胞菌[12]、棒状杆菌[13]、诺卡菌[4]、红球菌[14,15]、假诺卡菌[16]、假单胞菌[17]等很多种细菌能产腈水解酶，将腈类物质转化为酰胺类化合物。

以镰刀霉、曲霉、青霉为主要代表的一些丝状真菌可以优先利用腈水解酶而直接降解腈类物质[18,19]（见第 14 章）。

弗比恩念珠菌、季也蒙念珠菌、热带念珠菌、汉逊德巴利酵母、酿酒酵母、球拟酵母念珠菌（念珠菌属）以及土星拟威尔酵母属的酵母菌株具有腈水合酶/酰胺酶系统，能够以脂肪族单腈和二腈以及其对应的氨基化合物作为唯一氮源[20]。

从 20 世纪 80 年代开始，人们就利用红球菌 N－774（Rhodococcus sp. N-774）和绿针假单胞菌 B23（Pseudomonas chlororaphis B23）休止细胞作为第一代和第二代生物催化剂，以丙烯腈生产丙烯酰胺实现工业生产[21]。目前，三菱丽阳公司（Mitsubishi Rayon Co.）已研制出第三代生物催化剂紫红红球菌 J1。龙沙公司（Lonza AG）以该菌株为催化剂，以 3－氰基吡啶为底物转化为烟酰胺实现了工业化生产。然而，尽管腈类水解生物催化剂的工业应用潜力巨大，但也只有少数实现了商业化[22]。

紫红红球菌 J1（R. rhodochrous J1）的腈转化酶系对芳香环和芳香杂环腈类有很大的多样性，催化形成一系列氨基化合物，但该菌株对这些芳香类氨基化合物则缺乏活性[5,15,23]。

虽然实验结果异常复杂，但是大量结果显示不同培养条件下的菌株产生的酶不仅有宽的底物谱，还表现出对底物的立体选择性。腈水合酶被认为优先催化脂肪族腈而对芳香族腈类物质的活性很低[14,15,24~26]。

然而腈水合酶的缺点是热稳定性差，受底物及生物转化过程中产生的氨基化合物或酸抑制。

通过适当的反应器来进行的反应动力学控制（主要是底物和/或产物抑制），也越来越受到重视。短杆菌菌株 CH1（*Brevibacterium* sp. CH1）[27~30]为催化剂生产丙烯酰胺就可以用循环补料分批反应器、填充床反应器和双重空心纤维反应器。我们在膜反应器中以 *Microbacterium imperiale*（以前被命名为 *Brevibacterium imperialis*）的休止细胞为催化剂，研究了生产丙烯酰胺的过程。

近年来我们一直致力于用微杆菌 *M. imperiale* CBS 498 - 74 对腈类和氨基化合物进行生物转化。该菌中含有腈水解酶和酰胺酶，腈类经两步催化后转化为酸类，中间产物为氨基化合物。以休止细胞作为催化剂催化一系列脂肪族和芳香族底物。腈水合酶对丙烯腈[31,32]、丙腈[33]和苯甲腈[34]有特异性，酰胺酶对烟酰胺[35]有特异性。对酰胺酶活性的研究，可以依靠外源的氨基化合物独立进行，或者作为串联反应的一部分进行研究，此时底物来源于腈水合酶的反应产物。图 17 - 1 阐明了不同底物的反应过程。

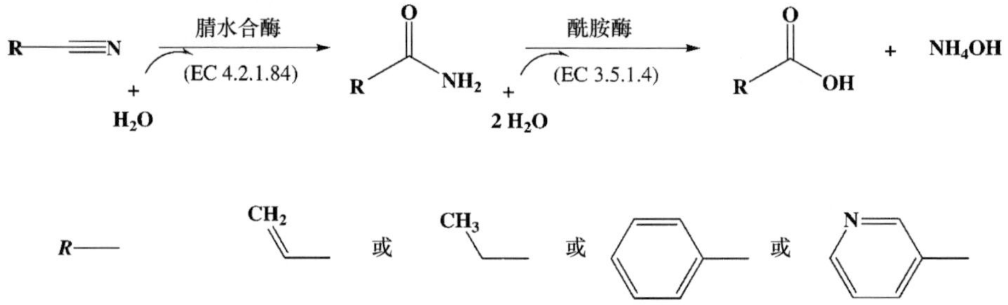

图 17 - 1　微杆菌（*M. imperiale*）CBS 498 -74 中腈水合酶和酰胺酶催化腈类举例

我们用分批反应器和连续搅拌超滤膜反应器对两种酶的反应过程进行研究。研究了反应中的各种参数如底物浓度、酶含量、温度、pH、搅拌转速和流速等，取得了大量数据，试图描述连续搅拌超滤膜反应器的动力学特征。描述各种条件下催化反应的动力学特征对增加底物浓度和产量十分必要。本研究将为大规模工业化运用打下基础。

在本文中，对一些在连续搅拌超滤膜反应器中运用系统分析方法的特例进行总结，用这些实验数据得到的重要参数来评估现在的反应动力学模型。对不同温度条件下的催化反应进行了深入研究，从连续搅拌超滤膜反应器一些实验特定数据计算出两种酶促反应的活化能，并且对反应过程中酶的失活进行了研究。在连续搅拌超滤膜反应器中，对由底物浓度引发的酶急剧不可逆失活进行了探究。最后，我们对底物浓度、细胞添加量，以及平均反应时间对反应器生产容积和转化率的影响进行分析。本研究中，将微杆菌（*M. imperiale*）CBS 498-74 的休止细胞作为催化剂加入反应体系中。

17.2　实验设计

连续反应在一个搅拌细胞模块中进行，该模块使用名义上截留分子质量为 20ku 的氟聚合物膜 FS61PP。在装有适量休止细胞的反应器中大多数反应采用蠕动泵以流速为 12~14mL/h 加入底物缓冲溶液，或者根据实验中显示的不同的 τ 来加入底物缓冲溶液。将该搅拌细胞模块浸入恒温水浴中以进行温度控制（±0.1℃）。一个速度为 250r/min 的恒速搅拌器保证持续的混匀从而避免膜表面细胞分化现象的出现。在反应过程中所使用的化学试剂不影响膜的流动性，并且必须没有溶质的残留。渗透液通过一个自动部分收集器来收集，通过它进行体积测量，并对反应产物和未反应底物的样品每两个小时进行一次分析。

17.3　温度对腈水合酶 – 酰胺酶级联体系的影响

温度对两种酶的影响主要是在批次反应中，以休止细胞为催化剂，加入适当的底物进行测定。图 17-2 显示了温度对氰苯腈水合酶催化反应和苯甲酰胺酰胺酶催化反应初始速率的影响。温度对两种酶活性的影响是完全不同的，腈水合酶和酰胺酶最适催化温度分别为 35℃ 和 55℃。有意思的是，35℃ 时腈水合酶的比活性约是酰胺酶的 12.6 倍，但当温度上升到 55℃ 时两者比酶活性相当，由此说明腈水合酶热稳定性很差。该现象也表明在该底物下酰胺酶的活性比腈水合酶低很多，这种情况在其他引文中也得到了证实[40]。图 17-2（b）中曲线上升区域的数据很好地符合阿伦尼乌斯定律。斜率可以用来估计反应的活化能（两组数据的回归系数接近 0.99）。腈水合酶和酰胺酶的表观活化能分别为 77.06kJ/mol 和 55.61kJ/mol。级联体系中腈水合酶的催化反应受温度的主要影响已经清楚明了。有意思的是引用的其他相似研究证实酰胺酶将烟碱转化成烟酸的生物转化活化能为 52.6~53.5kJ/mol，在分批反应器和 CSMR 中均是如此。这些 E_a 值非常相近，于是猜测苯甲酰胺和烟碱中的芳香环对酰胺酶催化反应的影响很小甚至几乎没有。

为了完全描述温度对反应动力学的影响还需要研究酶的热稳定性。酶活性下降时的速率是一个关键参数，因为这个过程的经济可行性取决于酶的有效寿

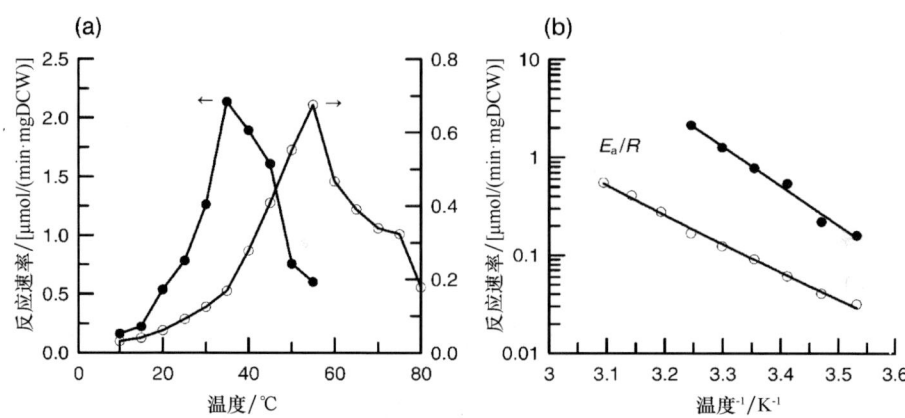

图 17-2 (a) 温度对腈水合酶（●）和酰胺酶（○）初速度的影响，休止细胞浓度为 0.16mg CDW/mL，分别加入 10mmol/L 苯甲腈和苯甲酰胺为底物；(b) 腈水合酶（●）和酰胺酶（○）催化初速度

命。众所周知，对于许多酶来说它的失活速率不仅与温度有关，还与底物浓度和蛋白质浓度有关。故高浓度的底物和蛋白质可以很大程度上降低酶失活速率从而延长酶半衰期。因此在尽可能与反应器操作时遇到的情况一致下测定酶稳定性是极其重要的。

17.4 连续搅拌超滤膜反应器（CSMR）研究

对于酶热稳定性的检测可以简单地在含有大量底物的连续搅拌超滤膜反应器中进行，改变体系的温度，而其他参数保持不变。在反应器中针对不同的酶添加相应的底物。酰胺酶对应的底物是腈类物质，其动力学参数受到细胞内腈水合酶的限制。反应中氨基化合物的积累、第一步反应、不同的反应时间和反应条件，以及不稳定的环境因素，这些都需要精确的分析。同时，氨基化合物几乎全部被酰胺酶催化。至此，以氨基化合物为底物对酰胺酶活性进行了独立的描述。

过膜流量、休止细胞总量和积累的产物共同构成了反应后的体系，根据反应速率和反应进程，定期收集反应混合物[32]。这些数据随着时间的变化可以在半对数中阐明。图 17-3 说明了一些在不同温度下反应速率随时间变化的典型例子：苯甲腈水合酶催化是在 15℃ 条件下，苯甲酰胺酰胺酶催化是在 40℃ 和 45℃ 条件下。两种反应的能量变化明显不同，该变化可以用特定的方法测定。反应稳定后，收集数据并以线性的形式表现在图中（图 17-3 中直线附近的黑点），数据表明，酶活性按照特定的机制逐渐衰减。直线的斜率 k_d 值是固定不变的,而直线与 y 轴的截距表明了酶促反应的初速度 r_0。r_0 值在图中估计了酶促反应的活化能:E_a 值与每批次反应所得的数据相吻合,同时也表征了烟碱酰胺酶的催化特性[35];另一方面,图17-3(b)显示了腈水合酶和酰胺酶在 5~45℃ 条件下所得到的一系列数据所预示的酶活性衰减常数。涉及苯甲腈和苯甲酰胺转换的两组数据能在直线上很好地拟合,腈水合酶和酰胺酶酶活性衰减过程的反应活化能分别是 91.63kJ/mol($R=0.997$)和 89.21kJ/mol($R=0.991$)。虽数值相近,但二者是在不同的温度条件下测定的,腈水合酶是 5~30℃,酰胺酶是 15~45℃,并且在任何温度下腈水合酶的酶活性衰减速度都远远大于酰胺酶。在 15℃ 时,腈水合酶的 k_d 值大约是酰胺酶的 57 倍。

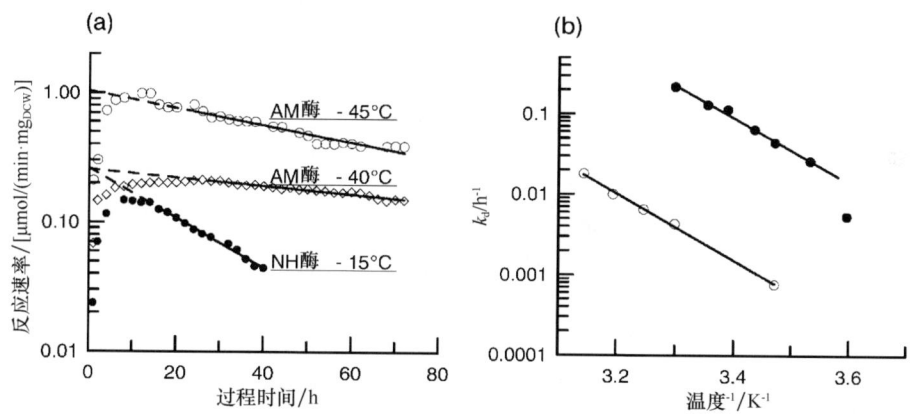

图 17-3 (a)超滤膜反应器中不同温度条件下腈水合酶(●)和酰胺酶(○)的反应进程
底物为 10mmol/L 苯甲腈和苯甲酰胺,休止细胞浓度为 2mg_{DCW},流速为 12mL/h;
(b)超滤膜反应器中腈水合酶(●)和酰胺酶(○)的失活常数

3-氰基吡啶生物转化为烟碱和烟酸时也有相似的情况。在一定的温度下,腈水合酶作用于其他底物时会发现更强的酶活性衰减。如在 4~10℃ 条件下,丙烯腈转化为丙烯酰胺的过程中,腈水合酶的半衰期由 33h 急剧下降到 7h[37]。

上述两种酶在催化过程中的热力学特征,充分表现了腈类生物转化的特征,丰富了酶促反应的动力学方程。

无数证据表明,利用酶不同的热量依赖性对酶促反应过程进行串联控制是可能的[34]。选择恰当的操作条件来控制反应进程,直接选择性地调控第一步产物氨基化合物和第二步产物酸类的反应进程。当处于较高的温度和较长的反应时间时($20℃$,$\tau=20h$),酰胺酶活性较高,反应产物主要是酸类。然而,当处于较低的温度和较短的反应时间时($5℃$,$\tau=5h$),酰胺酶活性被抑制,产物主要是氨基化合物中间体[34]。

17.5 底物浓度对酶促反应反应速率、酶稳定性、底物转化率和反应器容量的影响

在进行腈水合酶和酰胺酶催化过程中，底物浓度对反应过程有很大影响，我们探究了不同底物浓度在膜反应器中的影响。

在膜反应器中，我们选择了 2~10mmol/L 浓度底物的苯甲腈来研究对腈水合酶反应的影响，同时选择较低的温度（10℃），以尽量减少高温对酶活性的抑制。图 17-4（a）表明了在不同底物浓度下，比速率与反应时间的半对数曲线关系。所计算出的 r_0 和 k_d 值在表 17-1 中列出。

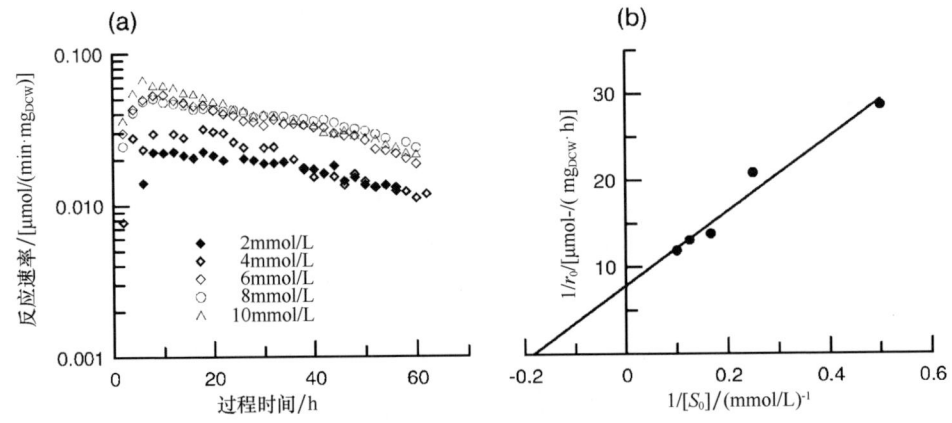

图 17-4 （a）超滤膜反应器中不同底物浓度下产物浓度随时间的变化，休止细胞含量 $10mg_{DCW}$，温度为 10℃，流速为 12mL/h；（b）双倒数作图法得到的函数

表 17-1 不同底物浓度下反应平衡时的 r_0 和 k_d 值

[S]/(mmol/L)	2	4	6	8	10
r_0/[μmol/(min·mg_{DCW})]	0.0349	0.048	0.0723	0.0764	0.0842
k_d/h^{-1}	0.020	0.023	0.020	0.018	0.021

在整个反应过程中 k_d 值都约等于 0.0020/h，这表明腈水合酶的半衰期大概是 34.66h。基本保持不变的 k_d 值表示这种底物浓度变化幅度对腈水合酶酶活性衰减基本没有影响。初始反应速率与底物浓度符合米氏方程，图 17-4（b）展示了二者的双倒数作图。从而计算出反应动力学参数 $K_m = 5.43$ mmol/L，$V_{max} = 0.127$ μmol/(min·mg_{DCW})。这些数值与用经典的批次测定方法结果相符。表 17-2 列出了反应动力学参数，同时列出了腈水合酶及酰胺酶反应的底物浓度和温度。有趣的是，表 17-2 中不同的培养条件（第一行 0.5% 葡萄糖，第二、三

行0.5%葡萄糖+丙烯腈，第四行0.5%葡萄糖+丙烯酰胺），显然没有改变底物（丙烯腈）的跨膜运输和酶对底物的特异性（详见参考[36]）。不同的最大反应速率V_{max}归因于细胞产生的总酶量的不同。

高底物浓度条件下，膜反应器中的丙腈水合酶反应受到抑制，这一点在文献[33]中有所体现。腈水合酶在以3-氰基吡啶为底物时的动力学参数也同时被计算出来。在不同的腈水合酶中（表17-2中1~5），除了K_m值，其他数据都比较类似。与未加工的酶相比，酰胺酶具有较低的K_m值（表17-2第7行），这可能表明了底物传递的局限性。

表17-2　　腈水合酶和酰胺酶的动力学参数

酶	底物	浓度范围/(mmol/L)	T/℃	K_m/(mmol/L)	V_{max}/(U/mg$_{DCW}$)	参考文献
1. 腈水合酶	丙烯腈	2~50	20	9.8	11.48	[36]
2. 腈水合酶	丙烯腈	2~50	20	9.8	16.16	[36]
3. 腈水合酶	丙烯腈	2~50	20	9.4	19.52	[36]
4. 腈水合酶	丙烯腈	2~50	20	9.4	25.80	[36]
5. 腈水合酶	丙腈	10~500	10	21.6	11.04	[33]
6. 腈水合酶	3-氰基吡啶	0.1~10	20	11.4	3.62	—
7. 酰胺酶	烟酰胺	0.5~10	20	2.6	0.17	—
8. 酰胺酶[a]	烟酰胺	10~50	20	8.2	0.22	—

a　粗酶由细胞破碎液经饱和硫酸铵沉淀得到。

1. 腈水合酶和酰胺酶的酶活性经以下方法获得：2mL反应体积，转速250r/min，20℃，反应时间20min，pH7.0（50mmol/L磷酸钠缓冲液）。单位湿重的休止细胞比酶活性为15.5U/mg$_{DCW}$。腈水合酶酶活性U定义为20℃条件下，50mmol/L丙烯腈为底物时，每分钟内生成1μmol丙烯酰胺所需要的酶量。酰胺酶酶活性单位U定义为在100mmol/L底物浓度条件下，每分钟释放出1μmol产物所需要的酶量。

2. 产物的量由HPLC测定。苯甲腈、苯甲酰胺和苯甲酸的分析方法见参考文献[34]，烟酸和烟酰胺分析方法见参考文献[35]。丙腈和丙酰胺由气相色谱测定，见参考文献[33]。

很多腈类研究中都把毒性和高浓度时抑制酶活性作为分类依据。在腈水合酶催化转化丙烯腈时也发现了这种限制[31]。膜反应器被认为是可以评估在高浓度底物条件下酶可逆性失活的有效工具。在研究中，利用超滤膜反应器对两种流加策略进行了对比，图17-5显示了底物浓度相反方向变化时（100~800mmol/L丙烯腈）对酶失活的影响。第一种流加策略是首先流加100mmol/L的丙烯腈，反应平衡后记录反应速率。数据分析和注释都需要一个比较明确的腈水合酶抑制常数，$K_d^{100mmol/L}$。流加底物浓度提高到800mmol/L，由于底物浓度变化和产物积累，反应速率变化直至达到新的平衡。此时，反应速率显著降低，腈水合酶抑制常数变为$K_d^{800mmol/L}$。

在第二种流加策略中，底物浓度按照相反的方法进行，首先流加 800mmol/L，再流加 100mmol/L。两种流加策略保持流速相同，并且调节流速时的时间一样（图中的 t_1^* 和 t_2^*）。有趣的是，两种策略的 $K_d^{800mmol/L}$ 值是相同的。流加第二阶段生产率的减少是由于第一阶段时高浓度底物造成的酶活性损失。然而，第二阶段反应平衡的现象却没有出现。相反，当流加 100mmol/L 底物时，酶活性衰减比第一阶段更为严重。反应初速率的缺失表明酶在高浓度底物条件下出现了不可逆的失活。

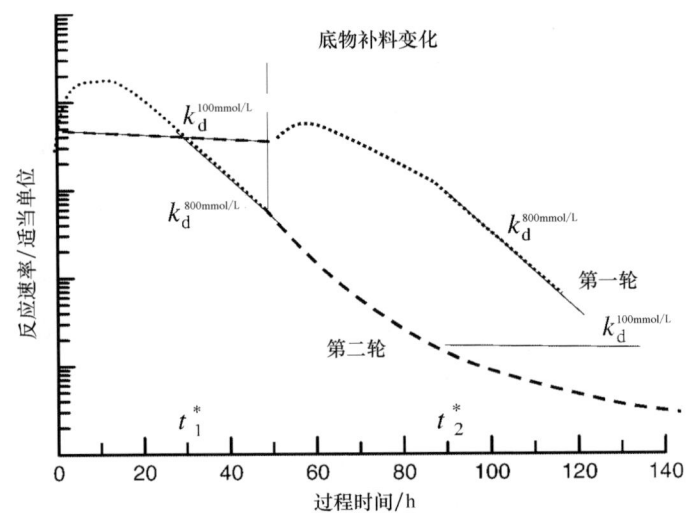

图 17-5 超滤膜反应器中在高浓度底物条件下腈水合酶的失活情况
（具体数据参考文献 [31]）
丙烯腈浓度：(- - - -) 代表 100mmol/L，(··········) 代表 800mmol/L

图 17-6 (a) 表明了底物浓度对产物转化和超滤膜反应生产容积的影响。当底物浓度为 2~4mmol/L 时，最大转化率为 50%。当底物浓度高于 4mmol/L 时，转化率开始下降。反应器的生产容积取决于底物浓度和达到反应平衡时的水平。既然增加反应器中产物浓度是主要目标，我们把酶量加倍，流加底物浓度为 4mmol/L，反应平衡时，转化率从 50% 提高到了 62.5%，而比酶活性却从 2.17μmol/（mg_{DCW}·h）降到了 1.24μmol/（mg_{DCW}·h）。

反应器总体积 V_R 恒定，逐渐增加底物流加速度 Q（L/h），使流满的时间 τ（h）不断减小，后者被定义为 $\tau = V_R/Q$。

我们对 τ 值的影响进行了研究，分析了在反应平衡时反应器中的转化数据，此时产物为 10mg，底物浓度为 4mmol/L（溶于 50mmol/L 磷酸钠缓冲液中，pH7.0）。图 17-6 标明了这些数据。τ 值的增加意味着较高的转化率和较小的反应器生产容积。

相似的结果也可以在超滤膜反应器中得到。在反应器中加入不同量的细胞,维持温度为50℃,烟酰胺底物浓度为100mmol/L,反应时间为5.83h。达到反应平衡状态时的产物浓度、底物转化率和反应器生产容积列于图17-7中。反应器生产容积达到最大值20mg_{DCW}:加入较高浓度的细胞含量会造成反应器生产容积降低,因为未转化的底物总是维持一个常数。图17-7还表明添加更加高浓度的细胞并不会积累更高浓度的产物。

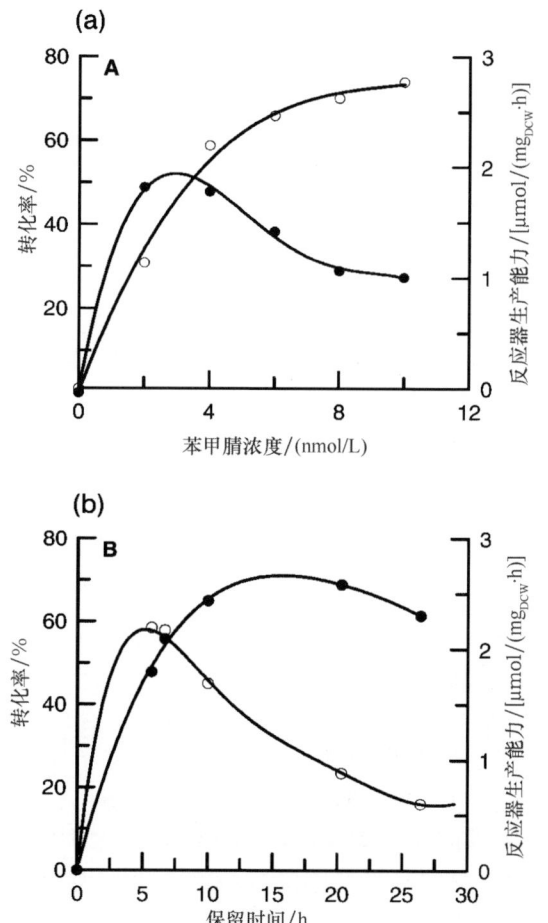

图17-6　(a) 不同底物浓度条件下稳态时的转化率(●)和苯甲腈流速为12mL/h时的反应器容积(○);(b) 4mmol/L底物浓度下,不同保留时间下的转化率(●)和反应器容积(○)

超滤膜反应器中加入10mg_{DCW},10℃,底物苯甲腈溶于50mmol/L,pH7.0的磷酸钠溶液中

同样,实验表明了最佳的反应时间 [图17-6 (b)] 和最佳细胞添加量(图17-7)。在二者同时最优条件下,膜反应器中最高转化率分别为30%和

50%。改变不同的操作条件，膜反应器可以得到较高的产物浓度和较为合理的反应器生产容积。由于底物浓度对反应速率的影响，当反应器生产容积约等于最高值的一半时，取得了最高的产物转化率［图17-6（a）］。

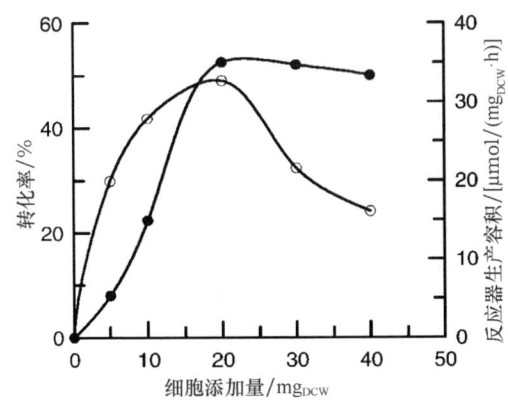

图17-7 超滤膜反应器中，50℃，底物为100mmol/L烟酰胺时，
不同细胞添加量稳态时的底物转化率（●）和反应器容积（○）

17.6 结论

本章研究了微杆菌 *Microbacterium imperiale* CBS 498-74 休止细胞经过腈水合酶和酰胺酶两步催化腈类水解的反应。以脂肪族化合物（丙烯腈和丙腈）和芳香族化合物（苯甲腈和3-氰基吡啶）等腈类为底物转化为氨基化合物和酸类。

连续搅拌超滤膜反应器 CSMR 对反应速率的研究取决于一些关键的参数，如温度、底物浓度和细胞添加量。每种酶相互独立，不同的酶添加不同的底物（腈类为串联反应，氨基化合物为酰胺酶）。我们评估了两种反应的活化能，以及酶逐渐失活的过程，即使在最适宜的反应条件下酶也会不可避免地失活。在腈水合酶/酰胺酶串联反应中，腈水合酶更不稳定，这限制了反应温度的选择。这些发现使我们更容易理解基于温度的反应速率等动力学过程，也使我们更容易预测反应扩大后的反应过程。

对于底物浓度的研究，大部分着眼于底物和产物的抑制作用。在底物丙烯腈的浓度达到 800mmol/L 时，腈水合酶出现了不可逆的失活。然而，我们证明在高催化剂含量的情况下，多循环连续搅拌膜反应器中，4℃时，连续催化500h，还可以控制腈水合酶的失活。该条件下，300mmol/L 的丙烯腈底物转化率高达 93.7%。每次循环后的产物中的丙烯酰胺都与产物分离后，重新作为底物再加入到反应中。在丙酰胺的生产中，我们发现酰胺酶活性降低，这可能是由于连续搅拌超滤膜反应器中较低的温度，还有可能是由于酰胺酶底物或者产物的抑制作用[33]。利用连续搅拌膜反应器实现苯甲腈的生物转化，选择适当的反应条件（主要是温度和反应时间），就可以控制调节腈水合酶/酰胺酶反应中中间产物氨基化合物和终产物酸的生成[34]。

连续反应器不仅灵活，操作方便，而且可以获得较大的产物谱、较高的产率和产物浓度。

致谢

作者感谢 L'Aquila 大学"有机化学中腈和氨基化合物的水解反应 D25/0002/02"科研基金的大力支持，以及概念研究学会 AV0Z50200510（微生物学会）的鼎力相助。

参考文献

1 Osswald, S., Wajant, H. and Effenberger, F. (2002) *European Journal of Biochemistry*, 269, 680–688.

2 Asano, Y., Tani, Y. and Yamada, H. (1980) *Agricultural and Biological Chemistry*, 44, 2251–2252.

3 Fernandes, B. C. M., Mateo, C., Kiziak, C., Chmura, A., Wacker, J., van Rantwijk, F., Stolz, A. and Sheldon, R. A. (2006) *Advanced Synthesis Catalysis*, 348, 2597–2603.

4 Harper, D. (1977) *The Biochemical Journal*, 165, 309–319.

5 Kobayashi, M. and Shimizu, S. (1994) *FEMS Microbiology Letters*, 120, 217–224.

6 Asano, Y., Fujishiro, K., Tani, Y. and Yamada, H. (1982) *Agricultural and Biological Chemistry*, 46, 1165–1174.

7 Asano, Y., Tachibana, M., Tani, Y. and Yamada, H. (1982) *Agricultural and Biological Chemistry*, 46, 1175–1181.

8 Ramakrishna, C. and Desai, J. D. (1992) *Biotechnology Letters*, 14, 827–830.

9 Cramp, R. A. and Cowan, D. A. (1999) *Biochimica et Biophysica Acta*, 1431, 249–260.

10 Pereira, R. A., Graham, D., Rainey, F. A. and Cowan, D. A. (1998) *Extremophiles*, 2, 347–357.

11 Mayaux, J. F., Cerberlaud, E., Soubrier, F., Faucher, D. and Pétré, D. (1990) *Journal of Bacteriology*, 172, 6764–6773.

12 Cerbelaud, E., Levy-Schil, S., Petre, D. and Soubrier, F. (1995) PCT Int. Appl. WO 9504828 A1 950216 (Patent), Rhone-Poulenc Chemie.

13 Tani, Y., Kurihara, M. and Nishise, H. (1989) *Agricultural and Biological Chemistry*, 53, 3151–3158.

14 Endo, T. and Wantanabe, I. (1989) *FEBS Letters*, 243, 61–64.

15 Nagasawa, T. and Yamada, H. (1989) *Trends in Biotechnology*, 7, 153–158.

16 Yamaki, T., Oikawa, T., Ito, K. and Nakamura, T. (1997) *Journal of Fermentation and Bioengineering*, 5, 474–477.

17 Nawaz, M. S. and Chapatwala, K. D. (1991) *Canadian Journal of Microbiology*, 37, 411 – 418.

18 Mylerová, V. and Martínková, L. (2003) *Current Organic Chemistry*, 7, 1 – 17.

19 Kaplan, O., Vejvoda, V., Plíhal, O., Pompach, P., Kavan, D., Fialová, P., Bezouška, K., Macková, M., Cantarella, M., Jirků, V., Křen, V. and Martínková, L. (2006) *Applied Microbiology and Biotechnology*, 73, 567 – 575.

20 Van der Walt, J. P., Brewis, E. A. and Prior, B. A. (1993) *Systematic and Applied Microbiology*, 16, 330 – 332.

21 Yamada, H. and Kobayashi, M. B. (1996) *Bioscience Biotechnology and Biochemistry*, 60, 1391 – 1400.

22 Martínková, L. and Křen, V. (2002) *Biocatalysis and Biotransformation*, 20, 73 – 93.

23 Ogawa, J. and Shimizu, S. (1999) *Trends in Biotechnology*, 17, 13 – 20.

24 Watanabe, I., Satoh, Y. and Enomoto, K. (1987) *Agricultural and Biological Chemistry*, 51, 3193 – 3199.

25 Watanabe, I., Satoh, Y., Enomoto, K., Seki, S. and Sakashita, K. (1987) *Agricultural and Biological Chemistry*, 51, 3201 – 3206.

26 Tani, Y., Kurihara, M. and Nishise, H. (1989) *Agricultural and Biological Chemistry*, 53, 3151 – 3158.

27 Lee, C. Y. and Chang, H. N. (1990) *Biotechnology Letters*, 12, 23 – 28.

28 Lee, C. Y., Sang, K. C. and Chang, H. N. (1993) *Journal of Microbiology and Biotechnology*, 3, 36 – 45.

29 Hwang, J. S. and Chang, H. N. (1987) *Biotechnology Letters*, 9, 237 – 242.

30 Hwang, J. S. and Chang, H. N. (1989) *Biotechnology and Bioengineering*, 34, 380 – 386.

31 Cantarella, M., Cantarella, L., Spera, A. and Alfani, F. (1998) *Journal of Membrane Science*, 147, 279 – 290.

32 Cantarella, M., Spera, A. and Alfani, F. (1998) *Annals of the New York Academy of Sciences*, 864, 224 – 227.

33 Cantarella, M., Cantarella, L., Gallifuoco, A., Frezzini, R., Spera, A. and Alfani, F. (2004) *Journal of Molecular Catalysis B: Enzymatic*, 29, 105 – 113.

34 Cantarella, M., Cantarella, L., Gallifuoco, A. and Spera, A. (2006) *Enzyme and Microbial Technology*, 38, 126 – 134.

35 Cantarella, M., Cantarella, L., Gallifuoco, A., Intellini, R., Kaplan, O., Spera, A. and Martínková, L. (2008) *Enzyme and Microbial Technology*, 42, 222 – 229.

36 Cantarella, M., Spera, A., Leonetti, P. and Alfani, F. (2002) *Journal of Molecular Catalysis B: Enzymatic*, 19 – 20C, 405 – 414.

37 Alfani, F., Cantarella, M., Spera, A. and Viparelli, P. (2001) *Journal of Molecular Catalysis B: Enzymatic*, 11, 687 – 697.

38 Alfani, F., Cantarella, M. and Vitolo, M. (1999) *Revista de Farmácia e Química*, 32, 17 – 23.

39 Cantarella, M., Cantarella, L., Gallifuoco, A. and Spera, A. (2006) *Journal of Industrial Microbiology and Biotechnology*, 33, 208 – 214.

40 Wegman, M. A., Heinemann, U., Stolz, A., van Rantwijk, F. and Sheldon, R. A. (2000) *Organic Process Research and Development*, 4, 318 – 322.

18 酶催化 C—C 键的形成合成单糖类似物

Laurence Hecquet, Virgil Hélaine,
Franck Charmantray and Marielle Lemaire

18.1 引言

化学酶法合成的研究进展为立体选择性合成大量有机物质提供了可能，特别是合成碳-碳键的反应的应用中，如合成水溶性的多功能有机化合物、碳水化合物和糖类等。我们利用酶催化单糖和类似物的碳-碳键，特别是果糖-1,6-二磷酸醛缩酶（EC 4.1.2.13）和转酮酶（EC 2.2.1.1）。在本章中，我们不仅对这两种酶进行了阐述，同时，为了制备多种单糖，对转酮酶底物特异性的特性进行了改造，以及酶如何选择类似物进行催化。

18.2 转酮酶和 1,6-二磷酸果糖醛缩酶的合成

醛缩酶和转酮酶的使用开辟了合成许多多功能有机化合物的道路[1]。在有机合成中，使用最广泛的二羟丙酮磷酸（DHAP）醛缩酶是从兔肌（FruA）中提取的。该酶是糖酵解途径的关键酶，可逆催化分解 1,6-二磷酸果糖形成两个三碳单位，DHAP 和 D-3-磷酸-甘油。在体外，平衡时有利于加成反应和连接 C3-C4 与 （3S,4R）结构的酶。该酶对底物 DHAP 极其专一，仅能催化与 DHAP 非常相似的类似物，但可以以大量的醛作为前体。很多报道描述了使用 FruA-催化反应的立体化学控制来获得糖及类似物的方法[1~5]。不少报道[6]以及我们自己的研究[7b,8~10]证明对于合成应用，DHAP 是必需的。体内的转酮酶是非氧化戊糖磷酸途径的关键酶。转酮酶可逆地催化从酮糖磷酸盐供体中的二碳缩酮单位（羟甲基）到醛糖磷酸受体，创建一个新的非对称中心（C3）与 S 结构。转酮酶需要二价阳离子（Mg^{2+} 或 Ca^{2+}）和焦磷酸硫胺素（ThDP）为辅助因子。我们首先对转酮酶合成的底物特异性和实用性进行了系统性探索。我们发现[11a]从 3-溴丙酮酸中制备的羟基丙酮酸（HPA）可作为一个供体底物，因其通过转酮催化脱羧能使反应不可逆。转酮酶对酮醇供体底物和具有（R）结

构导致的 D - 构型（3S, 4R）- 酮糖的羟醇受体底物具有高度专一性。对于合成目的，醛受体已广泛使用了从菠菜叶[11]、大肠杆菌[12]和酿酒酵母[13]中分离出来的转酮酶。如果 FruA 醛受体（尤其是 α - 羟基醛，如图18 - 1所示）比转酮醛受体少一个碳，那么转酮酶和 FruA 可以产生相同的酮糖。因此，对于一个特定产物的合成，很大程度上取决于酶对受体底物的可用性。

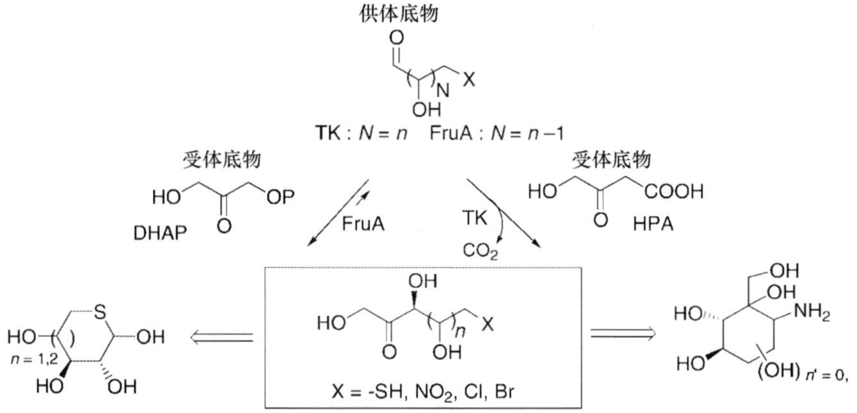

图 18 - 1　FruA 和转酮酶作为互补工具合成单糖类似物和衍生物

在本节中，我们描述了 FruA 和转酮酶用于单糖类似物的合成，如氨基环醇和 D - 木酮糖和 D - 木糖类似物，包括最近以 FruA 为供体底物合成 DHAP。

18.2.1　DHAP 的合成

在本节中，我们总结了最近的研究成果：由脂肪酶专一性催化二羟基丙酮的化学路线[9]，以及催化丙醇[10]的路线。通过化学法和酶法制备 DHAP 最近已经过 Schümperli 等人获得研究突破[6]。

18.2.1.1　从二羟基丙酮合成 DHAP

为了大规模生产高纯度的 DHAP，以及合成中高再生的长远应用，我们建立了一条制备路线，由图 18 - 2 可知，Ballou 和 Vallentin 等人[7]使用的二甲基缩醛前体 4，似乎最适合完成大规模生产中最后一步反应。这一催化反应具有生产高纯度 DHAP 的优势，大量简化了 FruA 的缩醛反应之后糖类及其类似物的纯化步骤。另外，化合物 4 性质很稳定，可以储存数月而性质不变，可以在使用前制备。因此这项工作注重通过提供常备的化合物以及简短的纯化步骤来提高化学路线的总收益。利用一种脂肪酶来控制处理的原甲酸三甲酯，获得化合物 1 来合成二醇 2 的单酯化过程是我们的关键步骤。Amano 公司的脂肪酶 AK 被证明是在异丙醚中的乙酸乙烯酯的转酯化所必需的。苯基苄基选择磷酸盐中的氢进行保护，不再需要压力或昂贵的 PtO_2 作催化剂。醇 3 磷酸化后，利用三苄基磷酸盐和碘产生的二苄基磷酸二酰胺一起生成化合物 4。

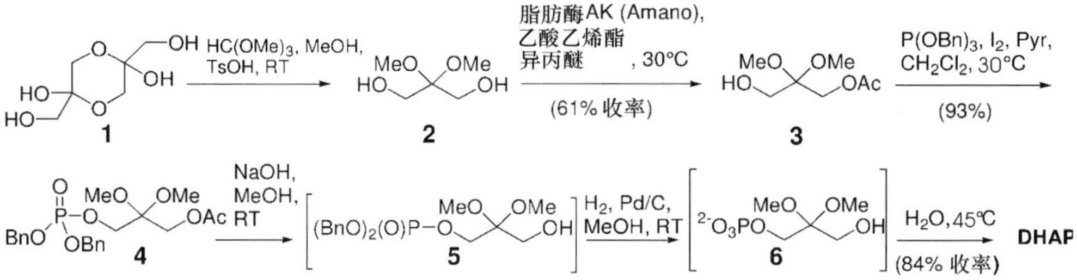

图 18-2 DHA 到 DHAP 的化学合成

从 4 可以看出，三个反应连续进行，无中间产物的分离过程。首先，一组基础酯水解得到醇 5。其次，这种化合物的加氢是通过在 Pd／C（10%）的甲醇中定量地去除苄基完成的。最后，我们利用自由磷酸单酯的酸性来催化水解 6 中的二甲缩醛。这个反应是在 45℃蒸馏水中进行的。化合物 6 水解 50min 产生 424mmol／L 的 DHAP（从化合物 4 开始，按 84% 收率计算）。DHAP 在酸性条件下不稳定，低 pH 和高温可导致磷酸水解。根据上述反应条件，缩酮水解率足够高，磷酸盐水解率足够低，产生高产量和较高纯度的 DHAP。该反应步骤只需要两次硅胶色谱层析和使用其他廉价试剂。总体而言，从二羟基丙酮（DHA）出发，催化获得 DHAP 产率为 47%。几克的规模可生产高纯度和浓度的 DHAP，储存于 -18℃数月无明显的分解。

18.2.1.2 从外消旋缩水甘油醚合成 DHAP

然而，更广泛的实际应用需要便宜的转酮酶催化获得 DHAP。昂贵或有毒试剂，多级纯化的步骤，多功能的保护使化学路线合成复杂化。通过转酮酶的原位催化转酮反应，结合简便而廉价的 DHAP 的合成步骤是一个可观的改变。基于这种考虑，最近 DHAP 是由 DHA 激酶以及 ATP 催化的 DHA 的磷酸化而获得的[14]。此过程的一个缺点是需要一个 ATP 的乙酰磷酸盐再生系统。Sheldon 等[15,16]描述了从甘油制备碳水化合物耦合的多酶体系。这一策略的关键步骤是通过在现存的过氧化氢酶中 L-甘油氧化酶（L-GPO）催化的由 L-甘油-3-磷酸（1-G3P）较高效地合成 DHAP[17]。笔者使用较便宜的植酸酶催化甘油的磷酸化制备了 D, L-G3P。然而，将焦磷酸盐转化成 D, L-G3P 需要添加 95%（体积分数）的甘油，限制了疏水性碳水化合物类似物的合成。在本章节中，我们阐述了一种简便、实际、高效的化学酶法，使用便宜的外消旋缩水甘油醚合成 DHAP[10]（图 18-3）。该合成路线包含两个步骤：利用磷酸盐使环氧化物 7，外消旋缩水甘油醚特异性开环，产生 D, L-G3P，并利用 L-GPO 使供氧中断，氧化 L-G3P（8）生成 DHAP，利用过氧化氢酶催化分解过氧化氢，对其加氢。

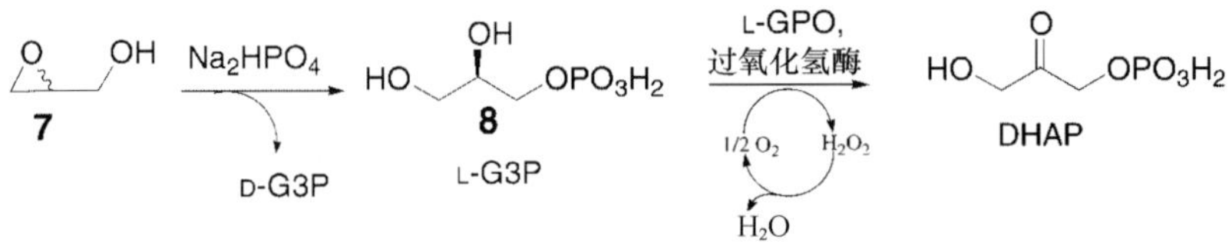

图 18 – 3 外消旋缩水甘油醚到 DHAP 的酶法合成

在第一步骤中，我们发现，随着各种磷源的变化，外消旋缩水甘油醚 7 的开环是依赖 pH 的。当 pH 超过 10 为最佳，包括 Na_2（K_2）HPO_4 和 Na_3PO_4。在这种情况下，D，L – G3P 只有 50% ~ 60% 的产量。用钠离子取代钾离子得到了类似的结果。出人意料的是，随着这两种试剂的浓度增加，D，L – G3P 产量却下降。基于上述这些原因，我们决定使用化学当量的外消旋缩水甘油醚和 Na_2HPO_4 或 Na_3PO_4 作为磷源。在第二个步骤中，经过甘油 7 转换成 D，L – G3P 后，将 pH 调整为 6.8，以优化 GPO 的活性，然后过氧化氢酶和 L – GPO 分别加入到反应混合物中。当先前的步骤中使用 Na_2HPO_4 或 Na_3PO_4 时，L – GPO 的作用是不同的。例如 Na_3PO_4，无论加入多少 L – GPO，氧化反应几分钟后就停止。与此相反，当使用 Na_2HPO_4 时，L – G3P 被 L – GPO 氧化后完全转化为 DHAP。最后，这两步反应从外消旋缩水甘油醚 7 生产 DHAP 的总收率为 28%（最高理论产量分别为 50%）。最后，我们实现了有吸引力的"一锅法"制备方法，用一种便宜的商用起始原料外消旋缩水甘油醚合成 DHAP。在水相中，利用 Na_2HPO_4 可控制的外消旋缩水甘油醚开环反应得到 D，L – G3P 有 55% 的产率。我们发现利用 L – GPO 和过氧化氢酶能定量地将 L – G3P 转化为 DHAP。同时我们注意到 L – GPO 和过氧化氢酶可能是共固定在一起的[18]。因此 DHAP 在原位反应耦合 FruA 中容易得到，正如我们准备用的 5 – 卤代 – D – 木酮糖（见章节 18.2.3.1）。

18.2.2 氨基环醇的合成

最近，我们开发了高立体选择性的方法，该方法用于催化 DHAP 生成氨基丁醛的加成反应的 FruA 制备硝基和氨基环醇[19,20]（图 18 – 4）。这些带或不带羟基的物质是 FruA 良好的底物。在此过程中，关键步骤是根据一锅法，两个酶的过程，有三个反应：由 FruA 催化的醛缩反应，由磷酸酶催化的磷酸盐水解和一个分子内的亨利反应（硝基醛缩反应）。两个硝基环醇家族是根据硝基上 β 碳的结构制备的。

在第一项研究中[19]，从 9 开始，经过羟醛缩合后得到的线性酮糖并未生成：在高度立体选择反应中的亚甲基硝与酮立即反应生成环醇 11。在植酸酶的作用下使磷酸盐水解后，只有一个主要的异构体得到分离（图 18 – 5）。

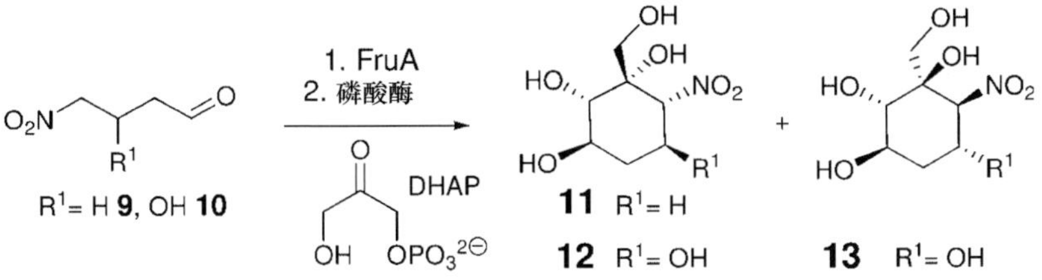

图 18-4 酶催化合成硝基环醇

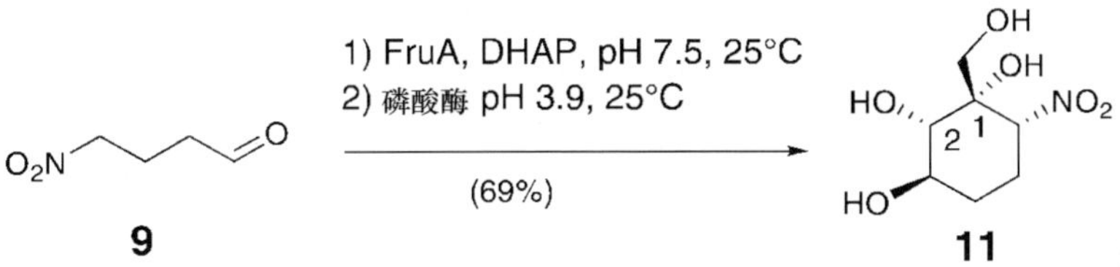

图 18-5 FruA 催化醛缩反应得到异构体

FruA 具有立体选择性，立体中心 2 是通过 S-构型建立的。考虑到这一立体选择性，发现 Nuclear Overhauser 效应（NOEs），测量出耦合常数，发现化合物 11 的构象分别为 $1S$、$2S$、$3R$ 和 $6R$。所有的取代基定位在环己烷环的赤道附近。$(2S, 3R)$-构象是与非对映选择性的 FruA 是一致的。在第二项研究中[20]，在酸性条件下外消旋 14 的缩酮水解后，外消旋的醛 10 与 DHAP 一起浓缩。在这种情况下，利用瞬间色谱纯化后，两个主要的异构体 12 和 13 得到分离（产率分别为 35% 和 29%）。

有趣的是，14 的醇功能的结构影响了分子内的硝基环化。当醇为 S 构象时，分离出了与化合物 11 拥有相同的 $(1S, 6R)$-结构的硝基环醇 12（图 18-6）。当醇的构象为 R 时，通过化合物 13 得到了 $1R$、$6S$ 构象。当使用了光学纯化合物 (R)-14，只分离出 50% 的异构体 13。

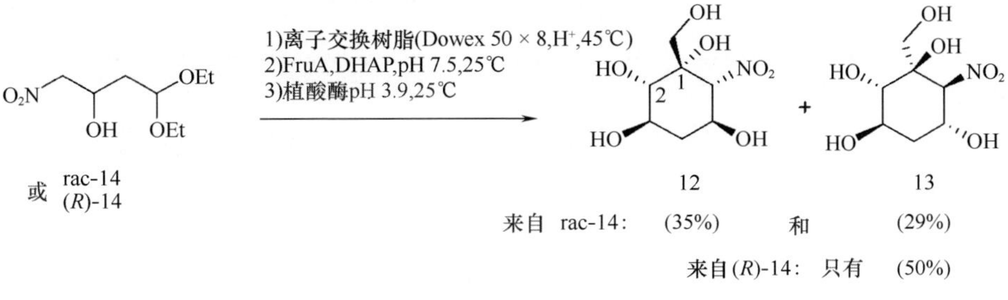

图 18-6 从复合物 10 到 14 获得的主要异构体

在50psi（1psi = 6894.76Pa）的氢气下，PtO_2使硝基物 11、12 和 13 减产（图 18-7）。15、16 和 17 这三个氨基环醇分别分离出来，它们的产率分别是 80%、76%和76%。这些新氨基环醇是 α-葡萄糖苷酶天然抑制剂井冈霉醇胺的类似物。

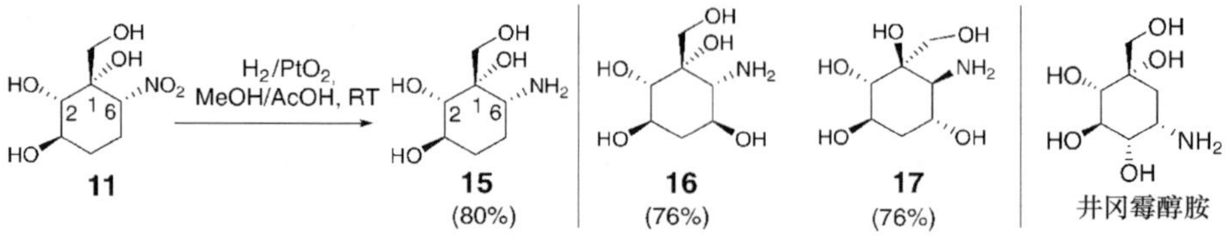

图 18-7 硝基环醇被还原得到氨基环醇

该研究开辟了一条生产井冈霉醇胺类似物的新途径，扩展了在"一锅法"酶催化羟醛反应结合高立体选择性的两个碳-碳反应的范围。同时开辟了一条新型高效的新硝基和氨基环醇的合成途径，该途径大大减少了经典的以糖为起始原料，工作量大的保护-脱保护的步骤。

18.2.3　5-D-木酮糖和 5-D-木酮糖类似物的合成

卤代-糖是设计由卤素原子进一步取代反应的非常有用的工具。从这些化合物出发，我们开发了一种化学酶法催化 5-硫代-D-木糖的合成（关键步骤是 FruA 催化反应）。

18.2.3.1　5-卤代-D-木酮糖的合成

我们设计了一个两步法反应过程，利用从缩水甘油 7 获得 DHAP（见18.2），经过 FruA 催化，合成 5-卤代-D-木酮糖 19 [10]（图 18-8）。

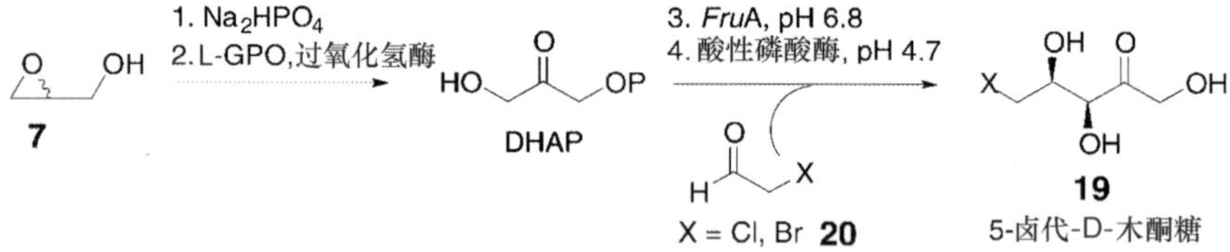

图 18-8　缩水甘油转化为 5-卤代-D-木酮糖的酶催化策略

当 L-GPO 催化产生的 L-甘油-3-磷酸被完全氧化后，FruA 加入到反应混合体系中。FruA 用于催化 DHAP 羟醛加成到 2-氯或 2-溴乙醛 20，生成羟醛加成物 5-氯或 5-溴-D-木酮糖-1-磷酸，该合成反应中产物的产量是定量的。5-氯和 5-溴-D-木酮糖-1-磷酸去磷酸化是通过加入酸性磷酸酶催化完成的。5-氯-D-木酮糖和 5-溴-D-木酮糖从 DHAP 反应混合物中纯化后，可以循环利用，二者的产量分别为 47%和 12%。在该反应体系中，我们的研究结果表明从缩水甘油 7 生成的 DHAP 可在直接作为 FruA 的供体，2-卤代-乙醛 20 存在时也可作为受体，合成 5-卤代-D-木酮糖 19。正是由于 DHAP 醛缩酶对受体底物具有广谱性，因而该催化策略可应用于各种单糖类似物的合成。

18.2.3.2　5-硫代-D-吡喃木糖的合成

我们使用前面催化获得的 5-卤代-D-木酮糖 19 进一步设计合成反应，由卤素原子取代一个巯基，合成 5-硫代-D-吡喃木糖 21[13f]。这种化合物是一种 β-D-木糖苷酶的抑制剂和一个有抗栓活性的手性物质 D-吡喃木糖[21a]。

这些化合物的相关临床研究正在进行中。例如，木糖苷[21B]（22X = S，Y = O，R = 甲基香豆素，图 18-9）目前正进行二期临床试验。高立体选择性方式生产的配糖的各种方法已被描述[22]。合成这个化合物的醛糖部分，由 D-木糖得到的 5-硫代-D-吡喃木糖 21 涉及保护-脱保护以及亲核取代含硫试剂[21b,23]。而我们感兴趣的是制备醛糖部分，即通过基于葡萄糖异构酶 GlcI（EC 5.3.1.5）催化异构化合成相应的酮糖。这一策略是由 Wong 等人提出的[24a]。这种最普遍合成反应最初发表于 D-葡萄糖衍生物合成的报道[24b]，Fessner 等人利用 L-岩藻糖异构酶合成 L-岩藻糖类似物[24c]。首先，我们探讨用转酮酶或 FruA 的反应获得相应的酮糖 25 的化学酶催化战略：以 HPA 作为供体，以硫代甘油醛 24 作为受体的催化路线，和用 FruA 催化，以 DHAP 作为供体，以乙醛类似物 20 为受体的催化路线（图 18-10）。我们发现含自由巯基受体的使用受到这些酶催化速率的限制。

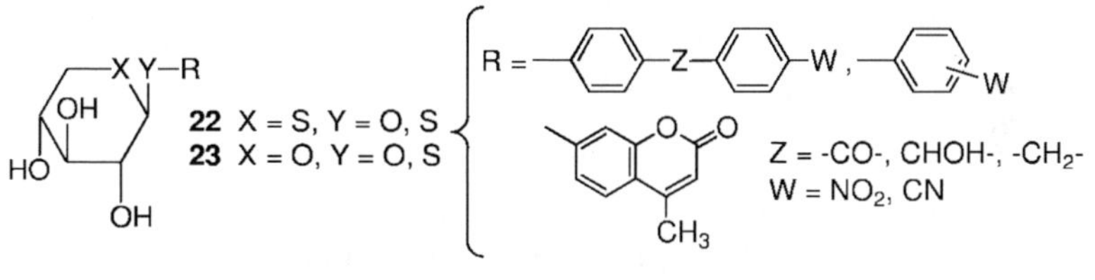

图 18-9　木吡喃糖苷显示抗血栓活性

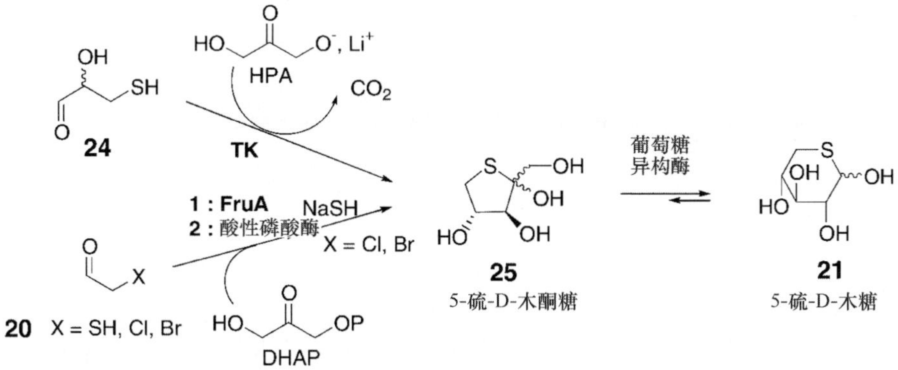

图 18-10　转酮醇酶或 FruA 催化 5-硫-D-木糖 (21) 的途径

考虑到这一结果，我们设计了使用 FruA 作为催化剂的高效酶法路线，它的受体是商品化的 2 - 卤代乙醛（氯 - 或溴 -），19 经酸性磷酸酶催化的去磷酸化后生产 5 - 卤代 - D - 木酮糖（见章节 18.2）。在利用 NaSH 的卤素取代的酶法步骤之后引入巯基，生成了 25。利用市售的 2 - 氯或 2 - 溴乙醛 20，经葡萄糖异构酶催化 25 的异构化之后，5 - 硫代 - D - 吡喃木糖 21 的最终产量为 23%。据我们所知，硫代酮糖到硫代醛糖的酶法异构化的制备规模从未报道。这种化学酶法生产 5 - 硫代 - D - 吡喃木糖 21 的产量比常见的化学合成的产量低，但这一策略与传统的化学合成相比，它的吸引力在于它的立体化学控制，温和的反应条件以及不需要保护步骤。为了提高硫代酮糖 25 到硫代醛糖 21 的异构化的产量，可以考虑回收未反应的 25，如工业上从 D - 葡萄糖生产的 D - 果糖。

18.3 改变酵母转酮酶的底物特异性

1998 年，我们小组是第一个探讨改变酵母转酮酶的底物特异性的[25]。首先，基于与 Gunter Schneider 教授的合作中酵母转酮酶的三维结构，我们发现了通过定向诱变活性部位的残留物的作用，特别是在转酮酶反应中 Asp477 在对映选择性的控制作用[25]。由丙氨酸残基替换造成了对映选择性的损失。我们的目标是创造突变体库，以便修改转酮酶的底物特异性，我们在找一个筛选系统，这是一个绝对必要的识别进化酶的变异体的先决条件，它显示了酶性能的改进，筛选试验中已开发出这种酶。为了检测突变的转酮酶的立体特异性是否改变，2003 年我们首次开发了对这个酶的立体特异性和荧光筛选试验，是基于对豆香素使用立体化学探针检测的[26]（图 18 - 11）。从这个化合物中，转酮酶反应释放出一种醛，导致利用牛血清蛋白以及其他转酮酶催化的伞形酮的 β - 消除（高荧光），正如 Reymond 以前所报道的一样[27]。我们发现，这种方法可用于使用各种 C3 和 C4 结构的荧光探针识别转酮酶的立体选择性[28]。

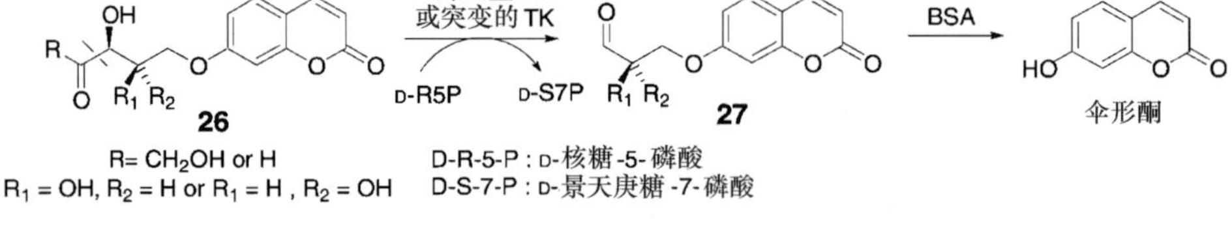

图 18 - 11　荧光法测定转酮酶活性

然而，这些体外筛选突变酶库时都有一个主要缺点：每个克隆子必须分别被破坏来确定突变酶的催化性能。现在我们要开发转酮酶的前所未有的体内筛选试验，可以筛选大型微生物库。这种方法需要有一个把生存的因素和催化活性连接在一起，并为微生物提供生长优势的体系。我们的策略是基于使用可以释放细胞生长所需氨基酸的底物,该氨基酸的营养缺陷型以及有各种专门的立体化学特征的可被突变的转酮酶所识别糖基。我们将重点研究转移至这个系统,曾用于使用荧光底物检测转酮酶的活性[26,28](图 18-12)。为了模仿这一策略,我们用 L-酪氨酸代替豆香素,它是唯一可忍受酚基的氨基酸。

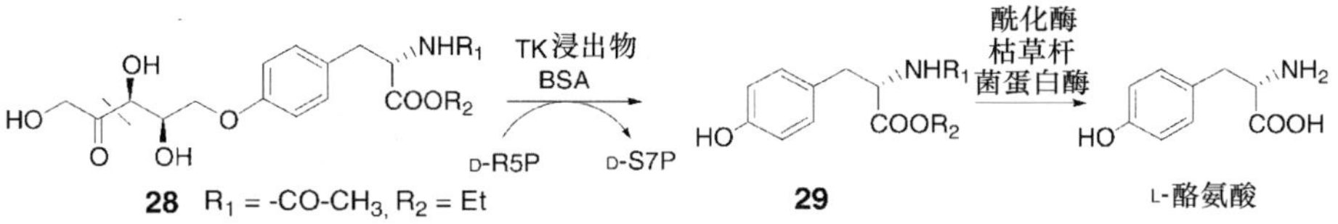

图 18-12　通过 L-酪氨酸的释放来测定转酮酶的酶活性

第一步,我们展示了综合分析的结果,那就是复合物 28 作为转酮醇酶的一个供体,D-5-磷酸核糖作为受体底物。在第二步,释放的羟化乙醛 29 造成了被保护的 L-酪氨酸的 β-除去。我们发现这个不受影响的 L-酪氨酸可以在酰基转移酶和枯草杆菌蛋白酶 N-乙酰基-L-酪氨酸乙烷基酯酶存在的条件下,通过酶的脱保护而形成。在这种情况下,有可能在宿主细胞存在的条件下体内过量表达转酮醇酶和 L-酪氨酸的营养缺陷型。这个结构应该能提供最初的转酮醇酶突变体的立体特异性选择。该实验也许可以扩大到其他酶,用于利用L-酪氨酸释放乙醛的 β-替代物。

18.4　结论

FruA 和转酮酶作为催化单糖和类似物综合互补的工具酶。FruA 提供两个新的不对称中心,而转酮醇酶只有一个不对称中心。但是,转酮醇酶是有手性选择性的,一个 D-苏型($3S$,$4R$)酮糖最终在两种酶催化作用下催化合成。为了形成另一种 C3,C4 的构型,其他醛缩酶:塔格糖-1,6-二磷酸醛缩酶,鼠李糖-1-磷酸醛缩酶和果糖-1-磷酸醛缩酶可以被用来催化合成其他三种立体异构体。另一种途径就是通过突变转酮醇酶改变醇酶催化底物的特异性。目前总体目标是扩展这些酶催化合成的可能性,催化 C—C 合成新型化合物。

参考文献

1　(a) Machajewski, T. D. and Wong, C. H. (2000) *Angewandte Chemie-International Edition*, 39, 1352 – 1374.

(b) Dean, S. M., Greenberg, W. A. and Wong, C. – H. (2007) *Advanced Synthesis Catalysis*, 349, 1308 – 1320 (and ref cited therein).

(c) Samland, A. K. and Sprenger, G. A.

(2006) *Applied Microbiology and Biotechnology*, 71, 253 – 264.

2. Wong, C. H., Mazenod, F. P. and Whitesides, G. M. (1983) *The Journal of Organic Chemistry*, 48, 3493 – 3497.

3. Straub, A., Effenberger, F. and Fischer, P. (1990) *The Journal of Organic Chemistry*, 55, 3926 – 3932.

4. (a) Bednarski, M. D., Waldmann, H. J. and Whitesides, G. M. (1986) *Tetrahedron Letters*, 27, 5807 – 5810.
    (b) Bednarski, M. D., Simon, E. S., Bischofberger, N., Fessner, W. D., Kim, M. J., Lees, W., Saito, T., Waldmann, H. and Whitesides, G. M. (1989) *Journal of the American Chemical Society*, 111, 627 – 635.

5. (a) Lemaire, M., Valentin, M. L., Hecquet, L., Demuynck, C. and Bolte, J. (1995) *Tetrahedron: Asymmetry*, 6, 67 – 70.
    (b) Andre, C., Guérard, C., Hecquet, L., Demuynck, C. and Bolte, J. (1998) *Journal of Molecular Catalysis B: Enzymatic*, 5, 459 – 466.
    (c) Crestia, D., Demuynck, C. and Bolte, J. (2004) *Tetrahedron*, 60, 2417 – 2425.

6. Schümperli, M., Pellaux, R. and Panke, S. (2007) *Applied Microbiology and Biotechnology*, 75, 33 – 45.

7. (a) Ballou, C. E. and Fischer, H. O. L. (1956) *Journal of the American Chemical Society*, 78, 1659.
    (b) Valentin, M.-L. and Bolte, J. (1995) *Bulletin de la Societe Chimique de France*, 132, 1167 – 1171.

8. Geffl aut, T., Lemaire, M., Valentin, M. L. and Bolte, J. (1997) *The Journal of Organic Chemistry*, 62, 5920 – 5922.

9. Charmantray, F., El Blidi, L., Gefflaut, T., Hecquet, L., Bolte, J. and Lemaire, M. (2004) *The Journal of Organic Chemistry*, 69, 9310 – 9312.

10. Charmantray, F., Dellis, P., Samreth, S. and Hecquet, L. (2006) *Tetrahedron Letters*, 47, 3261 – 3263.

11. (a) Bolte, J., Demuynck, C. and Samaki, H. (1987) *Tetrahedron Letters*, 27, 5525 – 5528.
    (b) Bolte, J., Demuynck, C., Hecquet, L. and Samaki, H. (1990) *Carbohydrate Research*, 206, 79 – 85.
    (c) Hecquet, L., Bolte, J. and Demuynck, C. (1993) *Bioscience, Biotechnology, and Biochemistry*, 57, 2174 – 2176.
    (d) Hecquet, L., Bolte, J. and Demuynck, C. (1996) *Tetrahedron*, 52, 8223 – 8232.

12. (a) Morris, K. G., Smith, M. E. B. and Turner, N. J. (1996) *Tetrahedron: Asymmetry*, 7, 2185 – 2188.
    (b) Zimmermann, F. T., Schneider, A., Schörken, Y., Sprenger, G. A. and Fessner, W. D. (1999) *Tetrahedron: Asymmetry*, 10, 1643 – 1646.

13. (a) Ziegler, T., Straub, A. and Effenberger, F. (1988) *Angewandte Chemie-International Edition in English*, 27, 716 – 721.
    (b) Kobori, Y., Myles, D. C. and Whitesides, G. M. (1991) *The Journal of Organic Chemistry*, 22, 5899 – 5907.
    (c) André, C., Guérard, C., Hecquet, L., Demuynck, C. and Bolte, J. (1998) *Journal of Molecular Catalysis B: Enzymatic*, 5, 459 – 466.
    (d) Guérard, C., Alphand, V., Archelas, A., Demuynck, C., Hecquet, L., Furstoss, R. and Bolte, J. (1999) *European Journal of Organic Chemistry*, 1, 3399 – 3402.
    (e) Crestia, D., Guérard, C., Veschambre, H., Hecquet, L., Demuynck, C. and Bolte, J. (2001) *Tetrahedron: Asymmetry*, 12, 869 – 876.

(f) Charmantray, F., Dellis, P., Samreth, S. and Hecquet, L. (2006) *European Journal of Organic Chemistry*, 24, 5526 – 5532.

14 Sánchez-Moreno, I., García-García, J. F., Bastida, A. and García-Junceda, E. (2004) *Chemical Communications*, 14, 1634 – 1635.

15 Schoevaart, R., van Rantwijk, F. and Sheldon, R. A. (1999) *Chemical Communications*, 24, 2465 – 2466.

16 Schoevaart, R., van Rantwijk, F. and Sheldon, R. A. (2000) *The Journal of Organic Chemistry*, 65, 6940 – 6943.

17 Fessner, W.-D. and Sinerius, G. (1994) *Angewandte Chemie-International Edition in English*, 33, 209 – 212.

18 Krämer, L. and Steckhan, E. (1997) *Tetrahedron*, 53, 14645 – 14650.

19 El Blidi, L., Crestia, D., Gallienne, E., Demuynck, C., Bolte, J. and Lemaire, M. (2004) *Tetrahedron: Asymmetry*, 15, 2951 – 2954.

20 El Blidi, L., Ahbala, M., Bolte, J. and Lemaire, M. (2006) *Tetrahedron Asymmetry*, 17, 2684 – 2688.

21 (a) Samreth, S., Barberousse, V., Bellamy, F., Horton, D., Masson, P., Millet, J., Renaut, P. and Sepulchre, C. (1994) Theveniaux. *Actualites de Chimie Therapeutique*, 21, 23 – 33.
(b) Bellamy, F., Horton, D., Millet, J., Picard, F., Samreth, S. and Chazan, J. B. (1993) *Journal of Medicinal Chemistry*, 36, 898 – 903.

22 (a) Paulsen, H. (1982) *Angewandte Chemie-International Edition in English*, 21, 155 – 173.
(b) Schmidt, R. R. (1986) *Angewandte Chemie-International Edition in English*, 25, 212 – 235.
(c) Kunz, H. (1987) *Angewandte Chemie-International Edition in English*, 26, 294 – 308.

23 Lalot, J., Stasik, I., Demailly, G. and Beaupère, D. (2003) *Carbohydrate Research*, 338, 2241 – 2245.

24 (a) Durrwachter, J. R., Drueckhammer, D. G., Nozaki, K., Sweers, H. M. and Wong, C.-H. (1986) *Journal of the American Chemical Society*, 108, 7812 – 7818.
(b) Chou, W.-C., Chen, L., Fang, J.-M. and Wong, C.-H. (1994) *Journal of the American Chemical Society*, 116, 6191 – 6194.
(c) Fessner, W.-D., Gosse, C., Jaeschke, G. and Eyrisch, O. (2000) *European Journal of Organic Chemistry*, 1, 125 – 132.

25 (a) Wikner, C., Meshalkina, L., Nilsson, U., Nikkola, M., Lindqvist, Y. and Schneider, G. (1994) *The Journal of Biological Chemistry*, 269, 32144 – 32150.
(b) Nilsson, U., Hecquet, L., Gefflaut, T., Guérard, C. and Schneider, G. (1998) *FEBS Letters*, 424, 49 – 52.

26 Sevestre, A., Helaine, V., Guyot, G., Martin, C. and Hecquet, L. (2003) *Tetrahedron Letters*, 44, 827 – 830.

27 (a) Klein, G. and Reymond, J. L. (1998) *Bioorganic and Medicinal Chemistry Letters*, 8, 1113 – 1116.
(b) Jourdain, N., Carlon, R. P. and Reymond, J. L. (1998) *Tetrahedron Letters*, 39, 9415 – 9418.

28 Sevestre, A., Charmantray, F., Helaine, V., Lasikova, A. and Hecquet, L. (2006) *Tetrahedron*, 62, 3969 – 3976.

19 醛缩酶催化亚氨基糖类合成中的新策略

Pere Clapés, Georg A. Sprenger, Jesús Joglar

19.1 引言

寡糖和复合糖（含有脂类和蛋白质）都是生化识别过程中最重要的分子，例如在细胞黏附、病毒感染、细胞分化、新陈代谢以及众多的信号转导等事件中[1]。研究已经表明它们的代谢混乱会导致严重的后果，涉及许多疾病的产生，如 2 型糖尿病、B 型肝炎和 C 型肝炎、鞘糖脂储存病（例如高雪症、法布里症和戴萨克斯症）、囊胞性纤维症、风湿性关节炎（例如慢性关节炎）、直肠癌或病毒性感染包括艾滋病[2,3]。因此，对复杂碳水化合物生物合成负责的糖基转移酶和糖苷酶成为一些抑制剂和激活剂（化学分子伴侣）的特异性目标物[4]。

亚氨基糖类是天然的多羟基生物碱[5]，其中多数是糖苷酶和糖基转移酶的强烈抑制剂（图 19-1）[6]。由于这一点，它们在疾病治疗方面的潜在应用引起了研究者的广泛兴趣[2,7]。此外，它们还是糖苷酶基础生化机制研究中的有用探针[8]。

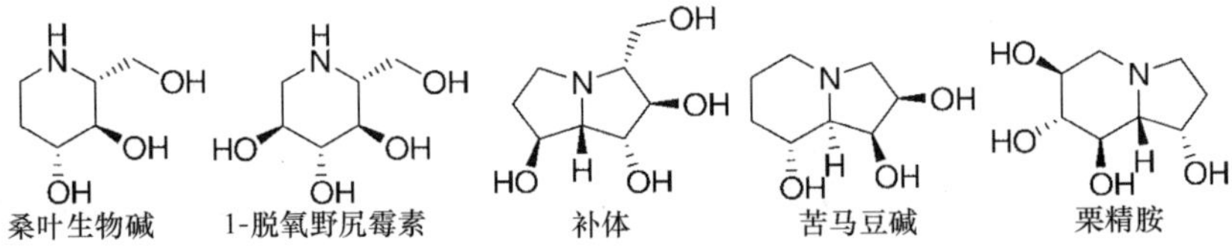

图 19-1 自然界中几种重要的亚氨基糖

天然的含亚氨基环多醇或其类似物的合成方法包括：化学法、化学-酶法[9,10]。重要的是，羟基存在的构型多样性似乎是优化它们的活性和选择性的重要的参数[11]。所以，用最少的步骤制备具有更宽广的结构和构型多样性的化合物的新型方法逐渐引起人们的兴趣。

从这个意义上说，酶法催化尤其适合于高区域选择性和立体选择性化合物的合成。特别是依靠二羟丙酮磷酸（DHAP）的醛缩酶，由于它们的高立体选择性和手性诱导能力，是合成含亚氨基糖类的最适催化剂之一[10,12,13]。DHAP 的醇醛添加到醛缩酶催化的氨基醛等价物上构成了化学-酶法催化合成含亚氨基糖类的关键步骤（图19-2）。

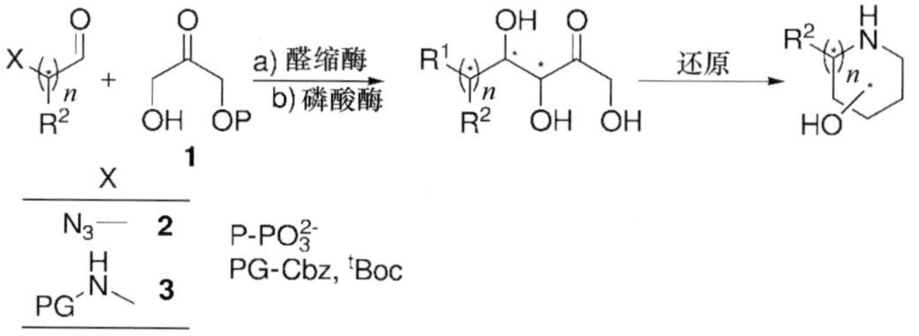

图 19-2　亚氨基糖的化学酶法合成
*为立体中心；磷酸酶是指酸性磷酸酶

在亚氨基醛类合成的等同物中，已经表明：在综合实际利率和收益条件下，对于很多醛缩酶来说，叠氮醛类都是很好接受的[14,15]。缺点是有限的工业效用、低稳定性、毒性，并且它们能引起剧烈爆炸[16]。由于简易性，氨基醛类的氨基团的简易保护吸引了越来越多的兴趣。最重要的是，N端保护的氨基醛类具有极大的优势，它们能容易地从宽广的结构多样性底物中获得，如光学纯的α-氨基酸或β-氨基酸或者醇类和它们的衍生物[17]。此外，众所周知的Cbz或Boc常作为氨基醛类的N端保护基团，这也许是一种正交保护策略的极好补充，特别是所获得的丁间醇醛加合物可以被用作手性模块。研究证明，对于1,6-二磷酸果糖醛缩酶来说N-Cbz氨基醛类是一种很差的底物[14,15,18~20]。只有由N-（Cbz）氨基乙醛和N-（Cbz）-3-氨基丙醛形成的产物以及DHAP被报道，其产率低[18,20]。

这里我们把我们的研究视为一种新的化学-酶法来合成亚氨基的糖类化合物，在这种关键的丁间醇醛添加反应中，来源于N端保护的氨基醛类作为底物供体，而醛缩酶作为生物催化剂。

19.2　DHAP-醛缩酶介导的由N-Cbz-氨基醛类合成的含亚氨基糖类

19.2.1　反应介质

我们面临这样一个问题，大部分的N端保护的氨基醛类在水中溶解性差，这一点可能会解释所观察到的来源于兔子肌肉（RAMA）的D-果糖-1,6-二磷酸醛缩酶反应速率低的原因[14,15,19~21]。在介质中增加有机助溶剂（例如二甲基甲酰胺）的比例使得醛类可溶，这可能会导致：大量酶的钝化[22]或者供体的不溶［例如二羟基丙酮（DHA）和DHAP钠盐］。结果，经常会发生不反应或反应不充分的情况。

我们研究出了基于胶态分散体的新的反应系统[23,24]，即高度浓缩的油包水乳剂，它能克服水溶剂混合物的大部分缺点，例如介质中醛缩酶的失活和醛类的不完全溶解。这些乳剂按分散相体积分数高于73%被分散[25]：一层薄的连续相薄膜使得液滴变形、多分散和分隔。由水、$C_{14}E_4$、油（质量比为90∶4∶6）组成的凝胶乳液，其中$C_{14}E_4$为聚（乙烯）十四烷基醚表面活性剂，平均每个表面活性剂分子有四分子的环氧乙烷，油可能是辛烷、癸烷、十二烷、正十四烷、十六烷或异三十烷，这些都是典型的反应介质[23,26]。

凝胶乳剂首次被成功地应用到丁间醇醛添加 DHAP 到苯乙醛和苄氧基乙醛并且作为模型醛通过 RAMA 催化[24]。首先所观察到的有趣的现象是，与二甲基甲酰胺在水溶液1/4（体积比）的混合物相比，RAMA 在油包水凝胶乳剂中的稳定性提高了 25 倍。据报道的实验数据推论，在油包水的凝胶乳剂系统中能得到最高的酶活性和平衡产率，大部分的疏水油组分（正十四烷、正十六烷和异三十烷）导致了这一系统具有比较小的界面张力。

19.2.2　醛缩酶催化 DHAP 和 N – Cbz – 氨基醛的醛基缩合

在油水 – 凝胶乳液中，选择 N – Cbz – 氨基醛类中的 N – 苄氧基 – 氨基乙醛、N – 苄氧基 – 3 – 氨基丙醛（4）、N – Cbz – 甘氨基醛（5）、（S）– N – Cbz – 丙氨基醛（6）和（R）– N – Cbz – 丙氨基醛（7）几种物质进行酶催化的缩醛实验（图19 – 3），催化剂为来源于大肠杆菌的 RAMA、L – 鼠李树胶糖 – 1 – 磷酸缩醛酶（RhuA）和 L – 墨角藻糖 – 1 – 磷酸缩醛酶（FucA）[27,28]。图 19 – 3 表明：分别用 RAMA 和 FucA 作催化剂时，该催化反应在传统的二甲基甲酰胺（DMF）与水溶剂系统和凝胶乳剂 2 种体系中的区别。乳剂介质使 RAMA 催化 N – Cbz 氨基醛类试验的催化效率增强了 3 倍、5 倍，甚至 10 倍，并且使相应产品的合成制备水平得到提高。使用 RhuA，不管哪种反应介质都能得到好的结果，是由于它对疏水底物的高耐受性和在有机极性溶剂中的高稳定性[29]。这些结果表明普遍化是很困难的，考虑到反应性能不仅受氨基醛类的结构影响还受反应介质的影响，因此每种情况必须详细分析。很重要的一点，可以指出所得到的结果应该反映反应转化到产物接近一个准稳态，可以观察到底物和产物的组成随时间改变而没有任何变化。

添加丁间醇醛的立体化学结果在含亚氨基糖类的合成中是很重要的。基于 DHAP 醛缩酶的机械考虑[29,30]，能够假设在反应中在 C – 3 位置（如 DHAP 的异构中心）的绝对构型不依赖于受体。在 C – 4 位置上（由乙醛产生的）立体化学分析能被用来推断醛缩酶针对每种 N 端保护的氨基醛类的立体选择性动力学（图19 – 4）。例如所选择的这些例子，RAMA 展现出高的立体选择性，由醛类 5，6 和 7 形成单个非对映异构体（3S，4R）。用醛类 4 的反应提供了 14% 的非

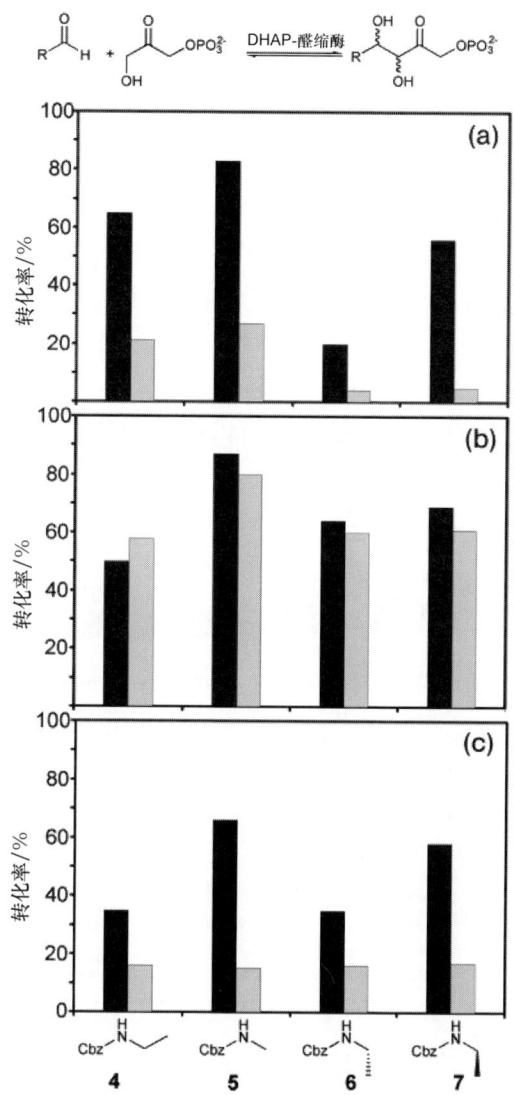

图 19-3 DHAP 醛缩酶催化 DHAP 与 N-Cbz-氨基醛形成丁间醇醛

在凝胶乳液（黑色柱）和二甲基甲酰胺/水（1∶4）（灰色柱）体系中，
由（a）RAMA、(b) RhuA 和（c）FucA 催化的羟醛加合物的反应转化率

对映异构体（3S，4S）。在一系列吡啶甲醛和二乙氨基乙醛的反应中[31]也观察到这种立体化学转化。二级 RhuA 和 FucA 非对映异构体依赖于 N-Cbz 氨基醛类的结构和立体化学。RhuA 催化 10%～33% 的差位异构体的丁间醇醛加合物在 N-氨基醛类 4，5 和 7 的 C-4 位，而对于 6 [（S）-Cbz-N-丙氨醛] 只观察到单一非对映体。FucA 针对 N-Cbz 氨基醛类 4 和 5 显示出低的立体选择性[32]。用相似底物的实验表明当（4S）差位异构体是所得到的主要产物，（4R）差向

异构体在动力学上是有利的，并且热力学更稳定[27]。另一方面，FucA 对于 Cbz – 丙氨醛（6 和 7）两个对映体具有较高的立体选择性，二者最高比例可达 99∶1（图 19 – 4）。用二级 RhuA 和 FucA 在一系列非极性脂质醛类中催化形成 C – 4 非对映异构体和差向异构体已经有报道[29]。从计算模型研究中可以看出醛类 1 和 2 在酶口袋中能采用相似的构象，不依赖于它们的反应方位（顺式或反式）。这些研究得出结论，由于醛类的两种可能方位或两种相应的差向异构体集合物的不同导致构象的不同相对较小。因此，在几何尺寸和相应转换状态的能量之间的不同应该很小，这一推断似乎合理，也可以解释此酶所优先表现出的相对小的动力学表现[27]。

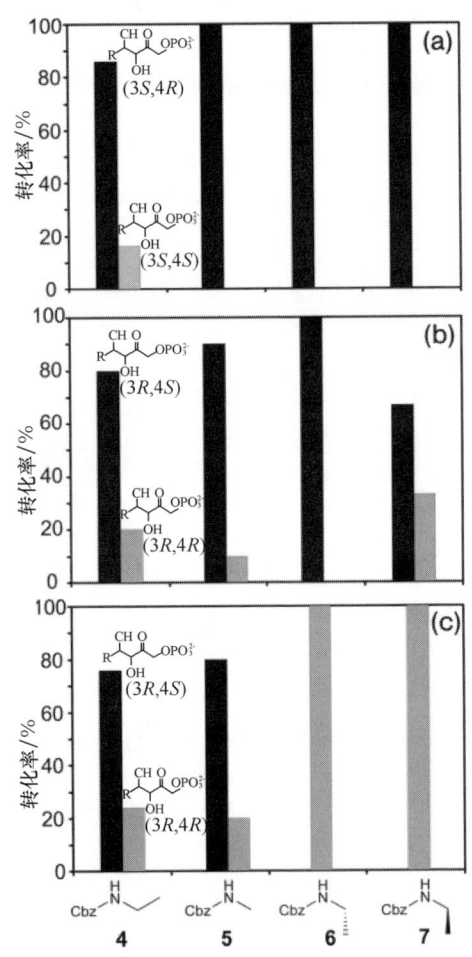

图 19 – 4 由（a）RAMA，（b）RhuA 和（c）FucA 催化 DHAP 与 N – Cbz – 氨基醛形成丁间醇醛的立体化学选择性

19.2.3 *N*端保护基团的影响

受到 *N*-Cbz-氨基醛类在酶作用下能够发生羟醛加成反应的启发，我们研究了其他的 *N* 端保护基团是否能起到保护作用而不被 DHAP-醛缩酶水解，从而成为合成亚氨基糖类的替代物。这项研究的目的还有两个：第一，确定 *N* 端保护基团的结构是否影响酶促羟醛加成反应的选择性和转化率；第二，使 *N* 端保护基团能应用于任何一步基于 *N* 端保护的氨基-2-酮-3,4-二醇的合成方法中。为了实验的简易性，以 3-氨基丙醇作为模型醛，选择 3 种 *N* 端保护基团（图 19-5）分别是：苯乙酰（8）在结构上与 Cbz 相似并且能被青霉素酰化酶在温和的特定条件下水解去除[33]；叔-Boc（9）在酸性条件下能够裂解，但不如结构简单的酰胺类如乙酰胺容易[14]；芴甲氧羰基（Fmoc）（9）在二级仲胺如哌啶存在的条件下，通过碱诱导的 β-消除反应而去除。

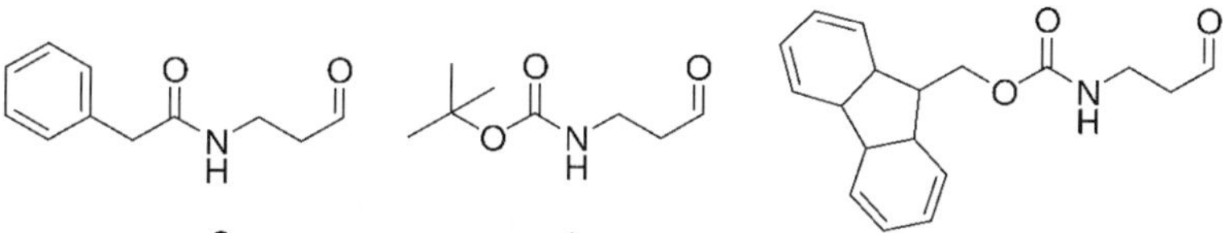

图 19-5 酶催化的丁间醇醛加成的 *N*-苄氧羰基-3-氨基丙醛结构

PhAc 和叔-Boc 的衍生物均可以作为底物，转化成的丁间醇醛加合物与用 Cbz 基团得到的产物相似：对于 PhAc 来说用 RAMA 转化率为 66%，用 RhuA 转化率为 47%，用 FucA 转化率为 71%；对于叔-Boc 来说，用 RAMA 转化率为 70%，用 RhuA 转化率为 63%，用 FucA 转化率为 70%[27,28]。疏水性最强的是 Fmoc 衍生物，10 也对醛缩酶有耐受性，但反应的转化率最低：对 RAMA、RhuA 和 FucA 的转化率分别为 25%、15% 和 20%。对于 *N* 端保护的 3-氨基丙醇衍生物来说，RAMA 催化剂具有最高的立体选择性，叔-Boc 和 Fmoc 都具有最高的非对映体比率 [92:8 (3*S*, 4*R*):(3*S*, 4*S*)]。RhuA 酶与 PhAc、叔-Boc 和 Fmoc 形成的非对映体比率分别为 19:81、30:70 和 23:77，都低于 RAMA。与 *N*-苄氧羰基-3-氨基丙醇相似的是[27]，通过 FucA 催化 C-4 位置上得到的主要非对映体是 (3*R*, 4*S*)，与 L-墨角藻糖-1-磷酸得到的正好相反。在这种情况下，非对映体比率 (3*R*, 4*S*):(3*R*, 4*R*) 大约为 30:70，与 RhuA 作为催化剂时得到的结果相似。

用丁间醇醛加合物与 RAMA 和 RhuA 的活性中心进行的对接模拟表明，在任何情况下庞大的 *N* 端保护基团都不能进入蛋白质的催化位点。那就可以解释为什么 *N* 端保护基团的形状和大小对立体化学反应结果的影响很小，就是因为这些基团与活性原子相距较远。

在 pH7.0 的三氟乙酸溶液中（6%，体积分数），*N*-PhAc 和 *N*-叔-Boc

加合所生成的产物的衍生物能被 PGA 所催化的反应水解掉。但是，相应的 6 - 元酰亚基糖不能分离出来。去掉 N – PhAc 部分后分离得到的产物是一种 5 - 元酰亚胺基糖类化合物。用 Boc 的衍生物能得到可溶亚胺基糖类，但是经过简单冻干复合物的核磁共振光谱的信号分析，其属于一些分解产物。这种现象可能是由于在分子中同时存在一些高活性的伯胺和酮类基团，发生了副反应而导致的。在同一反应容器中，在 Pd/C 存在的条件下用氢气处理 Cbz 衍生物能促进脱保护和还原胺化反应相继发生，安全地将氨基中间态转化成含亚胺基的糖类化合物。因此，Cbz 可以作为酶法合成亚氨基糖的保护集团。保护基团如 PhAc、叔 – Boc 和 Cbz 也能提供一些去除条件，为了满足其他类型功能基团对于 2 – 酮氨基二醇操作所要求的正交性。

19.2.4 亚胺基糖类化合物的合成：还原胺化作用

通过上述的化学酶法得到的醇醛加合物先去磷酸化，然后在 Pd/C 存在的条件下用 H_2 处理。在这些条件下，Cbz 基团去除后发生还原胺化反应，亚胺基糖类在 pH6.5 条件下通过冻干法得到了氢氯化物。图 19 - 6 描述了由 N – Cbz – 氨

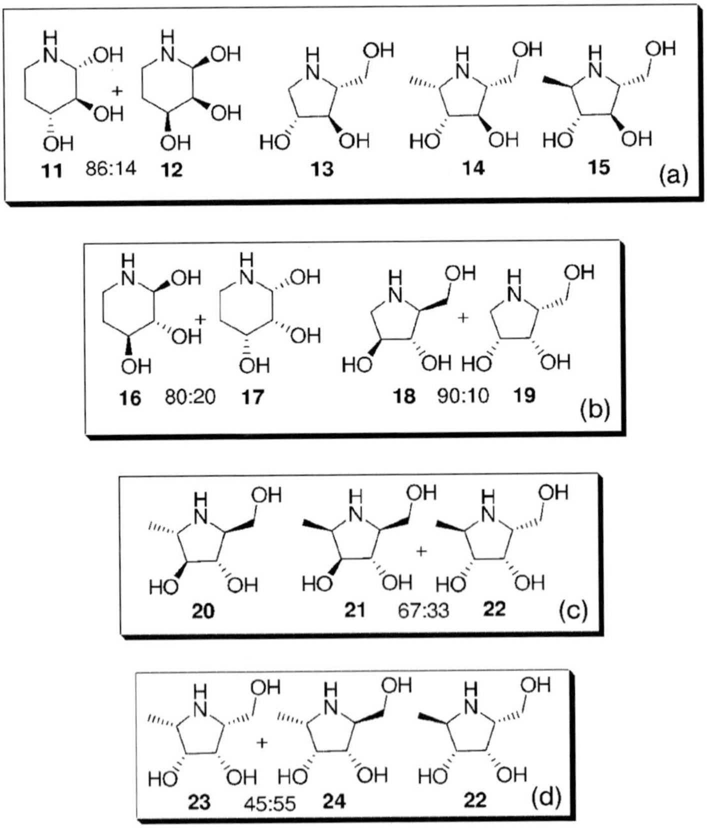

图 19 - 6　通过与（a）RAMA、（b）RhuA 和 FucA、（c）RhuA 和（d）FucA 催化作用获得的哌啶和四氧化吡咯亚胺糖

基醛类得到的含亚胺基糖类的结构，分别以非对映体混合物或纯化合物的形式存在。

亚胺基糖类在 C-2 上的立体化学检测显示用 Pd/C 进行还原胺化是高度非对映选择性的。有趣的是，正如已经阐述的[15,18,20,34]，我们发现氢被加到 C-4 羟基反面，而忽略了其他取代基的相对立体化学选择性。因此，C-2 位置上立体化学结构只被 C-4 构型所控制。我们发现了一个例外，即化合物 7 的还原胺化作用。在这种情况下，没有面的选择性，得到了一个大约 1:1 的非对映混合物。

近年来，如上所述的化学酶法合成方法已经延伸到多羟基吡咯烷类物质的合成，是用（R）和（S）苄氧羰基-脯氨醛作为氨基醛类物质[35]。在这种情况下，只有催化剂 RhuA 能催化脯氨酸衍生物作为底物的反应（图 19-7），而经过醛缩酶 RAMA 或 FucA 的反应未检测到丁间醇醛加合物的生成。酶催化反应过程会产生四种多羟基吡咯烷类非对映体 25～28，它们能通过简单的阳离子交换色谱有效分离。有趣的是（-）-多羟基吡咯里西啶生物碱 A_2（25）首次被合成[35]，它是来源于大米的 α-D-葡萄糖苷酶的良好抑制剂，但是它的天然对映体，（+）-多羟基吡咯里西啶生物碱 A_2[36]，却没有被合成。

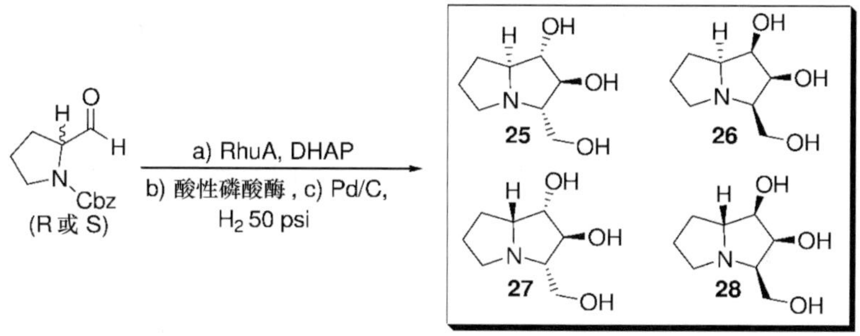

图 19-7 化学-酶法获得多羟基吡咯里西啶的结构

19.3 6-磷酸 D-果糖醛缩酶催化合成亚胺基糖

到目前为止，所报道的化学酶法都是基于 DHAP 依赖型醛缩酶建立起来的。DHAP 醛缩酶的一个主要缺点是它们对 DHAP 有严格特异性并对未磷酸化的 DHA 无催化活性（29）（图 19-8）。DHAP 的化学合成包括 7 个步骤，大约有 70% 的总回收率[37]。除此之外，与醛醇缩合反应相结合的多酶方法也描述过[38]。但是，存在一些缺点，例如会出现不同的或互不相容的酶最优反应条件

注：1psi = 6894.76Pa。

和产生一些难以纯化的混合物[31]。

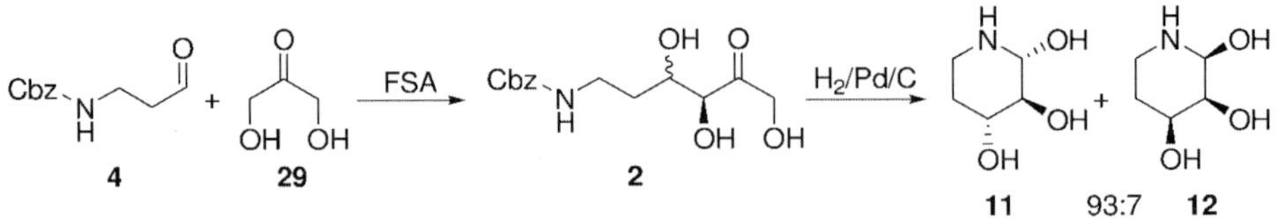

图 19-8　D-二磷酸果糖缩醛酶催化得到 D-荞麦碱（11）

因此，利用 DHA 作为底物供体，仍然有很大的研究潜质，因为它为将这种方法应用到实际工业生产中提供了很大的可能性[13]。

最近发现，在硼酸盐缓冲液中 RhuA 能结合 DHA，推测是因为通过可逆反应形成了 DHA 硼酸酯[39]。最近，Wong 研究组筛选出一种 RhuA 突变酶，它能接受 DHA 作为供体[40]。

最有趣的是，报道的两种 6-磷酸果糖醛缩酶异构酶［转酰酶 C（TALC）和 D-6-磷酸果糖醛缩酶（FSA）］来源于大肠杆菌，并且以重组方式纯化[41]。

FSA 是一种新的与细菌转酰酶相关的醛缩酶，来源于大肠杆菌，能催化 DHA 向 3-磷酸-甘油醛的加合反应[41,42]。最有趣的特征是 FSA 能利用 DHA 而不是 DHAP 或 DHA 酯，大大简化了化学酶法合成 α, β-二羟基丙酮的步骤。另外，此酶有很好的热稳定性（在 75℃下半衰期为 16h），使其可以通过一个简单的热处理步骤从重组大肠杆菌中纯化出来[41]。此酶也接受丙酮醇作为供体化合物，允许通过 1-脱氧糖[42]。最近我们首次报道了[43]用 FSA 合成含亚胺基糖类：直接立体选择性地合成 D-荞麦碱（11），它是一种属于哌啶类的亚胺基糖，首次从荞麦种子中分离得到[44]（图 19-8）。关键步骤是 DHA 立体选择性地加合到 N-Cbz-3-氨基丙醛（4）。然后，D-荞麦碱（11）通过 2（Pd/C，H_2 和 50psi）选择性催化还原胺化作用得到，89% 能被分离得到而不需要进一步的纯化，核磁共振检测非对映异构体比率为 93∶7。次要的非对映异构体经鉴定是 D-2,4-di-epi-桑叶生物碱（12）。这种化合物是由 DHA-FSA 复合物进攻乙醛的反面而产生的，与用 FSA 所建立的相似。另外，用叠氮基、N-Cbz 醛类和 DHA、羟丙酮和 1-羟基丁酮作为供体最近也有所报道[45]。

此外，FSA 可应用于有机混合相，例如，DMF（10% ~20% 体积分数）、乙腈（10% ~20% 体积分数）、乙醇（20%），甚至水/乙酸乙酯的两相系统。

关于 FSA 在有机合成中的合成能力的研究正在进行。我们发现此酶能结合 N-Cbz glycinal 和 N-苄氧羰基-3-氨基-2-羟基丙醛，但是含有 α-氨基的 N-苄氧羰基氨基醛不能作为底物。最近，出现了一种 FSA 突变体（Ala129Ser），对 DHA 供体有较低的 K_m 值，V_{max} 值增大 2 倍[46]。关于这个酶的进一步分析正在进行中。

19.4 总结与展望

化学酶法合成亚胺基糖类已经成为生产天然和模拟结构的一种有力工具，它在结构和立体化学方面具有多样性。这种方法的关键步骤是从单分子的 DHAP、DHA 或羟基丙酮合成相应数量的氨基醛类的醛醇缩合反应。醛缩酶形式上控制着这两个新产生的手性中心的立体化学结构。另外，在大部分情况下，醛缩酶能很好地结合手性受体的两种对映体，发生的还原胺化作用是高度立体选择性的。因此，这种方法产生各种各样的非常重要的立体异构体，因为极性羟基基团的定位能提供精确的氢键，这对生物活性和特异性是必要的。

通过新酶的研发和分子生物学获得的新型醛缩酶，具有广泛的底物耐受性，并且能提高或改变立体选择性等，正成为这一领域的目标和挑战。此外，利用醛缩酶合成具有新奇生物活性的结构物质有重要意义。

最后，醛缩酶在水相中具有很高的活性，并且具有选择性和能被生物降解，符合绿色化学的理念。

参考文献

1 Koeller, K. M. and Wong, C. H. (2000) *Nature Biotechnology*, 18, 835 – 841.

2 Asano, N. (2000) *Journal of Enzyme Inhibition*, 15, 215 – 234.

3 (a) Asano, N. (2003) *Glycobiology*, 13, 93R – 104R.
(b) Wong, C. -H. (ed.) (2003) *Carbohydrate-Based Drug Discovery*, Vol. 1, 2, Wiley-VCH Verlag GmbH & Co. KGaA, Weinheim.
(c) Fiaux, H., Popowycz, F., Favre, S., Schutz, C., Vogel, P., Gerber-Lemaire, S. and Juillerat-Jeanneret, L. (2005) *Journal of Medicinal Chemistry*, 48, 4237 – 4246.

4 Kolter, T. and Wendeler, M. (2003) *Chembiochem*, 4, 260 – 264.

5 Asano, N., Nash, R. J., Molyneux, R. J. and Fleet, G. W. J. (2000) *Tetrahedron: Asymmetry*, 11, 1645 – 1680.

6 Compain, P. and Martin, O. R. (2001) *Bioorganic and Medicinal Chemistry*, 9, 3077 – 3092.

7 (a) Watson, A. A., Fleet, G. W. J., Asano, N., Molyneux, R. J. and Nash, R. J. (2001) *Phytochemistry*, 56, 265 – 295.
(b) Butters, T. D., Dwek, R. A. and Platt, F. M. (2003) *Current Topics in Medicinal Chemistry*, 3, 561 – 574.

8 (a) Heightman, T. D. and Vasella, A. T. (1999) *Angewandte Chemie-International Edition*, 38, 750 – 770.
(b) Vasella, A., Davies, G. J. and Bohm, M. (2002) *Current Opinion in Chemical Biology*, 6, 619 – 629.

9 (a) Cipolla, L., La Ferla, B. and Gregori, M. (2006) *Combinatorial Chemistry and High Throughput Screening*, 9, 571 – 582.
(b) Wrodnigg, T. M. and Sprenger, F. K.

(2004) *Mini Reviews in Medicinal Chemistry*, 4, 437–459.

(c) Ayad, T., Genisson, Y. and Baltas, M. (2004) *Current Organic Chemistry*, 8, 1211–33.

(d) Cipolla, L., La Ferla, B. and Nicotra F. (2003) *Current Topics in Medicinal Chemistry*, 3, 485–511.

10 Whalen, L. J. and Wong, C. H. (2006) *Aldrichimica Acta*, 39, 63–71.

11 (a) Kato, A., Kato, N., Kano, E., Adachi, I., Ikeda, K., Yu, L., Okamoto, T., Banba, Y., Ouchi, H., Takahata, H. and Asano, N. (2005) *Journal of Medicinal Chemistry*, 48, 2036–2044.

(b) Ouchi, H., Mihara, Y., Watanabe, H. and Takahata, H. (2004) *Tetrahedron Letters*, 45, 7053–7056.

(c) Asano, N., Ikeda, K., Yu, L., Kato, A., Takebayashi, K., Adachi, I., Kato, I., Ouchi, H., Takahata, H. and Fleet, G. W. J. (2005) *Tetrahedron: Asymmetry*, 16, 223–229.

(d) Takahata, H., Banba, Y., Ouchi, H., Nemoto, H., Kato, A. and Adachi, I. (2003) *The Journal of Organic Chemistry*, 68, 3603–3607.

12 Fessner, W. D. (2007) *Asymmetric Synthesis with Chemical and Biological Methods* (eds D. Enders and K.-E. Jaeger), Wiley-VCH Verlag GmbH & Co KGaA, Weinheim, pp. 351–375.

13 (a) Dean, S. M., Greenberg, W. A. and Wong, C.-H. (2007) *Advanced Synthesis Catalysis*, 349, 1308–1320.

(b) Samland, A. K. and Sprenger, G. A. (2006) *Applied Microbiology and Biotechnology*, 71, 253–264.

14 Hung, R. R., Straub, J. A. and Whitesides, G. M. (1991) *The Journal of Organic Chemistry*, 56, 3849–3855.

15 Look, G. C., Fotsch, C. H. and Wong, C. H. (1993) *Accounts of Chemical Research*, 26, 182–190.

16 Bräse, S., Gil, C., Knepper, K. and Zimmermann, V. (2005) *Angewandte Chemie-International Edition*, 44, 5188–5240.

17 (a) Jurczak, J. and Golebiowski, A. (1989) *Chemical Reviews*, 89, 149–164.

(b) Jurczak, J., Gryko, D., Kobrzycka, E., Gruza, H. and Prokopowicz, P. (1998) *Tetrahedron*, 54, 6051–6064.

18 Von der Osten, C. H., Sinskey, A. J., Barbas, C. F. III, Pederson, R. L., Wang, Y. F. and Wong, C. H. (1989) *Journal of the American Chemical Society*, 111, 3924–3927.

19 Romero, A. and Wong, C. H. (2000) *The Journal of Organic Chemistry*, 65, 8264–8268.

20 Pederson, R. L. and Wong, C. H. (1989) *Heterocycles*, 28, 477–480.

21 Azema, L., Bringaud, F., Blonski, C. and Perie, J. (2000) *Bioorganic and Medicinal Chemistry*, 8, 717–722.

22 Sobolov, S. B., Bartoszko-Malik, A., Oeschger, T. R. and Montelbano, M. M. (1994) *Tetrahedron Letters*, 35, 7751–7754.

23 Clapés, P., Espelt, L., Navarro, M. A. and Solans, C. (2001) *Journal of the Chemical Society. Perkin Transactions*, 2, 1394–1399.

24 Espelt, L., Clapes, P., Esquena, J., Manich, A. and Solans, C. (2003) *Langmuir*, 19, 1337–1346.

25 (a) Ostwald, W. (1910) *Wilmersdorf Z Chem Ind Kolloide*, 8, 103–109.

(b) Lissant, K. J. (1966) *Journal of Colloid and Interface Science*, 22, 462–468.

(c) Princen, H. M. (1979) *Journal of Colloid and Interface Science*, 71, 55–66.

26 Solans, C., Pons, R. and Kuniedain, H.

(1998) in *Modern Aspects of Emulsion Science* (eds B. P. Binks), The Royal Society of Chemistry, Cambridge, U. K, pp. 367–394.

27 Espelt, L., Bujons, J., Parella, T., Calveras, J., Joglar, J., Delgado, A. and Clapés, P. (2005) *Chemistry-A European Journal*, 11, 1392–1401.

28 Espelt, L., Parella, T., Bujons, J., Solans, C., Joglar, J., Delgado, A. and Clapés, P. (2003) *Chemistry-A European Journal*, 9, 4887–4899.

29 Fessner, W. D., Sinerius, G., Schneider, A., Dreyer, M., Schulz, G. E., Badia, J. and Aguilar, J. (1991) *Angewandte Chemie*, 103, 596–599.

30 (a) Gefflaut, T., Blonski, C., Perie, J. and Willson, M. (1995) *Progress in Biophysics and Molecular Biology*, 63, 301–340.
(b) Fessner, W. -D., Schneider, A., Held, H., Sinerius, G., Walter, C., Hixon, M. and Schloss, J. V. (1996) *Angewandte Chemie-International Edition*, 35, 2219–2221.
(c) Dalby, A., Dauter, Z. and Littlechild, J. A. (1999) *Protein Science*, 8, 291–297.
(d) Hall, D. R., Leonard, G. A., Reed, C. D., Watt, C. I., Berry, A. and Hunter, W. N. (1999) *Journal of Molecular Biology*, 287, 383–394.

31 Fessner, W. -D. and Walter, C. (1996) *Topics in Current Chemistry*, 184, 97–194.

32 (a) Wong, C. -H., Alajarin, R., Moris-Varas, F., Blanco, O. and Garcia-Junceda, E. (1995) *The Journal of Organic Chemistry*, 60, 7360–7363.
(b) Mitchell, M., Qaio, L. and Wong, C. H. (2001) *Advanced Synthesis Catalysis*, 343, 596–599.
(c) Joerger, A. C., Gosse, C., Fessner, W. -D. and Schulz, G. E. (2000) *Biochemistry*, 39, 6033–6041.

33 Waldmann, H. and Reidel, A. (1997) *Angewandte Chemie-International Edition*, 36, 647–649.

34 (a) Kajimoto, T., Chen, L., Liu, K. K. C. and Wong, C. H. (1991) *Journal of the American Chemical Society*, 113, 6678–6680.
(b) Liu, K. K. C., Kajimoto, T., Chen, L., Zhong, Z., Ichikawa, Y. and Wong, C. H. (1991) *The Journal of Organic Chemistry*, 56, 6280–6289.
(c) Takayama, S., Martin, R., Wu, J., Laslo, K., Siuzdak, G. and Wong, C. -H. (1997) *Journal of the American Chemical Society*, 119, 8146–8151.

35 Calveras, J., Casas, J., Parella, T., Joglar, J. and Clapés, P. (2007) *Advanced Synthesis Catalysis*, 349, 1661–1666.

36 Asano, N., Kuroi, H., Ikeda, K., Kizu, H., Kameda, Y., Kato, A., Adachi, I., Watson, A. A., Nash, R. J. and Fleet, G. W. J. (2000) *Tetrahedron: Asymmetry*, 11, 1–8.

37 (a) Jung, S. -H., Jeong, J. -H., Miller, P. and Wong, C. -H. (1994) *The Journal of Organic Chemistry*, 59, 7182–7184.
(b) Gefflaut, T., Lemaire, M., Valentin, M. -L. and Bolte, J. (1997) *The Journal of Organic Chemistry*, 62, 5920–5922.
(c) Ferroni, E. L., Ditella, V., Ghanayem, N., Jeske, R., Jodlowski, C., Oconnell, M., Styrsky, J., Svoboda, R., Venkataraman, A. and Winkler, B. M. (1999) *The Journal of Organic Chemistry*, 64, 4943–4945.
(d) Charmantray, F., El Blidi, L., Gefflaut, T., Hecquet, L., Bolte, J. and Lemaire, M. (2004) *The Journal of Organic Chemistry*, 69, 9310–9312.
(e) Meyer, O., Ponaire, S., Rohmer, M. and Grosdemange-Billiard, C. (2006) *Organic Letters*, 8, 4347–4350.

38 (a) Fessner, W. D. and Sinerius, G. (1994) *Angewandte Chemie-International Edition*, 33, 209–212.
(b) Sanchez-Moreno, I., Francisco Garcia-Garcia, J., Bastida, A. and Garcia-Junceda, E. (2004) *Chemical Communications*, 1634–1635.
(c) van Herk, T., Hartog, A. F., Schoemaker, H. E. and Wever, R. (2006) *The Journal of Organic Chemistry*, 71, 6244–6247.

39 Sugiyama, M., Hong, Z. Y., Whalen, L. J., Greenberg, W. A. and Wong, C. H. (2006) *Advanced Synthesis Catalysis*, 348, 2555–2559.

40 Sugiyama, M., Hong, Z., Greenberg, W. A. and Wong, C.-H. (2007) *Bioorganic and Medicinal Chemistry*, 15, 5905–5911.

41 Schürmann, M. and Sprenger, G. A. (2001) *The Journal of Biological Chemistry*, 276, 11055–11061.

42 Schürmann, M., Schürmann, M. and Sprenger, G. A. (2002) *Journal of Molecular Catalysis B: Enzymatic*, 19, 247–252.

43 Castillo, J. A., Calveras, J., Casas, J., Mitjans, M., Vinardell, M. P., Parella, T., Inoue, T., Sprenger, G. A., Joglar, J. and Clapés, P. (2006) *Organic Letters*, 8, 6067–6070.

44 Koyama, M. and Sakamura, S. (1974) *Agricultural and Biological Chemistry*, 38, 1111–1112.

45 Sugiyama, M., Hong, Z., Liang, P. H., Dean, S. M., Whalen, L. J., Greenberg, W. A. and Wong, C. H. (2007) *Journal of the American Chemical Society*, 129, 14811–14817.

46 Sprenger, G. A., Schürmann, M., Schürmann, M., Johnen, S., Sprenger, G., Sahm, H., Inoue, T. and Schörken, U. (2007) *Asymmetric Synthesis with Chemical and Biological Methods* (eds D. Enders and K.-E. Jaeger), Wiley-VCH Verlag GmbH & Co KGaA, Weinheim, pp. 312–326.

20 氧参与的生物催化不对称氧化反应
Roland Wohlgemuth

20.1 引言

氧化反应通常以原子、离子和分子之间的电子转移方式发生，氧化反应存在于不同的氧化状态并可发生于几乎除了惰性气体以外的其他所有周期元素。有机化学中的氧化反应类型是广泛开展研究的反应过程类型之一，该反应类型包括以不同氧化剂作为电子受体的多种反应。化石资源的氧化是全球化学供应链的原材料和中间体的基础。大规模的氧化反应是在非功能位置产生新的官能团或转化受保护官能团为目的高氧化状态官能团的有力工具。据估计，医药工业中大规模反应只有3%为氧化反应[1]。在燃料生产和精制中的催化转化子必须承受苛刻的反应条件，并已成为最熟知和广泛应用的催化剂[2]。化石燃料通过高效催化转化为基础化学品和工业有机氧化剂，这些催化剂能够高活性高稳定性地催化选择性氧化。不管氧化反应的目的如何，不论二氧化碳是作为碳原子的最终氧化产物还是作为碳原子氧化状态的中间有机化合物如醇、醛、酮、内酯或羧酸，催化剂在驱动反应途径向高效高经济性的目标产物转化的巨大成功使其具有广泛的工业应用价值。

易燃溶剂的氧化反应易导致放热、明火和爆炸。反应氧化剂和易燃有机溶剂的同时出现需要持续关注安全问题并具有从氧化剂产生等量废物的缺点。因此利用环境友好并且安全的试剂代替溶剂、氧化剂及相应的反应方法是非常重要的，其重要性对于工业生产和实验室规模实验都是显著的。选择性和正交氧化方法不需引入额外的保护——脱保护环用于其他不稳定功能基团，其优势是显而易见的。

20世纪上半叶，从空气中利用氧引入催化氧化引起了广泛的关注，并且在催化不对称氧化的研究中获得了突破性的发现和引人注目的进展[3~5]。利用SciFinder进行电子文献搜索，在该研究领域每年递增的发表论文数量如图20-1所示，其原因在于有机合成中用于氧化方法的催化和手性研究的重要性。通过高选择性的催化方法，在碳骨架中直接不对称插入氧是主要问题并进而关系到氧化产生的手性化合物的合成路线。在现代氧化反应中，开发安全并环境友好的氧化剂如分子氧已成为一个主要的研究方向[5]，这归因于当前使用的许多氧化剂要求特殊的安全性，及健康和环境预防性。有机过氧化物及含过氧化物材料包括过氧化氢基于其易爆的性质具有普遍的安全性问题，而这些危险因素难以通过标准方法进行监测[6]。醇的氧化反应涉及金属转运化合物作为氧化剂，如三氧化铬嘧啶、氯铬酸吡啶、高锰酸钾、四氧化钌，这些氧化剂因其强氧化性可能产生非目的其他官能团的氧化以及产生对于人类健康和环境不利的影响。醇氧化反应在一定程度上都要使用二甲亚砜和亲电试剂，如二环己基碳二亚胺、三氧化硫或草酰氯，并会积累等量的废物。利用醋酸高铅或氧化汞催化的羧酸的氧化脱羧反应有很大的问题隐患。利用臭氧催化的烯烃氧化是断开 C═C 双键的一个重要反应，但该反应需要特定的设备并且产物分离取决于后处理的条件。在有机合成中以直接的选择性氧化为关键步骤时，其反应的难点需要通过采用中间体卤化的方式以合成氧化化合物，但同时会产生等量废物的积累。因此，重新设计我们脆弱的氧化过程并趋向于自然，以在日益复杂和人口密集的世界中确定与生命相融的健康安全的氧化反应过程，具有全局的重要性。

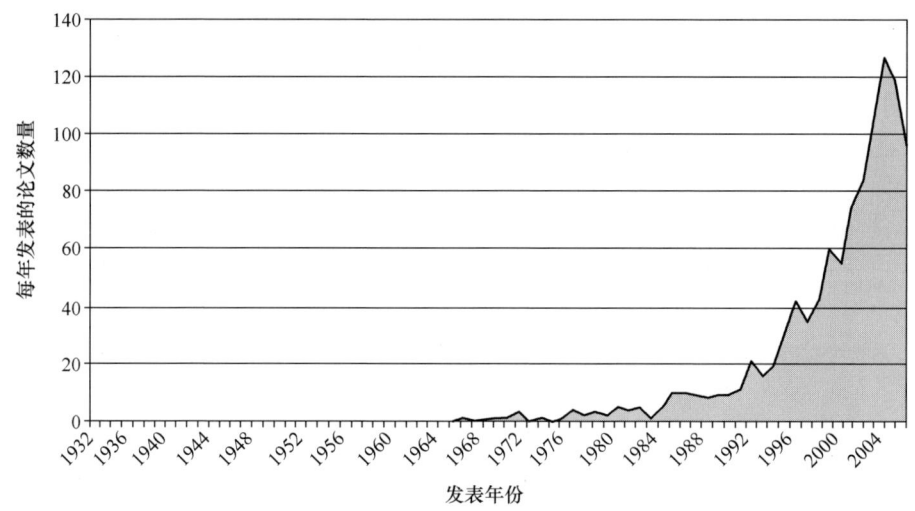

图 20-1　催化不对称氧化的论文发表发展趋势

在生命过程中氧化反应的问题在于，线粒体氧化磷酸化过程中供给能量的有益氧化与细胞生命循环中氧及其产物的毒副作用的平衡。生命过程中的许多氧化反应通过生物催化在氧的参与下以高度立体选择性的方式进行，这些氧通过水的光合作用分解获得，在各种生态环境中广泛存在。因此氧可作为不含氧原子的氧化剂结合在底物分子中，也可作为氧供体含有分子氧的一个或两个氧原子存在于终产物中。尽管分子氧是生物系统中最普遍的电子受体，但是氧和硫[7]及其底物[8]都可作为氧化酶的电子受体。

生物催化不对称氧化很早就已发展成为制备维生素 C[9] 和甾类激素[10] 以及一系列有机合成应用[8] 的关键步骤,如图 20-2 所示。利用生物催化剂催化氧化反应正持续增长[11-15],酶固有的选择性促使多种生物催化不对称氧化反应得以完成,这些内容将在随后的六节中详细阐述。

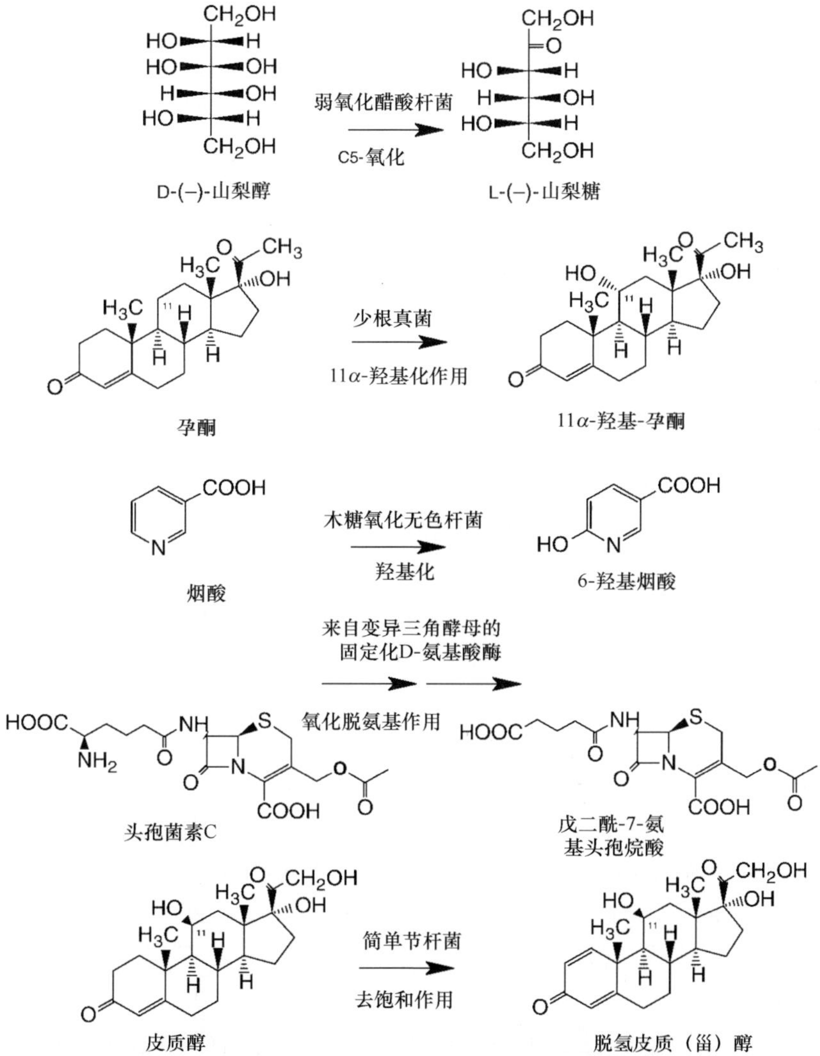

图 20-2 氧参与的生物催化不对称氧化反应的工业实例

利用氧作为氧化剂已普遍适用于多种酶类。这些酶的大规模制备是开发生物催化氧化的先决条件,因此酶的生产也有所阐述。应用氧化酶合成某些选定的氨基酸已成为拆分非天然外消旋氨基酸的有效途径。单加氧酶是一类有效的生物催化剂,可用于一系列不对称氧化反应,如硫和氮的氧化、环氧化和拜耳-维立格（Baeyer-Villiger）氧化反应。典型的拜耳-维立格（Baeyer-Villiger）氧化反应通常趋向于非专一性副反应、过氧化和重排反应，而这些反应并不利于反应的化学和对映选择性。相反，生物催化的不对称拜耳-维立格（Baeyer-Villiger）氧化反应具有极好的选择性和广泛的底物范围，并且拜耳-维立格（Baeyer-Villiger）单加氧酶已实现大规模制备。优化的产率已通过简单吸附方法获得。双加氧酶与单加氧酶一样引人关注，已应用于位置选择性不对称双羟基化芳基腈获得二氢双羟基腈类化合物。将氧化还原酶或其他酶类应用于有氧参与的氧化反应的生物催化不对称氧化的潜在应用也将在本章进行展望。

论述关注的焦点是具有氧化还原功能的蛋白质，如氧化酶、单加氧酶、双加氧酶，及其他能够利用分子氧作为氧化剂的酶，脱氢酶和过氧化酶也将有所阐述。利用常规蛋白如不具有特定氧化还原功能的牛血清白蛋白作为不对称氧化反应的手性模板已在其他文献中有所阐述[16]。由于氧化反应需要电子从底物到电子受体的转移并且天然氨基酸不含有能够维持电子传递的氧化还原活性基团，因此对于氧化还原酶，在活性位点上需要辅因子如过渡金属元素或有机分子的协助以完成有效的电子传递。对氧化还原酶的不断认知进一步扩大了其在医药和生物技术产业[17]以及化学工业的应用[18]。

20.2 氧化酶催化的不对称氧化反应

已知氧化酶的多样性反映出不同底物类型的复杂性，如碳水化合物、氨基酸、脂类、胺类、代谢物、醇、酸和其他手性模块化合物。氧化酶的合成应用如图20-3所示。

在过氧化氢酶持续消耗反应形成的过氧化物的条件下，D-氨基酸和L-氨基酸可由相应的氨基酸氧化酶催化选择性氧化并可方便地用于外消旋氨基酸的拆分[13]。天然D-专一性氨基酸氧化酶和L-专一性氨基酸氧化酶及其突变体酶可用于从外消旋氨基酸底物制备手性氨基酸和α-酮酸[18]。针对外消旋非天然氨基酸的快捷反应途径使得氨基酸氧化酶催化拆分成为一种有效途径用于设计合成路线[19]。产物的循环再利用方法能进一步提高产率。D-氨基酸氧化酶催化外消旋氨基酸底物的对映专一性氧化与硼氢化钠催化产物的化学非对映专一性还原的一锅法偶联（图20-4）已成功应用于从多种外消旋氨基酸制备相应的高光学纯度和产率的L-氨基酸[20,21]。正如氧化酶家族的其他酶，氨基酸氧化酶会产生过氧化氢为反应副产物，这可以通过细菌菌落的直接比色法检测发现，而这一直观的方法已成功应用于从野生型酶出发到具有工业属性的氨基酸氧化酶或胺氧化酶的进化改造[22]。其他的氧化酶如L-乳酸氧化酶已应用于外消旋底物的去消旋化或对映体化反应中[20]。

利用 *Aspergillus niger* 单胺氧化酶N催化外消旋 O-甲基-N-羟基环己烷基

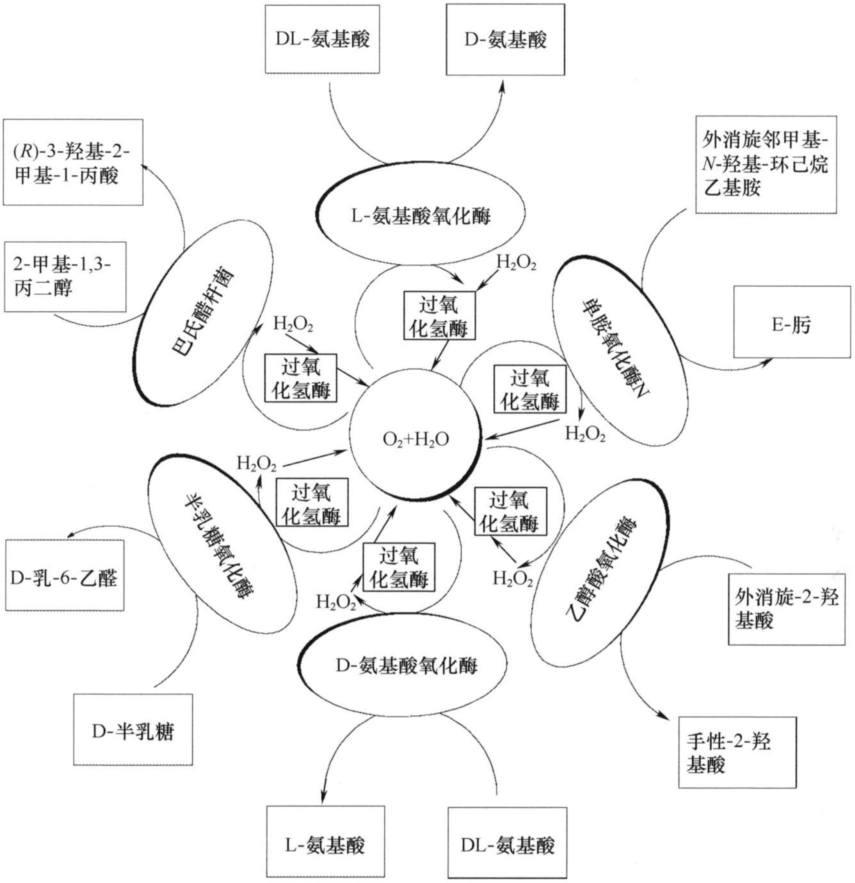

图 20-3 合成化学中的氧化酶催化反应

乙胺的对映选择性氧化产生未反应的（R）-对映体及专一性（E）-构型的肟[23]。

利用常规化学方法时，在含有几个羟基的复合物分子中单一羟基的选择性氧化需要一系列的保护-脱保护步骤。而利用单糖氧化酶催化碳水化合物特定羟基的专一氧化已成功用于一系列糖和聚醇化合物，合成相应的酮醇或酮酸。因此，生物催化氧化反应对于制备非常规糖[24]、核苷、手性模块化合物及糖组合物都具有一定的吸引力。

广泛使用的抗高血压药卡托普利的重要合成模块化合物，（R）-3-羟基-2-甲基丙酸通过 *Acetobacter pasteurianus* 催化潜手性 2-甲基-1,3-丙二醇的微生物氧化获得，产物光学纯度 97% e.e. 值，摩尔转化率 100%[25]。

利用菠菜乙醇酸氧化酶催化有氧参与的 2-羟基酸的对映选择性氧化也已用于拆分外消旋 2-羟基酸[26]。

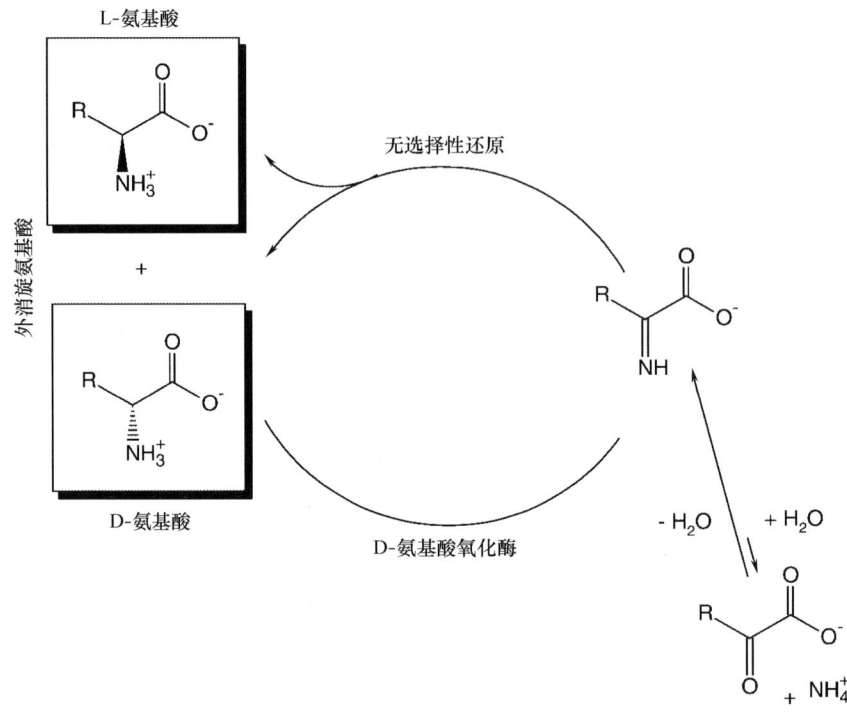

图 20-4 对映选择性氨基酸氧化酶催化的消旋氨基酸拆分

20.3 过氧化酶催化的不对称氧化反应

尽管过氧化酶需要过氧化物作为氧化剂，但过氧化酶对于过氧化物的低操作稳定性有利于源自氧的过氧化氢和还原剂的原位再生，以实现利用分子氧的全部氧化。有记载报道人们使用过氧化酶已有近两个世纪的时间，利用过氧化酶催化富电子底物的选择性氧化[27]和不对称氧化的研究也在不断深入[28]。这些酶能够保持蛋白环境中金属中心的高度氧化状态并通过类似的高氧化状态中间体实现化学特性的多样化。氧化还原酶中的高氧化状态中间体首次发现于山葵过氧化酶的催化途径[29]。

由于对映体纯的硫氧化物是不对称合成中极好的手性辅助物，硫原子的生物催化不对称氧化方法也被开发出来[30,31]。过氧化酶在有机溶剂中催化的有机硫化物不对称氧化为硫氧化物可以通过提高底物溶解性和消除副反应而有望实现[32]。位于细胞壁的植物过氧化酶能够氧化不同化学结构的底物而获得具有抗氧化、抗细菌、抗真菌、抗病毒、抗肿瘤活性的产物[33]。氢过氧化物及其醇通过山葵和墨葛过氧化酶催化次级氢过氧化物的动力学拆分而获得并具有极高的 e.e. 值[34]。

过氧化酶催化不对称电子酶合成的第一个实例是利用来源于 *Caldariomyces*

fumago 的氯过氧化酶催化苯甲硫醚。这个不对称氧化反应产生 R - 甲基苯基亚砜，产率 30g/（L·d），产物 e. e. 值大于 98%[35]。与其他过氧化酶相比，氯过氧化酶是用途最广的过氧化酶，该酶具有较好的稳定性，其自发氧化可以通过抗坏血酸维生素 C 或二羟基富马酸而抑制，此外由于底物能够到达血红素铁和运输氧有利于立体选择性氧的传递，该酶还具有较高的对映选择性[36]。氯过氧化酶已被用于催化顺式 - 环丙基甲醇的氧化，其对映选择性远高于反式异构体[37]。

对于过氧化酶催化对香豆酸的生物转化，人们已提出一种有趣的氧化偶联机制，在强抗氧化活性条件下会产生二聚体和三聚体结构[38]。

20.4 脱氢酶催化的不对称氧化反应

对映选择性脱氢酶在催化氧化方面也体现出广泛的应用价值。在 (R) - 1, 3 - 丁二醇的制备方面，通过对映选择性氧化外消旋底物中非目的的 (S) - 1, 3 - 丁二醇的酶促拆分已成为最有效的途径[39]。其中的功能酶是 (S) - 1, 3 - 丁二醇脱氢酶，是一种来源于 *Candida parapsilosis* 的新型次级醇脱氢酶。在维生素 C 的合成中利用 D - 山梨醇脱氢酶催化 D - 山梨醇氧化为 L - 山梨糖[9]或在米格列醇合成中氧化 N - 保护的 1 - 氨基 - D - 山梨醇为关键中间体[40]，都是工业应用聚醇脱氢酶选择性氧化含有其他不同羟基和可氧化基团的复杂分子中单一羟基的典型事例。常规非选择性氧化中所需的一系列化学保护 - 脱保护步骤已成为在选择性单步氧化中应用这些脱氢酶的关键因素。胆酸的类固醇骨架中羟基的选择性氧化已通过不同的羟基类固醇脱氢酶而得以实现[41]。利用甘油脱氢酶催化含有次级羟基的内消旋二醇的氧化获得 (S) - α - 羟基酮是一条合成手性羟基酮的直接途径[42]。利用醇脱氢酶催化内消旋二醇或潜手性二醇的去对称化已被用作一种有价值的选择性两步一锅式方法用于手性内酯的合成[43]。多种潜手性和内消旋二醇，包括具有空间位阻要求的二环内消旋二醇[44~45]，已通过醇脱氢酶氧化为相应的高对映体纯度的手性内酯。由于化学拆分外消旋乳醇的低对映选择性，醇脱氢酶提供了一种可供选择的方法。

20.5 单加氧酶催化的不对称氧化反应

生物合成和生物降解主要依赖于易于获得的天然催化剂和氧化剂催化的选择性不对称氧化反应。氧在许多环境中都是可用的丰富的天然氧化剂，亦即电子受体。分子氧的一个原子结合入有机底物而另一个原子结合入水分子的反应可通过单加氧酶催化实现。这些有用的反应，如羟基化反应、环氧化反应、Baeyer-Villiger 氧化反应、杂环原子氧化反应、杂环原子脱烷反应，如图 20 - 5 所示。在这些反应中氧既作为电子受体同时也作为氧传递试剂。酶对于这些不对称氧化反应的催化功能吸引了合成化学家的广泛兴趣，因为许多反应类型，如饱和碳原子的不对称羟基化或氧化去对称化，可以通过生物催化方法有效实现，而这些反应对于计量氧化和有机或无机催化都存在一定的问题。

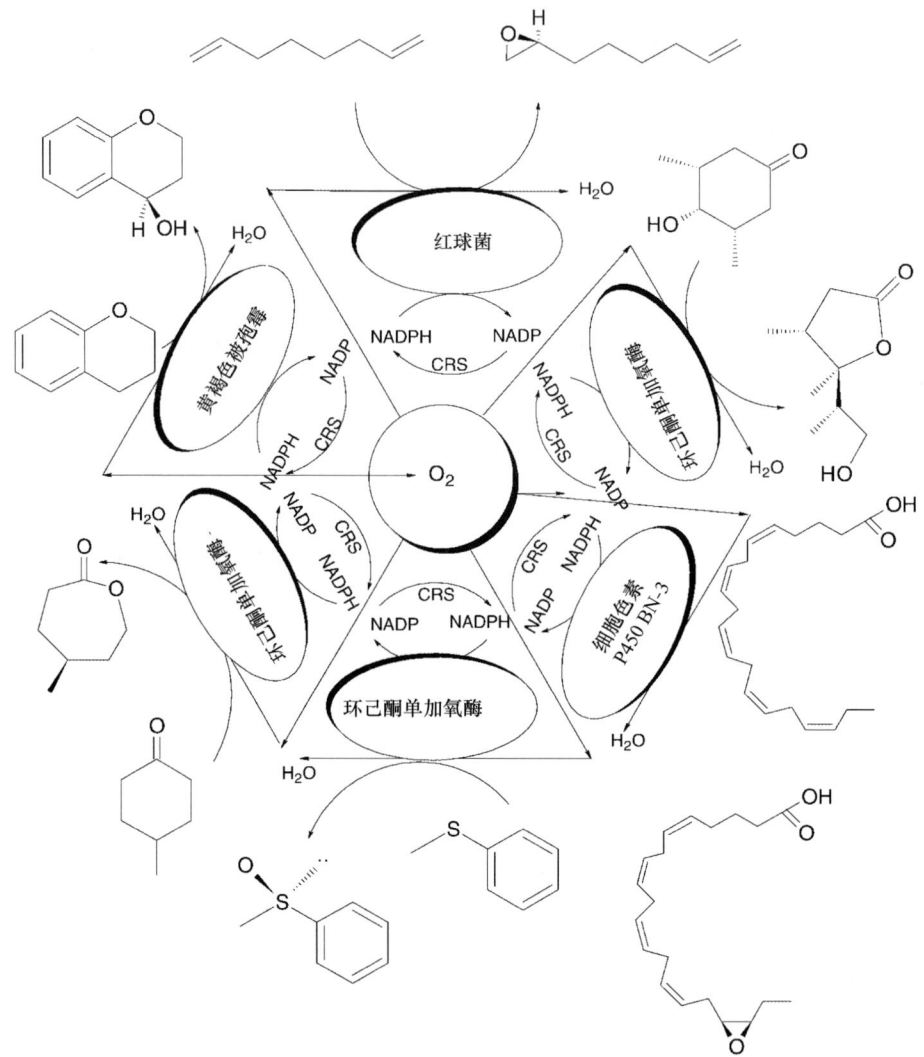

图 20-5　合成化学中的单加氧酶催化反应
CRS：辅因子再生系统

用于碳碳双键不对称氧化的化学法和酶促合成方法都开展了一定的研究[46]，但碳碳双键氧化研究方向自 Katsuki – Sharpless 发现烯丙基醇的不对称环氧化而获得突破性进展[47]。Jacobsen 的催化烯烃不对称合成环氧化的方法[48]，Katsuki 的催化石蜡对映选择性环氧化和内消旋四氢呋喃的去对称化方法[49]，及新型多功能催化剂的开发[50]已经扩展了这些反应的范围。在 1978 年人们发现高立体选择性生物催化剂可用于石蜡的环氧化反应以获得光学纯 R - （+） - 环氧化物[51]，并且生物催化系统还具有不对称选择性氧化数个 C—C 双键中的某一个的能力[52]。在不对称 Baeyer-Villiger 氧化和不对称杂原子氧化反应中，生物催化过程远远领先于相应的化学催化过程[53]。

当考虑到许多氧化反应类型的安全性和环境影响因素时[1]，利用更加环境友好的反应过程替代硝酸氧化方式将更为理想[54]。传统化学氧化带来的计量废物会导致全球变暖、臭氧层损耗、酸雨、浓雾等，这些问题的消除需要重新设计和优化催化过程，化学的可持续性发展要求促使单加氧酶在已有不对称氧化反应及新型不对称氧化过程中发挥重要作用。单加氧酶用于氧传递分子再生的辅因子包含芳香杂环分子如黄素或蝶呤或过渡金属如铁或铜形成亚铁血红素或非亚铁血红素复合物。

依赖亚铁血红素的单加氧酶含有高铁原卟啉 IX，亚铁血红素作为辅因子保护我们避免来自于异型生物质、毒素、食品和化学品的毒害。由于这些蛋白质在一氧化碳差异光谱 450nm 处有最大吸收带，当添加一氧化碳时，这些酶也属于细胞色素 P450 总科范畴。这些酶含有 500 种以上的同工酶，广泛分布于自然界中，催化多种不对称氧化反应（图 20 - 5），而这些反应通常不易于通过典型有机化学方法实现。生理条件下非活性碳原子的立体专一性羟基化、环氧化和杂原子脱烷反应都属于从细菌到人类的生物有机体中的专一氧化反应类型，依赖亚铁血红素的单加氧酶能够高选择性地催化这些反应。樟脑羟基化反应中的三个中间体结构揭示了其反应的途径以及氧激活机制[55]。*Bacillus megaterium* 细胞色素 P450 单加氧酶 BM - 3 催化香叶基丙酮的 E - 异构体对映选择性环氧化为 9，10 - 环氧香叶基丙酮，而对橙化基丙酮则氧化 Z - 异构体[56]。这个已有较好研究基础的细胞色素 P450 单加氧酶 BM - 3 已进行蛋白质工程改造，可用于选择性催化 2 - 芳基乙酸衍生物 2 - 位的羟基化反应和抗焦虑药物丁螺环酮 6 - 位的羟基化反应并获得很高的对映体过量值产品[57]。

非亚铁血红素的含铁单加氧酶能够催化烃类化合物氧化获得相应的烃醇，这种酶已发现存在于甲烷营养细菌中[58]。

多巴胺羟化酶属于铜依赖型单加氧酶，在控制多巴胺和降肾上腺素的神经传递素浓度上具有重要作用[59]。

神经传递素降肾上腺素、肾上腺素、多巴、复合胺的重要代谢反应都需要蝶呤依赖型单加氧酶的参与。芳香族氨基酸苯丙氨酸、酪氨酸和色氨酸的直接生物催化羟基化需要四氢生物蝶呤和 Fe^{2+} 作为辅因子[60]。甘油醚单加氧酶催化的不饱和甘油醚的裂解也需要四氢生物蝶呤作为辅因子[61]。

依赖于黄素的单加氧酶已日益受到人们的关注[62]，并以其高度的对映选择性用于生物催化不对称 Baeyer-Villiger 氧化反应中[63~65]。Baeyer-Villiger 单加氧酶[66]不仅能够催化不对称氧化线性和环化的酮为相应的酯和内酯，并能高对映

选择性地催化 $N-$ 或 $S-$ 杂原子氧化。这些手性化合物是生产药物、风味化合物、香气化合物和农用化学品的重要中间体，但难以通过直接的经典氧化获得，因此开发高效和规模化的反应过程是主要的研究目标[66]。重组 Baeyer-Villiger 单加氧酶的大量制备及反应和下游过程的瓶颈问题的发现已推动大规模生产过程的发展[67~69]。氧化酶进一步大规模应用的障碍主要包括底物吸收、底物毒性、氧的传质等其他因素[70]。利用烧结金属喷头和适当平衡细胞浓度和氧传质的比例等技术发展[71]已成为优化生物催化不对称 Baeyer-Villiger 氧化过程的关键成功因素。潜手性酮也引起了广泛的兴趣，这类化合物通过生物催化 Baeyer-Villiger 氧化完全转化后只会产生单一对映体产物。与这种潜手性酮的去对称化相似，不对称氧化硫醚为手性亚砜也具有较高的合成价值[72]。非对称的消旋酮（图20-6）可以通过选择性氧化酮对映体中的一个而进行动力学拆分，保留另外一个对映体以从保留的酮中分离产物内酯，或者通过消旋酮两个对映体的聚氧化并进而分离产生区域异构体内酯。选择性氧化消旋双环二酮如高度区域和对映选择性转化 Wieland-Miescher 和 Hajos-Parrish 二酮为相应的内酯[73]或糖基化底物的 Baeyer-

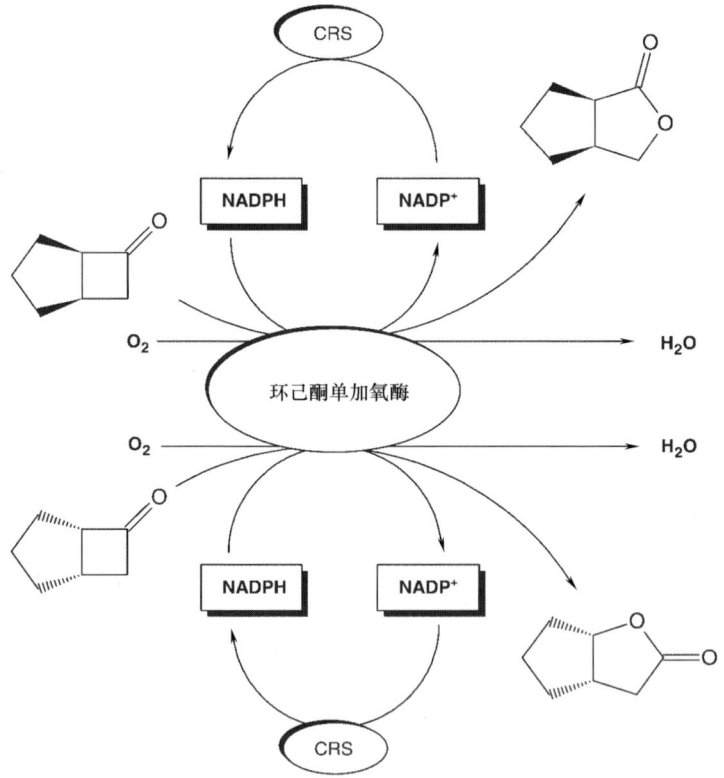

图20-6　大规模生物催化不对称 Baeyer-Villiger 氧化反应
CRS：辅因子再生系统

Villiger 氧化[74]的能力进一步显示了这些生物催化剂突出的选择性。

通过环己酮单加氧酶催化对映选择性环氧化的首个例子是与磷霉素相关的模式化合物的转化[75]。利用重组苯乙烯单加氧酶催化苯乙烯不对称环氧化为 (S) – 苯乙烯氧化物的高效转化可以通过增加生物催化剂浓度和减少生物催化剂与产物的暴露时间而实现[76]。

脂肪族和芳香族烃类、萜烯、类固醇的微生物羟基化在风味、香气、医药和基础研究方面都引起了广泛的兴趣，因为利用经典有机化学方法催化非活性碳中心只能产生极少的对映体[10,11,13,18,77]。

20.6 双加氧酶催化的不对称氧化反应

20 世纪有机化学领域的重大发现是夏普莱斯的不对称顺式邻二羟基化反应[78]，与此相对的是自然界中微生物催化的芳香族化合物的双氧化，这一反应通过 Gibson 及其同事在研究芳香族化合物降解的代谢途径特性时而发现[79~82]。含有双氧化酶但缺乏相应的二醇脱氢酶活性的突变细菌[80]已被开发用于催化广泛的芳香族化合物的不对称二羟基化以获得高立体选择性的顺式二氢二醇[81~83]。在这些反应中，分子氧的两个原子引入有机底物中，反应通过双氧化酶催化完成，形成高效、安全、环境友好的转化过程，获得用于有机化学的合成元[84~86]。生物多样性[87]、双加氧酶基因在大肠杆菌中的重组表达[88~89]，及定向进化[91]进一步扩展了生物催化二羟基化的应用（图 20 – 7）。重组双加氧酶已用于确定甲苯双加氧酶催化的溴 –（甲硫烷基）苯双羟基化[92]和氯苯双加氧酶催化的肉桂腈不对称双羟基化[93]等代谢物的绝对构型。

重组甲苯双加氧酶和氯苯双加氧酶全细胞催化剂能够催化芳香腈的顺式邻二羟基化反应获得腈基二氢二醇[94]，产物的产率能够通过原位产物回收而有所提高，反应产物也可通过腈水解酶水解为相应的羧酸[95]。目前已有 300 多种顺式邻二醇代谢物通过双加氧酶催化芳香族底物转化而获得[96]，其中部分化合物如图 20 – 8 所示。近期，通过甲苯双加氧酶和二苯双加氧酶催化的四氧化手性代谢物的合成实例[97]表明顺式二氢二醇和丙酮化合物衍生物能够作为这些酶的底物。

上述提到的作用于分子内的双加氧酶将氧原子引入同一分子中，能够催化选择性氧化芳香族底物和脂肪族底物。氧原子的激活及引入底物分子作用通过不同的机制形成高反应性的中间体，如过氧化氢物、内过氧化物或二氧杂环丁烷。脂氧合酶和环加氧酶能够将氧引入非手性聚不饱和脂肪酸中形成高区域选择性和立体化学纯度的手性产物[98]。

利用大豆脂氧合酶催化不对称反应将氧整合入含有非聚合 1,4 – 二烯单位的聚不饱和脂肪酸中，如亚油酸产生手性过氧化氢物[99]。环加氧酶催化花生四

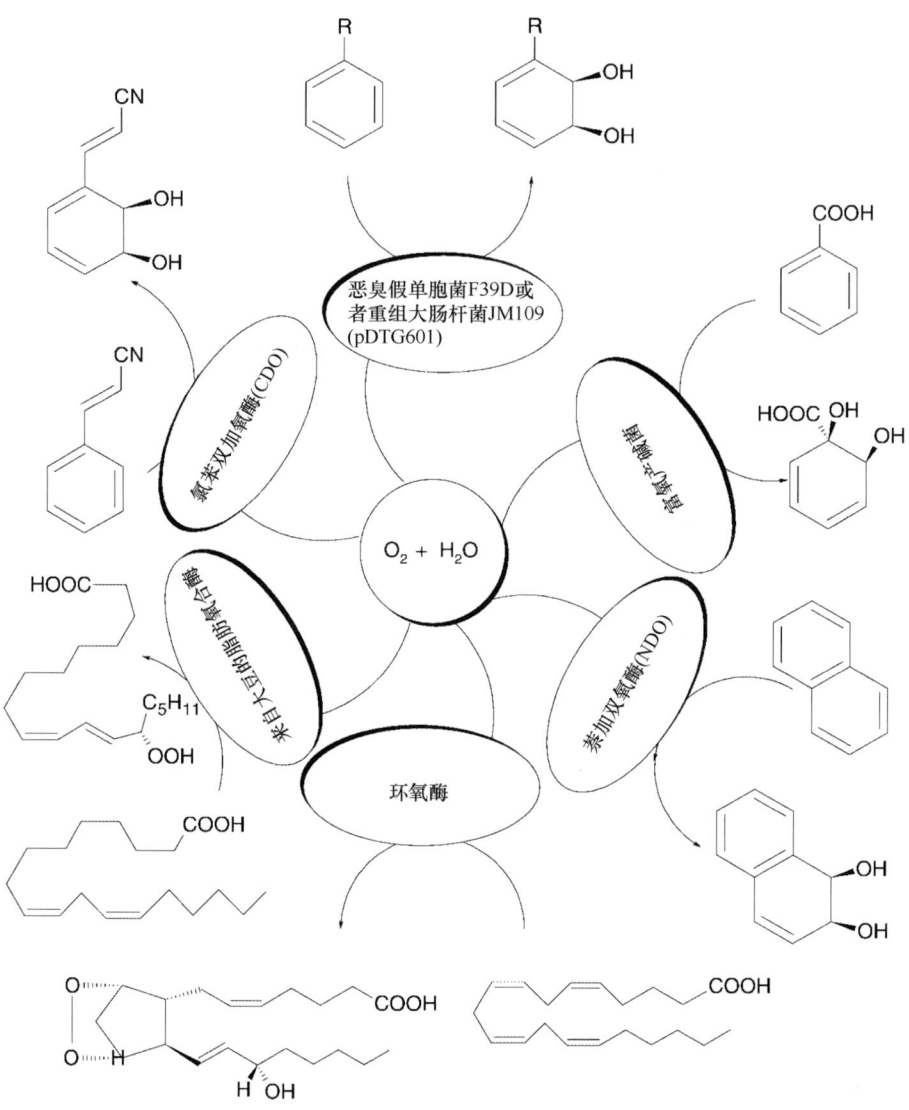

图 20-7 合成化学中的双加氧酶催化反应

烯酸氧化为有趣的环状内过氧化物和前列腺素[100]。双加氧酶催化碳碳双键的氧化裂解由 Osamu Hayaishi 发现，其在 1957 年进行了色氨酸代谢的先驱性研究并成为基础生物化学研究的兴趣点[101]。研究探讨了催化 β-胡萝卜素内切为两分子视黄醛的酶为单加氧酶[102,103]还是双加氧酶[104]。利用 $H_2^{18}O$ 或 $^{18}O_2$ 的同位素标记实验表明，在中心以外的生物催化裂解中，β-紫罗（兰）酮羰基的氧衍生于分子氧[104]。在许多情况下，以中心或中心以外方式进行的多烯烃的双键选择性生物催化裂解是中央或远程代谢的重要途径。生物催化芳基烯烃的单步裂解是一种有趣的合成途径并等同于还原臭氧化作用[105]。

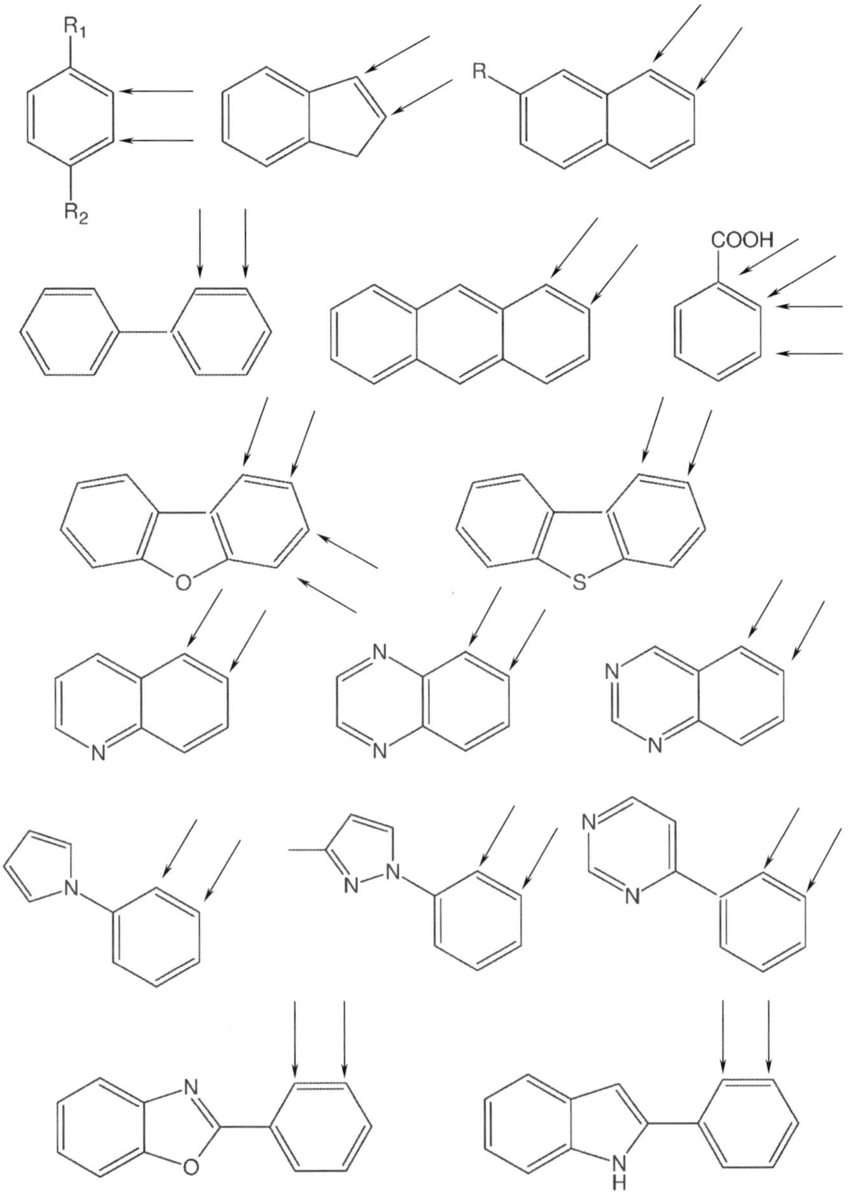

图 20-8　生物催化不对称顺式二羟基化反应的芳香族底物多样性

作用于分子内的双加氧酶整合两个氧原子进入两个分子中，α-酮酸依赖的酶在生物合成各种生物化合物如青霉素、头孢菌素和克拉维酸的过程中发挥重要作用。α-酮酸通常为 α-酮戊二酸，其被催化氧化脱羧并使分子氧中的一个原子整合入产物琥珀酸中。因此通过这些酶催化偶联 α-酮戊二酸脱羧化反应，形成高能载氧中间体作为吸氢核素用于实现羟基化或卤化反应[106]。

20.7 其他酶催化的不对称氧化反应

许多非常规的生物催化不对称氧化反应如氧化环化、氧化环延伸、氧化脱氨或氧化脱羧在研究天然产物生物合成过程中有所发现，并且其功能酶也逐渐成为人们的研究热点。

除了已提到的脱氢酶，生物催化氧化环化可通过不同的酶，如合成酶或酪氨酸酶催化完成，如图 20-9 所示。异青霉素 N 合成酶催化三肽 δ-（L-α-氨基乙二酰）-L-半胱氨酰-D-缬氨酸的两个介于铁-双氧氧化环的闭合生成

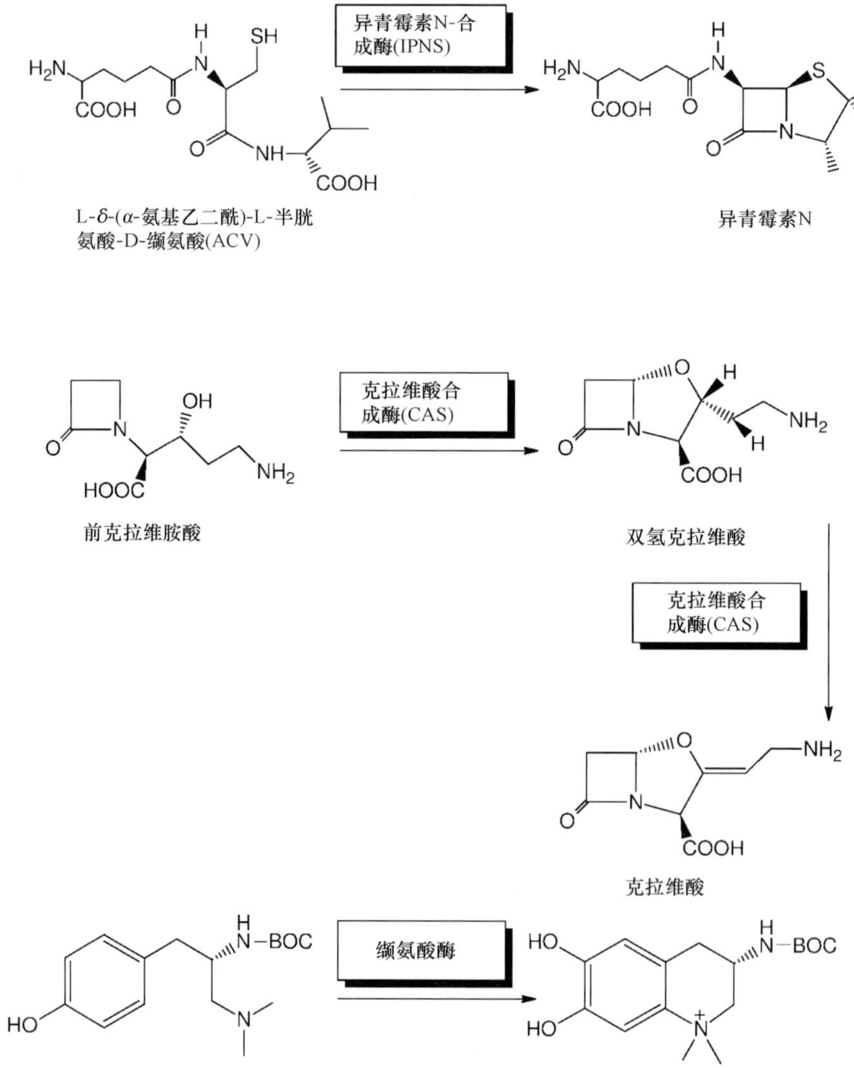

图 20-9 生物催化氧化环化反应

异青霉素 N、所有青霉素和头孢菌素的前体物质[107]。异青霉素 N 合成酶催化的 δ-（L-α-氨基乙二酰）-L-半胱氨酰-D-缬氨酸的四电子氧化为非常规反应，不需辅酶 2-氧戊二酸参与。相对而言，克拉维酸合成酶是一种典型铁（Ⅱ）和 2-氧戊二酸依赖型氧化酶，催化单环 β-内酰胺合成克拉维酸的双环克拉维烷环系统。因此克拉维酸合成酶催化三种完全不同的羟基化氧化反应，氧化环化反应为二氢克拉维酸，并通过最终的去饱和反应为克拉维酸[108]。酪氨酸酶催化有氧参与的 N, N-二甲基酪胺的氧化环化，已用于合成阿纳车霖生色基团[109]。

其他生物催化不对称氧化的例子如图 20-10 所示。在聚醚离子载体莫能菌素研究领域，线性聚醚中间体通过四种酶——*monBI*、*monBII*、*monCI*、*monCII* 的产物，催化氧化环化的相关机制已通过实验证实，包括生物合成基金簇的分

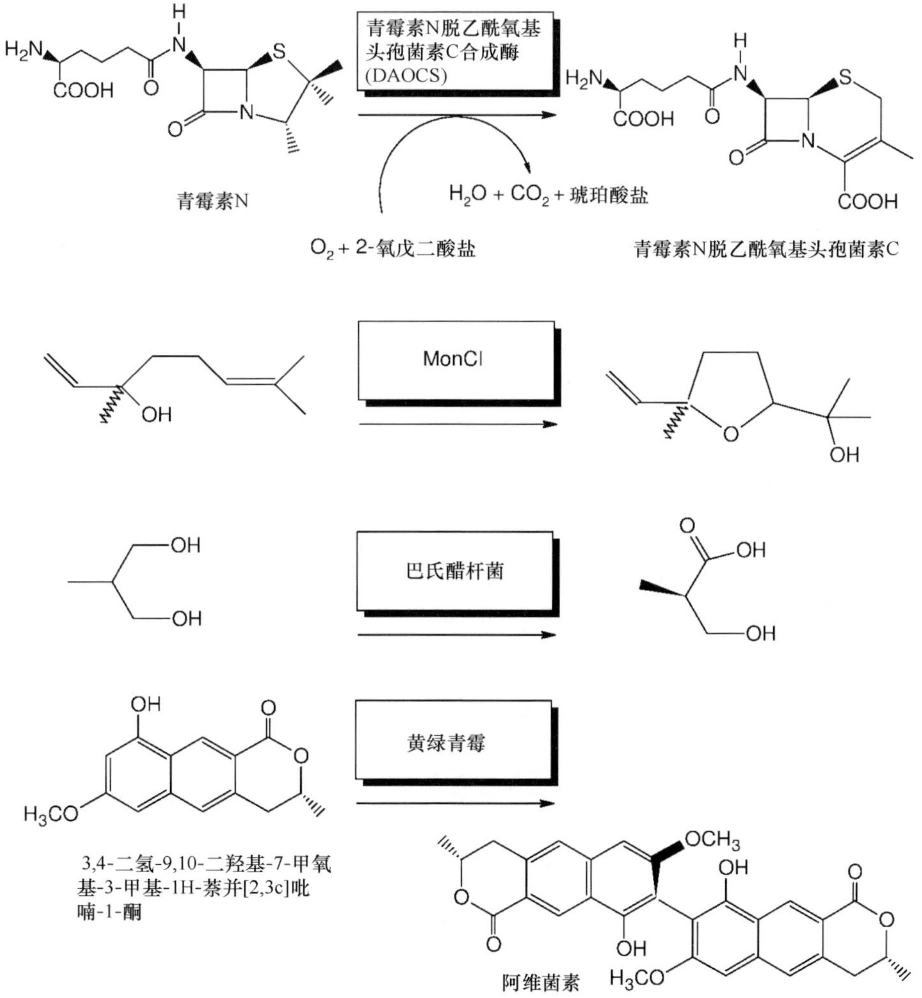

图 20-10 其他酶催化不对称氧化转化的实例

析[110]和氧化环化阻断时 E，E，E-三烯的积累[111]。

氧化环通过增加碳原子而延伸，反应由延伸酶催化，该酶不同于能够在环酮中引入氧的 Baeyer-Villiger 单加氧酶。铁（Ⅱ）和 2-氧戊二酸依赖型脱乙酸基-头孢菌素 C 合成酶[112]催化青霉素 N 的非常规氧化环延伸为去乙酸头孢菌素 C。

有效的全细胞不对称氧化甲基为羧基已通过典型微生物筛选有所发现，A. pasteurianus 催化潜手性 2-甲基-1，3-丙二醇的微生物氧化为（R）-3-羟基-2-甲基丙酸，产物光学纯度 97% e.e. 值，摩尔转化率 100%[113]。

20.8 展望

酶催化不对称氧化的有机化学表明其显著的选择性和多功能性已很好地应用于系列合成步骤中[114]。对于一个给定的不对称氧化反应，其最适催化剂的复杂性将是需要考虑的，采用多酶复合物还是一种多功能酶，一种单一功能酶还是有机催化剂如氨基酸[115]。由于有机化合物的大规模工业氧化需要氧化剂及易燃易爆溶剂，其不仅会产生安全、环境问题，而且其选择性也不十分理想，因此开发选择性催化剂是首要的。生物催化的不对称 Baeyer-Villiger 氧化已成功建立并在大规模反应中实现高选择性，这是无机催化剂、有机金属催化剂或有机催化剂难以达到的[116]。在大环境水平的反应过程的发展同时伴随有不稳定功能基团的兼容性改善和分子水平上选择性的提高。生物细胞在中央和远程代谢生物合成途径中的许多不对称氧化反应步骤利用其所需的选择性。已知天然产物的生物合成中的新型反应步骤的阐释成为有趣的介入点以发现不同化合物的新型生物催化反应方法。这一反应的实例是通过酶组合 RebP 和 RebC 催化 8 电子氧化氯化色吡咯酸为雷别卡霉素糖苷配基[117]。反应模式通过结晶学手段研究考察，揭示了一个有趣的作用：第一个酶 RebP 通过 8 电子氧化产生低水平的反应中间体，第二个酶 RebC 用于促进雷别卡霉素糖苷配基的形成并消除副反应[118]。分子生物学、化学和过程设计的组合将成为主要的驱动力以实现生物催化不对称氧化反应[119,120]。新型生物催化氧化反应的发现和认识显示了其在合成更多复杂分子方面的巨大潜力。

致谢

感谢全体同仁和 Baeyer-Villiger 氧化反应欧盟项目组的成员，感谢不对称双羟基化反应瑞士项目组的辛勤工作和完美合作，及以下组织的支持，如 COST 组织、瑞士教育与科研国家委员会、瑞士国家科学基金 SPP 生物技术项目、欧盟研究指导委员会。

参考文献

1 Caron, S., Dugger, R. W., Ruggeri, S. G., Ragan, J. A. and Ripin, B. D. H. (2006) Large-scale oxidations in the pharmaceutical industry. *Chemical Reviews*, 106, 2943 – 2989.

2 Ertl, G., Knözinger, H. and Weitkamp, J. (eds) (1999) *Environmental Catalysis*, Wiley-VCH Verlag GmbH, Weinheim.

3 Sharpless, K. B. (2002) Searching for new reactivity. *Angewandte Chemie—International Edition*, 41, 2024 – 2032.

4 Katsuki, T. (ed.) (2001) *Asymmetric Oxidation Reactions*, Oxford University Press, Oxford, UK.

5 Bäckvall, J.-E. (ed.) (2006) *Modern Oxidation Methods*, Wiley-VCH Verlag GmbH & Co. KGaA, Weinheim.

6 Dubnikova, F., Kosloff, R., Almog, J., Zeiri, Y., Boese, R., Itzhaky, H., Alt, A. and Keinan, E. (2005) Decomposition of triacetone triperoxide is an entropic explosion. *Journal of the American Chemical Society*, 127, 1146 – 1157.

7 Kniemeyer, O., Musat, F., Sievert, S. M., Knittel, K., Wilkes, H., Blumenberg, M., Michaelis, W., Classen, A., Bolm, C., Joye, S. B. and Widdel, F. (2007) Anaerobic oxidation of short-chain hydrocarbons by marine sulphate-reducing bacteria. *Nature*, 449, 898 – 901.

8 Holland, H. L. (1992) *Organic Synthesis with Oxidative Enzymes*, VCH Publishers, New York.

9 Reichstein, T. and Grüssner, A. (1934) Eine ergiebige Synthese der L-Ascorbinsäure (vitamin C). *Helvetica Chimica Acta*, 17, 311 – 328.

10 Kieslich, K. (1980) Industrial aspects of the biotechnological production of steroids. *Biotechnology Letters*, 2, 211 – 217.

11 Schmid, R. D. and Urlacher, V. (eds) (2007) *Modern Biooxidation. Enzymes, Reactions and Applications*, Wiley-VCH Verlag GmbH, & Co. KGaA, Weinheim.

12 Kroutil, W., Mang, H., Edegger, K. and Faber, K. (2004) Biocatalytic oxidation of primary and secondary alcohols. *Advanced Synthesis Catalysis*, 346, 125 – 142.

13 Drauz, K. and Waldmann, H. (eds) (2002) *Enzyme Catalysis in Organic Synthesis: a Comprehensive Handbook*, Vol. 1 – 3, 2nd edn, completely revised and extended edition, Wiley-VCH Verlag GmbH, Weinheim.

14 Blaser, H. U. and Schmidt, E. (eds) (2004) *Asymmetric Catalysis on Industrial Scale-Challenges, Approaches and Solutions*, Wiley-VCH Verlag GmbH, & Co. KGaA, Weinheim.

15 Liese, A., Seelbach, K. and Wandrey, C. (eds) (2006) *Industrial Biotransformations*, 2nd edn, completely revised and extended edition, Wiley-VCH Verlag GmbH, Weinheim.

16 Dzyuba, S. V. and Klibanov, A. M. (2004) Stereoselective oxidations and reductions catalyzed by nonredox proteins. *Tetrahedron: Asymmetry*, 15, 2771 – 2777.

17 Patel, R. N. (ed.) (2007) *Biocatalysis in the Pharmaceutical and Biotechnology Industries*, CRC Taylor and Francis, Boca Raton-London-New York.

18 Caligiuri, A., D'Arrigo, P., Rosini, E., Tessaro, D., Molla, G., Servi, S. and Pollegioni, L. (2006) Enzymatic conversion of unnatural amino acids by yeast D-amino acid oxidase. *Advanced Synthesis Catalysis*, 348, 2183 – 2190.

19 Benz, P. and Wohlgemuth, R. (2007) Amino acid oxidase-catalysed resolution and Pictet-Spengler reaction towards chiral and rigid unnatural amino acids. *Journal of Chemical Technology and Biotechnology (Oxford, Oxfordshire: 1986)*, 87, 1082 – 1086.

20 Soda, K., Oikawa, T. and Yokoigawa, K. (2001) One-pot chemo-enzymatic enantio-merization of racemates. *Journal of Molecular Catalysis B: Enzymatic*, 11, 149 – 153.

21 Trost, E. M. and Fischer, L. (2002) Minimization of by-product formation during D-aminoacid oxidase catalyzed racemate resolution of D/L-amino acids. *Journal of Molecular Catalysis B: Enzymatic*, 19 – 20, 189 – 195.

22 Fotheringham, I., Archer, I., Carr, R., Speight, R. and Turner, N. J. (2006) Preparative deracemization of unnatural amino acids. *Biochemical Society Transactions*, 34, 287 – 290.

23 Eve, T. S. C., Wells, A. and Turner, N. J. (2007) Enantioselective oxidation of O-methyl-hydroxylamines using monoamine oxidase N as catalyst. *Chemical Communications*, 1530 – 1531.

24 Root, R. L., Durrwachter, J. R. and Wong, C.-H. (1985) Enzymatic synthesis of unusual sugars: galactose oxidase catalyzed stereospecific oxidation of polyols. *Journal of the American Chemical Society*, 107, 2997 – 2999.

25 Molinari, F., Gandolfi, R., Villa, R., Urban, E. and Kiener, A. (2003) Enantioselective oxidation of prochiral 2-methyl-1, 3-propandiol by *Acetobacter pasteurianus*. *Tetrahedron: Asymmetry*, 14, 2041 – 2043.

26 Adam, W., Lazarus, M., Boss, B., Saha-Möller, C. R., Humpf, H.-U. and Schreier, P. (1997) Enzymatic resolution of chiral 2-hydroxy carboxylic acids by enantio-selective oxidation with molecular oxygen catalyzed by the glycolate oxidase from spinach (*Spinacia oleracea*). *The Journal of Organic Chemistry*, 62, 7841 – 7843.

27 Adam, W., Lazarus, M., Saha-Moller, C. R., Weichold, O., Hoch, U. Haring, D. and Schreier, P. (1999) Biotransformations with peroxidases. *Advances in Biochemical Engineering/Biotechnology*, 63, 73 – 108.

28 van de Velde, F., van Rantwijk, F. and Sheldon, R. A. (2001) Improving the catalytic performance of peroxidases in organic synthesis. *Trends in Biotechnology*, 19, 73 – 80.

29 Berglund, G. I., Carlsson, G. H., Smith, A. T., Szöke, H., Henriksen, A. and Hajdu, J. (2002) The catalytic pathway of horseradish peroxidase at high resolution. *Nature*, 417, 463 – 468.

30 Colonna, S., Del Sordo, S., Gaggero, N., Carrea, G. and Pasta, P. (2002) Enzyme-mediated catalytic asymmetric oxidations. *Heteroatom Chemistry*, 13, 467 – 473.

31 Legros, J., Dehli, J. R. and Bolm, C. (2005) Applications of catalytic asymmetric sulfide oxidations to the syntheses of biologically active sulfoxides. *Advanced Synthesis Catalysis*, 347, 19 – 31.

32 Klibanov, A. M. (2003) Asymmetric enzymic oxidoreductions in organic solvents. *Current Opinion in Biotechnology*, 14, 427 – 431.

33 Ros Barcelo, A. and Pomar, F. (2002) Plant peroxidases: versatile catalysts in the synthesis of bioactive natural products. *Studies in Natural Products Chemistry*, 27, 735 – 791.

34 Adam, W., Heckel, F., Saha-Moller, C. R. and Schreier, P. (2002) Biocatalytic synthesis of optically active oxyfunctionalized

building blocks with enzymes, chemoenzymes and microorganisms. *Journal of Organometallic Chemistry*, 661, 17 – 29.

35 Lutz, S., Steckhan, E. and Liese, A. (2004) First asymmetric electroenzymatic oxidation catalyzed by peroxidase. *Electrochemistry Communications*, 6, 583 – 587.

36 Colonna, S., Gaggero, N., Richelmi, C. and Pasta, P. (1999) Recent biotechnological developments in the use of peroxidases. *Trends in Biotechnology*, 17, 163 – 168.

37 Hui, S. and Dordick, J. S. (2002) Highly enantioselective oxidation of *cis*-cyclopropyl-methanols to corresponding aldehydes catalyzed by chloroperoxidase. *The Journal of Organic Chemistry*, 67, 314 – 317.

38 Liu, H.-L., Huang, X.-F., Wan, X. and Kong, L.-Y. (2007) Biotransfromation of *p*-coumaric acid (= (2*E*)-3-(4-hydroxyphenyl) prop-2-enoic Acid) by *Momor-Dica charantia* peroxidase. *Helvetica Chimica Acta*, 90, 1117 – 1132.

39 Matsuyama, A., Yamamoto, H., Kawada, N. and Kobayashi, Y. (2001) Industrial Production of (*R*)-1, 3-butanediol by new biocatalysts. *Journal of Molecular Catalysis B: Enzymatic*, 11, 513 – 521.

40 Kinast, G. and Schedel, M. (1981) A four-step synthesis of 1-deoxynojirimycin with a biotransformation as cardinal reaction step. *Angewandte Chemie-International Edition*, 20, 805 – 806.

41 Riva, S., Bovara, R., Pasta, P. and Carrea, G. (1986) Preparative-scale regio-and stereospecific oxidoreduction of cholic acid and dehydrocholic acid catalyzed by hydroxysteroid dehydrogenases. *The Journal of Organic Chemistry*, 51, 2902 – 2906.

42 Lee, L. G. and Whitesides, G. M. (1986) Preparation of optically active 1,2-diols and a-hydroxy ketones using glycerol dehydrogenase as catalyst: limits to enzyme-catalyzed synthesis due to noncompetitive and mixed inhibition by product. *The Journal of Organic Chemistry*, 51, 25 – 36.

43 Irwin, A. J. and Jones, J. B. (1977) Regiospecific and enantioselective horse liver alcohol dehydrogenase catalyzed oxidations of some hydroxycyclopentanes. *Journal of the American Chemical Society*, 99, 1625 – 1630.

44 Irwin, A. J. and Jones, J. B. (1977) Asymmetric syntheses via enantiotopically selective horse liver alcohol dehydrogenase catalyzed oxidations of diols containinng a prochiral center. *Journal of the American Chemical Society*, 99, 556 – 561.

45 Lok, K. P., Jakovac, I. J. and Jones, J. B. (1985) Enzymes in organic synthesis. 34. preparations of enantiomerically pure exo-and endo-bridged bicyclic [2.2.1] and [2.2.2] chiral lactones via stereospecific horse liver alcohol dehydrogenase catalyzed oxidations of meso-diols. *Journal of the American Chemical Society*, 107, 2521 – 2526.

46 Chang, D., Zhang, J., Witholt, B. and Li, Z. (2004) Chemical and enzymatic synthetic methods for asymmetric oxidation of the C-C double bond. *Biocatalysis and Biotransformation*, 22, 113 – 131.

47 Katsuki, T. and Sharpless, K. B. (1980) The first practical method for asymmetric epoxidation. *Journal of the American Chemical Society*, 102, 5974 – 5976.

48 Zhang, W., Loebach, J. L., Wilson, S. R. and Jacobsen, E. N. (1990) Enantioselective epoxidation of unfunctionalized olefins catalyzed by (salen) manganese complexes. *Journal of the American Chemical Society*, 112, 2801 – 2803.

49 Katsuki, T. (2001) The catalytic enantioselective synthesis of optically active epoxides and

tetrahydrofurans. Asymmetric epoxidation, the desymmetrization of meso-tetrahydrofurans, and enantiospecific ring-enlargement. *Current Organic Chemistry*, 5, 663 – 678.

50 Lorenz, J. C., Frohn, M., Zhou, X., Zhang, J.-R., Tang, Y., Burke, C. and Shi, Y. (2005) Transition state studies on the dioxirane-mediated asymmetric epoxidation via kinetic resolution and desymmetrization. *The Journal of Organic Chemistry*, 70, 2904 – 2911.

51 Ohta, H. and Tetsukawa, H. (1978) Microbial epoxidation of long-chain terminal olefins. *Chemical Communications*, 849 – 850.

52 Fourneron, J. D., Archelas, A. and Furstoss, R. (1989) Microbial transformations. 12. Regiospecific and asymmetric oxidation of the remote double bond of geraniol. *The Journal of Organic Chemistry*, 84, 4686 – 4689.

53 Mihovilovic, M. D. (2006) Enzyme mediated Baeyer-Villiger oxidations. *Current Organic Chemistry*, 10, 1265 – 1287.

54 Sato, K., Aoki, M. and Noyori, R. (1998) A 'green' route to adipic acid: direct oxidation of cyclohexenes with 30 percent hydrogen peroxide. *Science*, 281, 1646 – 1647.

55 Schlichting, I., Berndzen, J., Chu, K., Stock, A. M., Maves, S. A., Benson, D. E., Sweet, R. M., Ringe, D., Petsko, G. A. and Sligar, S. G. (2000) The catalytic pathway of cytochrome P450cam at atomic resolution. *Science*, 287, 1615 – 1622.

56 Watanabe, Y., Laschat, S., Budde, M., Affolter, O., Shimada, Y. and Urlacher, V. B. (2007) Oxidation of acyclic monoterpenes by P450 BM – 3 monooxygenase: influence of the substrate E/Z-isomerism on enzyme chemo-and regio-selectivity. *Tetrahedron*, 63, 9413 – 9422.

57 Landwehr, M., Hochrein, L., Otey, C. R., Kasrayan, A., Bäckvall, J.-E. and Arnold, F. H. (2006) Enantioselective hydroxylation of 2-arylacetic acid derivatives and buspirone catalyzed by engineered cytochrome P450 BM – 3. *Journal of the American Chemical Society*, 128, 6058 – 6059.

58 Lipscomb, J. D. (1994) Biochemistry of the soluble methane monooxygenase. *Annual Review of Microbiology*, 48, 371 – 399.

59 Klinman, J. P., Krueger, M., Brenner, M. and Edmondson, D. E. (1984) Evidence for two copper atoms/subunit in dopamine beta-monooxygenase catalysis. *The Journal of Biological Chemistry*, 259, 3399 – 402.

60 Kappock, T. J. and Caradonna, J. P. (1996) Pterin-dependent amino acid hydroxylases. *Chemical Reviews*, 96, 2659 – 2756.

61 Werner, E. R., Hermetter, A., Prast, H., Golderer, G. and Werner-Felmayer, G. (2007) Widespread occurrence of glyceryl ether monooxygenase activity in rat tissues detected by a novel assay. *Journal of Lipid Research*, 48, 1422 – 1427.

62 Joosten, V. and van Berkel, W. J. H. (2007) Flavoenzymes. *Current Opinion in Chemical Biology*, 11, 195 – 202.

63 Roberts, S. M. and Wan, P. W. H. (1998) Enzyme-catalyzed Baeyer-Villiger oxidations. *Journal of Molecular Catalysis B: Enzymatic*, 4, 111 – 136.

64 Mihovilovic, M. D. (2006) Enzyme-mediated Baeyer-Villiger oxidations. *Current Organic Chemistry*, 10, 1265 – 1287.

65 Doig, S. D., Avenell, P. J., Bird, P. A., Gallati, P., Lander, K. S., Lye, G. J., Wohlgemuth, R. and Woodley, J. M. (2002) Reactor operation and scale-up of whole-cell Baeyer-Villiger catalyzed lactone synthesis. *Biotechnology Progress*, 18, 1039 – 1046.

66 Alphand, V., Carrea, G., Furstoss, R., Woodley, J. M. and Wohlgemuth, R. (2003)

Towards large-scale synthetic applications of Baeyer-Villiger mono-oxygenases. *Trends in Biotechnology*, 21, 318 – 323.

67 Hilker, I., Alphand, V., Wohlgemuth, R. and Furstoss, R. (2004) Microbial transformations 56. Preparative scale asymmetric Baeyer-Villiger oxidation using a highly productive 'two-in-one' in situ SFPR concept. *Advanced Synthesis Catalysis*, 346, 203 – 214.

68 Hilker, I., Gutierrez, M. C., Alphand, V., Wohlgemuth, R. and Furstoss, R. (2004) Microbiological transformations 57. Facile and efficient resin-based *in situ* SFPR preparative scale synthesis of an enantiopure 'unexpected' lactone regioisomer via a Baeyer-Villiger oxidation process. *Organic Letters*, 6, 1955 – 1958.

69 Hilker, I., Wohlgemuth, R., Alphand, V. and Furstoss, R. (2005) Microbial transformations 59: first kilogram scale asymmetric microbial Baeyer-Villiger oxidation with optimized productivity using a resin-based *in situ* SFPR strategy. *Biotechnology and Bioengineering*, 92, 702 – 710.

70 van Beilen, J. B., Duetz, W. A., Schmid, A. and Witholt, B. (2003) Practical issues in the application of oxygenases. *Trends in Biotechnology*, 21, 170 – 177.

71 Hilker, I., Baldwin, C., Alphand, V., Furstoss, R., Woodley, J. and Wohlgemuth, R. (2006) On the influence of oxygen and cell concentration in an SFPR whole cell biocatalytic Baeyer-Villiger oxidation process. *Biotechnology and Bioengineering*, 93, 1138 – 1144.

72 Holland, H. L. (1988) Chiral sulfoxidation by biotransformation of organic sulfides. *Chemical Reviews*, 88, 473 – 485.

73 Ottolina, G., de Gonzalo, G., Carrea, G. and Danieli, B. (2005) Enzymatic Baeyer-Villiger oxidation of bicyclic diketones. *Advanced Synthesis Catalysis*, 347, 1035 – 1040.

74 Wang, C., Gibson, M., Rohr, J. and Oliveira, M. A. (2005) Crystallization and X-ray diffraction properties of Baeyer-Villiger monooxygenase MtmOIV from the mithramycin biosynthetic pathway in *Streptomyces argillaceus*. *Acta Crystallographica Section F*, *Structural Biology and Crystallization Communications*, 61, 1023 – 1026.

75 Colonna, S., Gaggero, N., Carrea, G., Ottolina, G., Pasta, P. and Zambianchi, F. (2002) First asymmetric epoxidation catalysed by cyclohexanone monooxygenase. *Tetrahedron Letters*, 43, 1797 – 1799.

76 Park, J. B., Bühler, B., Habicher, T., Hauer, B., Panke, S., Witholt, B. and Schmid, A. (2006) The efficiency of recombinant *Escherichia coli* as biocatalyst for stereospecific epoxidation. *Biotechnology and Bioengineering*, 95, 501 – 512.

77 Faber, K. (2004) *Biotransformations in Organic Chemistry*, 5th revised and corrected edn, Springer-Verlag, Berlin, Heidelberg.

78 Kolb, H. C., Van Nieuwenhenhze, M. S. and Sharpless, K. B. (1994) Catalytic asymmetric dihydroxylation. *Chemical Reviews*, 94, 2483 – 2547.

79 Gibson, D. T., Hemsley, M., Yoshioka, H. and Mabry, T. J. (1970) Formation of (+)-cis-2, 3-dihydroxy-1-methylcyclohexa-4, 6-diene from toluene by *Pseudomonas putida*. *Biochemistry*, 9, 1626 – 1630.

80 Gibson, D. T., Koch, J. R. and Kallio, R. E. (1968) Oxidative degradation of aromatic hydrocarbons by microorganisms. I. Enzymatic formation of catechol from benzene. *Biochemistry*, 7, 2653 – 2662.

81 Hudlicky, T., Gonzalez, D. and Gibson, D. T. (1999) Enzymatic dihydroxylation of aromatics

in enantioselective synthesis: expanding asymmetric methodology. *Aldrichimica Acta*, 32, 35 - 62.

82 Resnick, S. M., Lee, K. and Gibson, D. T. (1996) Diverse reactions catalyzed by naphthalene dioxygenase from Pseudomonas sp. strain NCIB9816. *Journal of Industrial Microbiology*, 17, 438 - 457.

83 Boyd, D. R., McMordie, R. A. S., Porter, H. P., Dalton, H., Jenkins, R. O. and Howarth, O. W. (1987) Metabolism of bicyclic aza-arenes by *Pseudomonas putida* to yield vicinal cis-dihydrodiols and phenols. *Chemical Communications*, 22, 1722 - 1724.

84 Ley, S. V. and Sternfeld, F. (1989) Microbial oxidation in synthesis: preparation of (+)- and (.)-pinitol from benzene. *Tetrahedron*, 45, 3463 - 3476.

85 Boyd, D. R. and Sheldrake, G. N. (1998) The dioxygenase-catalyzed formation of vicinal cis-diols. *Natural Product Reports*, 15, 309 - 324.

86 Johnson, R. A. (2004) Microbial arene oxidations. *Organic Reactions*, 63, 117.

87 Reiner, A. M. and Hegemann, G. D. (1971) Metabolism of benzoic acid by bacteria accumulation of (−)-3, 5-cyclohexadiene-1, 2-diol-1-carboxylic acid by a mutant strain of *Alcaligenes eutrophus*. *Biochemistry*, 10, 2530 - 2536.

88 Urlacher, V. B. and Schmid, R. D. (2006) Recent advances in oxygenase-catalyzed biotransformations. *Current Opinion in Chemical Biology*, 10, 156 - 161.

89 Bui, V. B., Hudlicky, T., Hansen, T. V. and Stenstrom, Y. (2002) Direct biooxidation of arenes to corresponding catechols with *E. coli* JM109(pDTG602). Application to synthesis of combretastatins A-1 and B-1. *Tetrahedron Letters*, 43, 2839 - 2841.

90 Parales, R. E. and Resnick, S. M. (2007) Applications of aromatic dioxygenases, in *Biocatalysis in the Pharmaceutical and Biotechnology Industries* (ed. R. N. Patel), CRC Taylor and Francis, Boca Raton-London-New York, pp. 299 - 332.

91 Cirini, P. C. and Arnold, F. H. (2002) Protein engineering of oxygenases for biocatalysis. *Current Opinion in Chemical Biology*, 6, 130 - 135.

92 Finn, K. J., Pavlyuk, O. and Hudlicky, T. (2005) Toluene dioxygenase-mediated oxidation of bromo(methylsulfanyl) benzenes. Absolute configuration of metabolites and evaluation of chemo-and regioselectivity trends. *Collection of Czechoslovak Chemical Communications*, 70, 1709 - 1726.

93 Yildirim, S., Zezula, J., Hudlicky, T., Witholt, B. and Schmid, A. (2004) Asymmetric dihydroxylation of cinnamonitrile to trans-3-[(5S, 6R)-5, 6-dihydroxy-cyclohexa-1, 3-dienyl]-acrylonitrile using chlorobenzene dioxygenase. *Advanced Synthesis Catalysis*, 346, 933 - 942.

94 Yildirim, S., Franco, T., Wohlgemuth, R., Kohler, H. P., Witholt, B. and Schmid, A. (2005) Recombinant chlorobenzene dioxygenase from *Pseudomonas* sp. P51: a biocatalyst for regioselective oxidation of aromatic nitriles. *Advanced Synthesis Catalysis*, 347, 1060 - 1073.

95 Yildirim, S., Ruinatscha, R., Gross, R., Wohlgemuth, R., Kohler, H. P., Witholt, B. and Schmid, A. (2006) Selective hydrolysis of the nitrile group of cis-dihydrodiols. *Journal of Molecular Catalysis B: Enzymatic*, 38, 76 - 83.

96 Boyd, D. R. and Bugg, T. D. H. (2006) Arene cis-dihydrodiol formation: from biology to application, organic and biomolecular chemistry. *Organic and Biomolecular Chemistry*,

4,181 – 192.

97 Boyd, D. R., Sharma, N. D., Belhocine, T., Malone, J. F., McGregor, S. and Allen, C. C. R. (2006) Dioxygenase-catalyzed dihydroxylation of arene cis-dihydrodiols and acetonide derivatives: a new approach to the synthesis of enantiopure tetraoxygenated bioproducts from arenes. *Chemical Communications*, 4934 – 4936.

98 Schneider, C., Pratt, D. A., Porter, N. A. and Brash, A. R. (2007) Control of oxygenation in lipoxygenase and cyclooxygenase catalysis. *Chemistry and Biology*, 14, 473 – 488.

99 Corey, E. J., Albright, J. O., Burton, A. E. and Hashimoto, S. (1980) Chemical and enzymic syntheses of 5-HPETE, a key biological precursor of slow-reacting substance of anaphylaxis (SRS), and 5-HETE. *Journal of the American Chemical Society*, 102, 1435 – 1436.

100 Samuelsson, B. (1965) On the incorporation of oxygen in the conversion of 8, 11, 14-eicosatrienoicacid to prostaglandin E_1. *Journal of the American Chemical Society*, 87, 3011 – 3013.

101 Hayaishi, O. (1993) My life with tryptophan-never a dull moment. *Protein Science*, 2, 472 – 475.

102 Leuenberger, M. G., Engeloch-Jarret, C. and Woggon, W. D. (2001) The reaction mechanism of the enzyme-catalyzed central cleavage of β-carotene to retinal. *Angewandte Chemie-International Edition*, 40, 2613 – 2617.

103 Kloer, D. P., Ruch, S., Al-Babili, S., Beyer, P. and Schulz, G. E. (2005) The structure of a retinal-forming carotenoid oxygenase. *Science*, 308, 267 – 269.

104 Schmidt, H., Kurtzer, R., Eisenreich, W. and Schwab, W. (2006) The carotenase AtCCD1 from *Arabidopsis thaliana* is a dioxygenase. *The Journal of Biological Chemistry*, 281, 9845 – 9851.

105 Mang, H., Gross, J., Lara, M., Goessler, C., Schoemaker, H. E., Guebitz, G. M. and Kroutil, W. (2006) Biocatalytic single-step alkene cleavage from aryl alkenes: an enzymatic equivalent to reductive ozonization. *Angewandte Chemie-International Edition*, 45, 2501 – 2503.

106 Blasiak, L. C., Vaillancourt, F. H., Walsh, C. T. and Drennan, C. L. (2006) Crystal structure of the non-haem iron halogenase SyrB2 in syringomycin biosynthesis. *Nature*, 440, 368 – 371.

107 Burzlaff, N. I., Rutledge, P. J., Clifton, I. J., Hensgens, C. M., Pickford, M., Adlington, R. M., Roach, P. L. and Baldwin, J. E. (1999) The reaction cycle of isopenicillin N synthase observed by X-ray diffraction. *Nature*, 401, 721 – 724.

108 Zhang, Z., Ren, J., Stammers, D. K., Baldwin, J. E., Harlos, K. and Schofield, C. J. (2000) Structural origins of the selectivity of the trifunctional oxygenase clavaminic acid synthase. *Nature Structural and Molecular Biology*, 7, 127 – 133.

109 Gademann, K., Bethuel, Y., Locher, H. H. and Hubschwerlen, C. (2007) Biomimetic total synthesis and antimicrobial evaluation of anachelin H. *The Journal of Organic Chemistry*, 72, 8361 – 8370.

110 Oliynyk, M., Stark, C. B. W., Bhatt, A., Jones, M. A., Hughes-Thomas, A., Wilkinson, C., Oliynyk, Z., Demydchuk, Y., Staunton, J. and Leadlay, P. F. (2003) Analysis of the biosynthetic gene cluster for the polyether antibiotic monensin in *Streptomyces cinnamonensis* and evidence for the role of monB and monC genes in oxidative cyclization. *Molecular Microbiology*, 49, 1179 – 1190.

111 Bhatt, A., Stark, C. B. W., Harvey, B. M., Gallimore, A. R., Demydchuk, Y. A., Spencer, J. B., Staunton, J. and Leadlay, P. F. (2005) Accumulation of an E,E,E-triene by the monensin-producing polyketide synthase when oxidative cyclization is blocked. *Angewandte Chemie-International Edition*, 44, 7075–7078.

112 Valegard, K., Terwisscha van Scheltinga, A. C., Lloyd, M. D., Hara, T., Ramaswamy, S., Perrakis, A., Thompson, A., Lee, H. J., Baldwin, J. E., Schofield, C. J., Hajdu, J. and Andersson, I. (1998) Structure of a cephalosporin synthase. *Nature*, 394, 805–809.

113 Molinari, F., Gandolfi, R., Villa, R., Urban, E. and Kiener, A. (2003) Enantioselective oxidation of prochiral 2-methyl-1,3-propandiol by *Acetobacter pasteuria-nus*. *Tetrahedron: Asymmetry*, 14, 2041–2043.

114 Wohlgemuth, R. (2007) Interfacing biocatalysis and organic synthesis. *Journal of Chemical Technology and Biotechnology (Oxford, Oxfordshire: 1986)*, 82, 1055–1062.

115 Cordova, A., Sunden, H., Engqvist, M., Ibrahem, I. and Casas, J. (2004) Direct amino-acid-catalyzed asymmetric incorporation of molecular oxygen to organic compounds. *Journal of the American Chemical Society*, 126, 8914–8915.

116 Wohlgemuth, R. (2007) Modular and scalable biocatalytic tools for practical safety, health and environmental improvements in the production of speciality chemicals. *Biocatalysis and Biotransformation*, 25, 178–185.

117 Sanchez, C., Zhu, L., Brana, A. F., Salas, A. P., Rohr, J., Mendez, C. and Salas, J. A. (2005) Combinatorial biosynthesis of antitumor indolocarbazole compounds. *Proceedings of the National Academy of Sciences of the United States of America*, 102, 461–466.

118 Ryan, K. S., Howard-Jones, A. R., Hamill, M. J., Elliott, S. J., Walsh, C. T. and Drennan, C. L. (2007) Crystallographic trapping in the rebeccamycin biosynthetic enzyme RebC. *Proceedings of the National Academy of Sciences of the United States of America*, 104, 15311–15316.

119 Wohlgemuth, R. (2006) Tools for selective enzyme reaction steps in the synthesis of laboratory chemicals. *Engineering in Life Sciences*, 6, 1–8.

120 Kamerbeek, N. M., Janssen, D. B., van Berkel, W. J. H. and Fraaije, M. W. (2003) Baeyer-Villiger monooxygenases, an emerging family of flavin-dependent biocatalysts. *Advanced Synthesis Catalysis*, 345, 667–678.

21 第二代拜耳-维立格（Baeyer-Villiger）反应生物催化剂

Veronique Alphand, Marco W. Fraaije, Marko D. Mihovilovic, Gianluca Ottolina

21.1 引言

1899 年，Adolf von Baeyer 和 Victor Villiger 首先发现了酮氧化转化为内酯或酯的功能[1]。这种转换是非常有价值的，重排过程开始时，在迁移的碳中心严格保留构型，并且这种对反应的化学区域（构象、空间区域选择性和电子效应）的影响已经有了充分的了解，并且具有一定的预见性[2,3]。在今天的有机化学中，过氧酸可以向不太活泼的碳—碳键中插入氧，并且也可得到不对称变种[4]。

这种等效的酶催化首次在 1948 年的生物催化降解类固醇[5]中发现，后来证明在真菌和原核生物体中大量存在。该转换依赖于氧和烟酰胺相应地减少[6]。在生物催化的 Baeyer-Villiger 反应发现后大约 20 年，第一代的 Baeyer-Villiger 单加氧酶（BVMOs）得到分离，并发现有功能性的催化实体[7,8]的特点。在这些蛋白质中，依赖 NADH 或 NADPH 作为电子供体而黄素辅因子则取代了化学转化中的高酸。值得注意的是，大多数已报道的 BVMOs 是可溶性蛋白质，而相比之下，许多其他类型的单加氧酶，大多是膜关联的。根据不同的黄素辅因子的性质，BVMOs 至少可分为两种类型[9]。1 型 BVMOs 由单一的多肽链组成，以黄素腺嘌呤二核苷酸（FAD）紧密结合作为辅基，并为 NADPH 依赖型：这两个辅因子结合在两个不同的 Rossmann 序列模（GxGxxG）指示的核苷酸结合域中。2 型 BVMOs 含有黄素单核苷酸（FMN），并为 NADH 依赖型：由两个不同的亚基组成并与黄素依赖的荧光素酶有一定的联系。

以 *Acinetobacter* BVMO 酶揭示 BVMOs 普遍适用的机制[10,11]。最初，NADPH 介导的 FAD 辅基的减少导致形成一个烯胺型的中间体（图 21-1）。本反应与氧分子反应产生的 4a-过氧阴离子相当于一个有机高酸。类似于传统的反应机理，亲核离子攻击羰基的负阴离子导致 Criegee 重排中间体的形成。接着，电子的立体作用和构象效应影响重排过程：酶活性中心的空间和静电组成决定哪个 C—C 键可以采用面对面的对位构象，其余的 C—C 键则表明了迁移的偏好。形成的酯或内酯从活性中心释放，通过消除水和黄素辅因子再生形成密闭的催化循环。

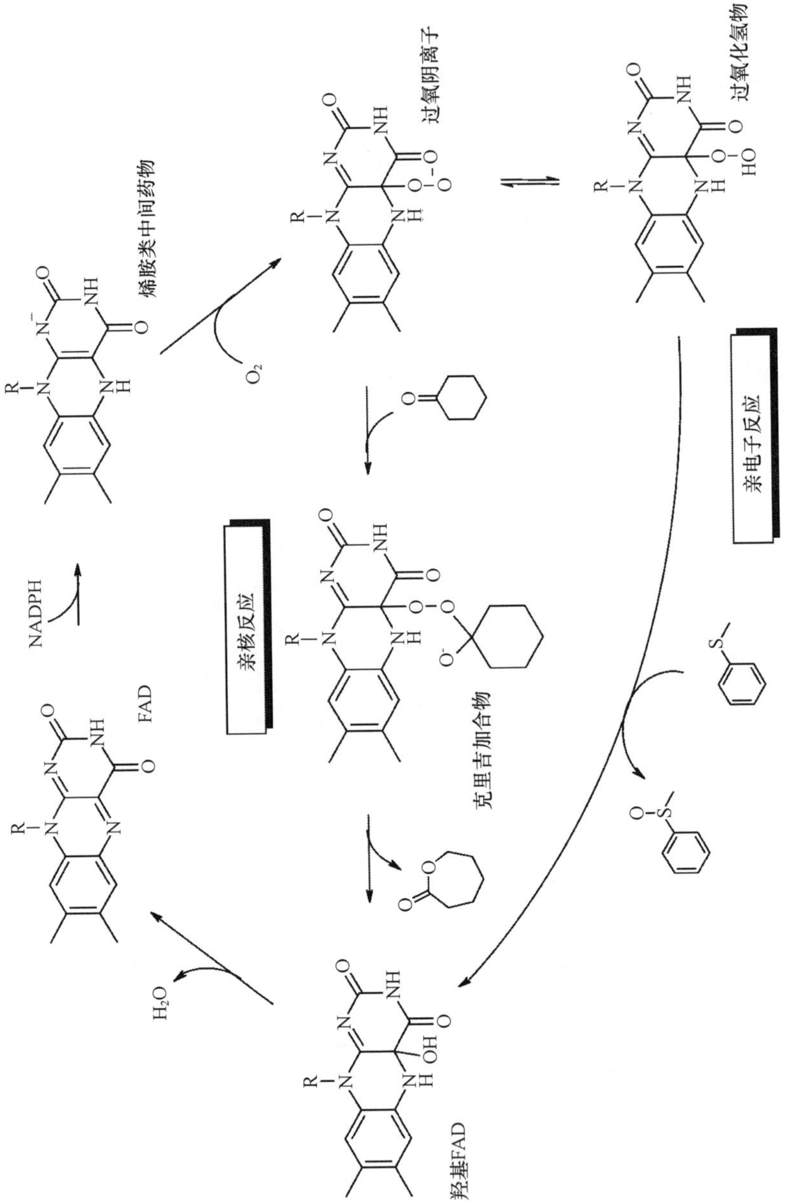

图 21-1　含黄素的 BVMOs 催化的循环反应机制

过氧阴离子与相应的氢是均衡的，人们认为结合位点在缺乏亲核性攻击目标时就变得相对突出，易受攻击。因此，形成了一个电活性物种，它可对随后的杂原子进行氧化。

通过测定中度嗜热菌 *Thermobifida fusca* PAMO 酶的三维结构[12]，对于这个酶家族的认识取得了重大进展，在底物方面，其偏好于含芳基的酮[13]。这种酶显示有两种域结构：FAD-结合域与NADPH-结合域相邻，并且活性部位位于域接口的裂口处。链接区域包含一个高度保守的代表所有BVMOs酶的指示"指纹"序列（FxGxxxHxxxW）[14]。PAMO的两个域体现了生物催化氧化过程中底物构象的多样性。

与通常的高化学选择性、区域选择性和立体选择性相比，BVMOs表现出了一个显著的底物混杂性，故此酶常应用在不对称化学合成中。近年来，大量新发现的酶已有互补的生物催化性能，特别是关于化学选择性以及立体选择性。最近出版了一些涉及一定历史背景下生物化学[15,16]和BVMOs酶[17,18]的合成应用的评论文章，这些文章的一大亮点就是聚焦于该领域的最新进展情况，以促进这种酶在有机合成中的进一步应用。本文的主要重点将放在利用现有的关于BVMO生物催化的知识用现代化系统建立第二代的BVMO酶催化系统。讨论的重点主要集中于CERC3的研究者与生物应用的COST Action D25的研究者的跨国合作的研究进展。

21.2　BVMO酶平台

由于这些物质在不对称合成中的重要性，酶催化的Baeyer—Villiger反应应用的重点是催化环酮转化为内酯。通过 *Acinetobacter* NCIMB 9871 的环己酮单加氧酶（CHMO$_{Acineto}$）发现了BVMOs酶许多特定的特点，从而将该酶作为最突出的模型[19]。然而，近几年内大量不同的BVMOs酶已经变得可用。分子生物学的各种技术可以通过理性设计[14]或随机突变[20]产生新基因。通过整个细胞重组（以酵母[21]和大肠杆菌[22]作为宿主），这些酶的适用性大大提高了，从而在无需知道生物化学机理情况下，提供适用于化学合成的关于蛋白质分离与辅因子再生障碍的简单的解决方案。

表21-1提供了在一定历史背景下最突出的酶与具代表性的底物的概况。在目前可用的BVMO酶平台包括，对环酮在去对称化反应和转化为大环或为更严格的动力学拆分中的转化有较高的立体选择性的那些酶。BVMOs酶有价值的扩展是对富氧含芳基底物以及线性酮的选择性。

表21-1　重组BVMOs的合成应用

BVMO/来源	年份		代表
	鉴定	克隆	底物特征
Baeyer-Villiger 单加氧酶（BVMO$_{Mtb5}$）结核杆菌 H37Rv	2006 [23]	2006 [23]	[23, 24]

续表

BVMO/来源	年份		代表
	鉴定	克隆	底物特征
环十二酮单加氧酶（CDMO）红球菌属 SC1	2001 [25]	2001 [25]	[26]
环己酮单加氧酶（CHMO$_{Acineto}$）不动杆菌属 NCIMB 9871	1976 [27]	1988 [28]	[29]
环己酮单加氧酶（CHMO$_{Arthro}$）不动杆菌属 BP2	2003 [30]	2003 [31]	[26, 32]
环己酮单加氧酶（CHMO$_{Brachy}$）噬油变形菌	2003 [33]	2003 [33]	[26, 32]
环己酮单加氧酶（CHMO$_{Brevi1\&2}$）枯草芽孢杆菌 HCU	2000 [34]	2000 [34]	[26, 35]
环己酮单加氧酶（CHMO$_{Rhodo1\&2}$）红球菌属 Phi1、Phi2	2003 [30]	2003 [30]	[26, 32]
环十五酮单加氧酶（CPDMO）假单胞菌属 HI-70	2006 [36]	2006 [36]	[36]
环戊酮单加氧酶（CPMO$_{Coma}$）胞菌属 NCIMB 9872	1976 [37]	2002 [38]	[32, 38]
对羟基苯乙酮单加氧酶（HAPMO）荧光假单胞菌 ACB	2001 [39]	2001 [39]	[40, 41]
线性酮单加氧酶（BVMO$_{Pflu}$）荧光假单胞菌 DSM 50106	2006 [42]	2006 [42]	[42]
苯基丙酮单加氧酶（PAMO）嗜热放线菌	2004 [43]	2005 [44]	[45]

在进化关系的基础上，基于图 21-2 中列出的酶的化学和立体选择性，可以得到这些酶中某一类成功转化底物的数目。特别相关的是近期识别的两环丁烷转换 BVMOs 能够在大量底物存在时催化对映选择性互补的内酯[32,46,47]。在进化分析中，这种酶只能代表最近的基因组测序分配的 BVMOs 酶中一个很小的一部分。明确的底物，包括不同结构和电子酮前体，适用于许多生物催化剂。与 PAMO 结构得到的酶模型结合可能让新的载体和（或）修饰后的催化性能得到很好的预测。然而，大量的未知功能的酶用于新类型的生物转化还有待发现。

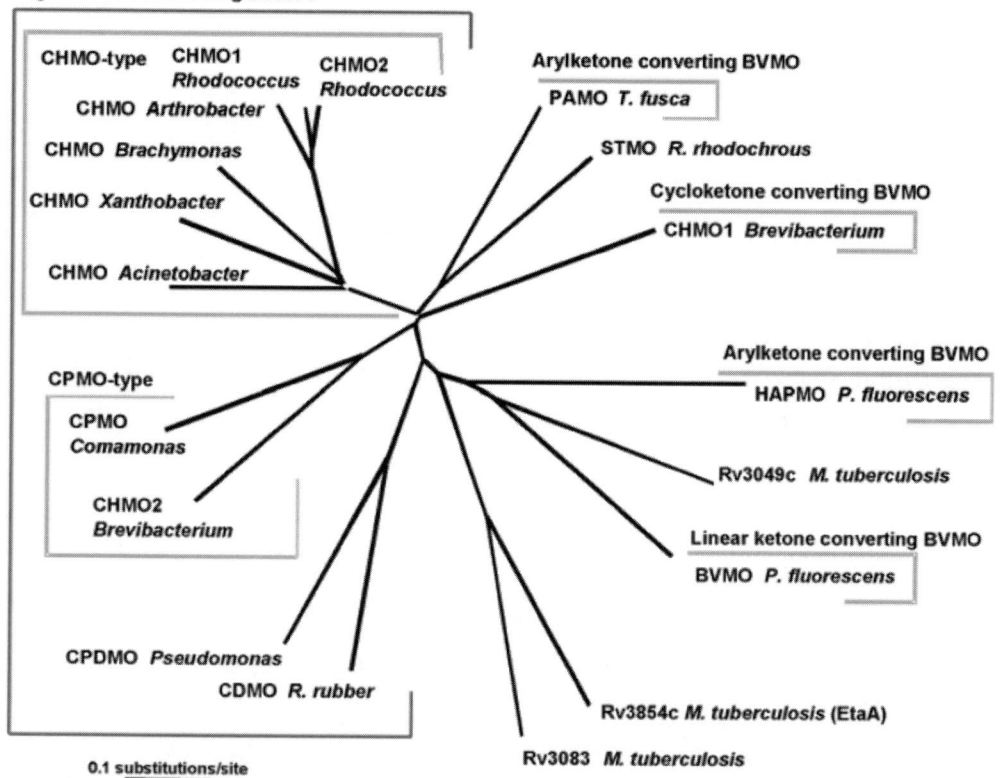

图 21-2 BVMOs 的进化关系图（18 个蛋白质序列和确认的 BVMO 活性位点的对齐和无根系统发生树的计算是通过软件 Clustal X v. 1.83 和 TreeView v. 1.4）[1]

1. 蛋白序列缩写和 GenBank 登录号：
CHMO *Acinetobacter*：CHMO 不动杆菌属 NCIMB 9871：BAA86293；
CHMO2 *Brevibacterium*：CHMO2 枯草芽孢杆菌 HCU：AAG01290；
CHMO *Arthrobacter*：CHMO 不动杆菌属 BP2：AAN37479；
CHMO *Brachymonas*：CHMO 噬油变形菌：AAR99068；
CHMO1 *Brevibacterium*：CHMO1 枯草芽孢杆菌 HCU：AAG01289；
CHMO1 *Rhodococcus*：CHMO 红球菌属 Phi1：AAN37494；
CHMO2 *Rhodococcus*：CHMO 红球菌属 Phi2：AAN37491；
CHMO *Xanthobacter*：BVMO 黄色杆菌 ZL5：CAD10801；
CPMO *Comamonas*：环戊酮单加氧酶菌属 NCIMB9872：BAC22652；
PAMO *T. fusca*：苯基丙酮单加氧酶嗜热放线菌：1W4X_A；
HAPMO *P. fluorescens*：4-羟基苯乙酮单加氧酶荧光假单胞菌：AAK54073；
STMO *R. rhodochrous*：加一氧酶玫瑰红球菌：BAA24454；
CDMO *R. rubber*：环十二酮单加氧酶红球菌属：AAL14233；
Rv3854c *M. tuberculosis*：ETaA 结核杆菌 H37Rv：CAB06212；
CPDMO *Pseudomonas*：环十五酮单加氧酶假单胞菌属 HI-70：BAE93346；
Rv3049c *M. tuberculosis*：BVMO 来自结核分枝杆菌 H37Rv：CAA16134；
Rv3083 *M. tuberculosis*：BVMO 来自结核分枝杆菌 H37Rv：CAA16141；
BVMO *P. fluorescens*：BVMO 来自荧光假单胞菌：AAC36351。

21.3 BVMOs 工程化

在生物催化领域，改变以往特征酶的酶学性质的一种较好并经常使用的方法是 DNA 诱变技术。通过这种方式，不仅可以优化底物特异性，而且可以提高极端外部因素如温度、有机溶剂、盐度、pH 下的酶活性稳定性。近年来，随机突变与功能性筛选（"定向进化"）的结合已经广泛应用于酶的重新设计。然而，由于随机突变通常发生在远离活性中心的位置，这种方法往往不能有效地改变底物特异性[48]。并且如此长距离的突变通常不足以影响酶的底物专一性。事实上，为了有效地改变酶的底物特异性，应该优先针对活性中心残基进行突变。

如此有针对性的第一个位点残基的突变已被证明能对底物特异性和（或）选择性带来巨大变化[49]。然而，这样一个基于结构（随机）诱变的方法只有在已知目标生物催化剂结构或结构模型时才可行。

在近期关于 BVMOs 的工作中，我们利用了代表目前唯一可用的 BVMO 结构的 PAMO 晶体结构[12,13]。在改变底物特异性的初步研究中，通过 PAMO 结构与 CHMO 模型的比较，来确定 PAMO 结构中对于底物特异性至关重要的突出位点。通过删除一些残基去掉这个隆起，导致 PAMO 酶突变。对于野生型不接受或酶活性不高的底物，PAMO 突变酶表现出较好的突变活性[50]。通过对 PAMO 结构和 CPMO 同源建模结构相比较，发现其活性部位非常相似（图 21-3）。事实上，CPMO 中存在上述的隆起部位，同时它显示了同 CHMO 相似的底物结合性。不

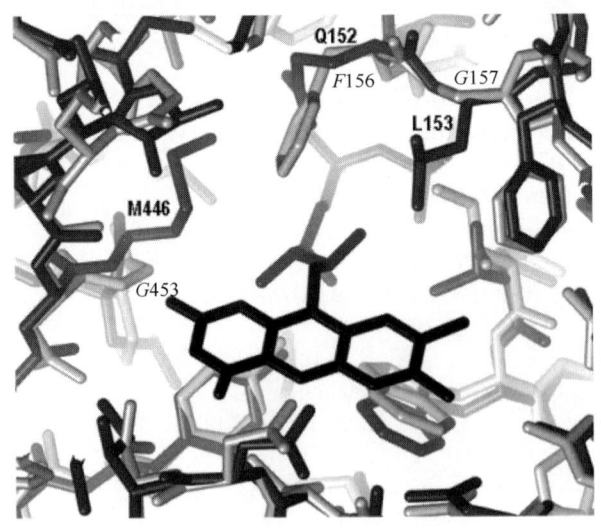

图 21-3　PAMO 活性位点（深灰色）与 CPMO 模型（浅灰色）的比对
FAD 辅因子是黑色的。PAMO 和 CPMO 各自的数量表明，PAMO 三个非保守的残基已突变

过，PAMO 和 CPMO 在底物方面显示了巨大的差异：PAMO 偏爱于芳香族底物，而 CPMO 则对于脂肪酮具有广泛的活性。在所有的 BVMOs 中包围在黄素辅因子周围的大部分残基，构成了活性中心。可以确定只有三个残基不同：Q152、L153 和 M446。据推测，这些在第一层外壳的残基在一定程度上在分子层面上确定了 PAMO 和 CPMO 不同的底物特异性。

我们用在 CPMO 中发现的残基代替了相应的 PAMO 中的残基，从而产生了三种突变[51]。令人惊讶的是，其中的两个突变是无效的（Q152F/L153G 和 Q152F/L153G/M446G）。这两个突变蛋白仍然能够与 NADPH 和 FAD 辅因子结合。然而，突变体失去了氧化反应的能力。很显然，Q152 和 L153 同时突变导致活性位点的改变，使得有机底物不能被过氧化黄素氧化。在最近的 CPMO 诱变研究中，通过对这两个同源残基随机突变提高了不对称选择性[51]。不过，对所有报道的 CPMO 突变与野生型通过细胞进行表达检测，无一例外的，其表现的活性或稳定性较差。含野生型 CPMO 的细胞能够全部转化被测底物。这表明，第一层外壳和第二层外壳之间微妙的相互作用，才能形成一个平衡和适当的底物结合口袋。

有趣的是，单一突变 M446G 使得 PAMO 的底物特异性和对映选择性发生巨大变化。这次 PAMO 变种的底物为几个新的化合物（如吲哚和苯甲醛）。该突变对羰基或靠近苯环的杂原子表现出较高的特异性。底物的芳香环在活性中心不同的定位可能会导致明显的区域选择性的改变。此外，一个底物结合口袋的改变也能解释对硫化物和酮的对映选择性的重大改变。这证实了特定的氨基酸残基在调节底物结合口袋中的作用。有趣的是，突变 M446G 的活性中心在一定程度上模仿了对于野生型 PAMO 的甲醇添加效果。最近，我们的研究表明，可以被 PAMO 耐受的高达 30% 的甲醇，能够影响对映选择性[52]。无论是诱导有机溶剂特异性结合的活性部位还是野生型 PAMO 结构变化，从而改变底物结合口袋，都需要进一步研究。事实上 M446 的替换导致的底物特异性和对映选择性的剧烈变化表明，一个或两个甲醇分子在活性部位特定的相互作用也许可以解释观察到的溶剂效应。

虽然由于缺乏结合底物或产物的晶体结构而不能确定底物在 PAMO 及其他 BVMOs 中的结合模式，诱变研究仍然给出了残基参与形成底物结合口袋的线索。在过去的几年里随机、定向突变研究已经用于 PAMO、CHMO 和 CPMO[53~56]。所有显示对映选择性变化的突变表明，许多目标残基是 PAMO 底物结合口袋的第一部分外壳。正如 21-4 图所示，这些残基大部分在黄素辅因子的背面对齐口袋。引人注意的是，所观察到的突变大多是在 FAD 结合结构域和邻近螺旋子区域，而不是 NADPH 结合域。除先前发现的影响 BVMO 特异性的热点外，已证实 PAMO 的 M446 也参与决定底物特异性和对映选择性（图 21-4，表 21-2）。

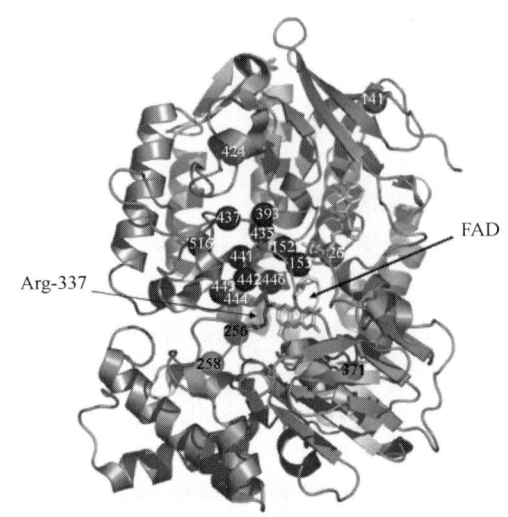

图 21-4　PAMO 晶体结构图

FAD 辅因子插入紧挨活性位点 R337 的 PAMO 中心。距离 FAD 辅因子的异咯嗪
单体小于 15Å 的残基显示为深灰色，而距离远的显示为浅灰色

表 21-2　　　　　BVMOs 突变体库及其对映选择性改造

对映选择性影响	酶/突变	热点
CHMO		
9%R→34%R [53]	F432Y，*K500R*	L443
9%R→40%R [53]	L143F	Q152
9%R→49%R [53]	F432I	L443
9%R→54%R [53]	L426P，*A541V*	A435
9%R→18%S [53]	*L220Q*，P428S，T433A	P437，S444
9%R→46%S [53]	*D41N*，F505Y	L516
9%R→78%S [53]	*K78E*，F432S	L443
9%R→79%S [53]	F432S	L443
9%R→90%R [53]	L143F，*E292G*，L435Q，*T464A*	Q152，M446
14%R→99%R [57]	D384H	T393
14%R→99%R [57]	F432S	L443
14%R→98%S [57]	*K229I*，L248P	R258
14%R→99%S [57]	Y132C，F246I，V361A，T415A	I141，T256，V371，S424
14%R→95%S [57]	F16L，*F277S*	F26
CPMO		
5%S→59%R [55]	G449S，F450Y	A442，L443
5%S→90%R [55]	F156N，G157Y	Q152，L153
PAMO		
$E=1→E=100$ [50]	ΔS441，ΔA442	S441，A442
6%S→95%R [51]	M446G	M446

　a. 以对映选择性改善的氧化反应具体实例证明突变的效果。
　b. 位于蛋白表面的残基用斜体表示，距离 FAD 辅因子的异咯嗪单体小于 15Å 的残基显示为加粗。

未来 BVMO 重新设计的研究可以利用这些局部化的热点，即同时对决定 BVMOs 底物结合口袋构型的可塑性残基进行突变。这方面值得注意的是，几个突变 CHMO 在提高转化率的同时扩大了底物接受范围，从而可以进一步地开发利用[56]。通过这一战略，可以从目前应用的 BVMOs 并可能最终结合底物混杂性与其他酶学性质（例如 PAMO 的热稳定性）开发更具催化潜力、更有价值的 BVMOs。

21.4　合成化学中的拜耳–维立格（Baeyer-Villiger）生物氧化反应

21.4.1　化学选择性

BVMOs 已经对许多具有不同骨架的底物分子进行了检测，但只是对具有一个以上反应基团的底物才进行了一些进一步的研究。例如代表一个有趣的化学选择性的反应，含硫化合物 1，3－二噻烷的反应，生物氧化的最初产品是单硫氧化物，随后较易转化为砜而非双亚砜[58]。

PAMO 结构上的位置见图 21－4。

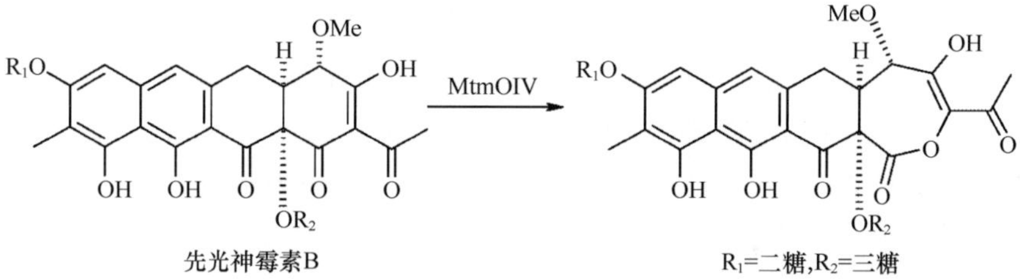

图式 21－1　MtbOIV 催化的先光神霉素 B 的 Baeyer-Villiger 氧化反应位点选择性

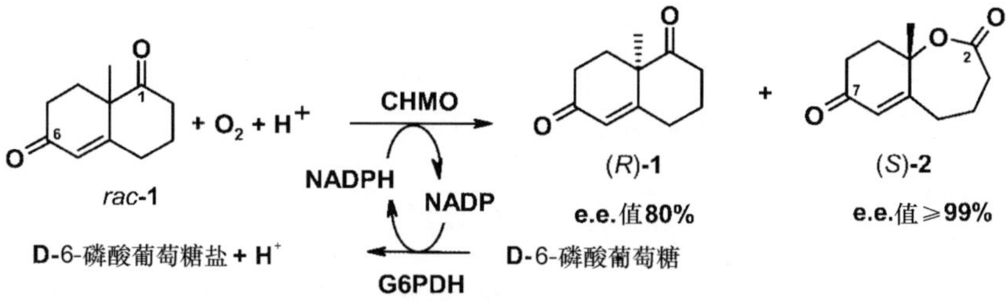

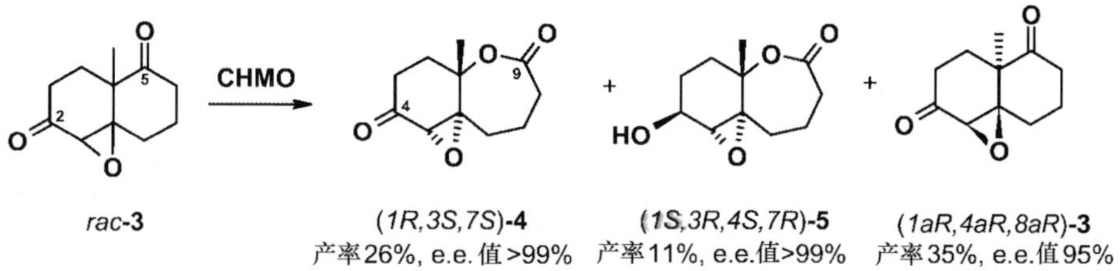

图式 21－2　*Acinetobacter* CHMO 酶催化的二羰基底物的化学选择性氧化

在针对特定的羰基选择性识别结果的报道中,MtmOIV 单加氧酶作为唯一的 BVMO 酶,它的特性被清楚地确定:这种酶能够以高度的位置专一性通过 Baeyer-Villiger 反应在先光神霉素 B 插入一个氧原子,来鉴别烯烃、芳烃、循环和非循环羰基(图式 21-1)[59]。

我们近期工作的主要成果是,研究了 BVMOs 对非天然底物的化学选择性。*Acinetobacter* CHMO 酶通过酶的 Baeyer-Villiger 氧化双环酮产生相应的酮内酯类,其结构经常在天然产物或合成的关键中间体中发现[60]。CHMO 酶法氧化外消旋的 Wieland-Miescher 酮 1,将其完全选择性转化为相应的(*S*) - 内酯 2 和对映体过剩 e.e. 值>99%(图式 21-2)。此外,相应的还原化合物,顺式-8a-甲基-六氢化-萘-1,6-二酮,通过 CHMO 催化位置 1 上的选择性氧化,生成高 e.e. 值的(5a *R*, 9a *S*) - 酮内酯(≥99)。外消旋 Wieland-Miescher 酮的环氧化反应形成了环氧化二酮 3,该产物经 CHMO 粗酶及羟基内酯(1*S*, 3*R*, 4*S*, 7*R*) -5 处理生成对映体纯的内酯(1*R*, 3*S*, 7*S*) -4,其原因在于混合物中存在的脱氢酶活性。

BVMOs Baeyer-Villiger 反应的杂氧化过程,氧合通常发生在羰基中心。一项研究显示:杂环底物 6 能高转化率地转化为相应的内酯产物 7 (图式 21-3)[61,62]。此外,这些酶的功能通常包括传统的化学条件下氧化反应的群体不稳定性,如烯烃(7:R=CH=CH$_2$)[63]。然而,有报道称电子缺陷型的麦克加成反应类型受体的烯烃类,在烯基膦前体存在时能氧化为环氧化物[64]。通过最近的研究我们能够得出,即使是没被激活的 C=C 双键也能进行环氧化反应,这个生物转化显然也适用于 BVMO[65]活动。然而,这样的环氧化反应(10)至今只在黄色杆菌的 BVMO 中观察到:值得注意的是:基于底物 8 (碳环与杂环)的性质发现了一个高度互补行为,并且 *Comamonas* CPMO 通过 Baeyer-Villiger 反应有选择性地转化为产物(+)-9 (X=O)。

虽然最近发现了一些有价值的东西,然而 BVMO 对多功能底物特别是聚酮化合物潜在的生物氧化作用,尚未进行全面调查。此领域进一步的研究应包含,进一步改善和提高效率以便未来应用在多步合成的单一操作。

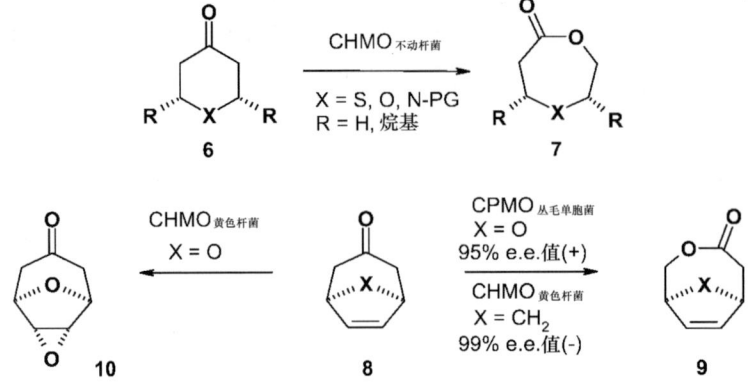

图式 21-3 BVMOs 的功能基团选择性

21.4.2 热动力学拆分

除了对映选择性的水平,动力学拆分的主要缺点是,产物产率限制在 50%。在阐述的若干克服这一障碍[66]和改善动力学拆分的策略中,耦合动力学拆分和原位外消旋的动态动力学拆分(DKR),已应用于 Baeyer-Villiger 生物氧化中。理论上这种方法使产率从消旋物达到 100% 光学纯的化合物。关键是底物的性质即能够在与动力学拆分兼容的条件下很容易地外消旋化。从这一点看,酮能在 α 位置形成替代物使近年来开发出替代物成为可能,因为它们可能在酸性或者碱性条件下通过酮类的烯醇形式接受外消旋化。然而,由于与生物氧化速率相比,消旋速度比较缓慢,因此选择高对映选择性生物转化仍然迫在眉睫。

图式 21-4 *Acinetobacter* CHMO 酶催化的热动力学拆分

接下来,使用 2-苯基氧环戊酮作模式底物和全细胞 *E. coli* TOP10 [pQR239] 过量表达的 $CHMO_{Acineto}$ 作为催化剂(图式 21-4)。生物转化的规模制备(1g)在台式发酵罐直接进行。在最简单的情况下,外消旋在基本条件(pH 9,通过在生物催化的整个过程添加氢氧化钠维持)下进行。底物浓度低于 0.3g/L 时,产物内酯 12 的产率为 96% 和 e.e. 值85%[67]。在温和的反应条件(pH=7)下,使用阴离子交换树脂作为外消旋的场所,能在一个较高的底物浓度(1g/L)下得到相同的产率。令人惊讶的是,承载铵盐的强碱性树脂与承载三氨基的弱碱性树脂如 Lewatit MP62 相比,效率较低。由于实验结果和动力学常数的相关性较好,证明基于伪-秩序动力学的模型是可靠的。

高效的 DKRs 也能在高浓度的作为唯一的外消旋反应场所的磷酸盐和咪唑缓冲液中反应。苯氧基己内酯在得率为 75%~80% 和 e.e. 值 97% 时分离。因此,在 pH 7.2 时咪唑或磷酸盐缓冲液中的外消旋速率约为普通的生物转化介质中的 10 倍。

21.4.3 位置和立体选择性

本次对 BVMOs 子集群的鉴定使得具重叠官能团的结构多样性底物能催化获得内酯对映体,这代表了近年来该领域的重要贡献[32,46,47]。BVMOs 催化环酮转化大致可以分为"CHMO 型"和"CPMO 型"酶,而 $CHMO_{Acineto}$ 和 $CPMO_{Coma}$ 作为特定集群的原型。这两个类型的生物转化表现出明显的不同:通常能够获得对映选择性互补的内酯产物,在某些情况下,只有一组表现出高的立体选择性,在少数情况下也表现出不同的底物接受性。Brevibacterium CHMO 酶处于这两种类型的边缘，其表现与 CHMO 型酶有一定的相似性，然而对几种底物又表现出了不同的立体特异性（表 21-3；图 21-2 进化分析）。

表 21-3　CHMO 型酶（以 CHMO$_{Acineto}$ 和 CHMO$_{Xantho}$ 为代表）和 CPMO 型酶（以 CHMO$_{Brevi2}$ 和 CPMO$_{Coma}$ 为代表）催化的潜手性环酮去对称化为对映选择性互补的内酯产物

CHMO$_{Acineto}$	97% e.e. 值（-）	90% e.e. 值（-）	>99% e.e. 值（-）	5% e.e. 值（-）	97% e.e. 值（-）
CHMO$_{Xantho}$	99% e.e. 值（-）	95% e.e. 值（-）	97% e.e. 值（-）	>99% e.e. 值（-）	96% e.e. 值（-）
CHMO$_{Brevi1}$	75% e.e. 值（+）	79% e.e. 值（+）	97% e.e. 值（-）	71% e.e. 值（-）	94% e.e. 值（-）
CHMO$_{Brevi2}$	37% e.e. 值（-）	n.c.	99% e.e. 值（+）	94% e.e. 值（+）	92% e.e. 值（+）
CPMO$_{Coma}$	40% e.e. 值（-）	n.c.	91% e.e. 值（+）	>99% e.e. 值（+）	91% e.e. 值（+）

注：短乳杆菌1CHMO 具有临界效应（n.c.；不转化；比旋光性以 e.e. 值后符号表征）。

由于酶在线性酮的动力学拆分中展示出较好的特性，BVMOs 环酮转换机制最近有了很大的扩展。Pseudomonas fluorescens BVMO 在将终端酮转化为手性醇衍生物时非常有用[42,69]，而 PAMO 和 HAPMO 则是芳香酮和乙醛动力学拆分的良好的催化剂[70]。

相应酶群的位置趋同化生物氧化反应一定程度上证实了 BVMO 集群的形成。从一般化学氧化和在大多数酶介导的转化中可以观察到亲核性（具较高取代特性）中心能够优先被取代。这种行为受具额外基团或全部为氢取代基的碳链的电子密度差异的影响。然而，在生物转化中经常遇见这种现象，即立体效应引起不同方向的重排过程以形成较有利的构象。在选定的情况下，外消旋前体被 BVMOs 氧化成两种类型的区域异构体内酯：替代的碳原子越多越会导致形成期望的"正常"内酯，而替代的碳原子越少则越会产生"异常"内酯（图式 21-5）。

这一意义重大的反应途径，首先在 CHMO$_{Acineto}$ 催化双环酮转化为环丁酮结构性的主体（见[72]关于反应机械性的考虑），CHMO 型和 CPMO 型酶更广泛的趋势会被确认：前者通常具有明显不同的生物氧化位点，外消旋前体大约以 1:1 的比率转化为同分异构的"正常"和"异常"型内酯，同时光学纯度高，而 CPMO 型通常产生外消旋型的"正常"内酯[73,74]。因此后者具化学选择性，当其以光学纯酮为前体时能产生手性内酯。

最近，筛选来自 Mycobacterium tuberculosis 的一个小的 BVMO 文库，发现了主要制备"正常"型内酯的选择性生物催化剂 Mtb5。这种酶对外消旋前体进行

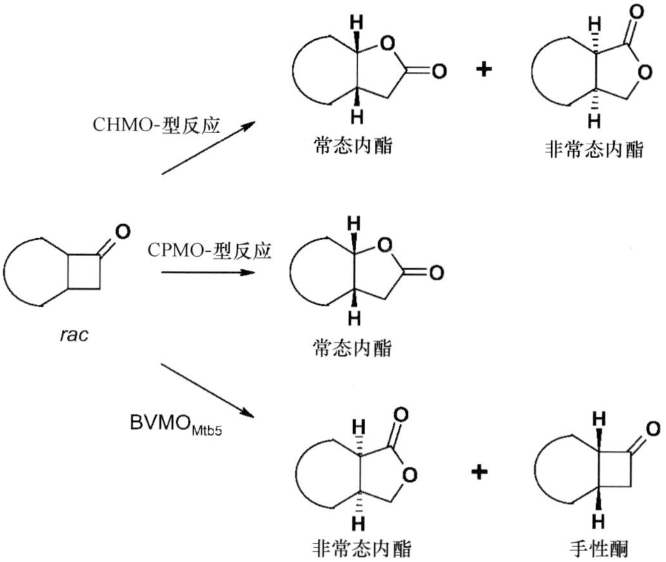

图式 21-5 BVMO 催化的混合双环酮的位置趋同化生物氧化反应

动力学拆分产生光学纯酮或内酯，随后用色谱对产物进行简单的分离。此外，它很好地补充了生物催化结合双环酮与环丁酮结构主体的反应[75,76]。

在大的系统中，我们可以运用 BVMOs 环酮转换系统将萜烯酮类前体转化为立体异构的内酯，诸如图式 21-6 二氧香芹酮的生物转化[77]。在极个别的情况下，形成一个出乎意料的区域异构体，包括 CHMO 介导环己酮的氧化，产生 2-位取代的吸电子氰基衍生物[78]以及生物转化形成的 β-三酮取代物[79,80]。当然，还有许多机会促成有趣的子域，在子域中酶法转化中能快速产生多样性的手性模块化合物，但传统的有机化学则很难获得。

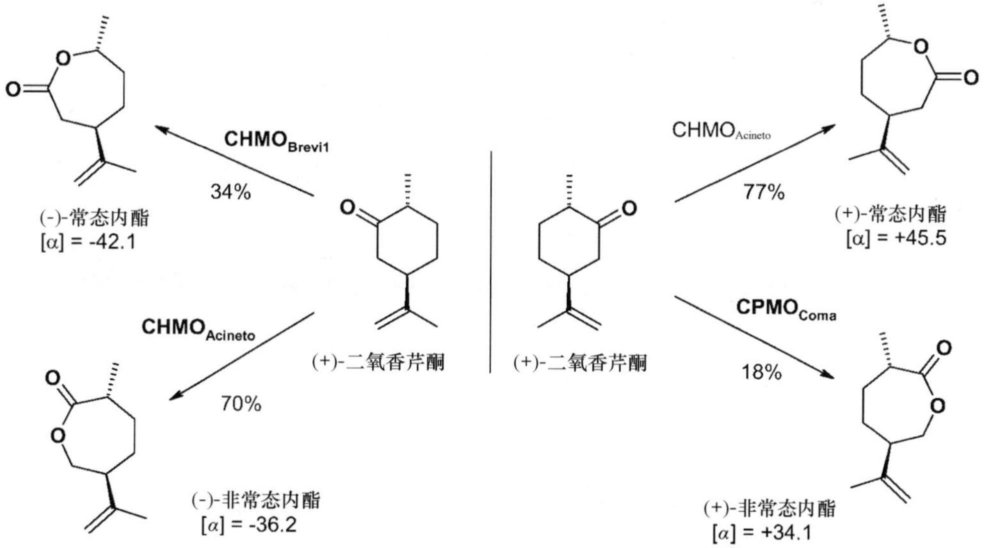

图式 21-6 二氧香芹酮的位置趋同化生物氧化反应

21.4.4 天然产物和生物活性化合物的合成

前面概述的 Baeyer-Villiger 生物氧化的策略,使得可以更有效地产生能够合成生物活性物质或天然产品的光学纯的模块化合物。前文已经概述了几个有价值的应用。通过动力学拆分简单的环酮得到的手性内酯或酮,已经用于生产硫辛酸[81,82]和各种信息素[83]。此外,两产品已广泛应用于位置趋同化生物氧化反应中的前列腺素、藻类信息素[84]和细胞抑制剂的合成路线。

在最近的目标导向合成应用中利用 BVMO 平台产生对映体互补的内酯。在此背景下,由于酶-介导的不对称性转化中潜手性酮的较好的可用性,丁内酯则成了重要的中间体;图式 21-7 指出了通过此前的研究获得产品合成木质素

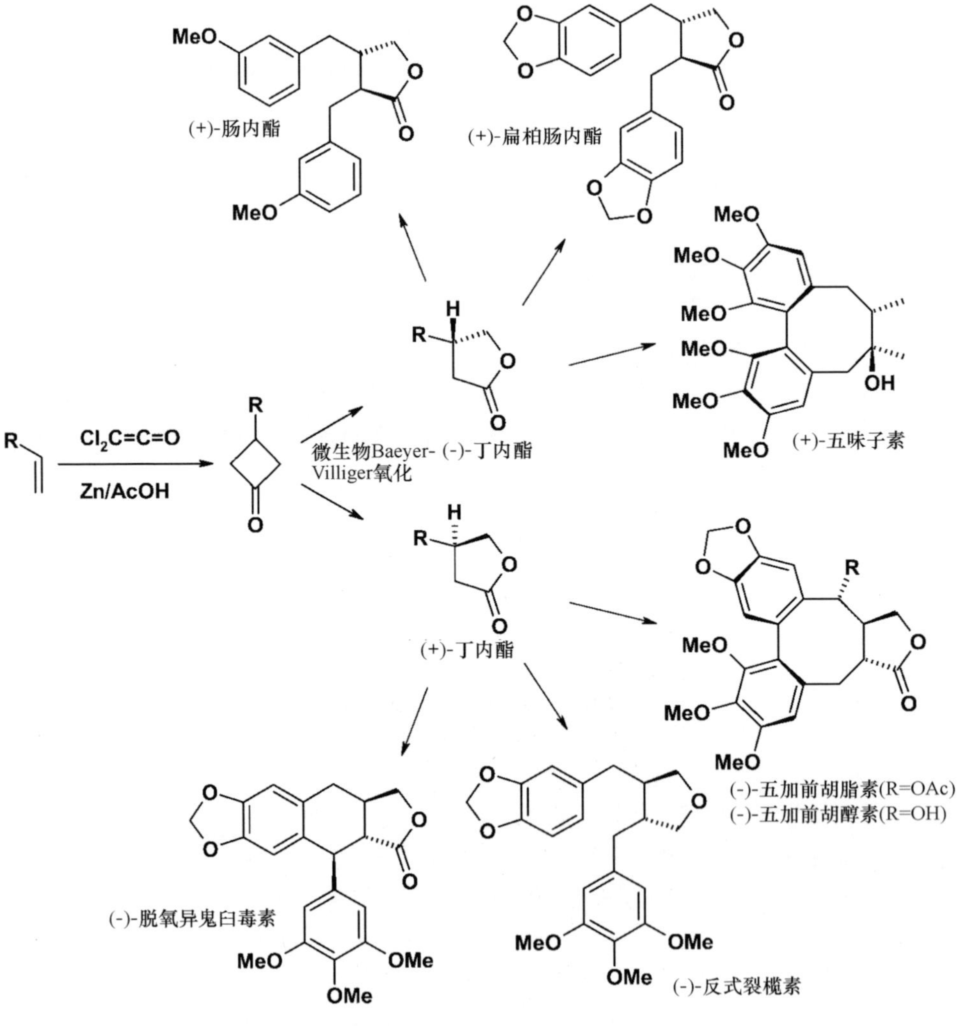

图式 21-7 微生物催化潜手性环丁酮的 Baeyer-Villiger 氧化获得丁内酯对映体用作合成不同木质素的平台化合物

的潜力[46]。通过我们的团队收集的 BVMOs 的应用，对于不对称合成中取得的对映体互补的内酯可以有效地合成吲哚生物碱[35]。

具有复杂支架结构的桥接双环酮是非常重要的底物。生物转化过程中的羰基氧化具有高的化学选择性，从而保证了蛋白质的功能修饰而无需精心的保护策略。生物氧化产品的后续加工打开了对各目标产物快速高效的合成途径。

杂二环酮 8 通过不含有功能烯烃的去对称化转化为不饱和内酯 9。中间体被转化为焦土霉素（C - 核苷类化合物类抗生素的主要结构），从而可以确立新 BVMO 派生代谢产物的绝对构型。开发替代合成的烯烃和内酯的残留功能，开辟了合成像库玛新以及高宁弗酮类似物的四氢呋喃天然产物的方法（图式 21 - 8）[87]。

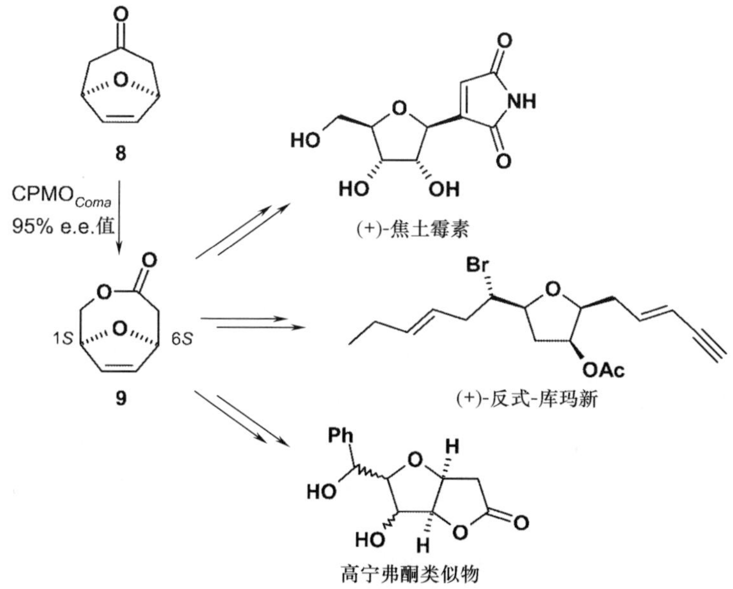

图式 21 - 8　潜手性杂二环酮的 BVMO 催化去对称化及结构多样性天然产物的后续合成步骤

如生物催化等绿色化学方法等与其他可持续发展策略结合后，变得具有重要意义：最近，我们提出一个结合光化学及生物催化的方法，通过一个新策略来获得双环辛烷 [4.2.0]。通常，光化学 Cu 协助催化 [2 + 2] 相距较远的二烯的环加成反应比较困难。然而，当双键距离较近时环合反应则较为顺利（11）。因此，期望通过设立可打开的桥键，来开辟一个合成以上目标化合物的方法。在第一种方法中，建立了一个酮类功能的桥键（12），随后其具有几次分裂能力。由于微生物 Baeyer-Villiger 氧化反应的得率高，再一次成为了最有吸引力的方法。此外，利用 CPMO、CHMO 型酶，生物催化通过全面控制四个手性中心能够催化对映体内酯。最终，通过化学内酯水解我们得到了目标产物双环 [4.2.0] 辛烷值系统（14）（图式 21-9）[88,89]。

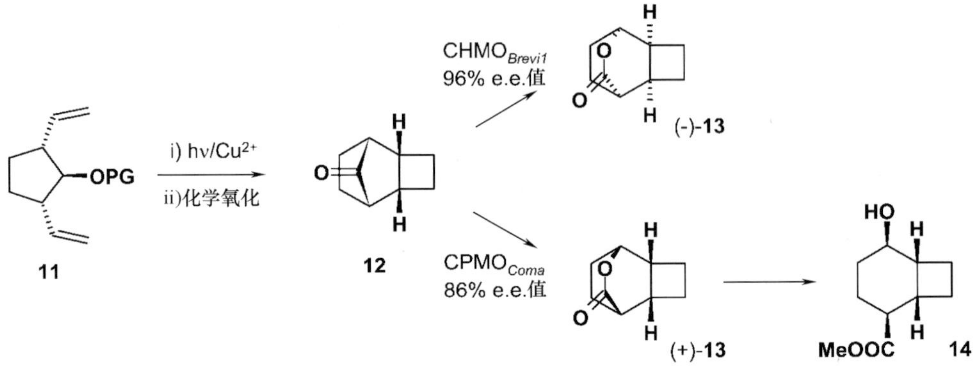

图式 21-9　光化学 Cu 协助催化 [2+2] 环加成反应及 BVMO 催化的
去对称化作为光学活性二环内酯的新型合成方法的关键步骤

21.5　立体选择性硫氧化反应中的 BVMOs

典型 BVMOs 催化硫氧化反应，即催化有机硫化物形成手性亚砜。这种氧化在有机化学中非常重要，因为它可用于合成丰富的作为手性助剂的对映体材料或直接作为生物活性成分。已通过来自 *Acinetobacter* 的 CHMO 对这种反应进行了广泛的研究，在烷基芳基硫化物、二硫化物、二烷基硫化物、有环与无环的 1,3-二硫的硫氧化反应中表现了高的对映选择性[90]。CHMO 也不对称催化氧化有机环状亚硫酸盐转化为相应的硫酸盐[91]。

最近，一些有机硫化物的硫氧化作用已经用 PAMO 和 HAPMO 酶进行了测试[92,93]。PAMO 或 HAPMO 氧化硫化物都需耦联 6-磷酸葡萄糖脱氢酶（G6PDH）的 NADPH 再生反应。关于酶反应的立体选择性的数据表明，PAMO 非常依赖于底物结构。因此，产品的光学纯度范围为从甲基苯亚砜的 (R) 构型的 80% e.e. 值到苄基乙基亚砜的 (S) 构型的 98% e.e. 值。烷基苄基硫化物具有一个小烷基链，选择性的关系显示它是 PAMO 非常好的底物。这进一步指出，PAMO 的最适底物是具有与烷基苄基硫化物类似结构的苯基丙酮，这种结构的底物是这种酶的首选。

此外，反应过程中产物亚砜的 e.e. 值不断变化，表明 PAMO 能够催化亚砜到砜的动力学拆分。测定甲基苯亚砜的对映体比值为 110。以往的关于 CHMO 的研究显示，亚砜对砜氧化反应非常缓慢，从而阻止了动力学拆分的进行[90]。

HAPMO 的立体选择性普遍较高：氧化硫代苯甲醚 1d 后，产生对映体纯的

(S) – 甲基苯基砜。CHMO 氧化硫代苯甲醚也产生了非常高的 e.e. 值（>99%），但是产物为（R）型。对于几个芳烷基硫化物的这一调查结果是真实可靠的，表明在硫氧化反应中这两种酶可能是对映互补的。

PAMO 和 HAPMO 已用于水油介质中几种底物的硫氧化反应。除了一般地降低酶的活性外，溶剂对酶的催化性能的影响是相当显著的。甲醇中的 PAMO 表现出了较高的对应选择性，而甲醇是 PAMO 的最佳溶剂之一。然而，对于 HAPMO，发现得最好的溶剂是 i – Pr_2O。通过观察硫代苯甲醚和 PAMO 发现对映选择性依赖于 pH[94]，pH 从 6 增至 10 时，e.e. 值从 10% 增至 45%。

21.6 技术平台发展趋势

21.6.1 大规模发酵

除了 BVMOs 催化反应的高化学和立体选择性，与化学 Baeyer-Villiger 氧化过程相比，酶氧化过程的优点还包括安全问题，因为空气和水分别代替了传统的氧化剂和可燃溶剂。不过，应用于产业层次还有很多困难。即使在实验室规模，Baeyer-Villiger 生物催化剂仍由化学合成[95]。需要指出几个方面：辅因子再生的过程非常复杂[96]（如与水解酶相比）而且提供一个高水平的氧化作用非常重要。另一个瓶颈是低的底物浓度、产物抑制或毒性现象产生的低生产率。不过，最近研制成功的各种技术，可以克服至少是减轻这些限制。

21.6.1.1 全细胞

解决辅因子的最简单的方法是全细胞的使用。由自身的内源性细胞的工具提供 NAD（P）H 再生。重组细胞过度表达目标酶在很大程度上促进了这个过程的实施。宿主菌的选择标准是培养简单，生长速度快，没有自然副反应，易于基因改造，最重要的是内部存在有效的辅因子再生系统。它们大多来自大肠杆菌如大肠杆菌 Top10[97]、大肠杆菌 BL21（DE3）[22] 和大肠杆菌 DH5α[98]。酶在这样的系统中过度表达是由一个强启动子控制，并且可以利用阿拉伯糖和半乳糖诱导（IPTG）达到很好的控制。增加葡萄糖[99] 或甘油[100] 的量而减少其他底物，对推动完成生物转化非常重要。然而，无论如何改变，对于工业生产来说，生产力还是比较低。初始底物浓度为 1g/L 时，标准的生物转化的双环 [3.2.0] 庚 – 2 – 烯 – 6 – 酮的时空产率勉强达到了 0.87g/L[95c]。

虽然全细胞过程涉及的参数众多，然而低生产力的关键限制因素已确定为底物和产物抑制。连续培养可以克服底物抑制。车间规模的分批加料实验（55L）[101] 通过调整补料速率，以维持酮的浓度低于 0.7g/L。4h 内达到内酯的最终浓度约为 4g/L。下游用木炭回收产品，得到相当于 76% 收率的 >200g 的结合内酯。

为了进一步提高生产率，产物抑制也要规避，但这意味着需要更大的修改。一个经典的方法是利用两液相法。只进行了小规模试验，得到了一定的成功[100,102,103]。此外，鉴于生物转化需氧量大（参见下文），这种方法的大规模培养可能会遇到阻碍。

基于树脂的"二合一"原位底物补料产物萃取方法（SFPR）带来了巨大的进步[104]。高分子树脂作为吸附剂，吸附底物和产物（图21-5）。底物先预装在树脂上，慢慢扩散到肉汤培养基中，再由细胞转化而形成的产物，再重吸收到树脂上。通过改变树脂的比例可方便地调整该系统。因此，可以控制底物和产物的浓度，以维持低于其抑制或产生毒性的浓度，从而提高生产力。对于大规模应用也有额外优势，如保护易挥发和易降解化合物，简化提取过程和重复利用吸附树脂等。产品可以通过极性溶剂冲洗，用甲醇和水清洗后该树脂可重复使用或使用索氏提取法以最小化溶剂用量等方法从树脂上回收。

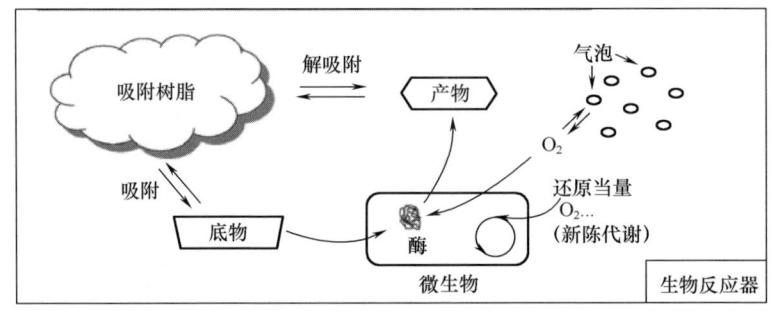

图21-5　基于树脂的"二合一"原位底物补料产物萃取方法策略

描述了为测试实验室规模 SFPR 概念，设计了几个工程（循环反应器、传统发酵和泡沫柱）[105]。大肠杆菌 Top10 [pQR239] 的全细胞 CHMO 过度表达系统代替 25g/L 的双环 [3.2.0] 庚-2-烯-6-酮在单位时间内产量可达 1.2g/L。有趣的是，需要时可以用简单的树脂再调用新鲜的细胞代替衰老细胞[106]，这使得反应通过第二个周期（图21-6）完成。

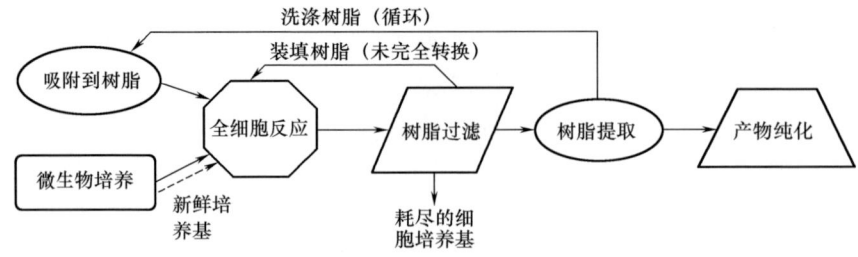

图21-6　基于树脂原位底物补料产物萃取方法的流程

含氧量是至关重要的[107]：在高细胞密度下，Baeyer-Villiger 氧化反应与细胞代谢（如呼吸、辅因子再生等方面）争夺所需氧。最优的生物催化剂浓度必须与给定的反应器的充氧能力相适应。已尝试了提高氧传质的各种技术，如增加气泡停留时间、形成小气泡（增加与空气的接触面积）[107a]，或使用富氧空气[107b]。在工业应用的背景下，多样化的设备决定了生产工艺的选择，通过简单的用烧结金属分布器代替超低温环状分布器就可以获得更好的结果。与 Sigma Aldrich 合作，将这个简单的修改应用于 50L 通用工业发酵罐传统超低温工业，在 20h 内完成了批次处理的一个 1kg 规模的操作[108]。使用 6kg 吸附剂 Dowex Optipore L-493，区域异构体内酯直接通过萃取后的模拟移动床色谱进行分离[95b]。

基础树脂 SFPR 概念已经越来越成为 Baeyer-Villiger 生物转化过程中区域、立体和对映选择性的一个通用工具。其应用范围已经成功地扩展到各种酮[98]或硫化物[109]和不同的表达系统。因此，一般为 1L 的反应体系，含 Lewatit VPOC1163 的 *E. coli* DH5α 中 CPMO 过量表达，将 5~15g 的酮（3-甲基环己酮和 4-甲基环己酮）转化为得率为 80%~95% 的内酯。

21.6.1.2 酶

到目前为止，只报道过极少数的基于纯化酶的实验室制备规模的例子。有几项研究都是集中在辅因子再生系统、酶的固定化、膜反应器、连续补料，或基于树脂的 SFPR 结合的小规模过程，取得了各种各样的结果[110]。使用稳定性高的 PAMO，200mL 的生物转化体系，以甲基叔丁基醚作溶剂的双液相中通过遗传工程改造的突变体催化 5g/L 苯基环己酮已被描述[102]。

21.6.2 BVMOs 固定化

到目前为止，$CHMO_{Acineto}$ 是最常用的 BVMO，具有内在的不稳定性：因此，对任何潜在的生物过程，操作稳定性是非常重要的。一种能同时提高操作稳定性和产品组成的方法是生物催化剂的固定化，但只有少数关于 BVMOs 固定化的例子。CHMO 与酒精脱氢酶（ADH）或 G6PDH 一同固定化，作为辅因子（NADPH）的再生循环系统。CHMO 与 G6PDH 用聚（丙烯酰胺-co-N-丙烯酰琥珀酰亚胺）共固定化[111]，并可用于 Baeyer-Villiger 反应持续长达 10d。近期 CHMO 与 ADH 用聚丙烯酸载体（环氧烷丙烯酸珠）共固定化[112]，表明底物的转化速度约为未固定化时的 80%，同时催化剂可重复使用 16d 达到底物的完全转化。固定化 CHMO 的半衰期为 2.5d，是未固定化酶稳定性的两倍。CHMO 也可用高分子复合材料-琼脂糖中性介质多孔材料固定化，再经一定剂量的 γ-辐射照射[113]。优化之后催化剂保留了 87% 的活性，该催化剂在环己酮衍生物的 Baeyer-Villiger 氧化反应中能重复使用 16 次。

21.6.3 自给自足的融合蛋白 BVMOs

前一节概述了几个关于氧化还原的生物应用中的主要障碍——辅因子再生系统的策略。最近，本研究使用一种新的方法，即将还原酶的催化活性与辅酶再生结合在一个单一的融合蛋白里。在过去的十年里，大量的融合蛋白已经应用在与科研和商业活动紧密相关的生命科学中。而融合蛋白已经成为一种广泛应用的策略，如酶纯化方案（如 GST‑tag）[114]和亚细胞目标蛋白的可视化（如 GFP‑tag）[115]，而这个概念在合成应用的背景下是几乎没有遇到过的。只有文献中少数的例子提供了一些证据，表明相互独立的酶的融合能提高生物催化剂的性质[116]。

在这种情形下，我们决定利用良好的热力学平衡常数来促进亚磷酸脱氢酶（PTDH）[117]催化的亚磷酸氧化为磷酸盐的几乎不可逆的逆反应的进行[118]。PTDH 对亚磷酸精确的选择性，排除了反应中的副反应，例如，使用 ADH 所产生的情况。这些特征，使得 PTDH 成为辅酶再生系统理想的与 BVMOs 或其他 NAD（P）H 依赖型结合的酶（CRE）。

在概念型实证研究中，我们创造了 PAMO 和 CHMO$_{Acineto}$或 CPMO$_{Coma}$和 PTDH（图 21‑7）共价连接的融合酶（CRE‑PAMO、CRE‑CHMO 和 CRE‑CPMO）[119]。值得一提的是，在具双官能团的酶中，我们没有观察到动力学参数的重大改变。此外，PTDH BVMO 融合酶的底物特异性以及立体选择性几乎没有影响。因此，与野生型蛋白质相比，融合酶类似于生物催化剂。基于三种 BVMOs 的底物接受情况，第一个文库的自给自足的生物催化剂是用于生物转化芳烃和脂环族化合物甚至形成对映互补的内酯产品。

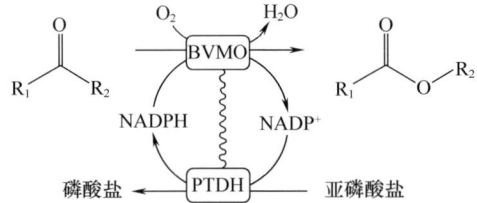

图 21‑7　利用 CRE BVMO 融合酶进行辅酶再生的反应路线图

这种新的生物催化剂已成功地应用在全细胞和纯化蛋白质的生物转化中。但是，最具吸引力的操作模式为利用含有大量的 CRE‑BVMOs 和足够的来自宿主细胞的 NADPH 的原始细胞提取物，最终除了辅助和廉价的亚磷酸底物而不再需要额外的辅因子回收系统（额外的酶、烟酰胺辅因子）。

目前，我们团队已经着手研究将这一策略扩大应用到其他酶的领域，同时我们希望这个概念能够成为解决生物催化的氧化还原反应中辅因子再生系统的一个有力的解决方案。

21.7 展望

相比于以前的利用来自野生生物体的原始生物催化剂的 Baeyer-Villiger 氧化反应很难控制酶的产物，BVMOs 在化学合成中的应用已发展为成熟的平台技术。现在，收集的相对较多的具互补底物特异性的各种蛋白质，使得立体选择性成为现实。随着每年解码的基因和识别潜在 BVMOs 的技术越来越多，发现具有新性质和特征的酶的前景也越来越清晰。此外，我们也开始解析这些酶的结构，随后基于至少一个的典型结构，可以对这些生物催化剂进行突变或理性设计。

BVMOs 拓展了许多不对称合成中多功能模块化合物的多种转化合成途径。在合成天然产品和生物活性物质中的应用正在不断增加。尽管如此，考虑到在生物氧化过程中高效、简便地催化形成结合再造手性中心的复杂结构，BVMOs 应该有更大的应用。特别是，结合新的发酵策略，这些酶能够合成大规模的大量有价值的中间体。

我们认为我们团队最近设计的第一个自给自足的融合蛋白对于促进这个酶家族的进一步研究非常有价值。由于在化学合成中应用"二合一"的第二代 BVMOs 比较简单，甚至相对缺乏经验的生物科学家也可以操作，我们希望越来越多的冒险化学家能够去发现、测试新的、外来的试剂，最终能够为他们组合合成方法学增加生物催化试剂。

参考文献

1 Baeyer, A. and Villiger, V. (1899) *Chemische Berichte*, 32, 3625–3633.

2 Krow, G. R. (1993) *Organic Reactions*, 43, 251–798.

3 Renz, M. and Meunier, B. (1999) *European Journal of Organic Chemistry*, 737–750.

4 Mihovilovic, M. D., Rudroff, F. and Grötzl, B. (2004) *Current Organic Chemistry*, 8, 1057–1069.

5 Turfitt, G. E. (1948) *Biochemical Journal*, 42, 376–383.

6 Prairie, R. L. and Talalay, P. (1963) *Biochemistry*, 2, 203–208.

7 Forney, F. W. and Markovetz, A. J. (1969) *Biochemical and Biophysical Research Communications*, 37, 31–38.

8 Conrad, H. E., DuBus, R., Namtvedt, M. J. and Gunsalus, I. C. (1965) *Journal of Biological Chemistry*, 240, 495–503.

9 Willetts, A. (1997) *Trends in Biotechnology*, 15, 55–62.

10 Ryerson, C. C., Ballou, D. P. and Walsh, C. (1982) *Biochemistry*, 21, 2644–2655.

11 Sheng, D., Ballou, D. P. and Massey, V. (2001) *Biochemistry*, 40, 11156–11167.

12 Malito, E., Alfieri, A., Fraaije, M. W. and

Mattevi, A. (2004) *Proceedings of the National Academy of Sciences of the United States of America*, 101, 13157–13162.

13 Fraaije, M. W., Kamerbeek, N. M., Heidekamp, A. J., Fortin, R. and Janssen, D. B. (2004) *Journal of Biological Chemistry*, 279, 3354–3360.

14 Fraaije, M. W., Kamerbeek, N. M., van Berkel, W. J. H. and Janssen, D. B. (2002) *FEBS Letters*, 518, 43–47.

15 Torres Pazmiño, D. E. and Fraaije, M. W. (2007) Future directions, in *Future Directions in Biocatalysis* (ed. T. Matsuda), Elsevier Science, Tokyo, pp. 107–128.

16 Kamerbeek, N. M., Janssen, D. B., van Berkel, W. J. H. and Fraaije, M. W. (2003) *Advanced Synthesis Catalysis*, 345, 667–678.

17 Mihovilovic, M. D. (2006) *Current Organic Chemistry*, 10, 1265–1287.

18 Mihovilovic, M. D., Müller, B. and Stanetty, P. (2002) *European Journal of Organic Chemistry*, 3711–3730.

19 Stewart, J. D. (1998) *Current Organic Chemistry*, 2, 195–216.

20 Van Beilen, J. B., Mourlane, F., Seeger, M. A., Kovac, J., Li, Z., Smits, T. H. M., Fritsche, U. and Witholt, B. (2003) *Environmental Microbiology*, 5, 174–182.

21 Stewart, J. D., Reed, K. W. and Kayser, M. M. (1996) *Journal of the Chemical Society-Perkin Transactions* 1, 755–757.

22 Chen, G., Kayser, M. M., Mihovilovic, M. D., Mrstik, M. E., Martinez, C. A. and Stewart, J. D. (1999) *New Journal of Chemistry*, 23, 827–832.

23 Bonsor, D., Butz, S. F., Solomons, J., Grant, S., Fairlamb, I. J. S., Fogg, M. J. and Grogan, G. (2006) *Organic & Biomolecular Chemistry*, 4, 1252–1260.

24 Snajdrova, R., Grogan, G. and Mihovilovic, M. D. (2006) *Bioorganic & Medicinal Chemistry Letters*, 16, 4813–4817.

25 Kostichka, K., Thomas, S. M., Gibson, K. J., Nagarajan, V. and Cheng, Q. (2001) *Journal of Bacteriology*, 183, 6478–6486.

26 Kyte, B. G., Rouviere, P., Cheng, Q. and Stewart, J. D. (2004) *Journal of Organic Chemistry*, 69, 12–17.

27 Donoghue, N. A., Norris, D. B. and Trudgill, P. W. (1976) *European Journal of Biochemistry*, 63, 175–192.

28 Chen, Y.-C. J., Peoples, O. P. and Walsh, C. T. (1988) *Journal of Bacteriology*, 170, 781–789.

29 Stewart, J. D. (1998) *Current Organic Chemistry*, 2, 195–216.

30 Brzostowicz, P., Walters, D. M., Thomas, S. M., Nagarajan, V. and Rouviere, P. E. (2003) *Applied and Environmental Microbiology*, 69, 334–342.

31 Cheng, Q., Thomas, S. M., Kostichka, K., Valentine, J. R. and Nagarajan, V. (2000) *Journal of Bacteriology*, 182, 4744–4751.

32 Mihovilovic, M. D., Rudroff, F., Grötzl, B., Kapitan, P., Snajdrova, R., Rydz, J. and Mach, R. (2005) *Angewandte Chemie-International Edition*, 44, 3609–3613.

33 (a) Bramucci, M. G., Brzostowicz, P. C., Kostichka, K. N., Nagarajan, V., Rouviere, P. E., Thomas, S. M. (2003) PCT Int. Appl, WO 2003020890.

(b) Bramucci, M. G., Brzostowicz, P. C., Kostichka, K. N., Nagarajan, V., Rouviere, P. E., Thomas, S. M. (2003) *Chemical Abstracts*, 138, 233997.

34 Brzostowicz, P. C., Gibson, K. L., Thomas, S. M., Blasko, M. S. and Rouviere, P. E. (2000) *Journal of Bacteriology*, 182, 4241–4248.

35 Mihovilovic, M. D., Rudroff, F., Müller, B.

and Stanetty, P. (2003) *Bioorganic & Medicinal Chemistry Letters*, 13, 1479–1482.

36 Iwaki, H., Wang, S., Grosse, S., Bergeron, H., Nagahashi, A., Lertvorachon, J., Yang, J., Konishi, Y., Hasegawa, Y. and Lau, P. C. K. (2006) *Applied and Environmental Microbiology*, 72, 2707–2720.

37 Griffin, M. and Trudgill, P. W. (1976) *European Journal of Biochemistry*, 63, 199–209.

38 Iwaki, H., Hasegawa, Y., Lau, P. C. K., Wang, S. and Kayser, M. M. (2002) *Applied and Environmental Microbiology*, 68, 5681–5684.

39 Kamerbeek, N. M., Moonen, M. J. H., van der Ven, J. G. M., van Berkel, W. J. H., Fraaije, M. W. and Janssen, D. B. (2001) *European Journal of Biochemistry*, 268, 2547–2557.

40 Kamerbeek, N. M., Olsthorn, A. J. J., Fraaije, M. W. and Janssen, D. B. (2003) *Applied and Environmental Microbiology*, 69, 419–426.

41 Mihovilovic, M. D., Kapitan, P., Rydz, J., Rudroff, F., Ogink, F. H. and Fraaije, M. W. (2005) *Journal of Molecular Catalysis B: Enzymatic*, 32, 135–140.

42 Kirschner, A. and Bornscheuer, U. T. (2006) *Angewandte Chemie-International Edition*, 45, 7004–7006.

43 Malito, E., Alfieri, A., Fraaije, M. W. and Mattevi, A. (2004) *Proceedings of the National Academy of Sciences of the United States of America*, 101, 13157–13162.

44 Fraaije, M. W., Wu, J., Neuts, D. P. H., van Hellemond, E. W., Spelberg, J. H. L. and Janssen, D. B. (2005) *Applied Microbiology and Biotechnology*, 66, 393–400.

45 Fraaije, M. W., Kamerbeek, N. M., Heidekamp, A. J., Fortin, R. and Janssen, D. B. (2004) *The Journal of Biological Chemistry*, 279, 3354–3360.

46 Rudroff, F., Rydz, J., Ogink, F., Fink, M. and Mihovilovic, M. D. (2007) *Advanced Synthesis Catalysis*, 349, 1436–1444.

47 Snajdrova, R., Braun, I., Bach, T., Mereiter, K. and Mihovilovic, M. D. (2007) *Journal of Organic Chemistry*, 72, 9597–9603.

48 Morley, K. L. and Kazlauskas, R. J. (2005) *Trends in Biotechnology*, 23, 231–237.

49 Fraaije, R. H. H., van den Heuvel, M. W., Ferrer, M., Mattevi, A. and van Berkel, W. J. H. (2000) *Proceedings of the National Academy of Sciences of the United States of America*, 97, 9455–9460.

50 Bocola, M., Schulz, F., Leca, F., Vogel, A., Fraaije, M. W. and Reetz, M. T. (2005) *Advanced Synthesis Catalysis*, 347, 979–986.

51 Torres Pazmino, D. E., Snajdrova, R., Rial, D. V., Mihovilovic, M. D. and Fraaije, M. W. (2007) *Advanced Synthesis Catalysis*, 349, 1361–1368.

52 de Gonzalo, G., Ottolina, G., Zambianchi, F., Fraaije, M. W. and Carrea, G. (2006) *Journal of Molecular Catalysis B: Enzymatic*, 39, 91–97.

53 Reetz, M. T., Brunner, B., Schneider, T., Schulz, F., Clouthier, C. M. and Kayser, M. M. (2004) *Angewandte Chemie-International Edition*, 43, 4075–4078.

54 Clouthier, C. M., Kayser, M. M. and Reetz, M. T. (2006) *Journal of Organic Chemistry*, 71, 8431–8437.

55 Clouthier, C. M. and Kayser, M. M. (2006) *Tetrahedron: Asymmetry*, 17, 2649–2653.

56 Mihovilovic, M. D., Rudroff, F., Winninger, A., Schneider, T., Schulz, F. and Reetz, M. T. (2006) *Organic Letters*, 8, 1221–1224.

57 Reetz, M. T., Daligault, F., Brunner, B., Hinrichs, H. and Deege, A. (2004) *Angewandte Chemie-International Edition*, 43, 4078–4081.

58 Zambianchi, F., Raimondi, S., Pasta, P., Carrea, G., Gaggero, N. and Woodley, J. M. (2004) *Journal of Molecular Catalysis B: Enzymatic*, 31, 165–171.

59 Gibson, M., Nur-e-alam, M., Lipata, F., Oliveira, M. A. and Rohr, J. (2005) *Journal of the American Chemical Society*, 127, 17594–17595.

60 Ottolina, G., de Gonzalo, G., Carrea, G. and Danieli, B. (2005) *Advanced Synthesis Catalysis*, 347, 1035–1040.

61 Latham, J. A. and Walsh, C. (1987) *Journal of the American Chemical Society*, 109, 3421–3427.

62 Mihovilovic, M. D., Müller, B., Kayser, M. M., Stewart, J. D., Fröhlich, J., Stanetty, P. and Spreitzer, H. (2001) *Journal of Molecular Catalysis B: Enzymatic*, 11, 349–353.

63 Mihovilovic, M. D., Grötzl, B., Kandioller, W., Muskotal, A., Snajdrova, R., Rudroff, F. and Spreitzer, H. (2008) *Chemistry & Biodiversity*, 5, 490–498.

64 Colonna, S., Gaggero, N., Carrea, G., Ottolina, G., Pasta, P. and Zambianchi, F. (2002) *Tetrahedron Letters*, 43, 1797–1799.

65 Rial, D. V., Bianchi, D. A., Kapitanova, P., Lengar, A., van Beilen, J. B. and Mihovilovic, M. D. (2008) *European Journal of Organic Chemistry*, 1203–1213.

66 Faber, K. (2001) *Chemistry-A European Journal*, 7, 5004–5010.

67 Berezina, N., Alphand, V. and Furstoss, R. (2002) *Tetrahedron: Asymmetry*, 13, 1953–1955.

68 Gutiérrez, M. C., Furstoss, R. and Alphand, V. (2005) *Advanced Synthesis Catalysis*, 347, 1051–1059.

69 Geitner, K., Kirschner, A., Rehdorf, J., Schmidt, M., Mihovilovic, M. D. and Bornscheuer, U. T. (2007) *Tetrahedron: Asymmetry*, 18, 892–895.

70 Rodriguez, C., de Gonzalo, G., Fraaije, M. W. and Gotor, V. (2007) *Tetrahedron: Asymmetry*, 18, 1338–1344.

71 Alphand, V. and Furstoss, R. (1992) *Journal of Organic Chemistry*, 57, 1306–1309.

72 Kelly, D. R., Knowles, C. J., Mahdi, J. G., Taylor, I. N. and Wright, M. A. (1995) *Journal of the Chemical Society D-Chemical Communications*, 729–730.

73 Mihovilovic, M. D. and Kapitan, P. (2004) *Tetrahedron Letters*, 45, 2751–2754.

74 Mihovilovic, M. D., Kapitan, P. and Kapitanova, P. (2008) *ChemSusChem*, 1, 143–148.

75 Bonsor, D., Butz, S. F., Solomons, J., Grant, S., Fairlamb, I. J. S., Fogg, M. J. and Grogan, G. (2006) *Organic & Biomolecular Chemistry*, 4, 1252–1260.

76 Snajdrova, R., Grogan, G. and Mihovilovic, M. D. (2006) *Bioorganic & Medicinal Chemistry Letters*, 16, 4813–4817.

77 Cernuchova, P. and Mihovilovic, M. D. (2007) *Organic & Biomolecular Chemistry*, 5, 1715–1719.

78 Berezina, N., Kozma, E., Furstoss, R. and Alphand, V. (2007) *Advanced Synthesis Catalysis*, 349, 2049–2053.

79 Alphand, V. and Furstoss, R. (1992) *Tetrahedron: Asymmetry*, 3, 379–382.

80 Kyte, B. G., Rouviere, P., Cheng, Q. and Stewart, J. D. (2004) *Journal of Organic Chemistry*, 69, 12–17.

81 Adger, B., Bes, M. T., Grogan, G., McCague,

R., Pedragosa-Moreau, S., Roberts, S. M., Villa, R., Wan, P. W. H. and Willetts, A. J. (1995) *Journal of the Chemical Society D-Chemical Communications*, 1563 – 1564.

82 Adger, B., Bes, M. T., Grogan, G., McCague, R., Podragosa-Moreau, S., Roberts, S. M., Villa, R., Wan, P. W. H. and Willetts, A. J. (1997) *Bioorganic and Medicinal Chemistry*, 5, 253 – 261.

83 Alphand, V., Archelas, A. and Furstoss, R. (1990) *Journal of Organic Chemistry*, 55, 347 – 350.

84 Alphand, V., Archelas, A. and Furstoss, R. (1989) *Tetrahedron Letters*, 30, 3663 – 3664.

85 Lebreton, J., Alphand, V. and Furstoss, R. (1997) *Tetrahedron*, 53, 145 – 160.

86 Andrau, L., Lebreton, J., Viazzo, P., Alphand, V. and Furstoss, R. (1997) *Tetrahedron Letters*, 38, 825 – 826.

87 Mihovilovic, M. D., Bianchi, D. A. and Rudroff, F. (2006) *Chemical Communications*, 3214 – 3216.

88 Braun, I., Rudroff, F., Mihovilovic, M. D. and Bach, T. (2006) *Angewandte Chemie-International Edition*, 45, 5541 – 5543.

89 Braun, I., Rudroff, F., Mihovilovic, M. D. and Bach, T. (2007) *Synthesis*, 3896 – 3906.

90 Colonna, S., Gaggero, N., Pasta, P. and Ottolina, G. (1996) *Chemical Communications*, 2303 – 2307.

91 Colonna, S., Gaggero, N., Carrea, G. and Pasta, P. (1998) *Chemical Communications*, 415 – 416.

92 de Gonzalo, G., Torres Pazmiño, D. E., Ottolina, G., Fraaije, M. W. and Carrea, G. (2005) *Tetrahedron: Asymmetry*, 16, 3077 – 3083.

93 de Gonzalo, G., Torres Pazmiño, D. E., Ottolina, G., Carrea, M. W. and Fraaije, G. (2006) *Tetrahedron: Asymmetry*, 17, 130 – 135.

94 Zambianchi, F., Fraaije, M. W., Carrea, G., de Gonzalo, G., Rodríguez, C., Gotor, V. and Ottolina, G. (2007) *Advanced Synthesis Catalysis*, 349, 1327 – 1331.

95 (a) Alphand, V., Carrea, G., Wohlgemuth, R., Furstoss, R. and Woodley, J. M. (2003) *Trends in Biotechnology*, 21, 318 – 323.
(b) Wohlgemuth, R. (2006) *Engineering in Life Sciences*, 6, 577 – 583.
(c) Law, H. E. M., Baldwin, C. V. F., Chen, B. H. and Woodley, J. M. (2006) *Chemical Engineering Science*, 61, 6646 – 6652.

96 van Beilen, J. B., Duetz, W. A., Schmid, A. and Witholt, B. (2003) *Trends in Biotechnology*, 21, 170 – 177.

97 Doig, S. D., Simpson, H., Alphand, V., Furstoss, R. and Woodley, J. M. (2003) *Enzyme and Microbial Technology*, 32, 347 – 355.

98 Rudroff, F., Alphand, V., Furstoss, R. and Mihovilovic, M. D. (2006) *Organic Process Research & Development*, 10, 599 – 604.

99 (a) Walton, A. Z. and Stewart, J. D. (2002) *Biotechnology Progress*, 18, 262 – 268.
(b) Walton, A. Z. and Stewart, J. D. (2004) *Biotechnology Progress*, 20, 403 – 411.

100 Simpson, H., Alphand, V. and Furstoss, R. (2001) *Journal of Molecular Catalysis B: Enzymatic*, 16, 101 – 108.

101 Doig, S. D., Avenell, P. J., Bird, P. A., Gallati, P., Lander, K. S., Lye, G. J., Wohlgemuth, R. and Woodley, J. M. (2002) *Biotechnology Progress*, 18, 1039 – 1046.

102 Schulz, F., Leca, F., Hollmann, F., Reetz, M. T. and Beilst, J. (2005) *Organic Chemistry*, 1, 10.

103 Brosa, C., Rodriguez-Santamarta, C., Salva, J. and Barbera, E. (1998) *Tetrahedron*, 54, 5781–5788.

104 Sometimes called extractive biocatalysis. It was also successfully applied to ketone reduction (a) Vicenzi, J. T., Zmijewski, M. J., Reinhard, M. R., Landen, B. E., Muth, W. L. and Marier, P. G. (1997) *Enzyme and Microbial Technology*, 20, 494–499.
(b) D'Arrigo, P., Lattanzio, M., Fantoni, G. P. and Servi, S. (1998) *Tetrahedron: Asymmetry*, 9, 4021–4026.
(c) Shorrock, V. J., Chartrain, M. and Woodley, J. M. (2004) *Tetrahedron*, 60, 781–788.

105 (a) Hilker, I., Alphand, V., Wohlgemuth, R. and Furstoss, R. (2004) *Advanced Synthesis Catalysis*, 346, 203–214.
(b) Hilker, I., Gutierrez, M. C., Alphand, V., Wohlgemuth, R. and Furstoss, R. (2004) *Organic Letters*, 6, 1955–1958.

106 Cells kept at +4℃ were still active after several weeks. Berezina, N., Kozma, E., Furstoss, R. and Alphand, V. (2007) *Advanced Synthesis Catalysis*, 439, 2049–2053.

107 (a) Hilker, I., Baldwin, C., Alphand, V., Furstoss, R., Woodley, J. and Wohlgemuth, R. (2006) *Biotechnology and Bioengineering*, 93, 1138–1144.
(b) Baldwin, C. V. F. and Woodley, J. M. (2006) *Biotechnology and Bioengineering*, 95, 362–369.

108 Hilker, I., Wohlgemuth, R., Alphand, V. and Furstoss, R. (2005) *Biotechnology and Bioengineering*, 92, 702–710.

109 Zambianchi, F., Raimondi, S., Pasta, P., Carrea, G., Gaggero, N. and Woodley, J. M. (2004) *Journal of Molecular Catalysis B: Enzymatic*, 31, 165–171.

110 Zambianchi, F., Pasta, P., Carrea, G., Colonna, S., Gaggero, N. and Woodley, J. M. (2002) *Biotechnology and Bioengineering*, 78, 489–496.

111 Abril, O., Ryerson, C. C., Walsh, C. and Whitesides, G. M. (1989) *Bioorganic Chemistry*, 17, 41–52.

112 Zambianchi, F., Pasta, P., Carrea, G., Colonna, S., Gaggero, N. and Woodley, J. M. (2002) *Biotechnology and Bioengineering*, 78, 489–496.

113 Atia, K. S. (2005) *Radiation Physics and Chemistry*, 73, 91–99.

114 Recent reviews: (a) Stahl, S., Hober, S., Nilsson, J., Uhlen, M. and Hygren, P.-A. (2003) *Biotechnology and Bioengineering*, 27, 95–129.
(b) Trejo, F., Gelpi, J. L., Busquets, M. and Cortes, A. (1999) *Current Topics in Peptide and Protein Research*, 3, 173–180.

115 Examples from the recent literature:
(a) Narita, J., Okano, K., Tateno, T., Tanino, T., Sewaki, T., Sung, M.-H., Fukuda, H. and Kondo, A. (2006) *Applied Microbiology and Biotechnology*, 70, 564–572.
(b) Giridhar, P.-H., Wu, R. and Wu, W.-T. (2006) *Biotechnology and Bioengineering*, 95, 1138–1147.
(c) Liu, D., Schmid, R. D. and Rusnak, M. (2006) *Applied Microbiology and Biotechnology*, 72, 1024–1032.

116 (a) Zhan, Y., Li, S.-Z., Li, J., Pan, X., Cahoon, R. E., Jaworski, J. G., Wang, X., Jez, J. M., Chen, F. and Yu, O. (2006) *Journal of the American Chemical Society*, 128, 13030–13031.
(b) Khang, Y. H., Kim, I. W., Hah, Y. R., Hwangbo, J. H. and Kang, K. K. (2003) *Biotechnology and Bioengineering*,

82, 480 – 488.

(c) Chen, X., Liu, Z., Wang, J., Fang, J., Fan, H. and Wang, P. G. (2000) *Journal of Biological Chemistry*, 275, 31594 – 31600.

117 (a) Metcalf, W. W. and Wolfe, R. S. (1998) *Journal of Bacteriology*, 180, 5547 – 5558.

(b) Garcia Costas, A. M., White, A. K. and Metcalf, W. W. (2001) *Journal of Biological Chemistry*, 276, 17429 – 17436.

(c) Vrtis, J. M., White, A. K., Metcalf, W. W. and van der Donk, W. A. (2002) *Angewandte Chemie*, 114, 3391 – 3393.

(d) Vrtis, J. M., White, A. K., Metcalf, W. W. and van der Donk, W. A. (2002) *Angewandte Chemie-International Edition*, 41, 3257 – 3259.

118 Woodyer, R. D., van der Donk, W. A. and Zhao, H. (2003) *Biochemistry*, 42, 11604 – 11614.

119 Pazmino, D. E. T., Snajdrova, R., Baas, B.-J., Ghobrial, M., Mihovilovic, M. D. and Fraaije, M. W. (2008) *Angewandte Chemie-International Edition*, 47, 2275 – 2278.